전자전기물성

MATERIAL SCIENCE AND ENGINEERING

| 윤영섭 · 이천 지음 |

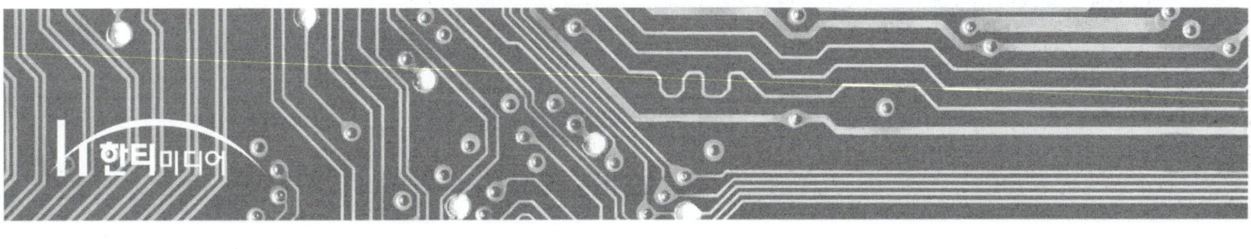

저자 소개

윤영섭 교수님 | 인하대학교 교수 www.ysyoon@inha.ac.kr

이 천 교수님 | 인하대학교 교수 www.chnlee@inha.ac.kr

전자전기물성 제2판

발행일 2021년 2월 22일 초판 1쇄
2022년 8월 10일 2쇄
지은이 윤영섭·이 천
펴낸이 김준호
펴낸곳 한티미디어 | **주 소** 서울시 마포구 동교로 23길 67 Y빌딩 3층
등 록 제15-571호 2006년 5월 15일
전 화 02)332-7993~4 | **팩 스** 02)332-7995
ISBN 978-89-6421-416-9 (93560)
가 격 25,000원

마케팅 노호근 박재인 최상욱 김원국 김택성 | **관 리** 김지영 문지희
편 집 김은수 유채원 | **내지디자인** 이경은 | **표지디자인** 유채원

이 책에 대한 의견이나 잘못된 내용에 대한 수정 정보는 한티미디어 홈페이지나 이메일로 알려주십시오.
독자님의 의견을 충분히 반영하도록 늘 노력하겠습니다.

홈페이지 www.hanteemedia.co.kr | **이메일** hantee@hanteemedia.co.kr

---

PREFACE

"물성학"이란 말은 영어의 "Material Science"를 번역한 재료과학을 대신하여 많이 쓰여 왔으나, 최근에는 좀더 광범위한 "Material Science and Engineering(MSE)"의 의미로도 통용되고 있다. 모든 공학의 근간을 이루는 재료에 대한 기초지식을 제공하는 "물성학"의 중요성에 비추어 볼 때, 학문적인 대상으로 관심을 끈 것이 불과 약 40여 년 전부터라는 사실은 매우 놀라운 일이다.

과학기술자는 재료의 내부구조와 특성을 알아야 비로소 그 응용과 가공을 최적화할 수 있다. 물성학에서는 특정 분야뿐만 아니라 넓은 영역에 주목하여, 서로 다른 재료들의 공통점을 찾아내거나 다른 점을 확실히 밝혀낸다. 그리하여 지금까지 예측할 수 없었던 새로운 성질의 신재료를 창출해내고 있다. 예를 들어, 신에너지 변환 재료, 생체에 넣어도 거부반응을 일으키지 않는 신고분자 재료, 실온에서 맘대로 휘어지는 금속재료 등을 만드는 것은 매우 의미 있는 일이다. 이때 단순히 경험에만 의지하는 것이 아니라, 과학적으로 넓은 시야를 갖고 조직적인 연구방법을 취하는 것이 중요하다. 즉, 어떤 목적을 갖고 그것을 달성하기 위해 최단의 길을 찾아갈 때 필요한 것이 넓은 분야의 지식인데, 바로 물성학이 그 도구가 될 것이다.

재료의 형태는 크게 금속재료, 고분자 재료, 세라믹 재료로 나눌 수 있으며, 이 중 2개 이상이 혼합된 것을 복합재료라 한다. 철, 구리, 알루미늄, 티타늄으로 대표되는 금속재료는 결정구조를 하고 있으며, 기계적으로 큰 강도와 연성을 갖고 열적 전기적으로 양도체다. 금속재료는 철 성분이 많이 포함된 철금속과 비철금속으로 나뉜다. 고분자 재료는 탄소 연결고리인 유기분자의 긴 사슬 구조를 하고 있다. 대부분이 비결정 구조이고 일부만 결정과 비결정의 혼합 상태로 되어 있으며, 전기적으로 절연성이고 열에 약하다. 세라믹 재료는 금속과 비금속 원소의 화학결합에 의한 무기재료이며, 결정, 비결정, 혼합 상태의 다양한 구조를 갖는다. 이 재료는 가볍고 열에 강하고 단단하나, 부서지기 쉬우며 열적 전기적으로 부도체다.

재료를 기능적인 면으로 나누었을 때, 전기전자재료는 사용되는 총량이 많은 편이 아니지만 첨단 과학기술 분야에서 매우 중요한 역할을 한다. 순수한 실리콘에 의한 반도체 소자를 비롯해 통신위성, 컴퓨터, 로봇, 가전제품 등 헤아릴 수 없을 정도의 분야에서 응용되고 있다.

이 책에서는 물성학의 기초개념을 설명한 후에 전기전자재료의 각론에 대해 서술한다.

2021년 2월

저자들 씀

CONTENTS

CHAPTER

1 원자의 구조 및 결합

원자 간의 결합은 모든 고체에 존재하며, 이 결합이 강도와 전기적 성질 및 열적 성질을 결정한다. 예컨대 강한 결합은 높은 용융온도, 큰 강성(强性) 계수, 짧은 원자간 거리, 적은 열팽창 계수, 그리고 큰 경도(硬度)를 제공한다.

다른 결합 패턴은 분자 구조나 또는 더욱 확대되어 3차원 구조가 된다. 이들의 구조를 확실히 이해하기 위해서는 원자간 거리와 배위(配位)에 미치는 전자의 효과를 예측하여 1차결합, 즉 이온결합, 공유결합, 금속결합에 있어서의 가전자의 역할을 검증할 필요가 있다. 또한 2차결합 및 혼합결합에 대해서도 살펴보도록 한다.

1.1 원자와 이온

1.1.1 화학적 원리

일상생활에서의 질량 개념에 비해 원자는 극히 작으므로 원자 질량을 계산할 때 amu(atomic mass unit)를 사용하는 것이 편리하다. amu는 원소 중에서 가장 보편적인 동위원소 C-12 질량의 1/12이다.

1gram은 $0.6022\cdots \times 10^{24}$amu이다. 이 환산값(Avogadro's number, AN)은 여러 곳에 사용된다. 자연탄소는 98.9% C^{12} 이외에 약 1%의 C^{13}을 함유하고 있으므로 탄소 원자의 평균질량은 12.011⋯ amu이다. 이 값은 [그림 1.1]과 부록 A에 나타내었다.

원자번호는 중성인 원자에 속해 있는 전자의 수(또한 핵 안의 양자의 수)를 말하며, 모든 원소는 고유의 원자번호를 갖는다. 부록 A에는 원자번호 1인 수소에서 92인 우라늄까지 대부분의 중요한 원소가 수록되어 있다. 과학기술적 관심의 대상이 되는 전자는, 특히 최외각 전자의 영향을 받으며, (1) 화학적 성질, (2) 원자결합의 성질, (3) 기계적 강도에 관한 특성, (4) 원자의 크기 및 재료의 전기 전도성, (5) 광학적인 성질을 결정한다. 그러므로 우리는 원자핵 주변의 전자의 배위와 에너지 준위에 관해 특별한 관심을 갖는다.

원소의 주기성에 대해서는 화학에서 많이 강조되므로 여기서 다시 각각의 특성에 대해 논하지 않고, 다만 [그림 1.1] 주기율표의 수직렬, 즉 족(group)을 관찰하는 데 그친다. 이들은 점점 큰 원자번호를 가지며 화학적 및 전기적 성질이 비슷하다. 표의 왼쪽 끝부분은 쉽게 이온화 되어 양이온이 되며, 표의 오른쪽 부분은 원자를 공유하거나 받아들이기를 잘하여 전기음성(electronegative)의 특성을 나타낸다.

원자기호 — 원자번호 — 원자질량

	1A	2A	3B	4B	5B	6B	7B	8B	8B	8B	1B	2B	3A	4A	5A	6A	7A	8A
1 1s	1 **H** 1.00797																	2 **He** 4.0026
2 2s2p	3 **Li** 6.941	4 **Be** 9.0122											5 **B** 10.811	6 **C** 12.01115	7 **N** 14.0067	8 **O** 15.9994	9 **F** 18.9984	10 **Ne** 20.179
3 3p3p	11 **Na** 22.9898	12 **Mg** 24.305											13 **Al** 26.9815	14 **Si** 28.088	15 **P** 30.9738	16 **S** 32.064	17 **Cl** 35.453	18 **Ar** 39.948
4 4s3d4p	19 **K** 39.098	20 **Ca** 40.08	21 **Sc** 44.956	22 **Ti** 47.88	23 **V** 50.942	24 **Cr** 51.996	25 **Mn** 54.9380	26 **Fe** 55.847	27 **Co** 58.9332	28 **Ni** 58.69	29 **Cu** 63.54	30 **Zn** 65.38	31 **Ga** 69.72	32 **Ge** 72.59	33 **As** 74.9216	34 **Se** 78.96	35 **Br** 79.904	36 **Kr** 83.80
5 5s4d5p	37 **Rb** 85.47	38 **Sr** 87.62	39 **Y** 88.906	40 **Zr** 91.22	41 **Nb** 92.906	42 **Mo** 95.94	43 **Tc** (98)	44 **Ru** 101.07	45 **Rh** 102.906	46 **Pd** 106.4	47 **Ag** 107.870	48 **Cd** 112.41	49 **In** 114.82	50 **Sn** 118.69	51 **Sb** 121.75	52 **Te** 127.60	53 **I** 126.905	54 **Xe** 131.29
6 6s(4f) 5d6p	55 **Cs** 132.905	56 **Ba** 137.33	71 **Ln** 174.97	72 **Hf** 178.49	73 **Ta** 180.948	74 **W** 183.85	75 **Re** 186.2	76 **Os** 190.2	77 **Ir** 192.2	78 **Pt** 195.08	79 **Au** 196.967	80 **Hg** 200.59	81 **Tl** 204.38	82 **Pb** 207.19	83 **Bi** 208.980	84 **Po** (209)	85 **At** (210)	86 **Rn** (222)
7 7s(5f) 6d7p	87 **Fr** (223)	88 **Ra** 226	103 **Lr** (260)	104 **Rf** (257)	105 **Ha** (260)													

Lanthanide series 4f	57 **La** 138.91	58 **Ce** 140.12	59 **Pr** 140.907	60 **Nd** 144.24	61 **Pm** (145)	62 **Sm** 150.36	63 **Eu** 151.96	64 **Gd** 157.25	65 **Tb** 158.924	66 **Dy** 162.50	67 **Ho** 164.930	68 **Er** 167.26	69 **Tm** 168.934	70 **Yb** 173.04
Actinide series 5f	89 **Ac** 227.03	90 **Th** 232.038	91 **Pa** 231.04	92 **U** 238.03	93 **Np** 237.05	94 **Pu** (244)	95 **Am** (243)	96 **Cm** (247)	97 **Bl** (247)	98 **Cf** (251)	99 **Es** (252)	100 **Fm** (257)	101 **Md** (258)	102 **No** (259)

원자질량은 ^{12}C= 12.0000의 상대값이다. 괄호 안의 숫자는 가장 안정한 동위원소의 질량이다.

[그림 1.1] 원소의 주기율표

1.1.2 전자

모든 원자의 구성요소인 전자(electrons)는 음전하량을 단위전하로 사용한다. 물리 단위로는 0.16×10^{-18}A·s/electron (또는 0.16×10^{-18}C/electron)을 사용한다. 기타 자세한 물리상수와 단위환산은 부록 B를 참고하기 바란다.

원자에 소속되어 있는 전자는 원자핵을 중심으로 원운동 하는 동안 정재파(standing wave)의 특성을 가져야 하는 매우 엄격한 법칙에 묶여 있다. 몇 가지 성질을 요약하면, 개별원자에서 전자는 특정한 에너지 상태, 즉 불연속적인 궤도(orbital)를 갖는다. [그림 1.2]에서 보는 바와 같이 수소 원자 주변의 전자의 에너지 상태는 확실하게 분리되어 있다. 중요한 사실은 에너지 상태와 다음 에너지 상태 사이에는 넓은 범위가 비어 있다는 점이다. 이곳은 해당되는 주파수의 정재파를 만들 수 없는 금지 구역이다. 외부에서 전자를 여기(excite)시키지 않는 한, 수소의 전자는 항상 가장 낮은 궤도를 따라 원운동 한다.

[그림 1.3]은 나트륨의 전자궤도 에너지를 간략하게 그린 것이다. 각 궤도는 2개까지의 전자를 가질 수 있다. 그리고 이 두 전자는 반대 스핀(spin)을 가져야 한다. 전자가 자리를 차지할 수 있는 궤도와 궤도 사이에는 전자가 자리를 차지

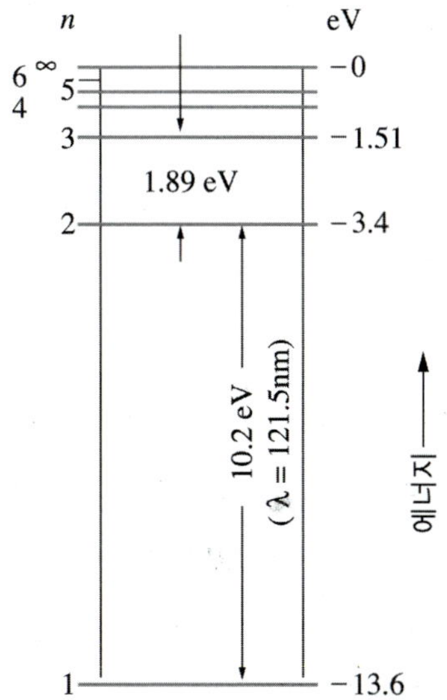

[그림 1.2] 수소 전자의 에너지 준위

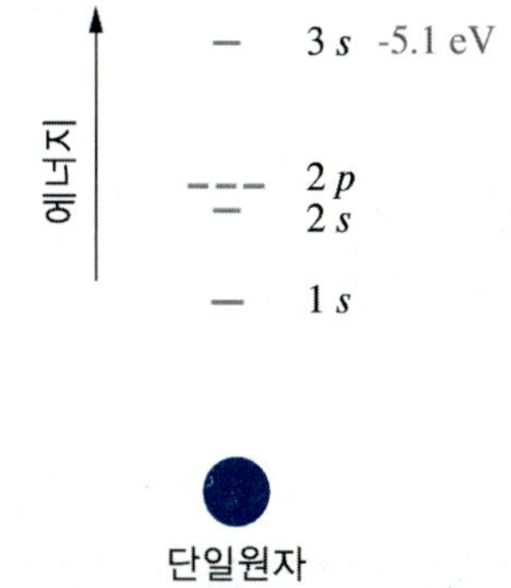

[그림 1.3] Na 전자의 에너지 준위

할 수 없는 에너지 간격(금지대)이 존재한다. 가장 밖의 전자궤도는 거기에 가전자(valence electron)가 위치하기 때문에 특별한 의미를 갖는다. 설명한 바와 같이 이곳의 전자들은 이미 비교적 약한 전기장에서 제거되며 (+)의 양이온이 된다. 이 에너지를 이온화 에너지(ionization energy)라 한다. 고체 금속 내에서는 최외각 전자, 즉 가전자들이 불균일하게 분포되어 있고 개개의 원자에 고정적으로 소속되지 않아 금속 전체를 자유롭게 이동한다는 사실을 다음 절에서 살펴볼 것이다. 이것이 전기 전도성 및 열 전도성이다. 최외각 궤도가 완전하게 차지 않았을 때 원자는 한정된 수의 전자를 받아들여 (-)의 음이온이 된다. 이들 전기음성원자는 전자를 공유하기도 한다. 이 현상은 공유결합의 기초이고 다음 절에서 다룰 것이다.

1.2 분자

분자의 일반적인 예로 H_2O, CO_2, CCl_4, N_2, HNO_3 등과 같은 화합물을 들 수 있다. 그 밖의 작은 분자가 [그림 1.4]에 나타나 있다. 이들 분자의 내부는 원자들이 공유결합의 강한 인력으로 유지되고 있다. 분자 내부의 인력과는 달리 분자 사이의 결합은 약해서 분자수가 많든 적든 독립적으로 자유로이 움직일 수 있다. 이와 같은 현상은 다음의 사실들로부터 입증된다. 즉, (1) 이들 분자 화합물은 다른 재료에 비해 용융점과 비등점이 낮다. (2) 이들 분자의 고체는 적은 응력에 의해 분자끼리 서로 미끄러진다. (3) 이들 분자는 액체 또는 기체에서도 분자로 남아 있다.

위에 열거한 분자들은 비교적 작은 분자의 예이나, 원자를 많이 갖고 있는 분자도 있다. 예를 들어 pentatriacontane[그림 1.5(c)]은 100개 이상의 원자를 가지고 있으며, 수천 개의 원자를 갖는 분자도 있다. 분자가 CH_4와 같이 작든, $CH_{35}H_{72}$보다 더 크든, 강한 분자내(intramol-ecular) 결합과 약한 분자간(intermolecular) 결합의 차이는 여전히 존재한다.

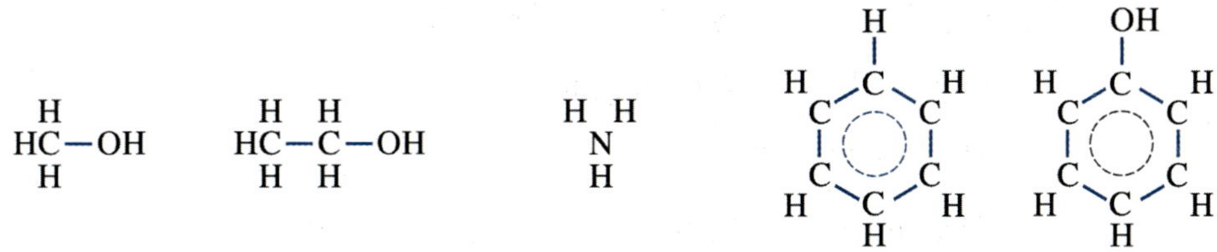

(a) 메탄올(Methanol) (b) 에탄올(Eethanol) (c) 암모니아(Ammonia) (d) 벤젠(Benzene) (e) 페놀(Phenol)

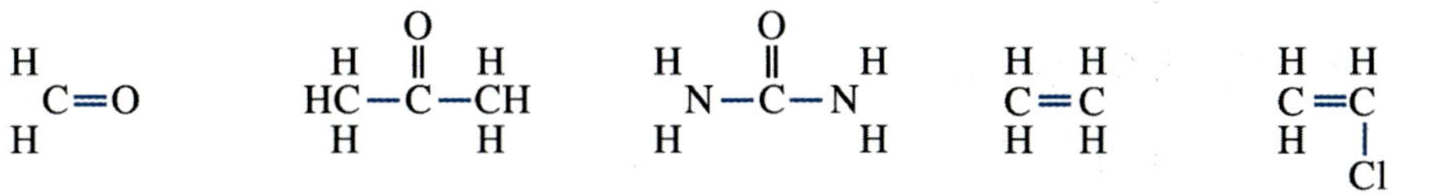

(f) 포름알데히드 (Formaldehyde) (g) 아세톤(Acetone) (h) 유레아(Urea) (i) 에틸렌 (Ethylene) (j) 염화비닐(Vinyl chloride)

[그림 1.4] 작은 분자

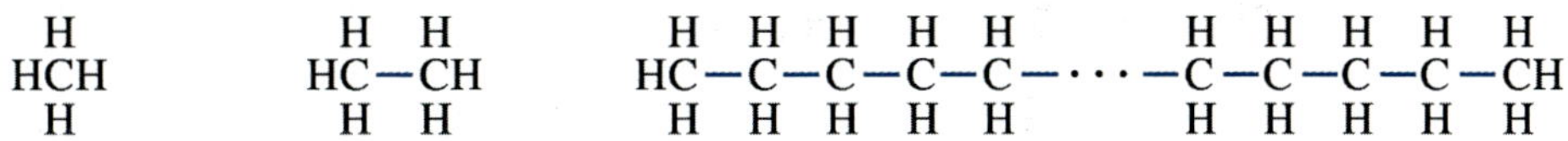

(a) 메탄(Methane) (b) 에탄(Eethane) (c) $C_{35}H_{72}$, pentatriacontane(i.e., 35-ane)

[그림 1.5] 분자의 예

1.3 원자결합과 분자결합의 형태

결합 상태가 되면 원자의 위치에너지가 감소해 원자 사이에서 화학결합이 일어난다. 이것은 결합 상태의 원자가 결합 전에 비해 에너지 조건이 더 안정하다는 것을 의미한다. 일반적으로 원자 사이의 화학결합을 1차, 즉 강한 결합과 2차, 즉 약한 결합으로 나눌 수 있다.

1차 원자결합은 원자결합력이 상대적으로 크며, 세 가지로 나눌 수 있다.

Ⅰ. **이온결합(ionic bond)** 한 원자로부터 다른 원자로 전자가 이동하여 이온을 만들며 쿨롱 힘(coulombic force, 양과 음으로 대전된 이온 간의 인력)에 의해 상대적으로 강한 원자간 결합력(inter-atomic force)을 나타낸다. 이온결합은 강한 비방향성 결합이다.

Ⅱ. **공유결합(covalent bond)** 전자를 공유함으로써 국부적으로 방향성을 갖는 결합을 형성하며, 큰 원자간 결합력을 나타낸다.

Ⅲ. **금속결합(metallic bond)** 국부적이 아닌 형식으로 전자를 공유함으로 강한 원자간 결합력을 갖고, 원자 간에 강한 비방향성 결합을 이룬다.

2차 원자결합과 분자결합은 크게 두 가지로 나눌 수 있다.

Ⅰ. **영구 쌍극자 결합(permanent dipole bond)** 영구 쌍극자를 갖는 분자들 간에 형성된 비교적 약한 분자간 결합(intermolecular bond)이다. 분자 내에 있는 쌍극자는 그 전자밀도분포에 있어 비대칭적이다.

Ⅱ. **요동 쌍극자 결합(fluctuating dipole bond)** 핵 주위에는 전자밀도가 비대칭적으로 분포되기 때문에 원자 간에는 매우 약한 전기 쌍극자 결합이 일어날 수 있다. 이러한 형태의 비대칭적 전자 분포를 요동(fluctuating)이라고 하는데, 이것은 전자밀도가 시간에 따라 계속 변하기 때문이다.

1.3.1 이온결합

(1) 일반적인 이온결합

이온결합은 강한 양전하(금속) 원소와 강한 음전하(비금속) 원소 사이에 형성된다. 이온화 과정에서 양전하 원소로부터 나온 전자는 음전하 원소로 이동하여 양으로 대전된 양이온과 음으로 대전된 음이온을 만든다. 이온결합력은 반대방

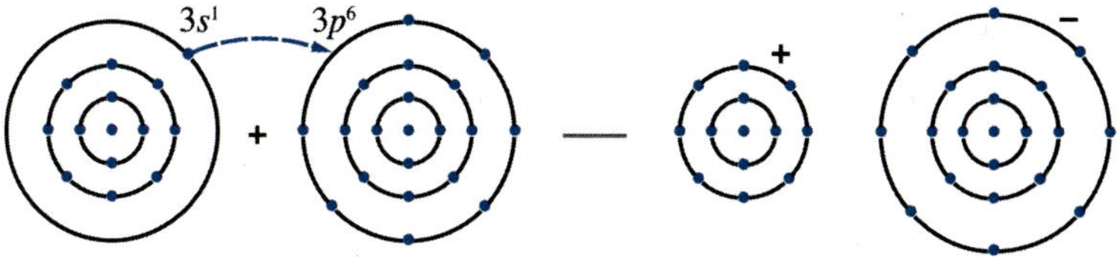

[그림 1.6] 나트륨과 염소 원자로부터 염화나트륨 이온쌍의 형성

향으로 대전된 이온의 정전기력 또는 쿨롱인력에서 나온다. 결합 후 이온의 위치에너지가 감소하기 때문에, 반대로 대전된 이온들 사이에서 이온결합이 일어난다.

이온결합의 정도가 큰 고체의 예로 염화나트륨(NaCl)이 있다. Na^+Cl^- 이온쌍을 형성하는 이온화 과정에서 나트륨 원자는 외부의 3s전자 하나를 잃고, 이것이 염소 원자의 3p궤도로 이동하여 Na^+이온과 Cl^-이온을 만든다[그림 1.6].

이온화 과정에서 반지름이 0.192nm이던 나트륨 원자가 반지름이 0.095nm인 나트륨 양이온으로 크기가 감소하고, 반지름이 0.099nm이던 염소 원자가 반지름이 0.181nm인 염소 음이온으로 크기가 증가하였다. 나트륨 원자는 외부껍질의 $3s^1$전자를 잃기 때문에, 전자 대 양자의 비율이 감소하여 크기가 작아진다. 나트륨 이온의 양으로 대전된 핵은 전하구름을 더 가까이 끌어당기고 이온화 과정에서 원자의 크기를 작게 만든다. 반대로 염소 원자의 이온화 과정에서는 전자 대 양자의 비율이 증가해 크기가 커진다.

(2) 이온간 결합력

간격 a만큼 떨어진 거리에서 서로 근접하는 반대로 대전된 이온쌍(예를 들어, Na^+Cl^-이온쌍)을 생각해보자. 이온 간의 거리가 가까워질수록 쿨롱 힘에 의해 서로 끌어당기게 될 것이다. 즉, 한 이온의 핵이 다른 이온의 전하구름을 끌어당길 것이고, 반대의 경우도 마찬가지일 것이다. 두 이온이 매우 가까워지면, 두 전하구름 사이에 반발력(척력)이 생길 것이다. 인력과 척력이 같게 되면 이온 간의 총 힘은 0이 되고, 이온간 거리는 평행분리거리인 a_0로 될 것이다. [그림 1.7]은 이온쌍에 대해 힘 대 이온간격 간의 곡선을 개략적으로 나타낸 것이다.

(3) 이온 배위수

이온 고체는 쿨롱력이 전방향성(omnidirectional)이기 때문에 더 밀집하게 충진(充塡)되고 자유공간은 적다. 예컨대 양이온은 주위 공간이 허용하는 한 많은 음이온을 끌어당긴다(전하의 균형을 유지하면서).

양이온은 음이온보다 일반적으로 작다. 양이온은 가전자가 떨어져 나가고 음이온은 추가로 전자를 얻기 때문이다. [그림 1.8(a)]의 간단한 평면모형은 양이온이 4개의 음이온 이웃을 가지고 있는 경우를 나타낸 것이다($CN_{2.D}$=4). 다른 전하의 이웃은 직접 접촉하고, 같은 전하끼리는 그렇지 않다. [그림 1.8(b)]와 같이 음이온이 너무 크면 (또는 양이온이 너무 작으면) 다른 전하의 이온 전부와 접촉할 수 없다. 따라서 음이온끼리 서로 접근하여 반발을 일으키게 된다. 이것

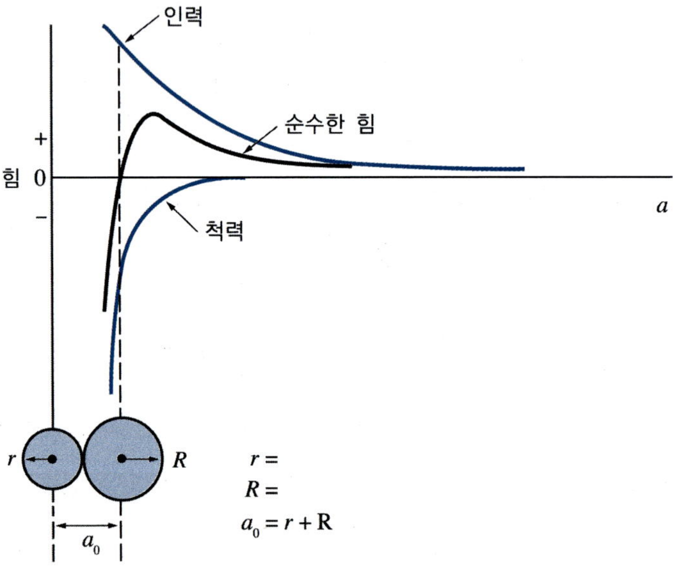

[그림 1.7] 반대로 대전된 이온쌍에서 이온간격에 따른 힘

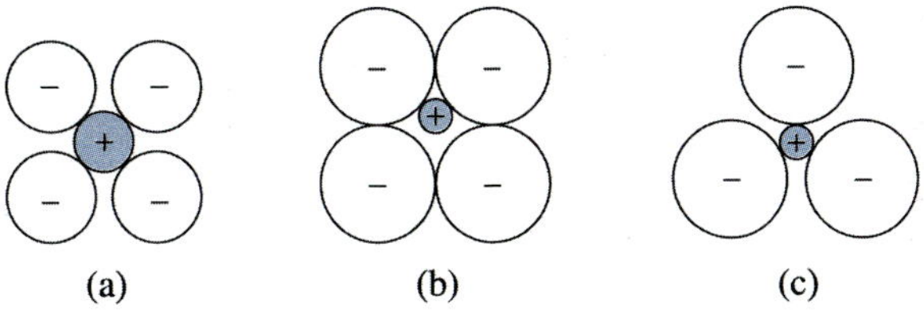

[그림 1.8] 이온배위(2차원)

은 결합이 이루어질 수 없는 불안정한 상황이다.

이와 같은 경우의 안정된 상황은 [그림 1.8(c)]와 같이 배위수(coordination number)가 3이 되는 방법이다(평면상으로 설명). 최대의 배위수는 두 가지 이온의 반경비(r/R)로 결정된다. r은 작은 이온(대체로 양이온), R은 큰 이온(대체로 음이온)의 반지름이다.

[그림 1.8]은 2차원에서의 그림이다. 이와 같은 개념은 3차원에서도 적용할 수 있다. [그림 1.9(a)]는 배위수 CN=6의 경우이다. CN=6에 대한 r/R의 최소값은 [그림 1.10(a)]에서 구할 수 있다. 여기서 음이온과의 접촉이 가능하고 음이온끼리의 강한 반발력이 발생하기 시작하는 r/R비가 정해진다. 그 밖의 r/R비는 [표 1.1]과 같다. 공유결합에서 이 표의 값은 최대 배위수와 최소 반경비를 나타낸다. 가질 수 있는 최대의 이웃의 수보다 적은 이웃을 갖는 일은 드물지 않으며, 특히 전기적 평형을 이루기 위해서 그런 일이 일어날 수 있다.

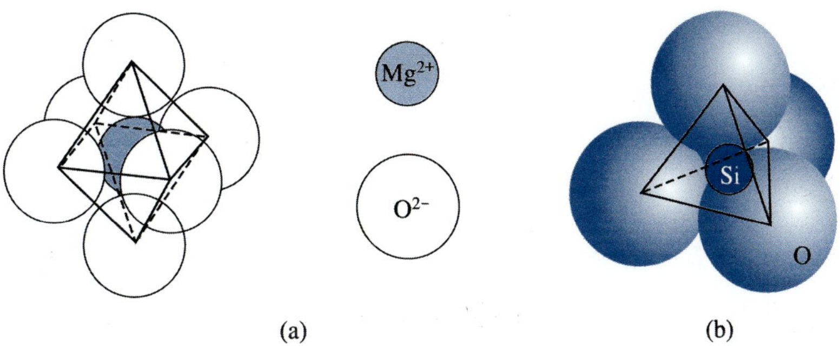

[그림 1.9] 이온결합의 배위수(3차원)

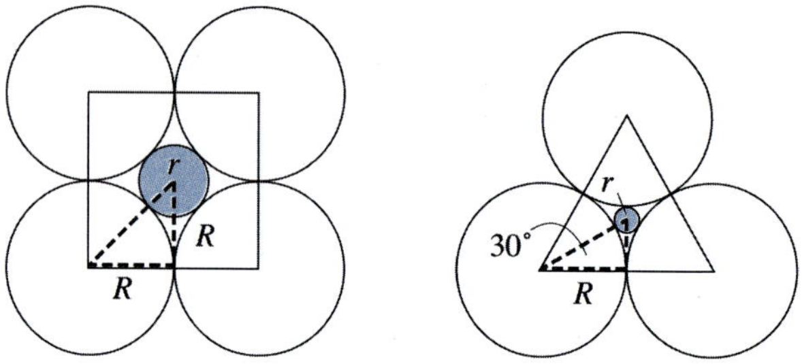

(a) (b)

[그림 1.10] 배위 계산 : (a) CN=6 (b) CN=4

[표 1.1] 배위수와 최소 반경비

배위수	반경비, r/R*	배위 형상
3	≥0.15	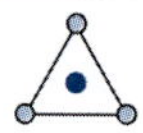
4	≥0.22	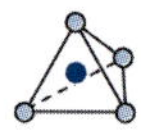
6	≥0.41	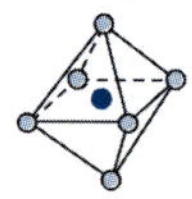
8	≥0.73	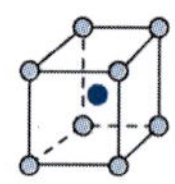
12	1.0	–

* r-작은 반경; R-큰 반경

1.3.2 공유결합

(1) 분자의 공유결합

공유결합은 입체특성(stereospecific)을 갖는다. 각각의 결합은 특정한 원자의 쌍 사이에 일어나며, 이 원자의 쌍은 한 쌍의 전자(서로 반대의 스핀을 갖는)를 공유한다. 이 결합의 모양을 몇 가지로 표현할 수 있다. (1) 예컨대 H-H와 같이

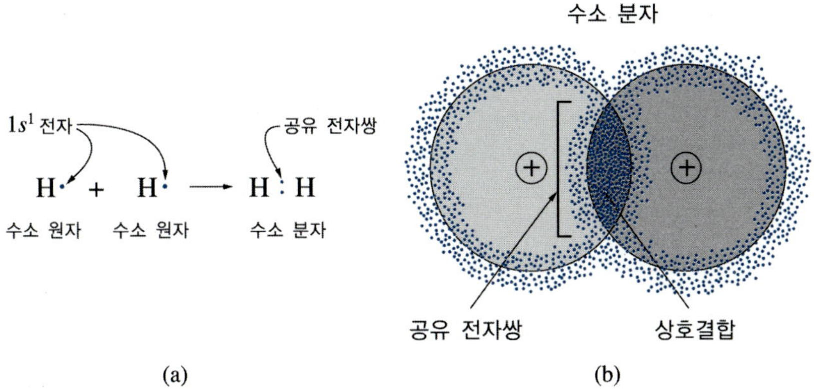

[그림 1.11] 수소 분자의 공유결합

결합선으로, (2) [그림 1.11(a)]와 같이 점의 쌍으로, 또는 (3) [그림 1.11(b)]와 같이 높은 전자의 확률을 나타내는 구역으로 표현할 수 있는데, 이것은 전자가 파동의 유형으로 행동하고 그 위치를 정확히 지정할 수 없기 때문이다.

2개의 수소 원자가 수소 분자를 형성하기 위해 서로 가까워지면, 그들의 전하 구름은 서로 반응하여 겹치게 되고, 분자의 두 핵 사이에서 원자의 $1s^1$ 전자를 찾을 확률이 높아진다[그림 1.11(b)]. 수소 분자를 형성하는 결합과정에서 수소 원자의 위치에너지는 [그림 1.12]처럼 낮아지고, 에너지는 방출된다. 수소 분자

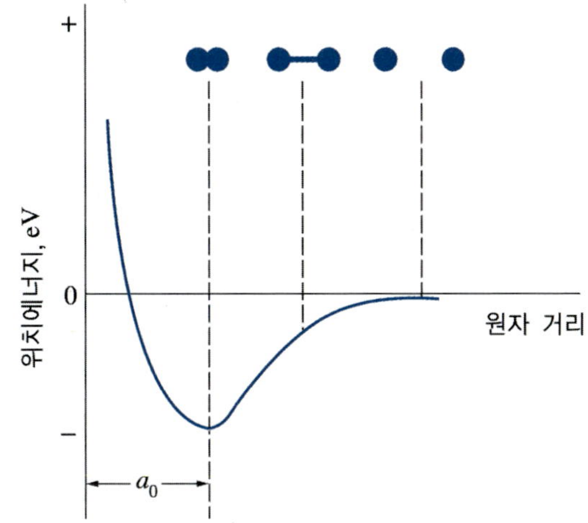

[그림 1.12] 두 수소 원자의 분리 거리에 따른 위치에너지

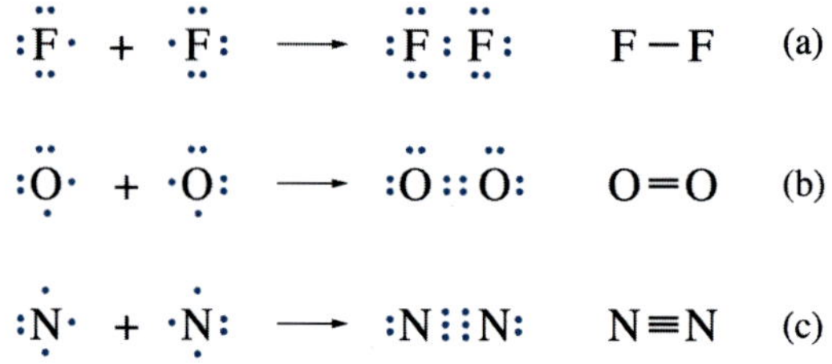

[그림 1.13] (a) 불소(단일결합) (b) 산소(이중결합) (c) 질소(삼중결합)

내의 수소 원자가 떨어져 나오려면 원자가 높은 에너지 상태여야 하기 때문에 에너지가 필요하다.

재료 안에 있는 각각의 원자는 그 이웃들과 배열된다. 한 원자의 열적 진동은 이웃 원자에 영향을 미치고, 한 원자의 변위는 기계적 힘 또는 전기장에 의해 이웃에게 전달된다. 각 원자가 갖는 배위 관계에 있는 이웃의 수는 중요한 값이다. 다이아몬드의 탄소는 4개의 이웃을 갖는다. 이때 탄소의 원자들은 4의 배위수를 갖는다고 말한다(CN=4). 4는 공유결합된 탄소가 갖는 배위수의 최대값이다. [그림 1.13]은 공유결합을 이루는 전자를 점(·)과 기호(-)로 표시한 것이다.

공유결합의 특징은 결합이 매우 강하다는 것이다. 다이아몬드의 경도는 각각의 탄소 원자가 4개의 이웃과 결합되고, 또한 그 이웃은 같은 수의 이웃을 갖는 매우 견고한 입체구조를 만드는 데서 비롯된다. 이와 유사하게 전자를 공유하는 결합으로 이루어진 메탄 CH_4, polyethylene, 그 밖의 중합체에서의 분자내 결합은 안정된 분자를 형성시킨다.

(2) 결합길이 및 결합에너지

분자내 원자의 결합길이는 원자의 종류와 인접한 다른 결합에 따라 다르다. [표 1.2]는 분자구조에서 흔히 볼 수 있는 원자끼리의 결합길이와 에너지를 정리한 것이다. [표 1.2]의 결합에너지는 1mole(Avogadro 수)의 결합을 깨는 데 필요한 에너지이므로, 1개의 C-C 결합을 깨는 데는 $370,000/(0.6022 \times 10^{24})$ joule이 필요하다는 것을 알 수 있다. 이것과 똑같은 에너지, 즉 -0.61×10^{-18} J는

[표 1.2] 공유결합에서 결합에너지와 결합길이

결합	결합에너지		결합길이, nm
	kcal/mol	kJ/mol	
C-C C=C C≡C	88 162 213	370 680 890	0.154 0.13 0.12
C-H C-N C-O C=O C-F C-Cl	104 73 86 128 108 81	435 305 360 535 450 340	0.11 0.15 0.14 0.12 0.14 0.18
O-H O-O O-Si	119 52 90	500 220 375	0.10 0.15 0.16
N-O N-H	60 103	250 430	0.12 0.10
F-F H-H	38 104	160 435	0.14 0.074

C-C 결합 1개가 만들어질 때 방출되는 에너지이며, 단지 부호가 바뀌었을 뿐이다.

(3) 결합각

화학자들은 s와 p궤도가 혼성되어 있는 어떤 공유 화합물에서도 혼성궤도가 존재한다는 것을 인정한다. 이중 가장 중요한 것은 sp^3의 혼성이다. 명확한 2s 및 2p 궤도 대신에 4개의 동일한 궤도가 형성된다. methane(CH_4)과 carbon-tetrachloride(CCl_4)는 다이아몬드와 마찬가지로 4개의 동일한 원자가 중심의 탄소에 연결되어 있는 sp^3궤도를 갖고 있다. 따라서 우리는 중심의 탄소로부터 똑같은 109.5°의 각을 이루고 배치되어 있는 4개의 원자를 보게 된다. 기하학적으로 말한다면, 입방체의 중심에 탄소를 두고 8개의 모서리 중 4개를 향해 궤도를 갖는 것과 같다([그림 1.14(a)]). 그러나 이들 결합궤도가 동일한 원자끼리를

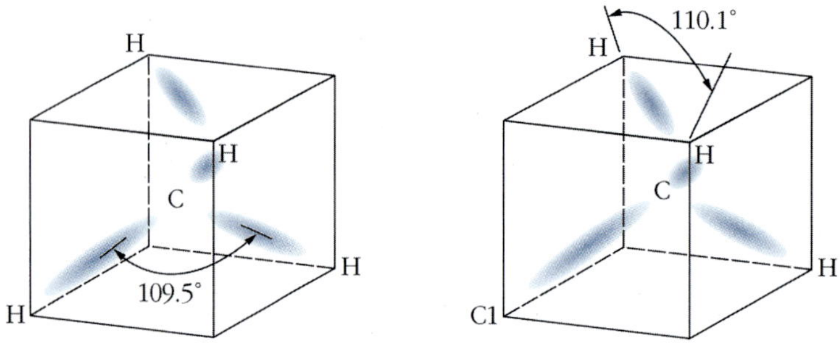

[그림 1.14] 결합각 : (a) 메탄(CH_4) (b) 염화메탄(CH_3Cl)

묶고 있는 것이 아니라면, [그림 1.14(b)]의 CH_3Cl과 같이 시간평균적인 결합각은 약간 달라진다.

(4) **비편재화된 전자(delocalized electrons)**

분자에서 대부분의 가전자는 [그림 1.14]와 같이 공유결합을 한다. 이들 전자는 특정한 원자와 공유관계에 있으며, 화학자들은 이 공유결합을 σ결합이라고 부른다.

한편, [그림 1.15]의 벤젠(benzene)과 같이 모든 가전자가 일정하게 편재되어 있지 않은 경우도 있다. [그림 1.15(a)]는 직선기호를 사용한 벤젠의 구조식이며, [그림 1.15(b)]는 외부의 수소 원자를 제거해 간단하게 나타낸 것이다. 실험을 통해 우리는 벤젠이 단일 탄소-탄소 결합과 이중 탄소-탄소 결합 사이에서 화학 반응력을 갖는 결합구조를 이루고 있음을 알았다[그림 1.15(c)]. 따라서 대부분의 화학 교재에서는 6각형 내부에 원을 사용하여 벤젠의 구조를 나타낸다[그림 1.15(d)].

1.3.3 금속결합

원자결합의 세 번째 유형은 고체 금속 내에서 생기는 금속결합이다. 고체 상태의 금속에서 원자는 대칭구조 또는 결정구조로 비교적 조밀하게 충진된다. 예로

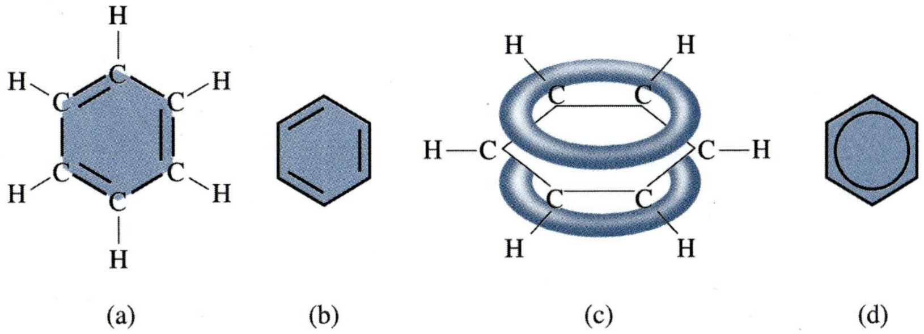

[그림 1.15] 공유결합하는 벤젠의 구조식 표현

써 구리결정 내의 원자배열을 [그림 1.16(a)]에 나타내었다. 이러한 구조에서는 원자가 서로 가까이 있기 때문에 외부의 가전자가 이웃의 많은 핵에 이끌린다. 고체 구리의 경우, 각 원자는 12개의 최인접 원자를 갖는다. 따라서 가전자는 어떤 특정한 핵에 관련되지 않고, 밀도가 낮은 전자구름 또는 전자기체의 형태로 원자들 사이에 퍼져 있다.

그러므로, 고체 금속은 양이온 중심부(positive-ion core, 가전자가 없는 원자)와 넓은 범위의 공간을 덮고 있는 전자구름 형태로 퍼져 있는 가전자로 구성된 것처럼 생각된다[그림 1.16(b)]. 가전자는 양이온 중심부에 약하게 결합하여

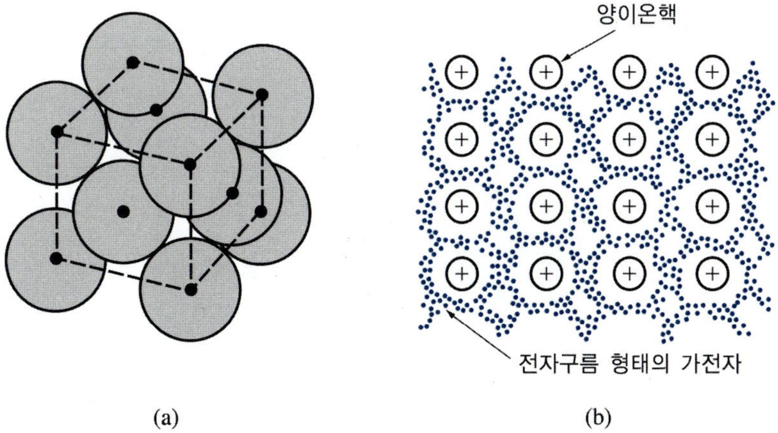

[그림 1.16] (a) 금속 구리결정 내의 원자배열 (b) 금속결합 원자의 개략적인 2차원 그림

금속결정 내에서 움직일 수 있으므로, 자유 전자(free electron)라고도 한다. 금속의 높은 열전도도와 전기 전도도는 전자 중 일부가 금속 결정격자 내를 자유롭게 움직인다는 이론에 따라 설명할 수 있다. 금속은 파괴되지 않고 상당한 양의 변형이 일어날 수 있는데, 이는 금속 원자가 금속 결합구조를 완전히 붕괴시키지 않고도 서로 미끄러져 이동할 수 있기 때문이다.

고체 금속 내의 원자는 금속결합에 의해 서로 결합함으로써 낮은 에너지 (또는 더욱 안정한) 상태가 된다. 금속결합에서는 공유결합에서처럼 전자쌍 제약(electron-pair restrictions)이 없고, 이온결합에서처럼 전하 중성도 제약(charge neutrality restrictions)도 없다. 금속결합에서 원자 외부의 가전자는 주위의 많은 원자에 공유되며, 따라서 금속결합은 일반적으로 비방향성이다.

금속 원자가 가전자 공유에 의해 결합하여 고체결정을 만들면, 결합과정에서 모든 전자의 총에너지는 낮아진다. 이온결합이나 공유결합과 같이 원자쌍 사이의 최소 에너지는 [그림 1.17]처럼 평형 원자간 간격 a_0가 될 때 얻을 수 있다. [그림 1.17]에서 $0-E_{\min}$의 크기는 특정 금속 원자들 사이의 결합에너지의 척도가 된다.

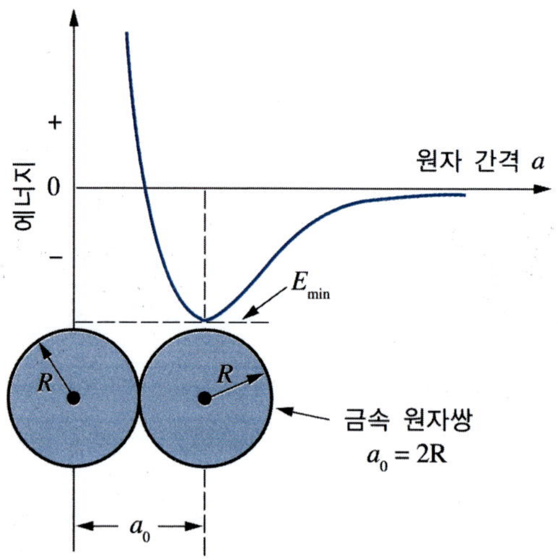

[그림 1.17] 금속 원자쌍의 결합에너지와 원자 간격

1.3.4 2차결합

지금까지 우리는 원자의 1차결합을 다루었으며, 이것은 가전자의 상호작용에 의존한다는 것을 알았다. 1차결합의 구동력(driving force)은 결합전자의 에너지가 감소함에 따라 생긴다. 2차결합(secondary bonds)은 1차결합에 비해 상대적으로 약하므로, 약 4~42kJ/mol(1~10kcal/mol)의 에너지 값을 갖는다. 2차결합의 구동력은 원자와 분자 내에 포함된 전기 쌍극자 인력이다.

이온화되지 않은 원자의 내부와 주변의 국부적인 전기장에 의해서 2차결합을 일으키는 인력이 존재하게 된다. 가장 단순하고, 가장 약한 2차결합은 원자나 분자 내부의 전자진동으로 생긴다. 간단히 표현해서, 전자의 음전하 중심은 일시적($<10^{-15}$sec)이지만 핵의 양자들이 갖는 양전하의 중심으로부터 반복해서 변위한다. 이와 같은 진동은 작은 쌍극자(dipole)를 만들어, 한 원자나 분자의 플러스(+)쪽과 인접된 원자나 분자의 마이너스(-)쪽은 서로 끌어당기게 된다. 그 결과로 생긴 쌍극자는 우리를 둘러싸고 있는 기체나 증기의 대부분에 있어서 인력으로 작용한다. 이 인력은 열에너지가 거의 없는 극히 낮은 온도에서 그 기체들을 응집시켜 고체를 만들 수 있다. 예를 들면 Ne은 −248℃, Kr은 −157℃, H_2는 −259℃, O_2는 −218℃, 그리고 CH_4는 −185℃의 용융온도(T_m)를 가지고 있다.

다른 형태의 2차결합은 비대칭 분자에 존재하며 Chloromethane(CH_3Cl)가 그 예이다. Cl의 17개 전자는 그 음전하의 중심을 분자 전체 질량의 중심으로부터 떨어져 있게 한다. 이와 함께 다른 3개의 결합 끝에 있는 수소의 핵(양자)은 양전하의 중심을 질량 중심으로부터 음전하와 반대쪽으로 떨어지도록 한다. 그 결과, 전기 쌍극자로서의 그 분자는 본성적으로 극성을 갖게 된다. qd(q전하, d 거리)로 표시되는 쌍극자 모멘트 p는 일반적으로 극성분자의 경우가 원자나 비극성 분자의 경우보다 큰 값을 갖는다[그림 1.18]. 따라서 극성분자를 포함하는 재료는 용융이나 증발을 일으키는 데에 상당히 높은 온도까지는 2차결합력이 우월한 상태가 된다.

2차결합의 세 번째 형태는 수소결합(hydrogen bond)이다. 이것은 2차결합

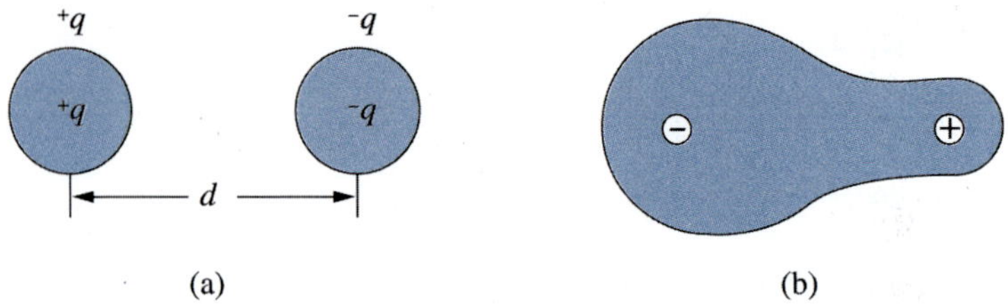

[그림 1.18] (a) 전기 쌍극자 (b) 공유결합 분자 내의 전기 쌍극자 모멘트

중 가장 강력한 결합이기 때문에 따로 분류한다. 수소결합은 극성분자 간에 생기는 영구 쌍극자-쌍극자 상호 간의 특별한 경우다. 또한, 수소 원자를 포함하는 극성결합 O-H 또는 N-H가 음전하 원자 O, N, F 및 Cl과 상호작용하여 이뤄진다.

물 분자에서 수소 원자 영역은 양으로 대전된 중심을 갖고, 반대쪽의 산소 원자 영역은 음으로 대전된 중심을 갖는다[그림 1.19(a)]. 물 분자 사이의 수소결합에서, 한 분자의 음으로 대전된 영역은 다른 분자의 양으로 대전된 영역을 쿨롱 힘으로 끌어당긴다[그림 1.19(b)].

액체 상태와 고체 상태의 물은 H_2O 분자 사이에 상대적으로 강한 분자간 영구 쌍극자 힘(수소결합)을 형성한다. 불활성 기체의 요동 쌍극자 힘이 대략 2~8kJ/mol(0.5~2kcal/mol)인 반면, 수소결합과 관련된 에너지는 대략

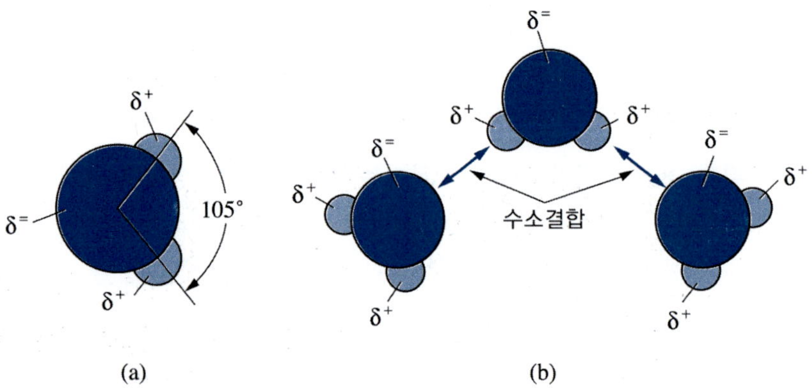

[그림 1.19] (a) 물 분자의 영구 쌍극자 특성 (b) 물 분자 간의 수소결합은 영구 쌍극자 인력 때문이다.

29kJ/mol(7kcal/mol)이다. 물이 그 분자량에 비해 끓는점이 높은 것은 수소결합 때문이다. 수소결합은 고분자 재료에서 분자사슬 사이의 결합을 강화하는 데 매우 중요하다.

1.3.5 혼합결합

원자 또는 이온의 화학결합에는 하나 이상의 1차결합과 2차 쌍극자 결합이 포함될 수 있다. 1차결합에는 (1) 이온-공유, (2) 금속-공유, (3) 금속-이온과 같은 혼합결합(mixed bonds) 형태가 있다.

(1) 이온-공유 혼합결합

대부분의 공유결합 분자는 약간의 이온결합을 가지며, 마찬가지로 대부분의 이온결합 분자는 약간의 공유결합을 갖는다. 공유결합의 국부적 이온성(partial ionic character)은 전기음성도 크기로 설명할 수 있다[그림 1.20]. 이온-공유(ionic- covalent) 혼합결합에 포함된 원소의 전기음성도 차가 크면, 결합의 이온성도 커진다. Pauling은 화합물 AB에서 결합의 %이온성을 결정하는 데 다음과 같은 식을 제안하였다.

													H 2.1			
Li 1.0	Be 1.5											B 2.0	C 2.5	N 3.1	O 3.5	F 4.1
Na 1.0	Mg 1.3											Al 1.5	Si 1.8	P 2.1	S 2.4	Cl 2.9
K 0.9	Ca 1.1	Sc 1.2	Ti 1.3	V 1.5	Cr 1.6	Mn 1.6	Fe 1.7	Co 1.7	Ni 1.8	Cu 1.8	Zn 1.7	Ga 1.8	Ge 2.0	As 2.2	Se 2.5	Br 2.8
Rb 0.9	Sr 1.0	Y 1.1	Zr 1.2	Nb 1.3	Mo 1.3	Tc 1.4	Ru 1.4	Rh 1.5	Pd 1.4	Ag 1.4	Cd 1.5	In 1.5	Sn 1.8	Sn 1.7	Te 2.0	I 2.2
Cs 0.9	Ba 0.9	La 1.1	Hf 1.2	Ta 1.4	W 1.4	Re 1.5	Os 1.5	Ir 1.6	Pt 1.5	Au 1.4	Hg 1.5	Tl 1.5	Pb 1.6	Bi 1.7	Po 1.8	At 2.0
Fr 0.9	Ra 0.9	Ac 1.0														

Lanthanides: 1.0-1.2
Actinides: 1.0-1.2

[그림 1.20] 원소의 전기음성도

$$\% 이온성 = (1 - e^{(-1/4)(X_A - X_B)^2})(100\%) \tag{1}$$

여기서 X_A, X_B는 화합물에서 A, B 원자의 전기음성도이다.

많은 반도체 화합물은 이온-공유 혼합결합을 한다. 예를 들면 GaAs는 III-V 화합물(주기율표에서 갈륨은 3A족이고, 비소는 5A족임)이고, ZnSe는 II-VI 화합물이다. 이러한 화합물의 결합에서 화합물내 원자의 전기음성도가 커짐에 따라 이온성은 증가한다. 따라서 II-VI 화합물의 전기음성도 차가 크기 때문에 II-VI 화합물이 III-V 화합물에 비해 이온성이 클 것이다.

(2) 금속-공유 혼합결합

금속-공유(metallic-covalent) 혼합결합은 흔히 일어나는 결합이다. 예컨대 전이금속은 dsp 결합궤도를 포함하는 금속-공유 혼합결합을 한다. 전이금속의 융점이 높은 것은 금속-공유 혼합결합 때문이다. 주기율표에서 4A족 역시 탄소의 순수한 공유결합으로부터 규소와 게르마늄에서는 금속적인 특성도 갖도록 단계적으로 전이한다. 주석과 납은 주로 금속결합을 한다.

(3) 금속-이온 혼합결합

금속간 화합물을 형성하는 원소에서 전기음성도 차가 크면, 화합물 내에서 충분한 양의 전자이동(이온성 결합)이 있을 수 있다. 따라서 일부 금속간 화합물은 금속-이온(metallic-ionic) 혼합결합의 좋은 예가 된다. $NaZn_{13}$과 같은 금속간 화합물에서 전자이동은 특히 중요하고, Al_9Co_3와 Fe_5Zn_{21} 화합물에서는 덜 중요한데, 이것은 후자의 경우 전기음성도 차가 훨씬 작기 때문이다.

1.3.6 원자 사이의 거리

원자 사이의 인력은 고체(및 액체)의 원자를 서로 끌어당긴다. 식 (2)는 원자 사이의 거리(x)가 가까워지면 인력(F_C)이 더욱 커짐을 나타낸다.

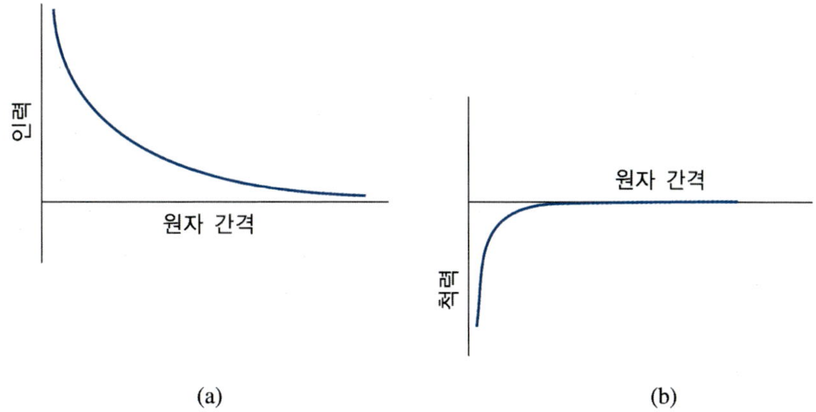

[그림 1.21] 원자 간의 힘 : (a) 인력(+) (b) 척력(-)

$$F_C \propto x^{-2} \tag{2}$$

어떤 원자의 쌍에서 이것은 [그림 1.21(a)]와 같이 쌍곡선으로 그릴 수 있고, x=0에서는 원자 또는 이온이 한 곳에 일치하게 된다. 그러나 거기에는 한계가 있다. 대부분의 고체에서 원자와 원자 중심 사이의 최단거리는 약 0.2nm이고, 주어진 재료에 따라 고유의 값이 된다. 예를 들어 polythylene에서는 탄소 원자의 핵과 핵 사이의 거리는 0.1544nm이며, 20℃에서의 철 원자간 거리는 0.2482nm이다. 같은 온도에서 MgO의 이온간격은 0.21056nm이다.

(1) 전자척력

2개의 원자가 nm의 거리 이내로 서로 접근하면 매우 강력한 반발력이 생긴다. 이 힘은 각 원자가 수많은 가전자와 내부전자를 가지고 있기 때문에 생기는데, 이것을 전자척력이라 한다. 척력 F_R은 식 (2)의 인력보다 거리의 더 큰 차수에 반비례한다.

$$F_R = bn/x^{n+1} \tag{3}$$

여기서 b는 비례상수고, 차수 n은 9~10의 큰 값을 갖는다. 매우 가까운 거리에서는 전자척력이 쿨롱인력보다 더 강하게 작용한다. 따라서 거리가 멀 때에는 쿨롱인력이 우세하고, 가까울 때에는 반발력이 우세하다[그림 1.22(a)]. 자연히 두 원자의 평형거리, 0-x'는 다음의 경우에 이루어진다.

$$F_C + F_R = 0 \tag{4}$$

평형위치에서 간격을 더 넓게 하려면 인장력이 필요하고, 가까이 하려면 급증하는 전자반발이 이기기 위해 압축력이 필요하다.

평형간격은 주어진 원자 또는 이온의 쌍에 있어서 매우 고유한 값이다. 그 값은 온도와 그 밖의 조건이 정해지면, X선 회절에 의해 5자리의 유효숫자까지 측정할 수 있다. 그 간격을 1% 늘이거나 줄이는 데에도 매우 큰 힘이 필요하다. 즉, 탄성계수를 기초로 계산하면, 철에서는 2000MPa(또는 300,000psi)의 응력이 필요하다. 따라서 재료의 강도나 원자배열을 고려할 때 원자를 단단한 공으로 간주하는 것이 편리할 때가 많다.

(2) 결합에너지

두 힘의 합과 원자 간격으로부터 결합에너지를 구할 수 있다[그림 1.22(b)]. 힘과 거리의 곱은 에너지이므로 다음과 같이 쓸 수 있다.

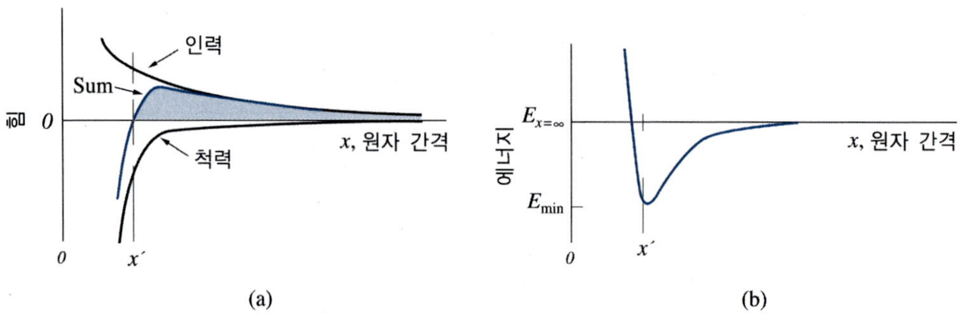

[그림 1.22] 원자간 거리 : (a) 결합력 (b) 결합에너지

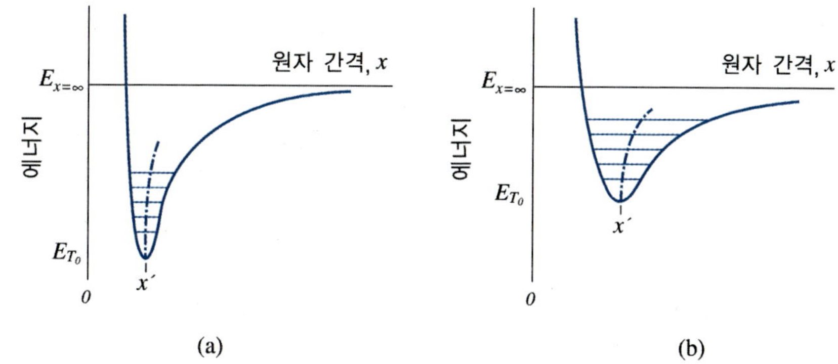

[그림 1.23] 에너지와 팽창 : (a) 강하게 결합된 고체 (b) 약하게 결합된 고체

$$E = \int_{\infty}^{x} (F_C + F_R)dx \tag{5}$$

원자가 무한히 떨어진 상태를 에너지의 기준으로 삼는다. 즉 $E_{x=\infty} = 0$으로 한다. 원자가 가까워짐에 따라 [그림 1.22(a)]에서 진하게 칠한 부분의 면적만큼의 에너지가 방출된다. 그러나 $0 - x'$ 거리, 즉 $F = 0 = \frac{dE}{dx}$에서는 더 가까이 접근하기 위해 힘을 가해야 하므로, 이곳에서 에너지가 최소가 된다. 에너지 우물(energy well)의 깊이, 즉 $E_{x=\infty} = E_{\min}$은 결합에너지가 된다. 왜냐하면 그만큼의 에너지는 두 원자가 0K 에서 접근할 때 방출(또는 분리할 때 필요하게) 되기 때문이다.

[그림 1.22]는 정성적인 이해를 도와준다. 예컨대 0K에서의 평형거리는 x'이다. 그러나 [그림 1.23]과 같이 가열되면 운동에너지는 증가한다. 그 에너지를 가지고 x는 x'로부터 x' 이상으로 커질 수 있다. 이때 에너지의 우물벽(계곡)이 좌우대칭이 아니기 때문에 x의 평균값은 커진다. 가열에 따라 원자 간의 평균거리는 멀어지게 된다. 이것이 바로 열팽창이다.

(3) 원자반경과 이온반경

2개의 인접된 원자의 중심간 평형거리는 그들의 원자반경의 합이라고 생각할 수 있다[그림 1.24]. 예를 들어 은(Ag)은 실내온도에서 두 원자의 중심간 평균

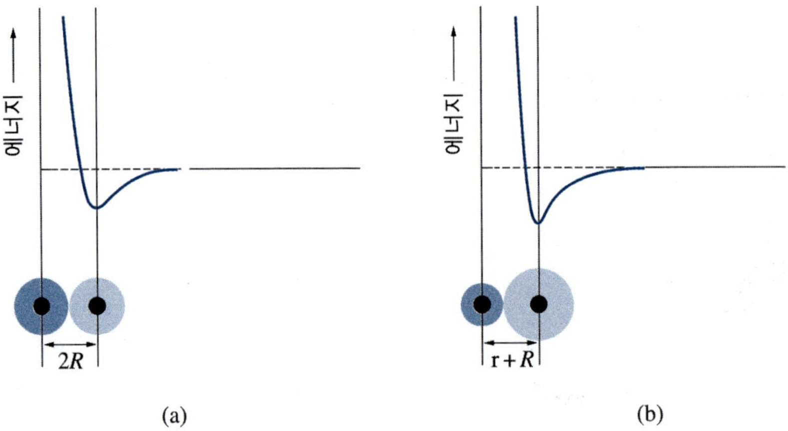

[그림 1.24] 결합길이

거리가 0.2482nm이다. 따라서 은 원자 하나의 반경은 0.1241nm(또는 1.241 Å)이다.

이 거리는 몇 가지 요인에 의해 변한다. 첫째, 이미 설명한 바와 같이 온도다. 둘째, 이온가다. Fe^{2+}이온은 반경이 0.074nm이며, 이것은 Fe 원자보다 작다[표 1.3]. 철 원자에서 2개의 가전자가 제거되었기 때문에 남아있는 24개의 전자는 아직도 26개의 양자를 갖고 있는 핵에 더 가까이 끌리게 된다[그림 1.25].

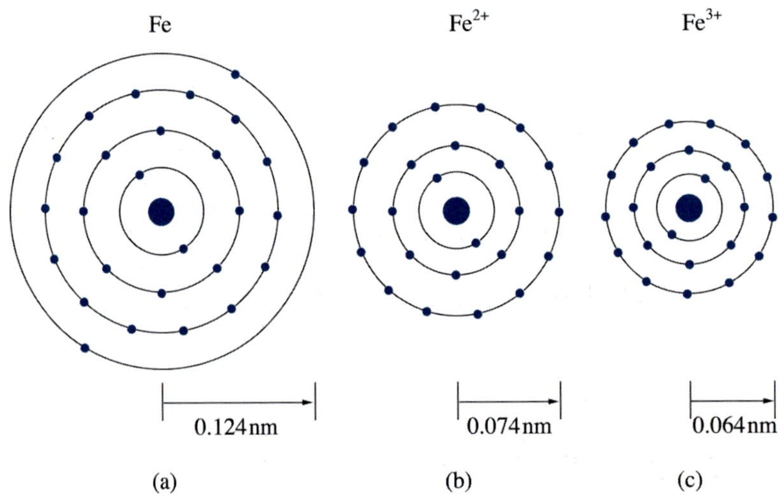

[그림 1.25] 원자와 이온의 크기

전자 1개가 더 떨어져나가 Fe^{3+}이온이 될 때 수축이 더 커진다. 이 이온의 반경은 0.064nm, 즉 금속 원자의 1/2에 불과하다(체적은 1/8).

음이온의 경우, 핵 속에 있는 양자의 수보다 더 많은 수의 전자가 궤도를 돌고 있기 때문에 이 추가된 전자는 원래의 전자와 같이 핵에 가까이 끌리지 않는다. 따라서 음이온은 그 원자보다 크다.

원자나 이온의 크기에 영향을 주는 세 번째 요인은 인접된 원자의 수이다. 철 원자는 8개의 인접된 철 원자와 접촉하고 있을 때 반경은 0.1241nm이며, 이때

[표 1.3] 원자와 이온의 반경

원소	금속 원자		이온			고유결합	
	배위수	반경, nm	가전자수	배위수	반경, nm	1/2 결합길이, nm	
Carbon						단일결합	0.077
						이중결합	0.065
						삼중결합	0.06
Silicon			4+	6	0.042	단일결합	0.117
			4+	4	0.038		
Oxygen			2−	8	0.144	단일결합	0.075
			2−	6	0.140	이중결합	0.065
			2−	4	0.127		
			2−	2	~0.114		
Chlorine			1−	8	0.187	단일결합	0.099
			1−	6	0.181		
Sodium	8	0.1857	1+	6	0.097		
Magnesium	12	0.161	2+	6	0.066		
Aluminum	12	0.1431	3+	6	0.051		
			3+	4	0.046		
Iron	8	0.1241	2+	6	0.074		
	12	~0.127	3+	6	0.064		
Copper	12	0.1278	1+	6	0.096		

가 상온에서의 정상배열이다. 이 배열이 바뀌어 1개의 원자가 12개의 원자와 접촉하게 되면, 각 철 원자의 반경은 약간 커져서 0.127nm이 된다. 인접 원자가 많아지면, 이들로부터 더 큰 전자반발을 받게 되어 원자간 거리는 더 넓어진다[표 1.3].

CN=6인 이온의 반경이 CN=4보다 약 10% 정도 큰 것을 경험으로 알 수 있다. 반대로 CN=8과 비교하면 3% 정도 작다[표 1.3].

보통 공유결합된 재료에 대해서는 원자반경이라는 말을 쓰지 않는다. 이 경우엔 전자분포가 구형과 다르기 때문이다[그림 1.14(a)]. 더구나 원자배위를 규정하는 요인은 원자의 크기가 아니라 가질 수 있는 전자쌍의 수이다. 그렇지만 [표 1.3]에서 볼 때 원자간 거리에 대해서는 비교할 수 있다. C–C 결합을 갖는 ethylene에서는 탄소의 핵과 핵 사이의 거리가 0.154nm이고, C=C 결합에서는 0.13nm, C≡C 결합에서는 0.12nm이다. 이 결과는 결합에너지가 다중결합이 될수록 커지기 때문에 당연히 예상할 수 있다[표 1.2].

연습문제

1. 구리 원자 1개의 질량을 그램으로 나타내시오.

2. 구리 1g에는 몇 개의 구리 원자가 있는지 나타내시오.

3. 마그네슘 원자의 질량을 구하시오.

4. 마그네슘의 밀도가 1.74mg/m^{3}일 때, mm^{3}당 몇 개의 마그네슘 원자가 있는지 구하시오.

5. 다이아몬드의 질량이 3.1mg이다.
   (1) 탄소에 1.1at%(atomic percent)의 C^{13}동위원소가 함유되어 있으면 3.1mg 중의 C^{13} 원자 수를 구하시오.
   (2) C^{13}의 wt%(weight percent)를 구하시오.

6. 미국의 25센트짜리 동전 겉표면은 75wt% Cu와 25wt% Ni의 합금으로 되어 있다. 이 재료에서 구리와 니켈의 at%를 구하시오.

7. 45.3wt% Mg과 54.7wt% Ni로 이루어진 금속간 화합물의 화학식을 구하시오.

8. 2.6kg의 acetylene, C_2H_2가 수소와 반응해서 ethylene, C_2H_4로 될 때 얼마의 에너지((+) 또는 (−))가 필요한지 구하시오.

9. 나프탈렌($C_{10}H_8$)의 구조는 2개의 탄소를 공유하는 이중 벤젠고리로 되어 있다. 몇 개의 비편재화된 전자가 존재하는지 구하시오.

10. 금속에서의 전기 전도성에 대해 설명하시오.

11. 1차결합인 이온결합, 공유결합, 금속결합에 대하여 설명하시오.

12. 2차결합인 영구 쌍극자 결합과 요동 쌍극자 결합에 대하여 설명하시오.

연습문제

13. 수소 원자쌍 사이의 공유결합을 설명하시오.

14. 배위수가 6일 때 r/R의 최소값을 구하시오.

15 Pauling의 식을 이용하여 GaAs(Ⅲ–Ⅴ)와 ZnSe(Ⅱ–Ⅵ) 반도체 화합물의 %이온성을 구하시오.

CHAPTER

2 결정

Material Science and Engineering

원자와 원자의 결합에 대하여 고찰하였으므로, 이제 구조적인 규모의 다음 단계로서 원자의 규칙성에 대하여 알아보자. 결정고체에 대한 과제는 비교적 간단한데, 그것은 단위정이 2차원적으로 형성되어 반복되기 때문이다. 각각의 단위정은 결정 전체의 기하학적인 특성을 모두 갖추고 있다.

이 장에서 우리는 비교적 간단한 결정구조(bcc, fcc, hcp)의 원자배열에 대해 주로 고찰해볼 것이다. 또한 단위정 안의 위치, 결정방향, 결정면의 표시방법에 대하여 자세히 논할 것이다.

2.1 결정상

재료과학, 재료공학에 있어서 상(phase)이라는 용어는 "구조와 성분이 다른 부분과 구별되는 한 부분"이라는 뜻으로 쓰인다. 얼음물을 생각해보자. 같은 성분임에도 불구하고 물은 유동성의 액체고 얼음은 결정성의 고체다. 이 둘 사이의 상경계(相境界)는 구조의 불연속성을 가져오고 이들은 다른 상이 된다. 마찬가지로 소금과 소금물은 NaCl을 함유하고 있으나 이들은 다른 상이다. 서로의 경계에서 불연속성은 성분과 구조의 차이를 나타낸다. 물과 알코올 50-50의 혼합물을 생각해보자. 이들은 서로를 용해하거나 용매로 작용할 수 있다. 따라서 상은 하나밖에 없다. 그러나 물과 기름의 50-50 혼합물은 완전히 혼화(混和)되지 않고 2개의 상을 갖게 되며, 상경계에서 성분상의 불연속이 일어난다.

2.1.1 결정

거의 모든 금속과 대부분의 세라믹, 약간의 플라스틱은 응고할 때 결정화된다. 결정(crystals)은 면이 있고, 투명하며, 때때로 값비싼 재료로 인식된다. 그러나 금속이나 다른 재료의 내부구조를 이해하기 위해 반드시 고찰해야 하는 결정은 많은 기초적인 정보를 갖고 있다.

결정은 넓은 범위 규칙성을 만드는 주기성이 있다. 이 때문에 한 부분의 원자배열은 3차원 공간상으로 규칙적인 간격을 두고 수백만 번 반복된다.

결정에서 찾을 수 있는 규칙성은 원자결합의 부분적인 척도로 [그림 2.1]처럼 나타낼 수 있다 : (1) 각각의 Na^+ 이온은 인접한 이웃으로 Cl^- 이온만 갖으며, 또 각 Cl^- 이온은 인접한 이웃으로 Na^+ 이온만 갖는다. (2) NaCl과 인접한 이웃 간의 거리는 고정되어 있다. 즉 Na^+ 이온반경(0.097nm)과 Cl^- 이온반경(0.181nm)의 합은 항상 0.278nm이다. (3) 어떤 이온의 이웃은, 다른 이온에도 이웃인 것과 같이, 항상 동일한 방향에서도 찾을 수 있다.

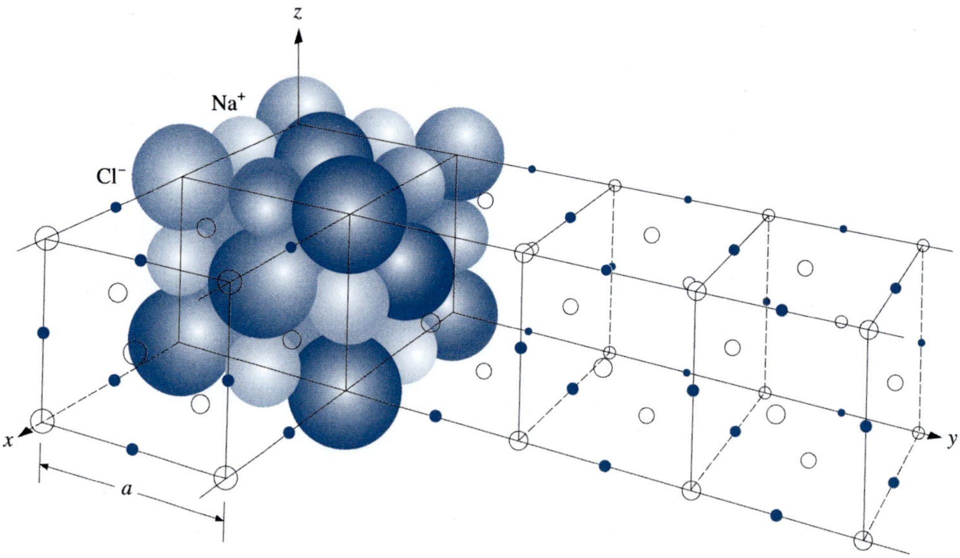

[그림 2.1] NaCl의 결정구조

위의 모든 부분적인 관계도 중요하지만 가장 중요한 사실은, 이들 원자(혹은 이온) 결합의 3차원적인 확장이 넓은 범위 주기성을 만든다는 것이다. 이것은 [그림 2.1]에 선과 점으로 표시되어 있으며, 무한한 반복을 시사한다. 단위정(unit cell)이라 불리는 작은 체적의 원자(또는 이온)는 특정한 간격으로 반복된다. 결정 내의 모든 단위정은 동일하다. 하나만 설명하면 모두 설명될 수 있기 때문에 이후의 내부구조 해석과 설명을 간편하게 한다.

2.1.2 결정계

결정의 특성인 3차원적 주기성은 몇 가지 다른 기하로 알 수 있다. [그림 2.1]의 단위정은 3차원적으로 같은 각도와 크기를 갖는 입방이다. 이런 결정은 입방정에 속한다고 한다.

다른 결정계(crystal system)에 대해서 알아보기 전에 기준축을 설정해야 한다. 관례적으로 왼쪽, 아래 뒤쪽에 원점을 잡고 x, y및 z축을 그린다. [그림 2.2(a)]와 같이 축각은 , α, β 및 γ라 부른다. 또한 관례상, [그림 2.2(b)]와 같이

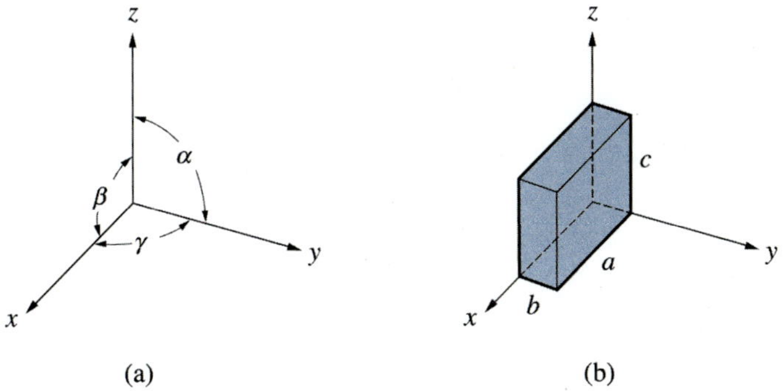

[그림 2.2] 결정축과 단위정의 치수

단위정의 치수는 세 축 방향에 대하여 각각 a, b, c라 부른다. 계산의 편의를 위해 원점과 방향은 바뀔 수도 있다. 그러나 이런 경우에는 독자들에게 명시되어야 한다.

축각의 변화와 a, b, c의 상대적인 크기에 따라 7가지의 결정계가 존재하며, 이를 [표 2.1]에 표시하였다.

이 책에서는 가장 대칭성이 큰 입방정(cubic crystal)을 주로 취급한다. 그 다음으로 중요한 의미를 갖는 다른 계인 정방정(tetragonal), 사방정(orthorhomic) 및 육방정(hexagonal)을 [그림 2.3]에 나타내었다.

[표 2.1] 공간격자의 결정계에 따른 분류

결정계	축길이와 축간 각	공간격자
입방정계	$a=b=c,\ \alpha=\beta=\gamma=90^\circ$	단순, 체심, 면심
정방정계	$a=b\neq c,\ \alpha=\beta=\gamma=90^\circ$	단순, 체심
사방정계	$a\neq b\neq c,\ \alpha=\beta=\gamma=90^\circ$	단순, 체심, 면심, 저심
삼방정계	$a=b=c,\ \alpha=\beta=\gamma\neq 90^\circ$	단순
육방정계	$a=b\neq c,\ \alpha=\beta=90^\circ,\ \gamma=120^\circ$	단순
단사정계	$a\neq b\neq c,\ \alpha=\gamma=90^\circ\neq\beta$	단순, 저심
삼사정계	$a\neq b\neq c,\ \alpha\neq\beta\neq\gamma\neq 90^\circ$	단순

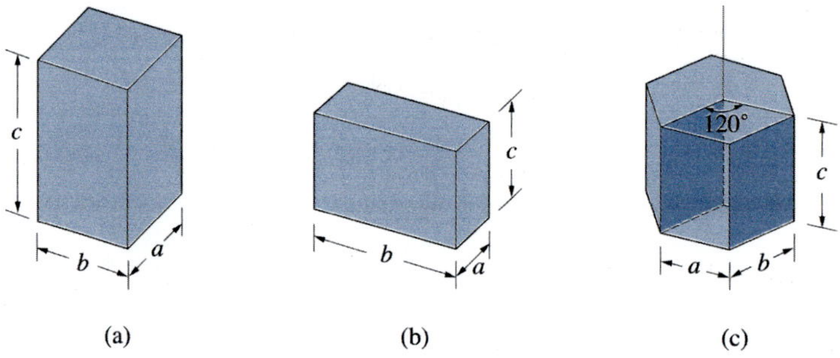

[그림 2.3] 비입방형 결정 : (a) 정방정(tetragonal), (b) 사방정(orthorhomic), (c) 육방정(hexagonal)

2.1.3 격자

[표 2.1]과 같이 공간을 채우는 방법은 7가지로 분류할 수 있다. 7가지 계의 일관성을 가지며 14개의 모양으로 나눌 수 있는데, 이를 Bravais 격자(lattices)라 한다[그림 2.4]. 이들 중 세 가지는 입방정계인데 단순입방(sc), 체심입방(bcc), 면심입방(fcc)이 그것이다.

입체적으로 관찰할 때, [그림 2.4]의 격자들은 점의 규칙적인 반복을 나타낸다. 격자의 각 점은 격자 내의 다른 점들과 완전히 똑같은 이웃을 갖는다. 이웃의 점과의 거리, 이웃의 점의 방향은 되풀이되어 반복된다. 단순입방격자에서는 이와 같은 반복이 3개의 직교축 방향으로만 일어나며, 체심입방격자에서는 각 단위정의 중심에 대해서도 일어난다. 면심입방격자의 경우에는 각 면의 중심에 대해서도 반복이 일어난다.

[표 2.1]과 [그림 2.4]에서 알 수 있듯이 입방정계(cubic system)에는 세 가지 형태의 단위격자, 즉 단순입방정(sc), 체심입방정(bcc), 면심입방정(fcc)이 있다. 사방정계에는 네 가지 형태가 모두 있고, 정방정계(tetragonal system)에는 단순과 체심 두 가지만 있다. 면심정방 단위격자는 4개의 체심정방 단위격자로 만들 수 있기 때문에 무시한다. 단사정계(monoclinic system)는 단순과 저심 단위격자를 가지며, 삼방정계(rhombohedral system)와 육방정계(hexagonal system), 삼사정계(triclinic system)는 단순 형태의 단위격자만 갖는다.

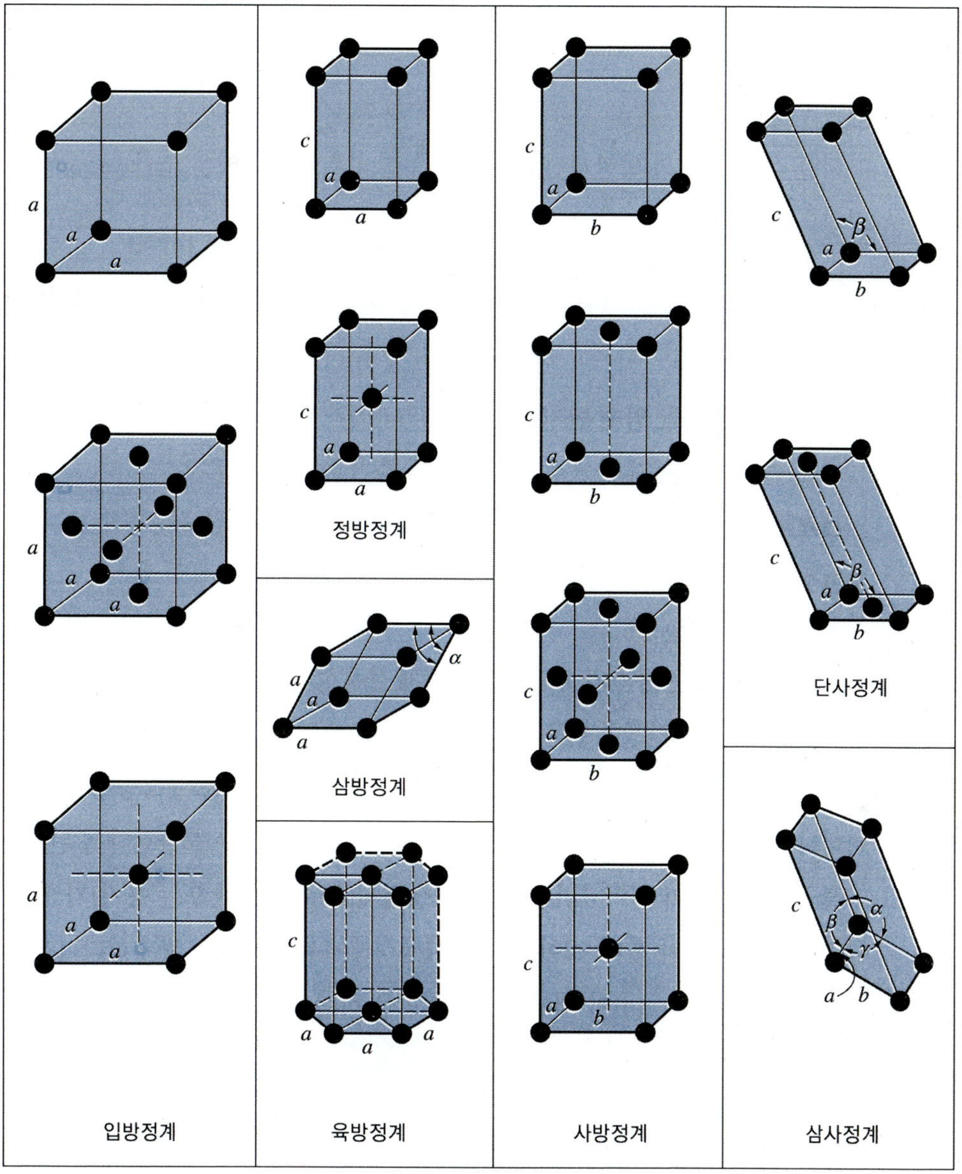

[그림 2.4] 결정계에 따른 14개의 Bravais 격자

2.2 입방정

2.2.1 체심입방(bcc) 금속

철은 입방구조를 갖는다. 상온에서 철의 단위정은 입방체의 각 구석 점과 체심의 위치에 원자를 가지고 있다[그림 2.5]. 철은 가장 보편적인 체심입방(bcc) 금속이며, 부록 A에서 보는 바와 같이 Cr, W을 비롯해 많은 금속이 체심입방이다.

체심입방구조 속의 각 Fe 원자는 그것이 단위정의 모서리에 있든 체심의 위치에 있든 8개의 인접 원자에 둘러싸여 있다. 따라서 모든 원자는 동일한 기하학적 배치를 하고 있다[그림 2.5(a)]. bcc 금속은 1단위정에 2개의 원자를 갖고 있는데, 체심 위치에 온전한 1개와 8모서리에 1/8의 원자를 갖고 있는 셈이다[그림 2.5(c)].

체심입방구조의 금속재료에는 원자가 단위정 입체의 대각선(b.d.)을 따라 접촉하고 있으므로, [그림 2.6]로부터 다음과 같이 쓸 수 있다. 여기서 a, R은 각각 격자상수, 원자반경을 나타낸다.

$$(\text{b. d.})_{\text{bcc 금속}} = 4R = a_{bcc\text{ 금속}}\sqrt{3} \tag{1}$$

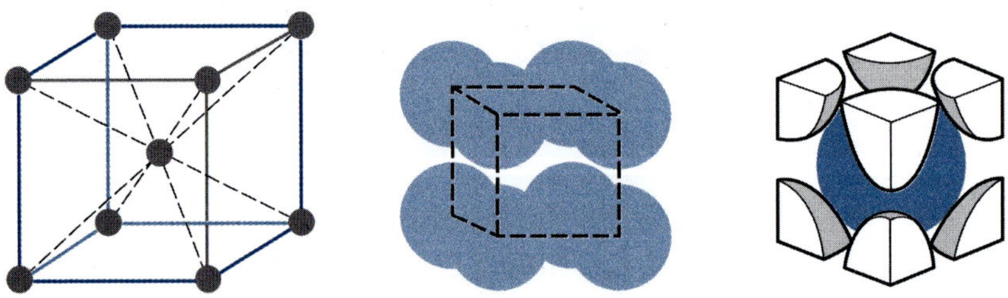

(a) (b) (c)

[그림 2.5] 체심입방(bcc) 단위격자 : (a) 원자 위치로 표시된 단위격자, (b) 강구로 나타낸 단위격자, (c) 분리된 단위격자

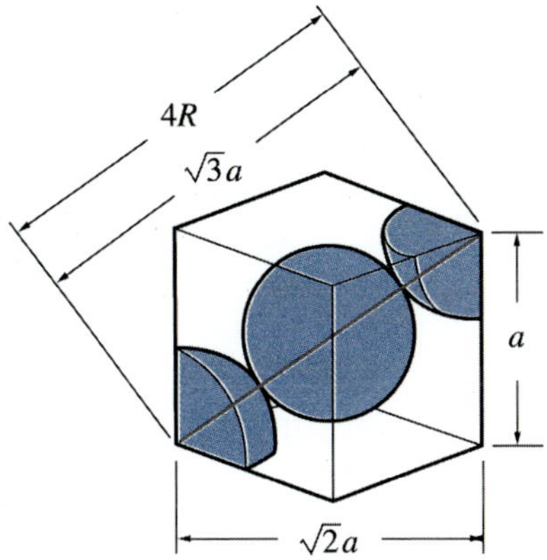

[그림 2.6] bcc 단위격자에서 격자상수 a와 원자반경 R과의 관계

$$a_{\text{bcc 금속}} = 4R/\sqrt{3} \tag{2}$$

원자가 구형이라 가정하고 원자가 차지하는 체적과 단위정의 체적의 비를 계산함으로써, bcc 금속에 대해 원자 충진율(packing factor, PF)의 개념을 적용할 수 있다.

$$\text{충진율} = \frac{\text{단위정 내의 원자 체적}}{\text{단위정 전체의 체적}} \tag{3}$$

bcc 금속은 단위정당 2개의 원자가 있으므로, 원자가 구형이라고 가정하면 다음과 같다.

$$\mathrm{PF} = \frac{2[4\pi R^3/3]}{a^3} = \frac{2[4\pi R^3/3]}{[4R/\sqrt{3}]^3} = 0.68 \tag{4}$$

2.2.2 면심입방(fcc) 금속

구리(Cu)의 원자배열은 철과 같지는 않지만 역시 입방형이다[그림 2.7]. 구리의 단위정에서는 입방체의 각 모서리에 구리 원자가 위치하고, 각 면의 중심에

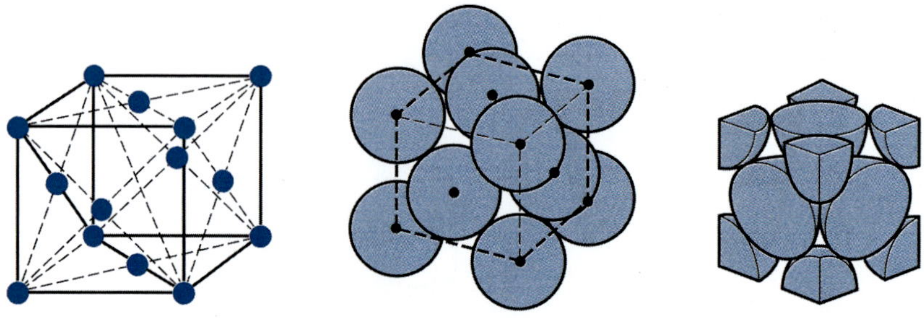

(a) (b) (c)

[그림 2.7] fcc 단위격자 : (a) 원자 위치로 표시된 단위격자, (b) 강구로 나타낸 단위격자, (c) 분리된 단위격자

각각 하나의 원자가 더 있지만 입방체의 중심에는 원자가 없다.

면심입방구조(fcc)는 금속구조에서 bcc만큼 흔하다. Al, Cu, Pb, Ni 그리고 높은 온도에서 Fe 등은 fcc 구조다.

fcc 구조의 금속은 단위정당 4개의 원자를 갖는다. 즉, 8모서리에 있는 1/8씩의 원자가 합계 1개, 6면의 중심에 있는 1/2씩의 원자가 합계 3개의 원자로서, 한 단위정당 4개의 원자가 있다. 원자는 면의 대각선 (f.d.)을 따라 접촉하게 되므로, 다음과 같이 쓸 수 있다.

$$(\mathrm{f.d.})_{\mathrm{fcc}\ 금속} = 4R = a_{\mathrm{fcc}\ 금속}\sqrt{2} \tag{5}$$

$$a_{\mathrm{fcc}\ 금속} = 4R/\sqrt{2} \tag{6}$$

fcc 구조의 금속에서 하나의 단위정은 4개의 원자를 갖고 있다는 것을 [그림 2.7]을 통해 알 수 있다. 따라서 충진율은 다음과 같이 쓸 수 있다.

$$\mathrm{PF} = \frac{4(4\pi R^3/3)}{a^3} = \frac{16\pi R^3(2\sqrt{2})}{(3)(64R^3)} = 0.74 \tag{7}$$

위에서 구한 바와 같이 fcc 금속의 충진율은 0.74로서 bcc 금속의 0.68보다 크다. 이것은 fcc가 12개의 이웃을 가지고 있으므로 당연한 일이다. bcc는 8개

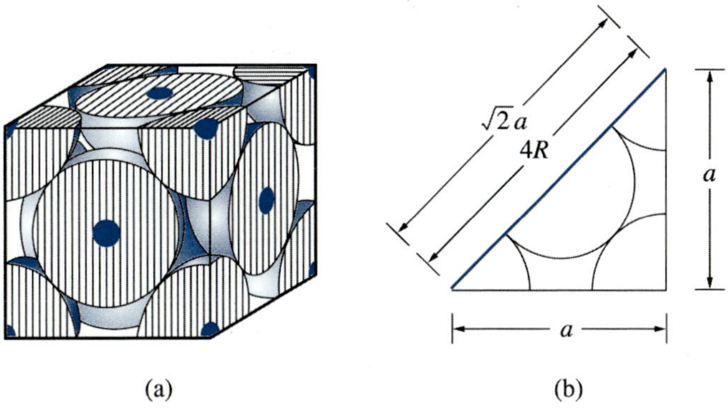

[그림 2.8] fcc 단위격자에서 격자상수 a와 원자반경 R의 관계

뿐이다. [그림 2.8]의 fcc 구조에서 앞면의 중심에 있는 원자는 그 면에서 4개, 뒤쪽에서 4개, 그리고 앞쪽에서 4개의 원자와 이웃하고 있다.

2.2.3 다른 면심입방구조

[그림 2.7]과 [그림 2.8]의 금속구조가 면심입방구조의 전부라고 할 수 없다. [그림 2.1]의 NaCl 구조도 fcc이다. 각 면심의 원자는 모서리 원자와 동일하다. 그러나 NaCl 화합물에서는 다른 종류의 원자가 이것들과 접촉하고 있으므로, fcc 화합물의 단위정 크기는 두 종류의 원자반경 합의 두 배로 구할 수 있다.

$$a_{\mathrm{fccNaCl}} = 2(r_{\mathrm{Na+}} + R_{\mathrm{Cl-}}) \tag{6}$$

이것을 [그림 2.9]에 나타내었다.

다이아몬드 입방구조도 역시 fcc이다. [그림 2.10(a)]와 같이 구형 원자나 이온이 직접 접촉한다기보다는, 공유결합을 하고 있음을 알 수 있다. 1개 단위정 당 8개의 원자가 있다. 이 구조에서 C-C 원자간 거리는 0.154nm이다. [그림 2.10(b)]를 살펴보면 입체대각선(b.d.)은 이 값의 네 배라는 것을 알 수 있다. 따라서

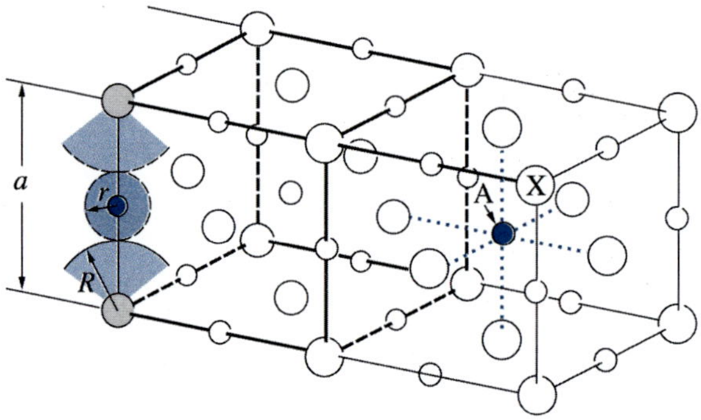

[그림 2.9] AX 구조(NaCl형)

$$(\text{b. d.})_{\text{다이아몬드}} = 4(\text{C}-\text{C}) = (a_{\text{다이아몬드}})\sqrt{3}$$

또는

$$a_{\text{다이아몬드}} = 4(0.154\text{nm})/\sqrt{3}$$

이다. 즉, 격자상수는 0.35nm가 된다.

반도체로 널리 사용되는 실리콘은 다이아몬드 입방구조를 하고 있다. 또한 갈륨비소(GaAs)도 fcc 구조와 밀접한 관계가 있으며, [그림 2.10(a)]의 원자 위치에 Ga와 As가 교대로 배열되어 있다.

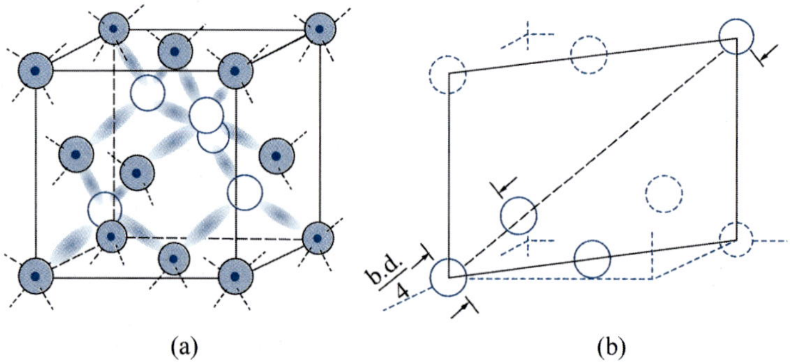

[그림 2.10] 다이아몬드 입방구조

2.2.4 단순입방(sc) 구조

단순(單純)이라는 말은 단순입방구조라는 말 속에서 모순된 의미로 사용되고 있다. 왜냐하면 단순입방(sc)은 어떤 bcc나 fcc보다 더 복잡하기 때문이다. 결정학적인 문맥에서 단순이라는 말은, 반복이 오직 단위정의 전체에 해당하는 증가에 의해서만 이루어진다는 뜻이다. bcc 구조가 단위정의 모서리에서뿐만 아니라 그 중심에서도 반복된다는 것과 fcc가 각 모서리뿐 아니라 각 면의 중심에서도 반복된다는 것을 기억해야 한다. sc는 이들과 같이 반복되는 중심점이 없다.

Alkali halide, CsCl은 sc이다[그림 2.11(a)]. Cl^-이온은 단위정의 모서리에 있고, Cs^+이온은 중심에 있다. 그러나 이 화합물은 bcc가 아니다. 단위정의 중심에는 단위정의 모서리에 있는 이온과 다른 이온이 자리하고 있기 때문이다. 단순입방구조는 이원, 즉 2개의 성분을 갖는다. 따라서 단위정의 크기는 2개의 반경을 고려해야 한다. [그림 2.11(b)]로부터 다음과 같이 쓸 수 있다.

$$a_{CsCl}\text{형} = 2(r_{Cs+} + R_{Cl-})/\sqrt{3}$$

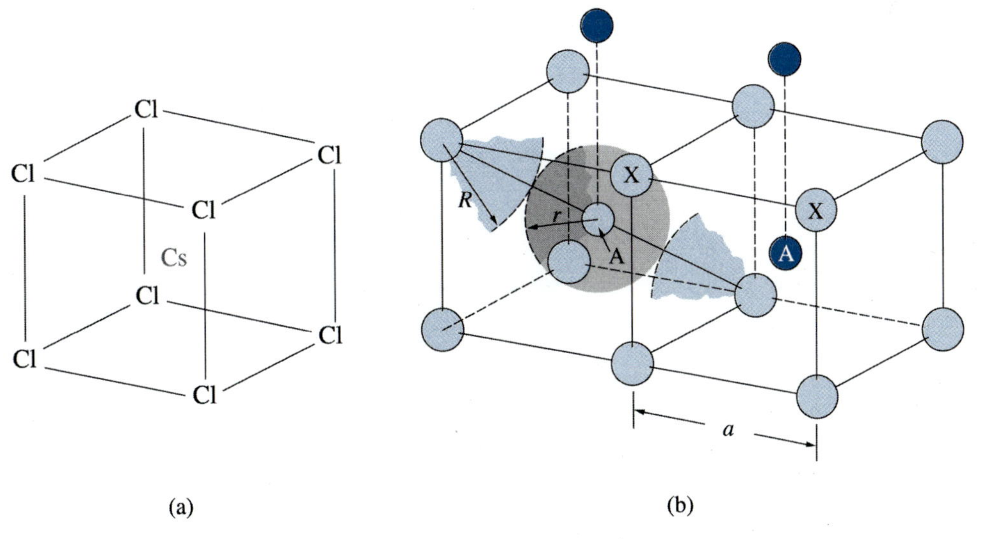

[그림 2.11] AX 구조(CsCl형)

2.3 비입방구조

2.3.1 조밀육방정 금속

[그림 2.12]는 Mg, Ti, Zn 등 몇몇 금속이 갖는 육방정구조를 나타낸 것이다. 이런 육방정구조를 조밀육방정(hcp)이라고 한다. 이 구조의 특징은 한 층의 원자는 그 위 또는 아래층의 3개 원자공극(interstice)에 위치한다는 것이다. 그 결과 하나의 원자는 위층의 3원자, 자신의 층의 6원자 및 아래층의 3원자와 접촉하게 되어 CN(배위수)=12가 된다. [그림 2.12]의 hcp는 1개 단위정에 6개의 원자를 갖는다. hcp 금속도 fcc 금속과 마찬가지로 배위수가 12이므로 0.74의 원자 충진율을 갖는다.

2.3.2 기타 비입방구조

금속 결정의 대부분은 입방이거나 육방정에 속한다. 그러나 실제로 bcc, fcc, hcp를 합한 것보다 더 많은 종류의 비입방구조가 있는데, 몇 가지 예를 들어 설명해 보겠다.

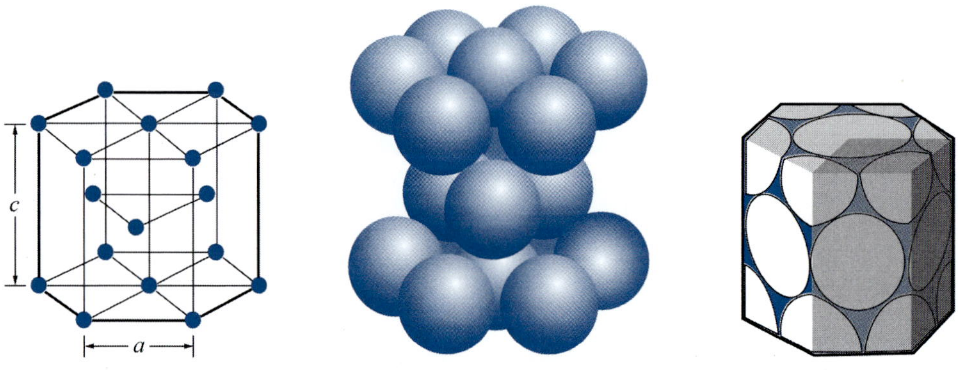

(a) (b) (c)

[그림 2.12] HCP 단위격자 (a) 원자 위치로 표시한 단위격자, (b) 강구로 나타낸 단위격자, (c) 분리된 단위격자

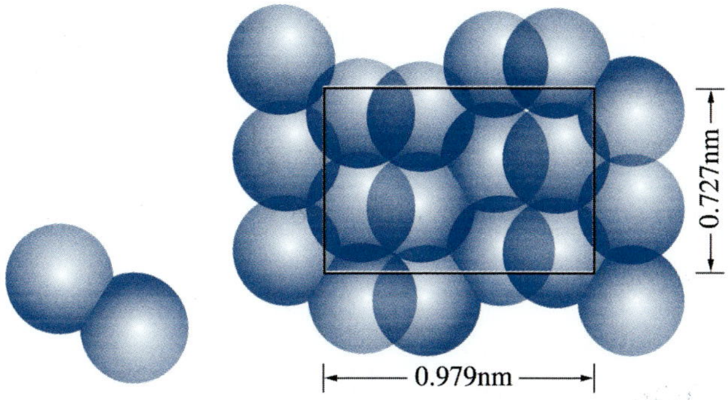

[그림 2.13] 분자결정(요오드 I2)

요오드(Iodine, I_2)는 사방정에 속한다[그림 2.13]. [표 2.1]에 따라 세 각은 모두 90°이나 세 축의 길이는 각각 다르다.

흑연(graphite)은 육방정이지만[그림 2.14], 다른 육방정과는 다르다. 흑연은 σ결정으로, 강하게 결합된 탄소 원자의 층으로 구성되어 있다. Benzene과 같이 나머지 가전자들은 비편재화되어 있어 평면구조를 통해 쉽게 이동할 수 있다. 그러나 인접된 흑연층 사이에는 2차결합의 인력이 있을 뿐이다. 흑연의 층은 평면으로 된 거대분자라고 생각할 수 있으며, 여러 가지 특수한 성질을 나타낸다. 첫째, 흑연은 두 방향으로 좋은 전기전도 · 열전도성을 가지고 있으나, 다른 한 방향으로는 나쁘다. 흑연은 이방성(anisotropic) 물질인데, 이것은 방향에 따라 구조와 성질이 다르다는 것을 뜻한다. 둘째, 층내의 강력한 σ결합은 이 결정고체를

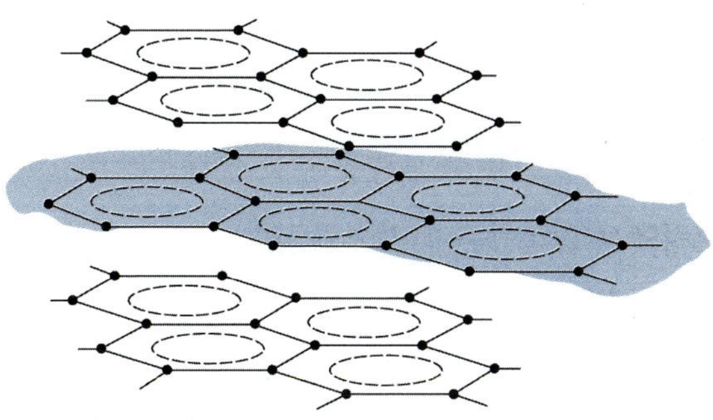

[그림 2.14] 흑연층의 비편재화 전자

2200℃까지 고체로 유지시켜 준다. 셋째, 평면 간의 약한 결합은 전단(剪斷)작용을 받을 때 쉽게 미끄러지게 한다. 따라서 흑연은 윤활재의 역할을 한다.

2.4 동질이상

2.4.1 다이아몬드-흑연

우리는 탄소의 두 가지 형태(다이아몬드와 흑연)를 알고 있다. 다이아몬드는 매우 단단하고 투명하며 전기 절연체(10^{-16}~10^{-17}ohm^{-1} · m^{-1})다. 흑연은 윤활의 성질이 있고 전류를 통한다($\sigma=10^5$ohm^{-1} · m^{-1}, 다이아몬드의 10^{20} 이상 수준의 크기). 이 차이는 결합의 차이, 즉 구조의 차이에서 비롯된다. 다이아몬드는 공유결합의 3차원 구조를 하고 있다[그림 2.10]. 반면에 흑연은 2차원 구조의 결정층 안에서 활동성 있는 전자를 갖고 있다[그림 2.14].

다이아몬드는 원자의 결합을 깨고 새로운 이웃과 배위를 할 수 있을 만한 충분한 열에너지를 가하면 흑연으로 변환될 수 있고, 그 반대도 가능하다.

$$C_{\text{다이아몬드}} \xleftrightarrow{\text{압력·열}} C_{\text{흑연}} \tag{9}$$

그러나 흑연-다이아몬드 반응에는 높은 온도에서 극히 높은 압력이 필요하다. 압력이 중요하다는 것은, 0.2g(1carat)의 다이아몬드 부피가 60mm^{3}인데 비해 같은 질량의 흑연 부피는 90mm^{3}라는 사실에서 알 수 있을 것이다.

2.4.2 체심입방 철-면심입방 철

금속에서 동질이상(polymorphism)의 가장 중요한 예는 철이다. 구리를 열처리하여 그 성질을 조절할 수 있는 것은 철이 912℃로 가열될 때 bcc에서 fcc로, 1400℃로 가열될 때 다시 bcc로 바뀌는 성질을 갖기 때문이다. 상온에서 bcc 철은 배위수 8, 원자 충진율 0.68, 그리고 원자반경은 0.1241nm이다. bcc 철을

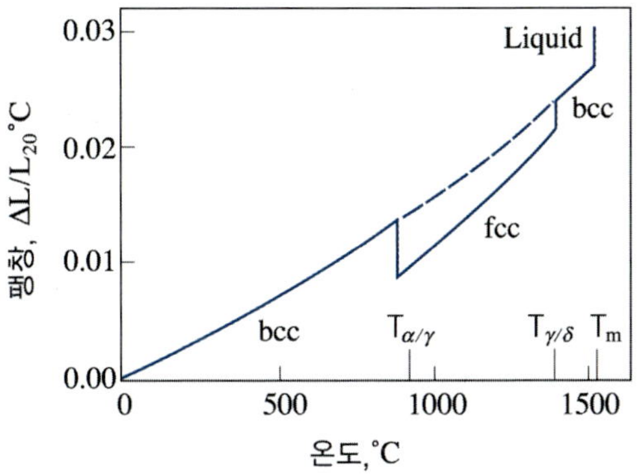

[그림 2.15] 철의 열팽창

가열하면 원자반경이 0.126nm까지 증가하며, 912℃에서 fcc로 상변화한다. fcc 철은 배위수가 12, 충진율이 0.74, 그리고 원자반경이 0.129nm이다.

$$Fe_{bcc} \xleftrightarrow{912℃} Fe_{fcc} \xleftrightarrow{1400℃} Fe_{bcc} \qquad (10)$$

위의 반응에는 체적의 변화가 따른다. 이 체적 변화에 두 가지 요인이 작용하고 있다는 사실에 주의하라. 우선, fcc 철 원자의 반지름이 더 큰 배위수 때문에 0.129nm로 증대되었다는 사실이다. 그러나 이와는 반대로, 더 우세한 효과는 충진율의 증가에 따른 전체 체적의 감소에서 나타난다. 식 (10)의 반응은 냉각될 때는 반대로 일어나므로, fcc상이 bcc상이 될 때는 전체 체적이 팽창된다.

2.5 단위정 기하

결정의 위치를 정할 때 일반적으로 따라야 할 규칙은, x축은 지면에서 나오는 방향으로, y축은 오른쪽으로, 그리고 z축은 위로 향하게 놓는 것이다. 그래서 좌표의 원점은 단위정의 왼쪽 아래, 뒤쪽 구석이 된다. 이들과 반대쪽은 "-"로 한다.

2.5.1 단위정 내의 점

단위정 내의 모든 점은 3좌표축에 관한 계수로 표시할 수 있고, 원점은 0, 0, 0이다. 단위정의 중심은 $\frac{a}{2}$, $\frac{b}{2}$, $\frac{c}{2}$이므로 위치를 나타내는 지수는 $\frac{1}{2}$, $\frac{1}{2}$, $\frac{1}{2}$이다. 위치계수(coefficients of location)는 항상 단위정의 치수를 기준으로 한다. 따라서 단위정의 원점과 반대쪽의 점은 입방이든 정방, 사방이든 1, 1, 1로 표시한다.

한 단위정 내의 임의의 점에서 격자상수(a, b 및 c) 정수배(整數倍)의 변이를 행하면 다른 단위정 내의 동일한 위치에 도달한다. [그림 2.16]의 평면격자에서 *표의 두 점은 y방향으로 $3b$, z축으로 $2c$의 변이에 의해 서로 떨어져 있다. 이 그림은 입방정(정사각형)의 격자가 아니다. 그러나 정수를 곱하여 중복성을 구하는 것은 입방, 정방, 사방 그 밖의 모든 결정계에 다 적용된다.

$\pm\frac{a}{2}$, $\pm\frac{b}{2}$, $\pm\frac{c}{2}$ 변이에 의해 체심단위정이나 인접한 단위정으로 중복되는 것 역시 알 수 있다. 그러므로 0.3, 0.4, 0.2의 지수점은 0.8, 0.9, 0.7의 위치와 중복되며, 또 다음 단위정의 0.8, −0.1, 0.7은 왼쪽으로 중복된다[그림 2.17].

면심단위정에서는 ±a, ±b, ±c와 더불어 $\pm\frac{a}{2}, \pm\frac{b}{2}, 0; \pm\frac{a}{2}, 0, \pm\frac{c}{2}; 0, \pm\frac{b}{2}, \pm\frac{c}{2}$의 변이가 중복점을 수반한다. 결국, $\frac{3}{4}$, $\frac{1}{4}$, $\frac{1}{4}$의 위치는 $\frac{1}{4}$, $\frac{3}{4}$,

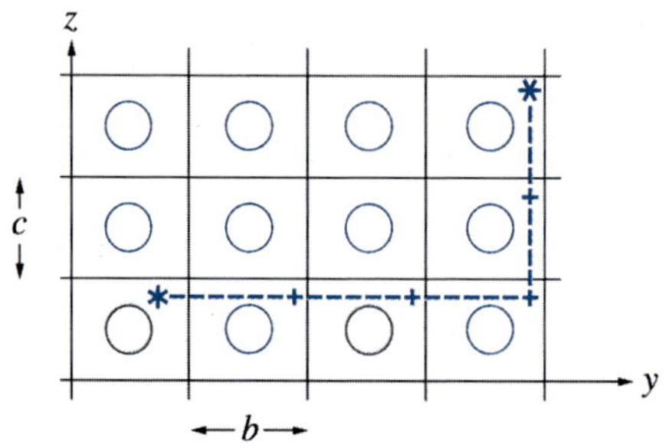

[그림 2.16] 단위변이

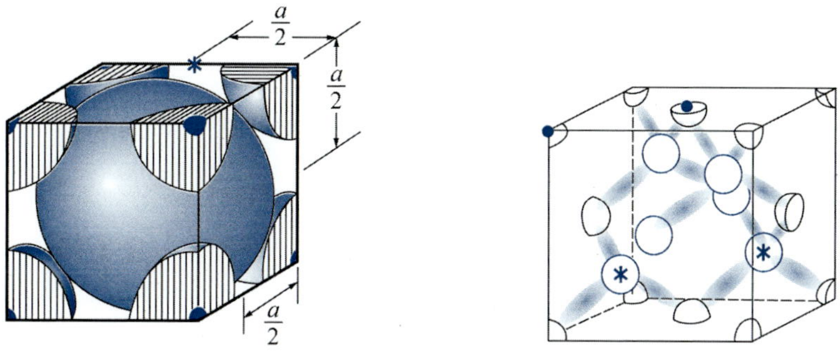

(a) (b)

[그림 2.17] 단위정 변이

$\frac{1}{4}$의 위치와 동일하다. 이것은 [그림 2.17(b)]의 다이아몬드 입방구조에서 별표로 표시된 두 원자로 검증될 수 있다.

2.6 결정방향

결정 구조와 관련해서 여러 가지 성질을 논할 때, 결정 내의 특정 방향을 지정하는 것이 필요하다. 왜냐하면 이 성질들은 방향성이 있기 때문이다. 예를 들어 bcc 철은 입체대각선(b.d.)에 평행인 방향이, 입체의 모서리에 평행인 방향보다 강성계수가 크다. 반대로 투자성(透磁 性)은 단위정의 모서리에 평행인 방향에서 최대가 된다.

2.6.1 방향지수

평행한 방향은 모두 같은 지수로 표시한다. 그러므로 방향을 명명하기 위해서는 0, 0, 0의 원점을 통과하는 평행선을 고른다. 방향은 그 선상의 점의 계수로 표시된다. 그러나 어떠한 선 위에든 무한히 많은 점들이 있으므로 가장 작은 정수의 조(組)를 특별히 고른다[그림 2.18]. [111] 방향은 0, 0, 0에서 1, 1, 1을 통과하

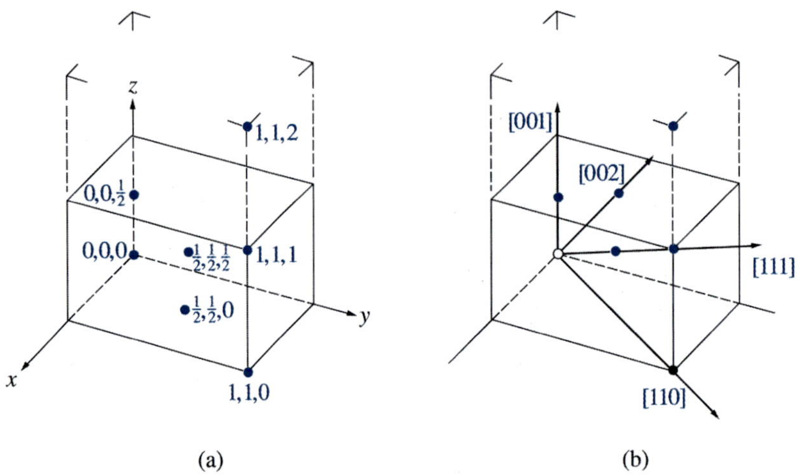

[그림 2.18] 사방정 단위정

는 방향이다. 그러나 이 방향은 $\frac{1}{2}$, $\frac{1}{2}$, $\frac{1}{2}$(또한 2, 2, 2)를 통과하며, 마찬가지로 [112]는 $\frac{1}{2}$, $\frac{1}{2}$, 1을 통과하지만 간단히 표시하기 위해 최소의 정수를 쓴다. 방향의 지수를 각 괄호를 써서 $[uvw]$와 같이 표기하고, u, v, w를 3개의 주방향 x, y, z에 따르는 지수로 삼는다는 점에 주의하라. 평행하는 모든 방향은 같은 지수를 갖는다. 또한 주의할 것은 (-)의 지수를 쓸 경우도 있다는 사실이다. $[11\bar{1}]$ 방향은 z방향으로 (-) 성분을 갖고 있음을 나타낸다(지수 사이에 콤마는 쓰지 않는다).

2.6.2 방향 사이의 각

어떤 경우에는 2개의 방향 사이의 각을 계산할 필요가 있다. 우리가 다루는 대부분의 계산에서, 이 일은 간단한 관찰로 가능하다. [그림 2.18]에서 [110]과 [112] 사이의 각은 $\tan^{-1}(2c/\sqrt{a^2+b^2})$이 된다. 단위정이 사방정이 아니라 입방정이라면, $a=b=c$이므로 각은 $\tan^{-1}(2a/a\sqrt{2})$, 또는 $\cos^{-1}(a\sqrt{2}/a\sqrt{6})$이다.

2.6.3 반복거리

반복거리는 결정내 위치 사이의 벡터인데 그것은 방향에 따라, 또는 구조에 따라 다르다. bcc의 [111] 방향으로는 $2R$, 즉 $a\sqrt{3}/2$의 반복이 존재한다. bcc의 [110] 방향에도 $a\sqrt{2}$, fcc의 [110]에는 $a/\sqrt{2}$의 반복이 있다.

이들 반복거리의 역수를 선밀도(linear density)라고 한다. a=0.405nm의 fcc인 알루미늄은 [110] 방향으로 $[a/\sqrt{2}]$이다. 한 격자점, 즉 역수로서는 $\sqrt{2}/(0.405\times10^{-6}/\text{mm})$, 또는 $3.5\times10^{6}/\text{mm}$의 선밀도를 갖는다. 재료의 변형은 제일 짧은 반복거리의 방향, 즉 제일 큰 선밀도의 방향에서 가장 쉽게 일어난다.

2.6.4 방향의 족(family)

입방결정에서 다음 방향들은 우리가 임의로 선택한 축의 표시 이외에는 완전히 동일하다.

$$\left.\begin{matrix} [111] & [11\bar{1}] & [1\bar{1}1] & [\bar{1}11] \\ [\overline{111}] & [\bar{1}\bar{1}1] & [\bar{1}1\bar{1}] & [1\bar{1}\bar{1}] \end{matrix}\right\} = \langle 111 \rangle \tag{11}$$

어떤 방향에 관계되는 성질은 이 4개의 반대쌍에서 동일하다. 이럴 때는 이들 방향족을 한데 묶어 $\langle 111 \rangle$이라고 쓰는 것이 편리하다. 이때 꺾인 괄호 $\langle\ \rangle$임에 주의해야 한다. 또한 콤마는 사용하지 않는다.

2.7 결정면

결정에는 원자의 면이 있으며, 이 면은 재료의 성질과 기능에 영향을 미친다. 그러므로 결정 내의 여러 면을 지정하는 것은 의미있는 일이다. 격자면을 쉽게 이해하는 데에는 단위정의 표면을 생각해야 하지만, 격자 내에는 많은 면이 있다. 주로 언급되는 면들을 [그림 2.19]에 나타내었다.

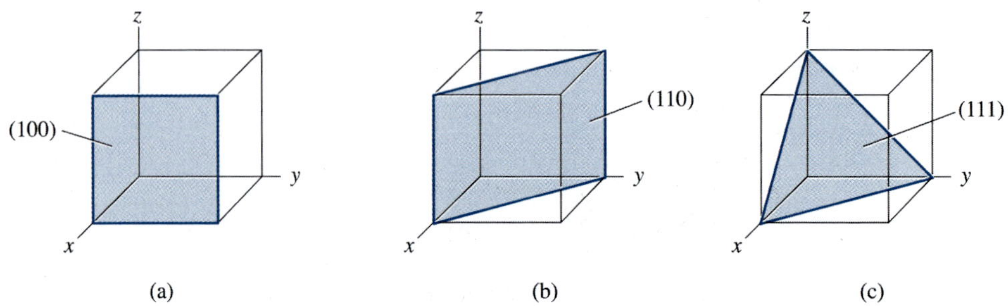

[그림 2.19] 입방결정면의 밀러지수

이것은 각각 (100) (110) 및 (111)과 같이 표기하며, 괄호 안의 숫자(hkl)를 밀러지수(Miller indices)라고 한다.

2.7.1 밀러지수

결정면을 나타내는 밀러지수는 입방 단위격자에서 3개의 평행하지 않은 모서리를 결정학적 x, y, z축으로 하고, 어떤 면이 축과 만나는 지점까지의 거리의 역수로 정의한다. 단위격자의 입방체 모서리를 단위길이로 하고, 격자면과 만나는 지점은 이 단위길이를 이용해 측정한다.

입방결정면의 밀러지수는 다음 순서로 결정한다.

Ⅰ. (0, 0, 0)의 원점을 통과하지 않는 면을 선택한다.

Ⅱ. 단위입방체의 결정학적 x, y, z축에 의해 잘라진 면을 정한다.

Ⅲ. 이 거리의 역수를 취한다.

Ⅳ. 만약 이 역수가 분수인 경우 분모의 최소공배수를 이용해 정수화한다. 이러한 수들이 결정되면 밀러지수고, 괄호 안에 콤마 없이 순서대로 표시한다. 일반적으로 밀러지수는 기호 (hkl)이라고 쓰는데, 여기서 h, k, l은 입방결정면의 x, y, z축에 대한 밀러지수다.

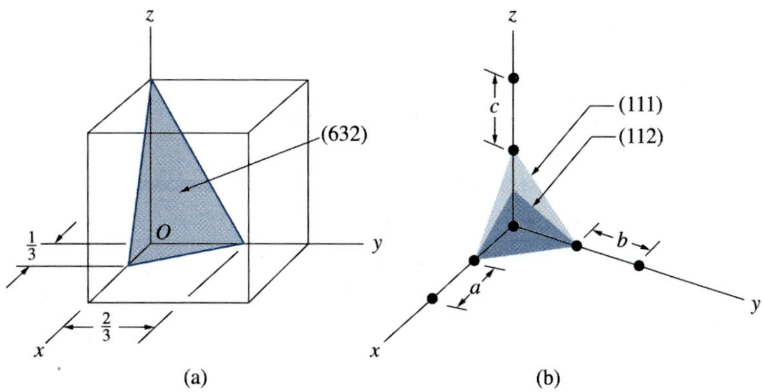

[그림 2.20] (a) 분수교점을 갖는 입방 결정면(632) (b) 밀러지수

이제 [그림 2.20(a)]의 $\frac{1}{3}$, $\frac{2}{3}$, 1 교점을 갖는 입방결정면을 생각해보자. 이러한 교점의 역수는 3, $\frac{3}{2}$, 1이다. 분수교점은 허용하지 않기 때문에 이 교점에서 $\frac{3}{2}$의 분모를 없애려면 전체에 2를 곱해야 한다. 따라서 역수는 6, 3, 2가 되고, 밀러지수는 (632)이다.

만일 결정면이 원점을 통과하는 경우에는, 면을 똑같은 단위격자 내의 동등한 위치로 옮겨서 원점을 지나는 원래의 면과 평행하게 한 후 밀러지수를 구한다. 또는, 새로운 원점을 선정한 후 밀러지수를 구한다.

결정계의 대칭에 의한 동등한 격자면의 집합을 면족(family of planes or form)이라 하고, 이러한 대칭면들의 집합을 나타내는 지수로 $\{hkl\}$을 사용한다. 예를 들어 입방정의 표면 (100), (010), (001)을 {100}으로 나타냄으로써 면족의 밀러지수로 표시한다.

2.7.2 육방정의 면지수

3개의 밀러지수(hkl)는 어떤 결정의 어떤 면이라도 표기가 가능하다. 그러나 육방정의 경우에는 3지수를 동일평면 내에 두고 있기 때문에 4개의 축을 설정하는 것이 편리할 때가 많다[그림 2.21]. 따라서 4개의 절편이 생기고 $(hkil)$의 표기

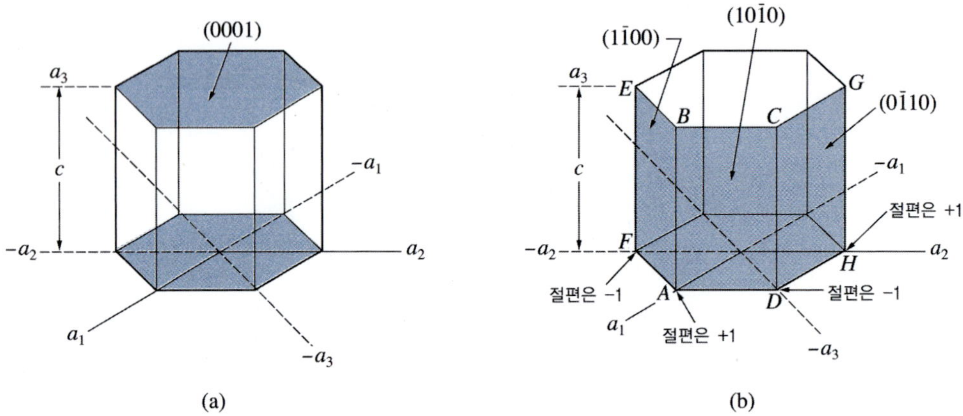

[그림 2.21] 육방정의 밀러지수

가 생긴 것이다. 새로운 지수 i는 수학적으로 첫 2개의 벡터합이다.

$$h + k = -i \tag{12}$$

이 임의의 $(hkil)$ 표기법은 육방정의 대칭성을 더욱 명백히 나타내기 때문에 일반적으로 이용된다.

2.7.3 면의 교차

[그림 2.20(b)]의 두 평면은 직선으로 교차한다. 앞의 표시에 따르면, 이 그림은 두 평면이 $[1\bar{1}0]$ 방향(또는 $[\bar{1}10]$ 방향)의 교차선을 가지고 있음을 뜻한다. 두 평면의 교차선 지수는 밀러지수의 외적(cross product)으로 구한다.

$$(hkl) \times (h'k'l') = [uvw] \tag{13}$$

따라서 $(111)(112) = [1\bar{1}0]$이 된다. 이 항등식으로 복잡한 지수를 갖는 평면의 교차선을 쉽게 구할 수 있다.

2.7.4 면 안의 방향

모든 면은 무수히 많은 방향을 포함하고 있다. 방향과 면의 일치는 소성변형(塑性變形)을 해석하는 데 중요하다. 예를 들면, 구리는 {111} 면의 $\langle 1\bar{1}0\rangle$ 방향으로 가장 쉽게 슬립을 일으킨다.

(111)면의 $[1\bar{1}0]$ 방향이 가장 쉽게 이해되지만([그림 2.20]), 복합된 방향은 내적으로 취급하며, 평면 안의 방향은 내적이 0이 된다.

$$\frac{hu + kv + lw}{\sqrt{u^2 + v^2 + w^2}\,\sqrt{h^2 + k^2 + l^2}} = 0 \tag{14}$$

따라서 $hu + kv + lw$의 간단한 검산으로 방향 $[33\bar{4}]$는 $(1\bar{1}0)$면에 있을 수 있고, 방향 $[33\bar{4}]$는 (110)에 있을 수 없다는 것을 알 수 있다.

2.8 X선 회절

지금까지 논의한 결정구조를 실험적으로 확인하는 가장 좋은 방법은 X선 회절(X-ray diffraction)이다. 결정의 면 사이 간격보다 약간 긴 파장을 갖는 고주파의 전자파를 적용하면, 매우 정확한 물리법칙에 따라 결정 내에 회절이 일어난다. 우리는 회절각을 통해 매우 높은 정밀도로 결정구조를 해독할 수 있다. 즉 결정의 면 사이 간격(따라서 원자반경)을 4자리 유효숫자까지, 필요하다면 그보다 더 정확히 구할 수 있다. 우선 면과 면 사이의 간격에 대해 생각해보고, 회절에 대해 살펴보도록 하자.

2.8.1 면 사이의 간격

모든 평행되는 면은 동일한 (hkl)의 지수를 갖는다는 것을 기억하길 바란다. [그림 2.19(b)]에서 알 수 있듯이, 몇 개의 (110)면은 바로 원점을 통과하는 또 하나의 (110)면을 가지고 있다. 원점에서 바로 인접한 (110)면까지의 수직거리를 측정하면, 이것이 곧 (110)면끼리의 거리 d가 된다. 따라서 단순입방격자인 [그림 2.19(a)], [그림 2.19(b)] 및 [그림 2.19(c)]에서 면 사이 거리는 각각 $d_{100} = a$, $d_{110} = (a\sqrt{2})/2$, $d_{111} = (a/\sqrt{3})/3$이 됨을 알 수 있다.

이것은 d_{100}은 단위정의 모서리 a에 대하여 1개의 간격이, d_{110}은 면 대각선 $a\sqrt{2}$에 대하여 2개의 간격이, d_{111}은 입체대각선 $a\sqrt{3}$에 대하여 3개의 간격이 있다는 것을 뜻한다. 이것을 입방정에 관한 일반식으로 확대하면, a를 격자상수, h, k, l을 면지수, d를 간격이라 할 때 다음 식으로 나타낼 수 있다.

$$d_{\mathrm{hkl}} = \frac{a}{\sqrt{h^2 + k^2 + l^2}} \tag{15}$$

2.8.2 Bragg의 법칙

X선이 결정성 재료를 만나면 결정내 원자(또는 이온)의 면에서 회절이 일어난다. 회절각 θ는 X선의 파장 λ와 면 사이 간격 d에 관계된다. 여기서 n은 정수다.

$$n\lambda = 2d\sin\theta (n=1,\ 2,\ 3\cdots) \tag{16}$$

[그림 2.22]의 평행면에서 회절이 생긴다고 하면, 이 파동은 H 또는 H'에서 반사된 다음 K에서 위상이 같아야 한다. 그러나 X선은 표면에서만 반사되는 것이 아니라 인접된 표면 아래에서도 반사된다. 이들의 반사가 모두 위상이 같고 결합되기 위해서는 거의 $MH''P$는 파장의 1, 또는 정수배의 길이와 같아야 한다. 식 (16)의 n은 거리 $MH''P$에 포함되는 파장의 배수로서 정수이어야 한다.

2.8.3 X선 회절 해석

X선 회절 해석을 위해 가장 널리 사용되는 방법은, 알고자 하는 재료의 매우 미세한 분말을 이용하는 것이다. 이 분말을 합성수지 풀로 개어서 매우 가는 필라

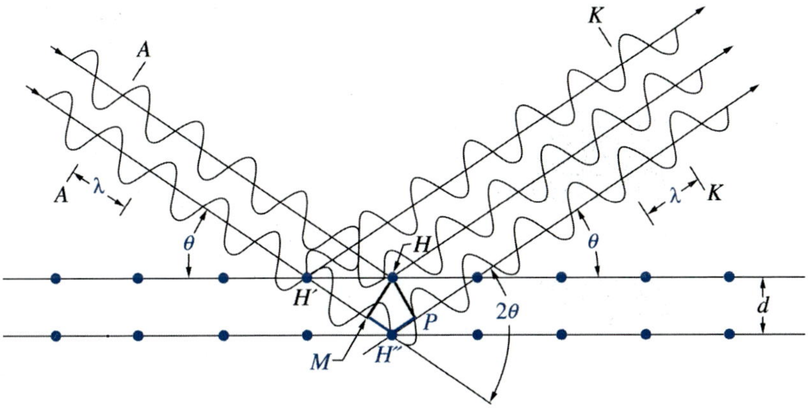

[그림 2.22] X선 회절

멘트로 만든 다음 [그림 2.23]과 같이 원통형 카메라의 중심에 세운 후, X선의 평행 선속(beam)을 이 시료에 보낸다. 필라멘트에는 많은 분말입자가 있고, 가능한 모든 방향으로 혼재하고 있으므로 회절된 선속은 입사된 방향으로부터 2θ의 각을 갖는 원추상으로 퍼져간다. [그림 2.23]에서 회절선은 입사선과 2θ의

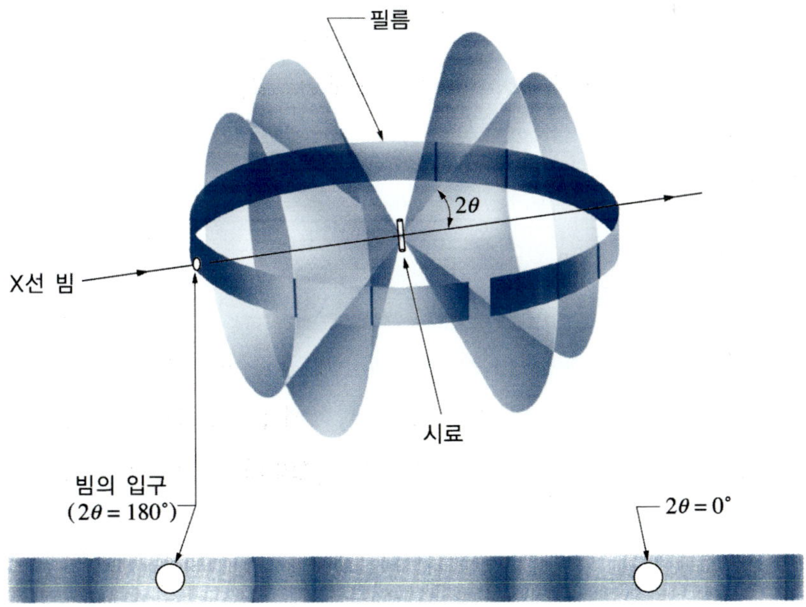

[그림 2.23] X선 회절 패턴의 노출

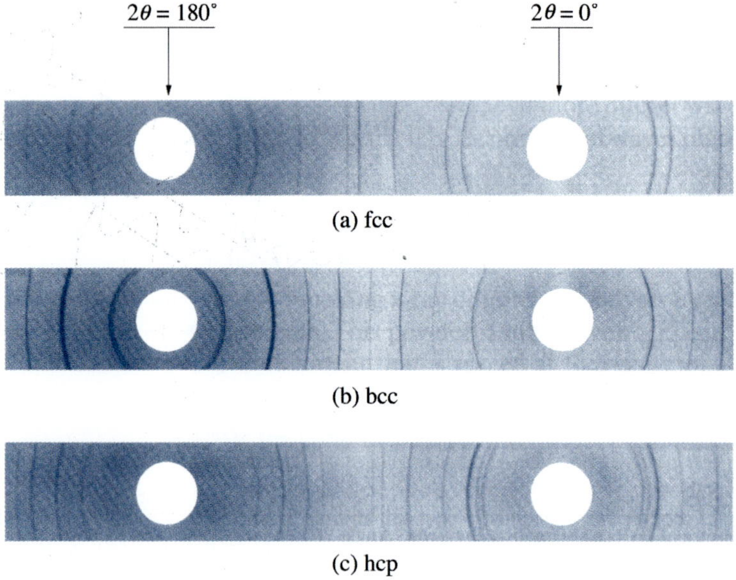

[그림 2.24] X선 회절 패턴

각을 이룬다.

회절원추는 카메라 필름의 두 곳을 노출시켜 통과해 나가는 선에서 각각 2θ의 지점이다. 따라서 여러 면 사이 간격 d_{hkl}에 대응하는 분리된 원추가 생긴다. 회절선을 측정한 후, 식 (16)을 이용해 간격을 계산한다. 모든 fcc 금속은 회절선이 유사하지만, 격자상수가 다르기 때문에 다른 2θ값을 나타낸다. 예컨대 a_{cu}=0.3615nm; a_{Al}=0.4049nm; a_{Pb}=0.495nm 등이다. 이를 기준으로 삼아 fcc 금속을 식별할 수 있다.

[그림 2.24]에서 Cu(fcc), W(bcc) 및 Zn(hcp)의 X선 회절 필름을 살펴보면, 결정의 세 형태에 따라 회절선의 배열이 다르다는 점을 알 수 있다. 이들 금속의 지문(指紋)으로 격자상수를 매우 정확하게 결정할 수 있을 뿐만 아니라 결정격자를 판별할 수도 있다. X선 회절은 재료의 내부구조를 연구하는 데 매우 강력한 도구가 된다.

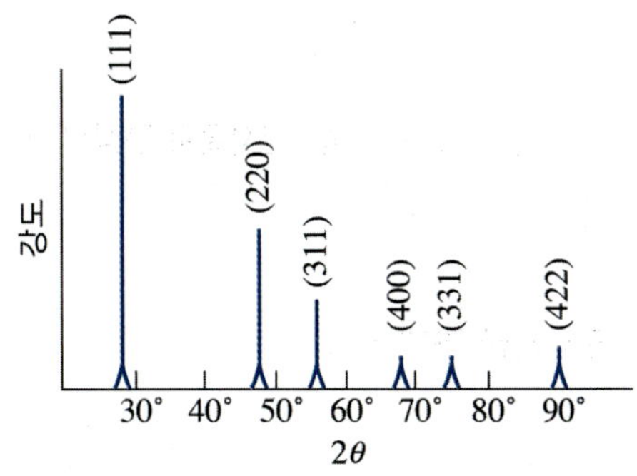

[그림 2.25] Si의 회절 패턴

[그림 2.24]의 회절 패턴은 사진필름에 기록된 것이다. 그러나 근래에는 Geiger 카운터를 써서 자동적으로 처리하는 것이 보통이며, 회절선량은 기록지에 기록된다[그림 2.25].

이 방법은 각 회절선의 강도를 높이로부터 정량적으로 측정할 수 있다는 장점이 있다. 이 정량화로 인해 공업재료의 성분과 구조를 해석하는 데 회절법의 유용성이 한층 더 높아지고 있다.

연습문제

1. 20℃ 철(Fe)은 원자반경이 0.124nm인 원자들로 구성된 bcc 구조다. 철(Fe) 단위격자의 격자 상수 a를 구하시오.

2. fcc 금속의 원자 충진율을 계산하시오([그림 2.8] 참조).

3. fcc NaCl의 이온 충진율을 계산하시오([그림 2.9] 참조).

4. 구리는 fcc 구조로서 원자반경이 0.1278nm이다. 그 밀도를 계산하고 부록 A의 밀도와 비교하시오.

5. LiF 단위정의 체적을 구하시오. LiF는 NaCl과 같은 구조다([그림 2.1] 참조).

6. hcp 금속의 Mg의 원자 충진율은 0.74다. 단위정의 체적을 구하시오([그림 2.12] 참조).

7. 원자가 구(球)라고 가정하고 hcp 금속의 c/a 비를 계산하시오.

8. hcp titanium의 20℃에서의 단위정 체적은 0.106nm^{3}이며, c/a 비는 1.590이다. c와 a의 값을 구하시오([그림 2.12] 참조).

9. bcc 철은 912℃(1,673℉)에서 fcc로 변한다. 이 온도에서 철 원자의 반경 은 각각에 대해 0.126nm와 0.129nm이다([그림 2.15] 참조).
   (1) 결정구조 변경에 따른 체적의 변화 v/o를 구하시오.
   (2) 길이의 변화 l/o를 구하시오.

10. 다음 자료를 이용하여 아연결정에서 단위격자의 부피를 구하시오. 순수 아연의 격자상수 a =0.2665nm, c=0.4947nm의 hcp 구조다.

11. 단위정 안에 다음과 같이 4개의 점이 있다. 다음을 구하시오.

$$\frac{1}{4}, \frac{1}{4}, \frac{3}{4} \qquad \frac{1}{8}, \frac{1}{8}, \frac{1}{8} \qquad \frac{7}{8}, \frac{3}{4}, \frac{1}{3} \qquad 0.53,\ 0.25,\ 0.17$$

(1) 체심격자의 단위정 내에서 위의 점들과 다음으로 동일한 점

(2) 면심격자의 단위정 내에서 위의 점들과 동일한 3개의 점

12. 입방 단위격자 내에서 다음의 결정면을 구하시오.

(1) (101), (2) $(1\bar{1}0)$, (3) (221), (4) bcc 원자위치 단위격자 내에 (110)면을 그리고 원자의 중심부가 이 면에 의해서 잘리는 좌표를 표시하시오.

13. 위치좌표 $\left(\frac{3}{4}, 0, \frac{1}{4}\right)$과 $\left(\frac{1}{4}, \frac{1}{2}, \frac{1}{2}\right)$ 사이의 방향지수를 구하시오.

14. ⟨101⟩ 방향족은 (1) 입방정에서, (2) 정방정에서 어떤 방향을 포함하는지 구하시오.

15. (1) 입방정에서 [111]과 [001] 방향 사이의 각을 구하시오.

(2) [111]과 $[\bar{1}\bar{1}\bar{1}]$ 사이 각을 구하시오.

16. 입방정인 다이아몬드의 격자상수 a는 0.375nm이다. 다음을 구하시오.

(1) $[\bar{1}11]$ 방향으로 단위격자의 선밀도

(2) 원자의 선밀도

17. 납(fcc)의 (100)면과 (111)면에는 $1mm^2$당 몇 개의 원자가 있는지 구하시오(부록 A 참조).

18. 위치 $0, 0, 0$과 $\frac{1}{2}, \frac{1}{4}, 0$ 및 $\frac{1}{2}, 0, \frac{1}{2}$을 포함하는 면의 밀러지수를 구하시오.

19. 구리는 fcc 결정구조를 가지며, 단위격자의 격자상수는 0.361nm이다. (2 2 0)면 사이 간격을 구하시오.

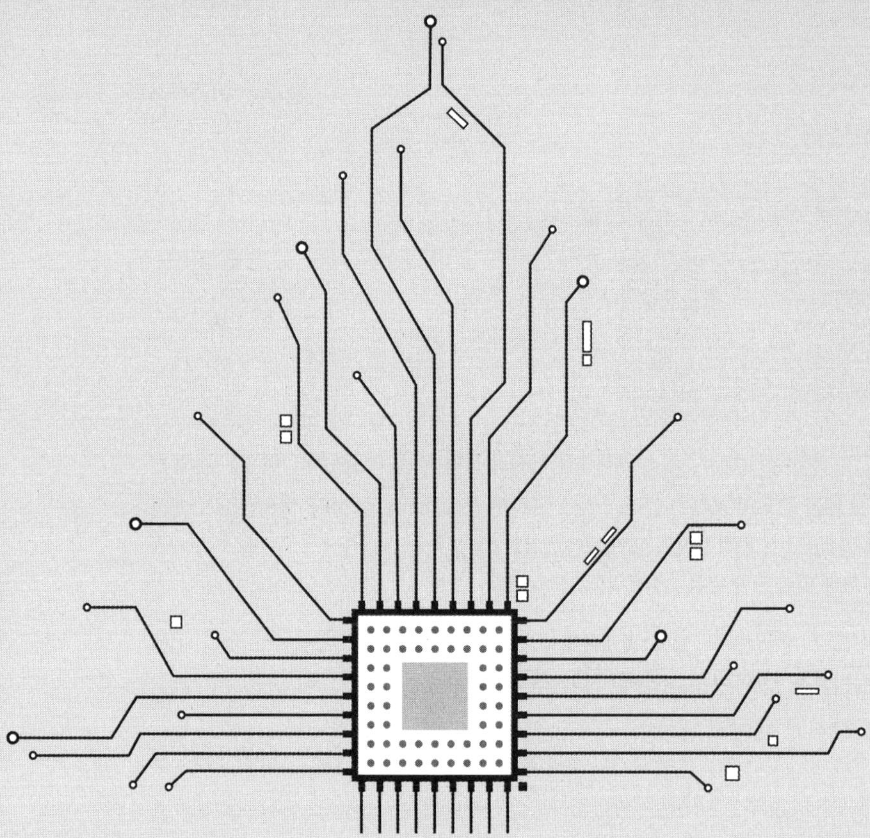

CHAPTER

3 고체의 불완전성과 확산

Material Science and Engineering

우주 만물은 완전하지 않으며 원천적으로 약간의 불규칙성을 가지고 있다. 비록 이 불규칙성이 10^{10}개의 원자 중 1개가 제자리에 있지 않을 정도의 경미한 것이라 해도 그것은 중요한 역할을 한다. 불완전(不完全)성은 반도체의 성질, 금속의 연성(延性), 사파이어의 색의 원인이기도 하다. 열처리 공정으로 원자를 이동시켜서 새로운 조직을 만들며, 그에 따르는 새로운 성질을 나타낼 수 있다.

구조적 불완전성은 점과 선으로 나타날 수도 있고, 경계면에서나 또는 3차원적으로 분포될 수도 있다. 성분상의 불완전성은 원자가 치환되거나 원자 사이의 공극에 침입해서 일어날 수 있다.

3.1 금속의 응고

금속과 합금의 응고는 대부분 금속이 용융하여 반제품 또는 완제품의 형태로 주조되기 때문에 중요한 공업적 과정 중의 하나이다.

일반적으로 금속 또는 합금의 응고는 다음과 같은 단계로 구분할 수 있다.

(1) 융체 내에서 안정한 핵의 형성[그림 3.1(a)]
(2) 결정으로의 핵의 성장[그림 3.1(b)]과 결정립 구조의 형성[그림 3.1(c)]

[그림 3.2]는 티타늄 합금의 응고로 형성된 실제 결정립의 모양이다. 금속의 응고 후에 얻어진 각 결정립들의 모양은 여러 가지 인자에 의존하는데, 그중에서 열구배(thermal gradient)가 중요하다. [그림 3.2]의 결정립은 등축(equiaxed) 모양인데, 이것은 그들의 성장이 모든 방향으로 거의 같기 때문이다.

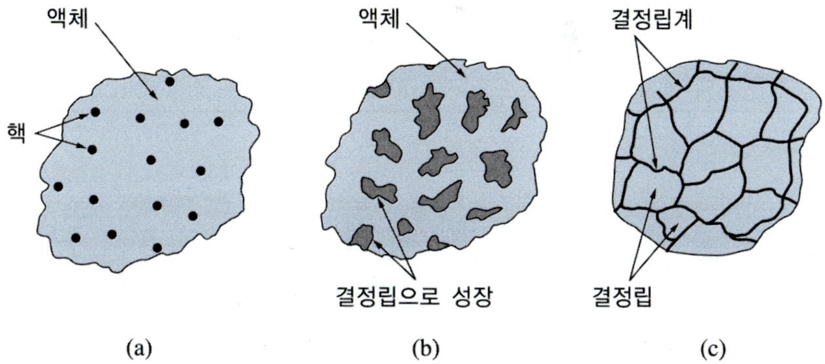

[그림 3.1] 금속 응고 시 여러 단계의 개략적인 도해 : (a) 핵의 생성, (b) 결정으로의 핵 성장, (c) 결정립을 형성하기 위한 성장 및 그에 수반된 결정립계

[그림 3.2] 해머로 쳐서 아크(arc) 주조 티타늄 합금 주괴에서 분리한 결정립 집단

3.1.1 액체 금속에서 안정한 핵생성

액체 금속에서 고체 입자들의 핵생성이 일어나는 주된 기구(mechanism)에는 균질 핵생성과 불균질 핵생성 두 가지가 있다.

가장 간단한 경우인 균질 핵생성을 먼저 생각해보자. 액체 융체에서의 균질 핵생성은 핵생성을 위해 금속 그 자체가 원자들을 공급할 때 일어난다. 순수한 금속의 응고를 생각해보자. 순수한 액체 금속이 그 평형 응고점 이하에서 충분히 냉각될 때, 수많은 균질 핵은 대체로 천천히 움직이는 원자들이 서로 결합함으로써 생성된다. 균질 핵생성은 대개 상당한 과냉도가 요구되는데, 어떤 금속들은 섭씨 수백 도가 요구되기도 한다[표 3.1 참조]. 핵이 결정으로 성장할 정도

[표 3.1] 중요 금속의 응고점, 응고열, 표면에너지와 최대 과냉도

금속	응고점		응고열	표면에너지	최대 과냉도
	℃	K	J/cm^3	J/cm^3	ΔT(℃)
Pb	327	600	−280	33.3×10^{-7}	80
Al	660	933	−1066	93×10^{-7}	130
Ag	962	1235	−1097	126×10^{-7}	227
Cu	1083	1356	−1826	177×10^{-7}	236
Ni	1453	1726	−2660	255×10^{-7}	319
Fe	1535	1808	−2098	204×10^{-7}	295
Pt	1772	2045	−2160	240×10^{-7}	332

로 안정화하려면 임계크기(critical size)에 도달해야 한다. 임계크기보다 작게 결합된 원자의 군을 씨눈(embryo)이라 하며, 임계크기보다 큰 것을 핵(nucleus)이라 한다. 그들의 불안정성 때문에 씨눈은 연속적으로 형성되어 원자들의 교반에 의해 용융금속으로 재용해된다.

응고 중인 순수 금속의 균질 핵생성에서 다음과 같은 에너지 변화를 생각할 수 있다 : (1) 액체에서 고체로의 변환에 의해 방출된 체적(또는 용적) 자유에너지(volume(bulk) free energy), (2) 응고된 입자들의 새로운 표면 형성에 필요한 표면에너지(surface energy).

납과 같은 순수한 액체 금속이 평형 응고점 아래로 냉각될 때, 액체에서 고체로의 변환을 위한 구동에너지(driving energy) ΔG_v는 액체의 체적(용적) 자유에너지와 고체의 체적(용적) 자유에너지와의 차이다. ΔG_v가 금속의 단위 체적당 액체와 고체 간의 자유에너지 변화라면 반지름 r인 구형핵(spherical nucleus)에 대한 자유에너지 변화는 $\frac{4}{3}\pi r^3 \Delta G_v$이다. 체적 자유에너지 변화와 핵 또는 씨눈의 반지름과의 관계가 [그림 3.3]에 나타나 있는데, 그림에서 가장 아래 곡선이며 음의 값이 주어지는 것은 액체에서 고체로의 변환에 의해 에너지가 방출되기 때문이다.

그러나 씨눈과 핵의 형성에 반대되는 에너지가 있는데, 이 에너지는 입자의 표면을 형성하기 위해 요구된다. 구형 입자의 표면 생성에 필요한 에너지 ΔG_s는 입자의 비표면(specific surface) 자유에너지(γ)에 구의 표면적($4\pi r^2$)을 곱한 것으로 $4\pi r^2 \gamma$가 된다. [그림 3.3]에서 고체 입자의 형성을 위한 지연에너지(retarding energy) ΔG_s는 양의 상부 윗방향 곡선이다. 씨눈 또는 핵의 형성에 따른 총 자유에너지는 체적 자유 에너지와 표면 자유에너지 변화의 합으로, [그림 3.3]의 중간 곡선이다. 응고 중인 순수한 금속에 형성된 반지름 r의 핵과 구형 씨눈의 형성을 위한 총 자유에너지 변화 식은 다음과 같다.

$$\Delta G_T = \frac{4}{3}\pi r^3 \Delta G_v + 4\pi r^2 \gamma \qquad (1)$$

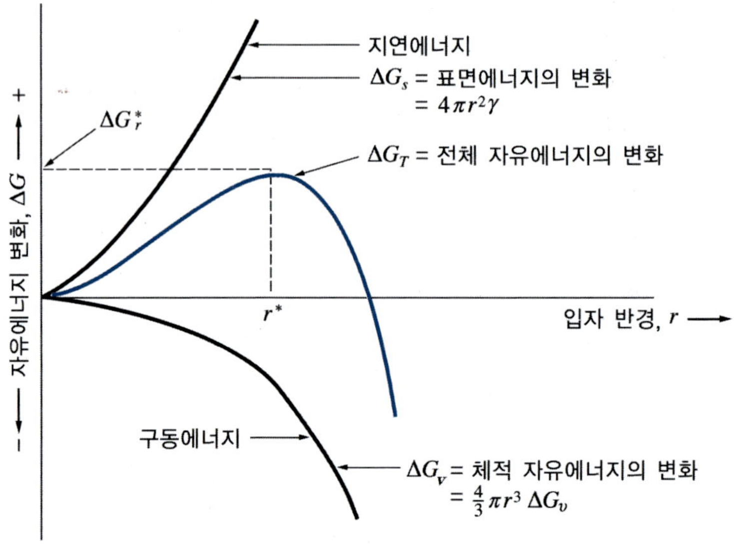

[그림 3.3] 자유에너지 변화 ΔG와 순수한 금속의 응고에 의해 생성된 핵 또는 씨눈의 반지름과의 관계. r^*는 핵의 임계 반지름

여기서, ΔG_T=총 자유에너지 변화

r=씨눈 또는 핵의 반지름

ΔG_v=체적 자유에너지

γ=비표면 자유에너지

실제로 어떤 계는 높은 에너지 상태에서 낮은 에너지 상태로 자발적으로 변화할 수 있다. 순수한 금속의 응고에서 응고 중 형성된 고체 입자가 임계 반지름 r^*보다 작은 반지름을 갖는다면, 이 계의 에너지는 그것들이 재용해됨으로써 더 낮아질 것이다. 그러므로 작은 씨눈은 액체 금속에 재용해될 수 있다. 그러나 고체 입자들이 r^*보다 큰 반지름을 갖는다면, 계의 에너지는 이 입자들이 보다 더 큰 입자 또는 결정으로 성장함으로써 더 낮아질 것이다[그림 3.1(b)]. r이 임계 반지름 r^*에 도달할 때 ΔG_T는 최대값 $G_v{}^*$를 갖는다[그림 3.3]. 임계 반지름 r^*는 식 (1)을 미분하여 미분값이 0일 때의 r값으로 구할 수 있으므로, 다음과 같이 유도된다.

$$\frac{d(\Delta G_T)}{dr} = \frac{d}{dr}\left(\frac{4}{3}\pi r^3 \Delta G_v + 4\pi r^2 \gamma\right)$$

$$= \frac{12}{3}\pi r^{*2} \Delta G_v + 8\pi r^* \gamma = 0 \text{ 또는 } r^* = -\frac{2\gamma}{\Delta G_v} \qquad (2)$$

금속의 평형융점 아래의 과냉도(undercooling) ΔT가 크면 클수록 체적 자유에너지의 변화 ΔG_v는 더 커진다. 그러나 표면 자유에너지의 변화 ΔG_s는 온도에 덜 의존적이다. 따라서 임계 반지름은 주로 ΔG_v에 의해 결정되며, 응고점 근처에서는 ΔT가 0에 접근하기 때문에 임계핵 크기는 무한대가 된다. 과냉도가 증가함에 따라 임계핵 크기는 감소한다. [그림 3.4]는 과냉도의 함수로서 임계핵 크기의 변화를 나타낸다. 순수 금속의 균질 핵생성에 대한 최대 과냉도는 [표 3.1]에 있는 대로 80~332℃이다. 임계핵 크기와 과냉도의 관계는 다음과 같다.

$$r^* = -\frac{2\gamma T_m}{\Delta H_s \Delta T} \qquad (3)$$

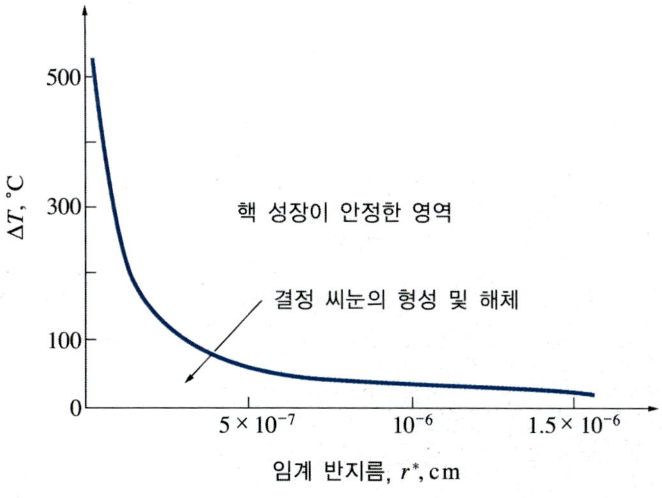

[그림 3.4] 구리핵의 임계 반지름과 과냉도 ΔT의 관계

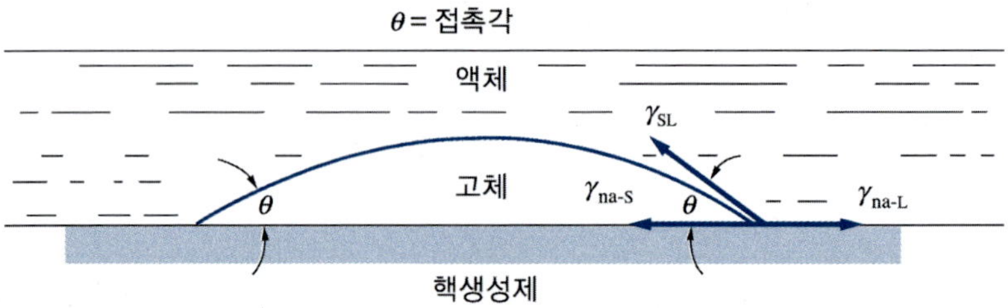

[그림 3.5] 핵생성제에서 고체의 불균질 핵생성(na=핵생성제, SL=고체-액체, S=고체, L=액체, θ=접촉각).

여기서, r^*=핵의 임계 반지름

γ=표면 자유에너지

ΔH_s=응고잠열

ΔT=핵생성시의 과냉도

불균질 핵생성은 용기의 표면상이나 액체 불용성 불순물 또는 다른 구조적 재료에서 생긴다. 즉 안정한 핵을 형성하기 위해 보다 낮은 임계 자유에너지가 요구되는 곳에서 일어나는 것이다. 대부분의 과냉도는 공업적으로 주조공정 동안에 나타나지 않고, 대개 0.1~10℃ 범위에서 생기므로 핵생성은 불균질하게 된다.

불균질 핵생성이 일어나려면, 고체 핵생성제(불순물 고체 또는 용기)가 액체 금속에 의해 잠겨야 한다. 또한 액체는 핵생성제에서 쉽게 응고해야 한다. [그림 3.5]는 기판(substrate)이 핵생성제의 역할을 하는 경우를 나타내는데, 핵생성제는 고체 금속과 핵생성제 간에 낮은 접촉각 θ를 이루는 응고 중인 액체에 의해 잠긴다. 불균질 핵생성이 핵생성제에서 일어나는 이유는 안정한 핵을 형성하기 위한 표면에너지가 핵이 순수한 액체 그 자체(균질 핵생성)에서 형성될 때보다 낮기 때문이다. 불균질 핵생성에 대한 표면에너지가 낮아지므로 안정한 핵의 형성에 대한 총 자유에너지 변화도 낮아져 핵의 임계크기가 작아질 것이다. 따라서 불균질 핵생성으로 안정한 핵을 형성하려면 훨씬 적은 양의 과냉도로 충분하다.

3.1.2 액체 금속에서 결정의 성장과 결정립 형성

응고 중인 금속에서 안정한 핵이 형성된 후 핵은 결정으로 성장한다. 응고한 각 결정에서 원자는 본래의 규칙형태로 배열하나, 각 결정의 방위는 서로 다르다[그림 3.1(b)]. 금속의 응고가 최종적으로 완료될 때, 그 결정은 다른 방위로 서로 결합하여 결정립계를 형성하는데, 여기서 방위의 변화는 몇 개 원자 거리에 걸쳐 일어난다[그림 3.1(c)]. 여러 결정들을 포함하는 응고된 금속을 다결정체(polycrystalline)라 한다. 응고된 금속에서 성장된 결정을 결정립(grain)이라 하며, 이들 사이의 계면을 결정립계(grain boundaries)라고 한다.

응고 중인 금속의 유용한 핵생성 수는 생성되는 고체 금속의 결정립 구조에 영향을 줄 것이다. 응고 중에 상대적으로 적은 핵생성이 이용되면 거칠고 굵은 결정립 구조가 생길 것이며, 많은 핵생성이 이용되면 미세 결정립 구조가 생길 것이다. 대부분의 모든 공업용 금속과 합금은 미세 결정립 구조로 주조되는데, 이것은 최종 금속 생산품의 균일성과 강도의 관점에서 바람직한 형태이기 때문이다.

비교적 순수한 금속이 결정립 미세화제(grain refiners)를 사용하지 않고 정적(靜的) 주형(鑄型)에서 주조될 때, 중요한 결정립 구조 두 종류가 생성된다.

(1) 등축정(equiaxed grains)
(2) 주상정(columnar grains)

만일 응고 중의 액체 금속에서 핵생성과 성장조건들이 결정들을 모든 방향에서 거의 동등하게 성장시킬 수 있다면 등축정이 만들어질 것이다. [그림 3.6]에서 알 수 있듯이, 등축정은 보통 냉각주형벽면(冷却鑄型壁面) 근처에서 발견된다. 벽면 부근의 큰 과냉도 때문에 응고하는 동안 상대적으로 높은 농도의 핵이 형성되는데, 이 조건이 등축정 구조를 만드는 데 필요하다.

주상정은 길고 얇으며 거친 결정립들로서, 경사가 큰 온도구배 하에서 금속이 천천히 응고될 때 생성된다. 상대적으로 소수의 핵이 사용되어 주상정이 만들어진다. 등축정 및 주상정들이 [그림 3.6]에 나타나 있다. [그림 3.6(b)]에서 주상정

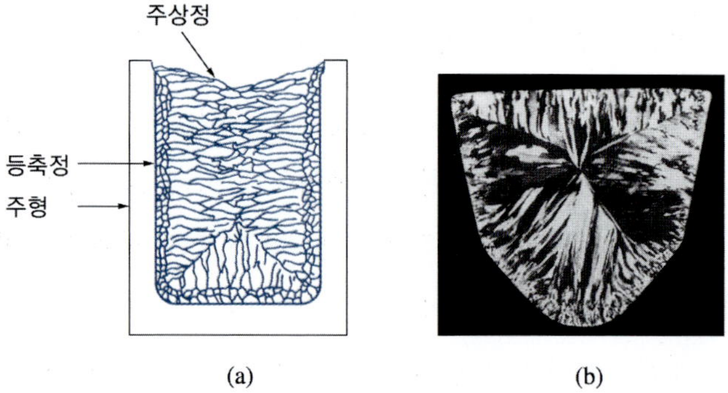

[그림 3.6] (a) 금속 결정립 개략도 (b) 주상정의 예

들이 주형벽면에 수직으로 성장하고 있음을 주목할 필요가 있다. 이것은 큰 열구배가 그 방향으로 존재하기 때문에 나타나는 현상이다.

3.2 단결정 응고

대부분의 공업용 결정재료는 수많은 결정들로 구성되어 있기 때문에 다결정체(polycrystalline)라 한다. 그러나 하나의 결정으로 구성된 것도 있는데, 이러한 것을 단결정체(single crystal)라 한다. 예를 들면, 트랜지스터나 다이오드와 같은 고체 상태의 전자부품들은 반도체 원소 및 화합물의 단결정들로 만들어진다. 단결정은 이런 용도에 필수적으로 사용되는데, 다결정 내의 결정립계가 반도체 재료로 만들어진 장치의 전기적 성질들을 떨어뜨리기 때문이다.

성장 중인 단결정에서의 응고는 단핵 주위에서만 발생해야 하며, 다른 결정들은 핵생성하여 성장해서는 안 된다. 이를 성장시키기 위해서는, 고체와 액체 간의 계면온도를 고체의 융점보다 약간 낮추어야 하며 액체 온도는 계면보다 높게 유지해야 한다. 이러한 온도 기울기를 얻기 위해서는 응고잠열(latent heat of solidification)이 응고하는 고체 결정을 통해 전도되어야 한다. 고체와 액체 계면의 온도가, 응고하는 고체의 융점보다 약간 낮게 유지되도록 결정의 성장속도를 느리게 해야 한다.

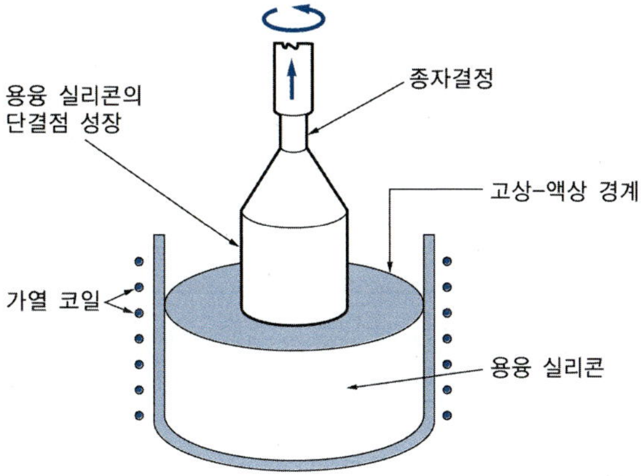

[그림 3.7] Czochralski법에 의한 실리콘 단결정의 형성

공업적으로 반도체 장치에 응용되는 지름 6~8in(15~20cm)의 실리콘 단결정을, 양질(결함의 최소화)의 실리콘 단결정으로 성장시키기 위해 사용되는 기술 중 하나가 Czochralski법이다. 이 공정은 고순도 다결정질 실리콘이 먼저 무반응성 도가니에서 용융되어 용융온도 바로 위의 온도로 유지된 후, 요구하는 방위를 가진 양질의 실리콘 종자 결정(seed crystal)이 회전하면서 용해된 실리콘 계면까지 내려간다. 종자결정의 표면이, 외부의 변형된 영역을 제거하고 액체가 응고하기 위한 표면을 만들기 위해 액체에서 용해된다. 종자결정은 연속해서 회전하며 다시 천천히 용해된 실리콘으로부터 올라간다. 용해된 실리콘에서 종자결정이 올라감에 따라 실리콘이 도가니의 액체에서 부착되어 종자결정에서 성장하여 보다 지름이 큰 실리콘 단결정이 만들어진다[그림 3.7].

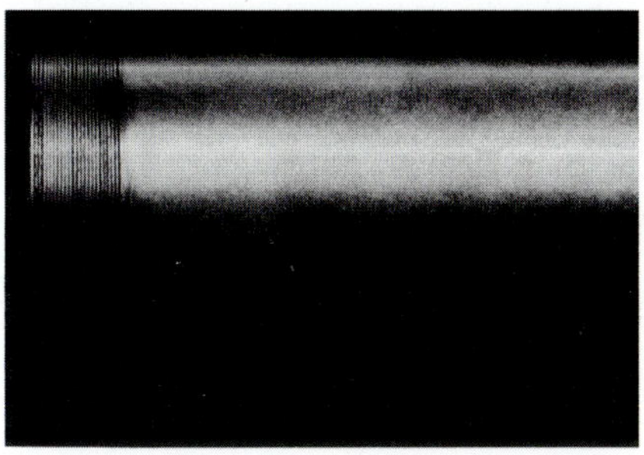

[그림 3.8] 실리콘 단결정을 웨이퍼로 자름

단결정이 만들어지면, 정확한 지름을 얻기 위해 연마작업을 거친 후 약 1mm 두께의 웨이퍼(wafer)로 자른다[그림 3.8]. 이 웨이퍼를 화학적으로 부식시키고 연속적으로 결함이 없는 거울 같은 면이 나타날 때까지 미세한 연마제로 연마해서 반도체 장치의 제조에 응용한다.

단결정을 만드는 또다른 방법들도 있으나, Czochralski법이 반도체 공업에서 가장 중요하다. 또한 단결정은 실리콘 웨이퍼 생산 외에도 다른 용도로 쓰인다. 예를 들면 기계적 성질의 연구용으로 유용한데, 이것은 결정립계와 무질서하게 배열된 결정립들의 영향이 제거되었기 때문이다.

3.3 금속 고용체

일부 소수의 금속만이 순수하거나 거의 순수한 상태로 이용되고 있다. 예를 들면, 99.99% 순도의 고순도 구리는 매우 높은 전기전도도 때문에 전선으로 사용된다. 고순도 알루미늄(99.99% Al, 초순도(superpure) 알루미늄이라고도 함)은 금속표면을 매우 광택있게 마무리할 수 있기 때문에 장식용으로 사용된다. 그러나 대부분의 공업용 금속들은 높은 강도, 높은 부식저항, 또 다른 요구되는 성질들을 제공하기 위해 다른 금속이나 비금속들과 결합되어 사용된다.

금속합금(metal alloy) 또는 합금은 두 가지 또는 그 이상의 금속이나 비금속의 혼합물이다. 합금은 비교적 조직이 단순한데, 예를 들어 카트리지 황동(brass)은 본래 70% Cu와 30% Zn의 2원계 합금(두 금속)이다. 반면에 어떤 합금은 조직이 매우 복잡하다. 예를 들어, 제트 엔진 부품으로 사용하는 니켈-베이스 초합금인 인코넬 718은 약 10가지 원소로 이루어져 있다.

가장 간단한 유형의 합금은 고용체이며, 고용체는 고체(solid)로서 원자적으로는 단상구조에 분산된 두 가지 이상의 원소들로 구성되어 있다. 일반적으로 치환형(substitutional)과 침입형(interstitial) 두 유형의 고용체가 있다.

3.3.1 치환형 고용체

두 원소로 형성된 치환형 고용체(substitutional solid solutions)에서, 용질 원자는 결정격자에 있는 모상의 용매 원자들을 치환할 수 있다. [그림 3.9]는 FCC 결정격자에서 (111)면을 보여주며, 여기서 한 원소에 약간의 용질 원자들이 모상 원소(parent element)의 용매 원자들을 치환하고 있다. 모상원소 또는 용매 원자의 결정구조는 변하지 않으나 격자 용질 원자가 존재할 때 뒤틀리며, 특히 용질 원자와 용매 원자의 크기 차가 클 때 그러한 효과는 커진다.

다른 원소에 용해될 수 있는 한 원소의 원자분율은 1at%에서 100at%까지 변화할 수 있으며, 다른 원소에 대한 한 원소의 고용도를 증가시키기 위해 다음 조건들이 유리하다.

1. 원소들의 원자직경이 약 15% 이상 차이가 나서는 안 된다.
2. 두 원소의 결정구조가 같아야 한다.
3. 두 원소의 전기음성도에 큰 차이가 없어서 화합물이 형성되지 않아야 한다.
4. 두 원소는 같은 가전자를 가져야 한다.

고용체를 형성하는 두 원소의 원자직경에 차이가 있다면, 결정격자는 뒤틀릴 것이다. 원자격자가 단지 압축 또는 팽창의 일정한 양을 유지하려면 원자들이 가질 수 있는 원자직경의 차에 한계가 있으며, 이때까지 고용체는 같은 종류의

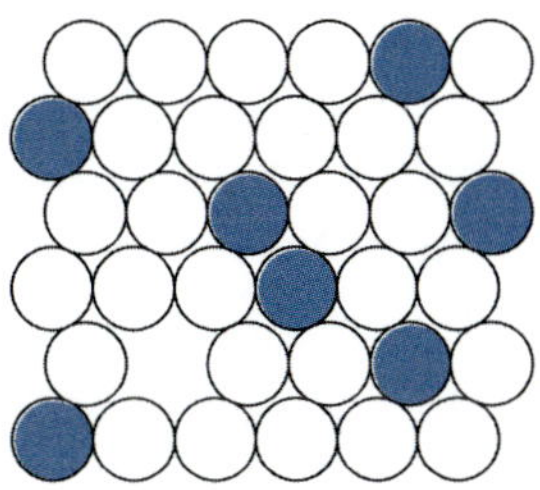

[그림 3.9] 치환형 고용체. 검은 원과 흰 원은 각각 다른 원자다.

결정구조를 유지한다. 원자직경이 15% 이상 차이가 나면 큰 고용도를 갖는데 바람직하지 못하다.

만일 용질과 용매 원자들이 같은 결정구조를 갖는다면, 광범위한 고용도를 갖기 쉽다. 두 원소가 모든 부분에서 완전 고용도를 보이려면, 결정구조가 같아야 한다. 고용체를 형성하는 두 원소의 전기음성도 차가 너무 클 수는 없다. 왜냐하면 높은 전기양성적 원소는 전자를 잃고, 높은 전기음성적 원소는 전자를 얻음으로써 화합물을 형성하기 때문이다. 끝으로 두 고체 원소들이 같은 가전자를 가진다면 고용도는 커질 것이며, 두 원자 사이에 전자의 불균형이 있으면 그들 간에 결합이 일어나 고용도에 악영향을 미친다.

3.3.2 침입형 고용체

침입형 고용체(interstitial solid solutions)에서는, 용질 원자가 용매 또는 모상원자 사이의 공간으로 들어갈 것이다. 이 공간 또는 공극들을 침입형 위치(interstice)라고 한다. 침입형 고용체는 한 원자가 다른 원자보다 훨씬 클 때 형성되며, 크기가 작아 침입형 고용체를 형성할 수 있는 원자들의 예로 수소, 탄소, 질소 및 산소 등이 있다.

침입형 고용체의 중요한 예는 912~1394℃에서 안정한 FCC γ철 내의 탄소에 의해 형성된 고용체이다. γ철의 원자반경은 0.129nm이고 탄소는 0.075nm이므로 42%의 반경차가 있다. 그러나 이 차이에도 불구하고, 최대 2.08%의 탄

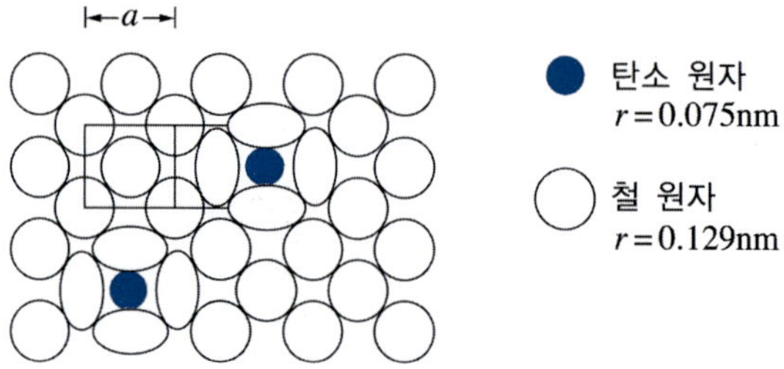

[그림 3.10] 912℃ 바로 위의 FCC γ철에서 탄소-침입형 고용체(100)면의 개략도

소가 1148℃에서 철에 침입적으로 용해될 수 있다. [그림 3.10]은 γ철 격자에서 탄소 원자 주위의 뒤틀림을 도식적으로 나타낸 것이다.

FCC γ철에서 가장 큰 침입형 공극의 반지름은 0.053nm이고, 탄소 원자의 반지름이 0.075nm이기 때문에 γ철의 최대 고용도가 불과 2.08%인 것은 그리 놀랍지 않다. BCC α철에 가장 큰 침입형 공극(void)의 반지름은 불과 0.036nm이므로 723℃ 바로 아래에서 탄소는 단지 0.025%만 침입형으로 고용될 수 있다.

3.4 결정결함

실제로 결정은 결코 완전할 수 없으며 여러 유형의 결함(imper-fections)을 포함하는데, 이들은 결정의 물리적 및 기계적 성질에 많은 영향을 준다. 즉 합금의 냉간성형성, 반도체의 전자전도도, 합금에서 원자의 이동속도 및 금속의 부식 등 재료의 중요한 공업적 성질에 지대한 영향을 미친다.

결정격자의 결함은 기하 형태와 모양에 따라 분류되며, 그 세 가지 주요 분류는 (1) 0차원 점결함, (2) 1차원 선결함(전위), (3) 2차원 결함으로, 외부 표면과 내부 결정립계를 포함한다. 또한 3차원 거시적 결함 또는 체적결함도 포함될 수 있으며, 이 결함들의 예로 기공, 균열 및 외부 함유물 등이 있다.

3.4.1 점결함

가장 간단한 점결함(point defect)은 공극(vacancy)인데, 이것은 한 원자 위치에서 원자가 빠져나간 것이다[그림 3.11(a)]. 공극은 결정의 성장 중 국부적 교란에 의해 응고 중에 형성되거나, 원자 이동에 기인한 기존 결정의 원자 재배열에 의해 형성된다. 금속에서 공극의 평형 농도는 보통 10,000개의 원자 중 약 1개를 초과하지 않는다. 공극은 금속에서 평형결함이고, 그 형성에너지는 약 1eV이다.

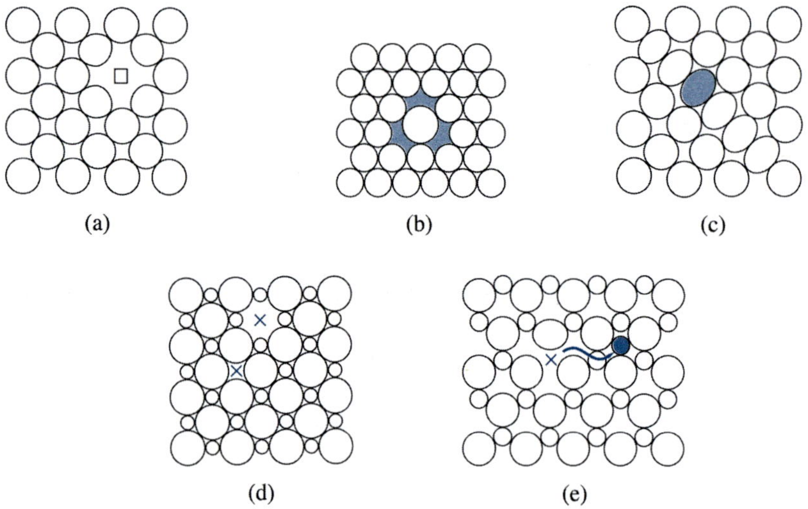

[그림 3.11] 점결함 : (a) 빈 자리 (b) 이중 공극 (c) 침입원자 (d) Schottky 결함 (e) Frenkel 결함

금속에서 추가적인 베이컨시는 소성변형 또는 높은 온도에서 낮은 온도로 급랭하여 생기거나 중성자와 같은 강력한 입자의 충격으로 생긴다. 비평형 공극은 서로 모이는 경향이 있으므로 이중 공극[그림 3.11(b)] 또는 삼중 공극의 형성을 유발한다. 공극은 서로의 위치를 교환함으로써 이동할 수 있다. 이 과정은 고체 상태에서 원자의 확산 또는 이동에서 중요하며, 특히 고온에서 원자의 이동도는 더욱 크다.

결정 내에서 한 원자는 정상적인 원자 위치에 둘러싸인 원자들 간의 침입형 위치를 차지할 수 있으며[그림 3.11(c)], 이런 유형의 점결함을 자기 침입형(self-interstitial) 또는 침입형 원자(interstitialcy)라 한다. 일반적으로 이러한 결함들은 자연적으로 나타나지 않고 구조적 뒤틀림 때문에 발생되기도 하지만, 방사선에 의해 조직 중에 생길 수도 있다.

이온결정에서 점결함은 전기중성도를 유지해야 하므로 복잡하다. 2개의 반대로 하전된 이온들이 이온결정에서 없어지면 양이온-음이 온의 이중 베이컨시가 형성되는데, 이것이 Schottky 결함이다[그림 3.11(d)]. 만일 양이온이 이온결정에서 침입형 위치로 이동한다면, 양이온 공극이 정상적 이온 위치에 생성된다. 이러한 형태의 공극-침입형 원자쌍을 Frenkel 결함이라 한다[그림 3.11(e)]. 이온결정에서 이들 결함의 존재하기 때문에 전기전도도가 증가한다.

치환형 또는 침입형 불순물 원자들도 점결함이며 금속결합 또는 공유결합 결정에 존재한다. 예를 들면, 순수한 실리콘에서 소량의 치환형 불순물 원자는 전자소자에 사용할 때 그 전기전도도에 많은 영향을 미친다. 불순물 이온도 이온결정에서 점결함이다.

3.4.2 선결함(전위)

결정질 고체의 선결함(line defects), 즉 전위(dislocations)는 선 둘레를 중심으로 한 격자 뒤틀림을 유발한다. 전위는 결정질 고체가 응고하는 동안 생성된다. 또한 결정질 고체의 영구 또는 소성변형이나 공극의 응축과 고용체에서의 원자적 불일치에 의해 생성된다.

전위의 주요한 두 가지 유형에는 칼날형(edge type)과 나선형(screw type)이 있다. 이 두 유형을 조합하면 혼합전위(mixed dislocation)가 되며, 칼날과 나선의 성분을 가진다. 칼날전위는 원자의 잉여반면(extra half plane)을 삽입함으로써 결정 내에 생성되며 [그림 3.12]의 부호 ⊥와 같다. ⊤를 거꾸로 한 ⊥

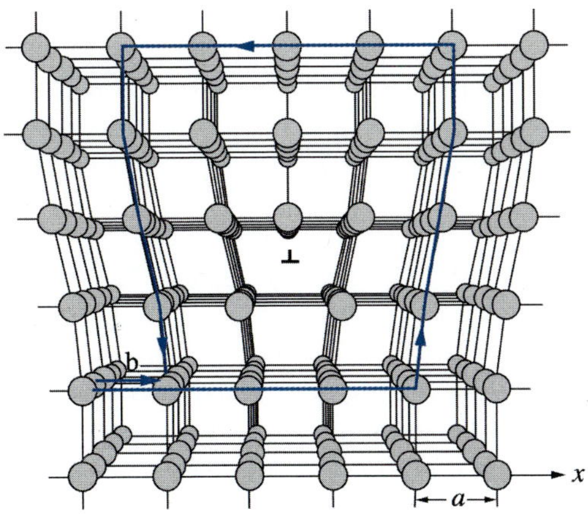

[그림 3.12] 칼날전위 ⊥. 선결함은 추가된 면의 모서리에 생긴다. b는 슬립벡터

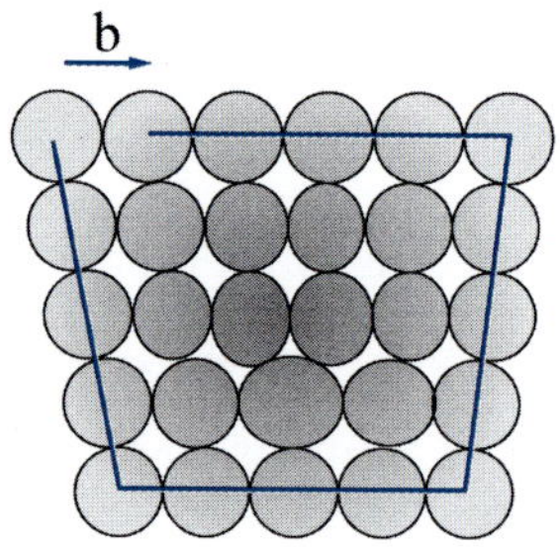

[그림 3.13] 칼날 전위에너지. 전위에 인접한 원자들은 압축(어두운 부분)과 인장(밝은 부분)을 받는다.

가 양의 칼날전위를 가리키며, 똑바로 된 ⊤는 음의 칼날전위를 가리킨다.

전위 주위의 원자의 변환거리는 슬립(slip) 또는 Burgers 벡터 b라고 하며 칼날전위 선에 수직(perpendicular)이다[그림 3.12]. 전위들은 비평형 결함들로서 전위를 둘러싼 결정격자의 변형 영역에 에너지가 축적된다. 칼날전위는 잉여반면이 존재하는 면에서는 압축변형 영역을 가지며, 원자들의 잉여반면 아래에서는 인장변형 영역을 가진다[그림 3.13].

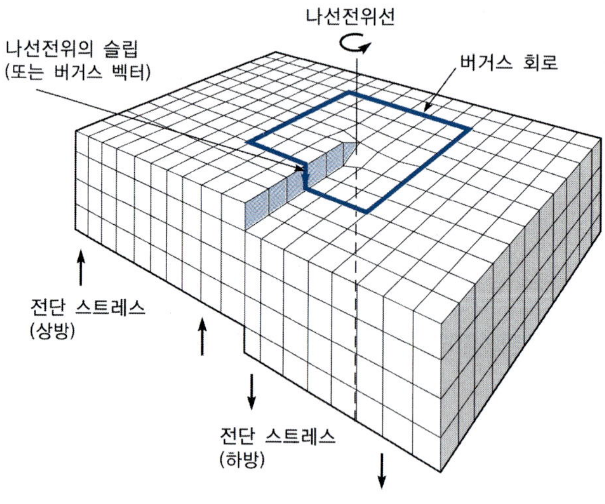

[그림 3.14] 정방형 결정격자에서의 나선전위. 나선전위는 수직으로 절단된 면에 위아래 전단응력이 작용할 때 생긴다. 나선전위는 그림에서 선으로 나타나듯 뒤틀린 원자들의 경사로를 이루며, 이때 뒤틀린 정도는 정의되지 않으나 최소한 몇 개 원자 혹은 그 이상이다. 나선전위의 Burgers 벡터 b는 전위선에 평행하다.

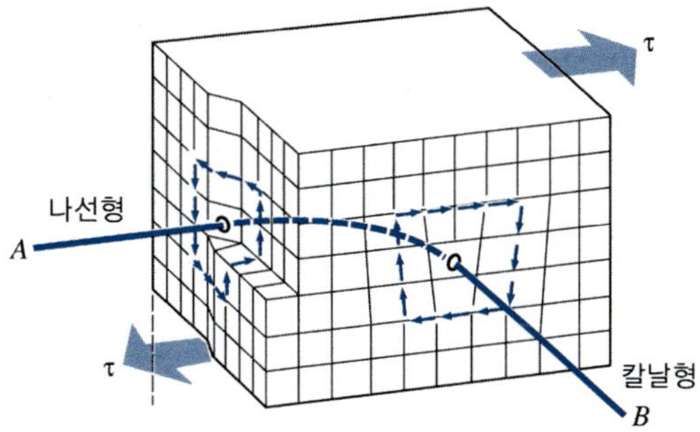

[그림 3.15] 결정에서의 혼합전위

[그림 3.14]에서 볼 수 있듯이, 나선전위는 절단면에 의해 분리되는 완전 결정의 영역에서 윗방향과 아랫방향에 전단응력을 가함으로써 완전 결정에서 형성될 수 있다. 이 전단응력에 의해 나선 모양의 경사형으로 변형된 결정격자 영역 또는 나선전위가 초래된다[그림 3.14]. 변형된 결정 영역은 잘 정의되지 않으며, 지름은 적어도 수 개의 원자크기이다. 전단변형 영역은 에너지가 축적되어 나선전위 둘레에 생성되며, 나선전위의 Burgers 벡터 또는 슬립은 전위선에 평행하다[그림 3.14].

결정에서 대부분의 전위는 칼날과 나선 성분을 가진 혼합형이다. [그림 3.15]를 보면, 전위선 AB는 전위가 결정의 왼쪽으로부터 들어오는 순수한 나선형과 결정의 오른쪽으로 나가는 순수한 칼날형으로 구성되어 있다. 이러한 경우 결정 내의 전위는 칼날과 나선 성분들로 구성된 혼합형이다.

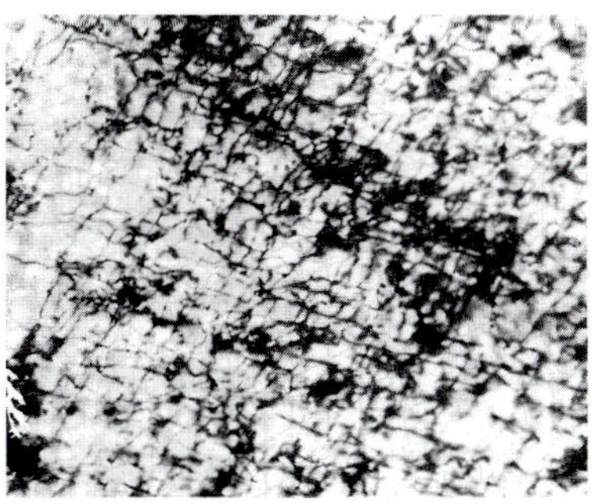

[그림 3.16] -195℃에서 14% 변형된 철의 전위구조

[그림 3.16]에서와 같이 -195℃에서 14% 변형된 철의 박편에 대한 투과전자현미경(TEM)의 스크린에서 전위의 영상을 관찰할 수 있다. 이와 같은 영상을 얻기 위해 사용되는 투과전자현미경의 기본 원리가 [그림 3.17]에 도식화되어 있다. 전자빔이 진공의 원주 윗부분에 있는 가열된 텅스텐 필라멘트에 의해 만들어지고, 고전압에 의해 원주 아랫 방향으로 가속된다(대략 75~120kV). 전자기 코일들은 전자빔을 집속하는 데 사용되며, 빔은 시편 지지대에 놓인 금속박편의 매우 얇은(두께 약 100nm 정도) 단면을 통과한다. 시험될 시편은 매우 얇아 전자의 일부가 그것을 관통해 지날 수 있다. 전자가 시편을 통과하면서, 일부는 흡수되고 일부는 산란되어 방향을 바꾸며, 결정에서 원자배열의 차이 때문에 전자산란(electron scattering)이 일어난다. 전자빔이 시편을 통과한 후 대물코일(objective coil)에 집중되어 확대되고, 형광 스크린에 투영된다[그림 3.17]. 전자를 대량으로 산란시키는 경향이 있는 금속 시편의 영역은 관찰 스크린(viewing screen)에 검게 나타난다. 그러므로 [그림 3.16]에서 관찰할 수 있는 바와 같이, 불규칙 선형 원자배열을 갖는 전위들은 전자현미경 스크린에 검은 선으로 나타난다.

3.4.3 결정립계(면결함)

결정립계(grain boundary)는 다결정 재료의 표면결함으로, 다른 방위를 가진 결정립(결정)을 분리한다. 금속에서 결정립계는 응고 중에 생성되는데, 이때 결정들은 동시에 성장하는 다른 핵으로부터 형성되어 서로 만난다[그림 3.1]. 결정립계 모양은 이웃한 결정립의 성장 제한에 의해 결정된다. 거의 등축적인 구조의 결정립계 표면들이 [그림 3.18]에 나타나 있으며, [그림 3.19]에는 실제 결정립들의 결정립계 표면이 나타나 있다.

결정립계는 폭이 약 2~5개 원자직경인 두 결정립 간의 좁은 영역이며, 결정립계의 원자 충진율은 결정립 내부보다 낮은데 이는 원자의 불일치 때문이다. 결정립계는 다른 변형된 위치에 있는 약간의 원자들도 포함하기 때문에 결정립계 영

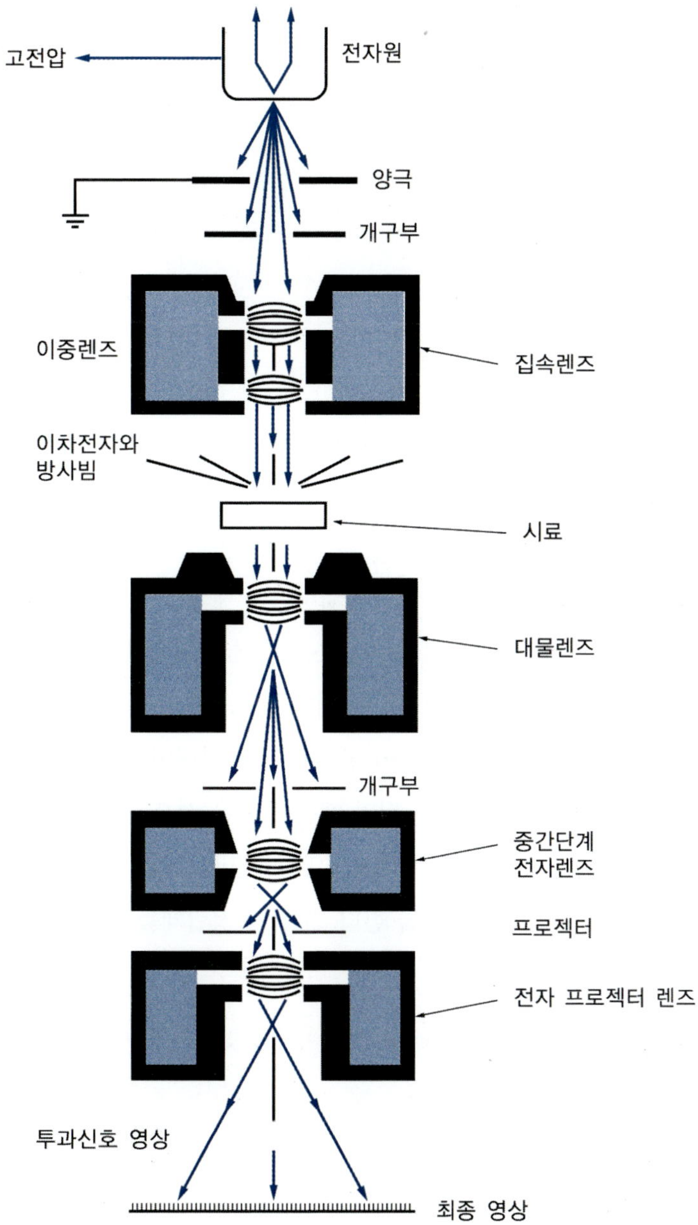

[그림 3.17] 투과전자현미경에서 전자렌즈의 도식적 배열. 모든 렌즈는 진공 원통에 있다.

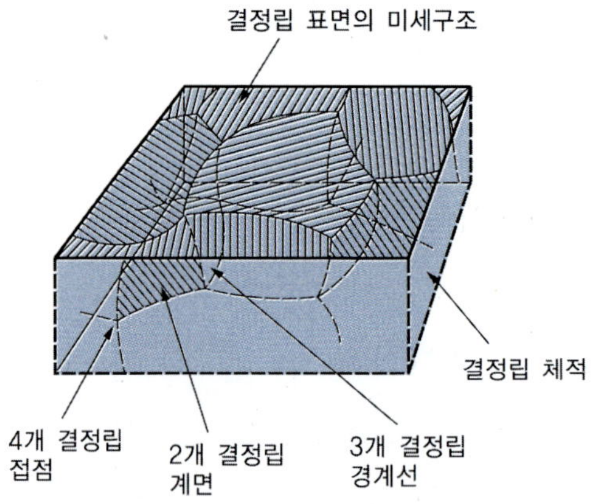

[그림 3.18] 밑에 있는 3차원 망에 대한 결정질 재료의 2차원 미세 구조의 관계

역의 에너지는 증가한다.

금속 또는 세라믹 재료에서 결정립계들은 재료 시편의 검은 선으로 나타난다[그림 3.19]. 금속과 세라믹 시편들은 연마를 통해 매끈한 표면을 이루고, 여기에 화학적 부식을 시키면 결정립에 비해 결정립계의 부식 속도가 빠르기 때문에 결정립계를 따라 미세한 홈들이 형성된다. 광학현미경으로 관찰해보면 결정립계에서 빛의 반사가 훨씬 덜 되기 때문에 검은 선으로 나타난다[그림 3.20].

결정립계들의 보다 높은 에너지와 보다 개방된 구조는 그들을 침전물의 성장과 핵성장에 보다 유리하도록 한다. 또한 결정립계들의 보다 낮은 원자충진은

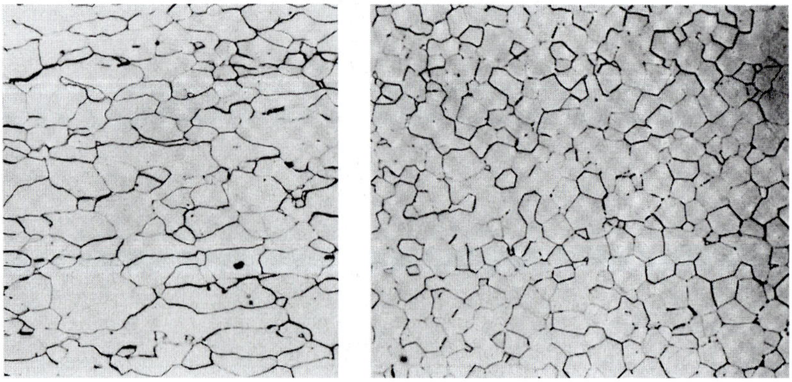

[그림 3.19] 광학현미경으로 관찰한 연마부식된 시편 표면의 결정립계들 : (a) 저탄소강 (배율 100×) (b) 산화마그네슘(배율 225×)

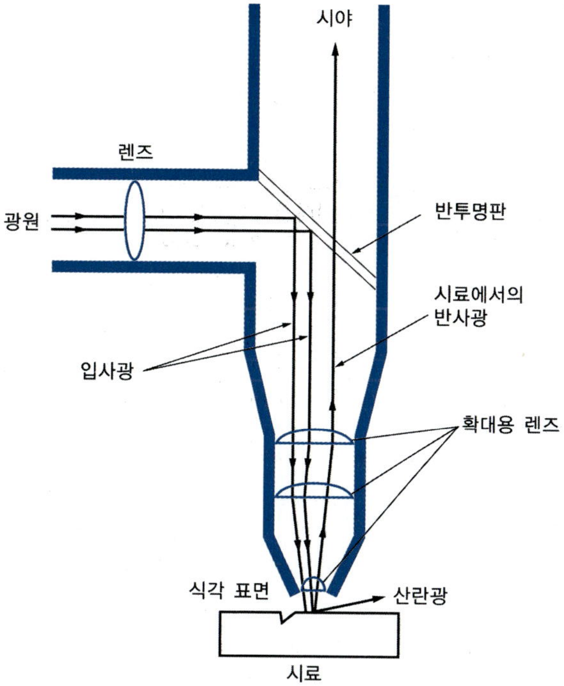

[그림 3.20] 광학현미경의 개략도

결정립계 영역에서 보다 빠른 원자의 확산을 허용한다. 상온에서 결정립계들은 결정립계 영역에서 전위(dislocation)의 이동이 어렵기 때문에 소성유동(塑性流動)이 제한된다.

3.4.4 결정립 크기

다결정 금속들의 결정립 크기는 중요하다. 결정립계 표면의 크기가 금속의 성질, 특히 강도에 상당한 영향을 주기 때문이다. 보다 낮은 온도(용융온도의 약 1/2 이하)에서 결정립계들은, 응력 하에서도 전위의 이동을 제한함으로써 금속을 강화한다. 고온에서는 결정립계의 미끄러짐이 일어나고, 결정립계들은 다결정 금속에서 취약한 영역이 될 수 있다.

결정립 크기를 측정하는 방법 중 하나가 미국 시험 및 재료협회(ASTM) 법이다. 결정립 크기번호 n은 다음과 같이 정의된다.

$$N = 2^{n-1} \tag{4}$$

[표 3.2] ASTM 결정립 크기

결정립의 크기번호	결정립 수	
	평방밀리미터당 원자수(1×에서)	평방인치당 원자수(100×에서)
1	15.5	1.0
2	31.0	2.0
3	62.0	4.0
4	124	8.0
5	248	16.0
6	496	32.0
7	992	64.0
8	1980	128
9	3970	256
10	7940	512

여기서 N은 100×의 배율에서 연마부식된 재료표면상의 평방인치당 결정립 수이고, n은 정수로서 ASTM 결정립 크기번호다. 100×에서 평방인치당 결정립 수 및 1×에서 평방밀리미터당 결정립 수와 함께 결정립 크기번호가 [표 3.2]

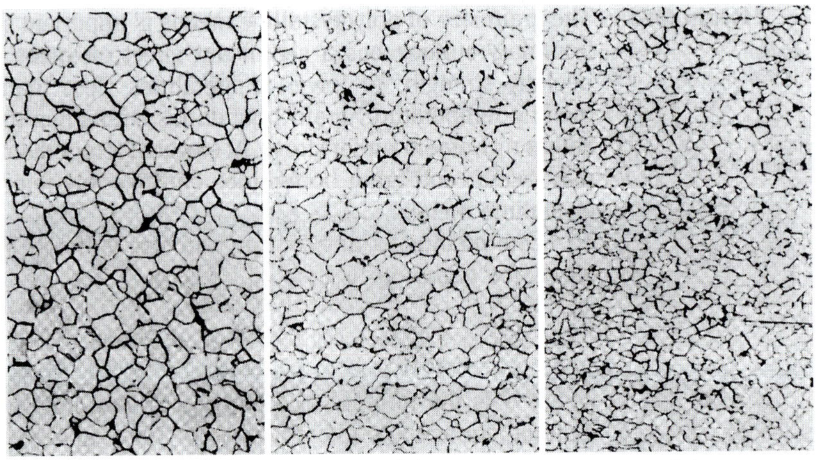

(a) (b) (c)

[그림 3.21] 저탄소강판들의 몇 가지 ASTM 결정립 크기 : (a) no. 7 (b) no. 8 (c) no. 9 (배율 100×)

에 나타나 있다. [그림 3.21]은 저탄소강판 시편에 대한 결정립 크기의 예를 보여준다.

3.4.5 주사전자현미경

주사전자형미경(SEM)은 표적(target) 시료 표면상의 정확한 점에 전자빔을 충돌시킨 후 표적시료에서 방출된 전자신호들을 잡아 영상으로 나타내는 실험장비다. [그림 3.22]는 주사전자현미경의 최근 모델 사진이며, [그림 3.23]은 그 작동원리를 개략적으로 나타낸 것이다.

기본적으로 전자총은 초점과 방향을 갖도록 하여 전자광선이 표적의 작은 점에 충돌하도록 진공의 원통에서 전자빔을 만든다. 주사코일은 시료표면의 작은 면적에 빔이 모이도록 한다. 저각(low-angle) 후방 산란전자들은 표면의 돌출부분과 상호작용하여 전자적 신호를 만드는 2차 후방 산란전자들을 생성하는데, 광학현미경(10,000 배율에서 약 10m)에 비해 거의 300배 정도 높은 배율의 영상을 만든다(15~100,000×). SEM은 특히 금속의 파단면 조사에 대한 재료분석에 유용하다.

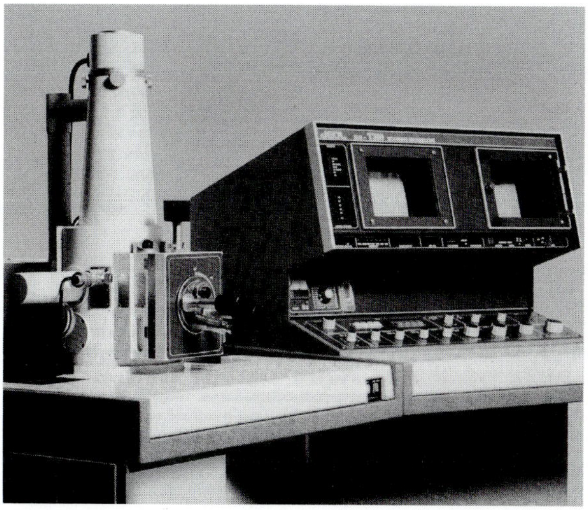

[그림 3.22] 시판용 주사전자현미경(SEM)의 사진

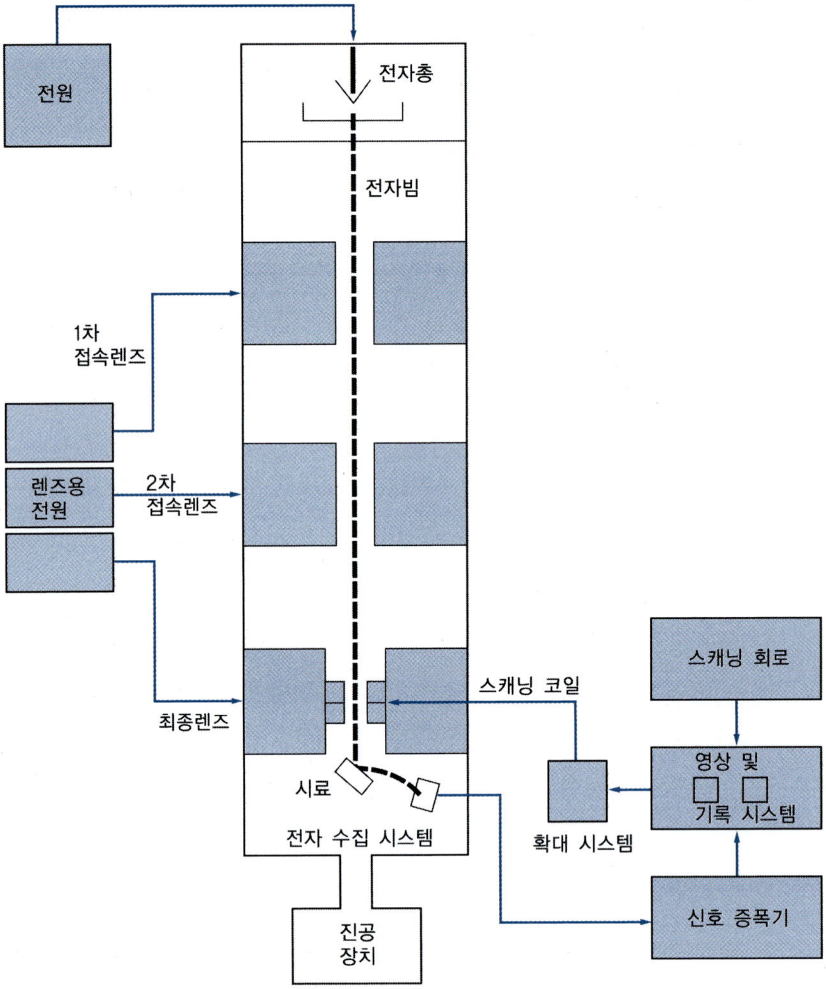

[그림 3.23] 주사전자현미경의 개략도

3.5 고체 내의 반응속도

공업재료의 활용과 생산에 사용되는 많은 공정은 원자가 고체 상태에서 이동하는 속도와 관련있다. 이러한 많은 공정 반응들은 새롭고 안정된 원자배열 속으로 원자들이 자발적으로 재배열하는 과정이라고 생각할 수 있다. 이러한 반응들이 미반응 상태에서 반응 상태로 진행하려면, 반응 중인 원자들은 활성화 에너지 장

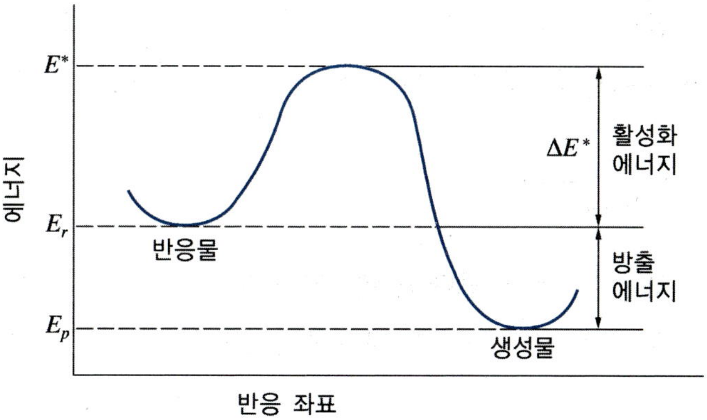

[그림 3.24] 미반응 상태에서 반응 상태로 진행할 때 반응에너지

벽을 극복할 만큼 충분한 에너지를 가져야 한다. 원자의 평균 에너지 이상을 요구하는 부가적 에너지를 활성화 에너지(activation energy) ΔE^*라 하며, 이것은 대개 몰당 주울(joule) 또는 몰당 칼로리(calories)로 측정된다. [그림 3.24]는 열적으로 활성화된 고체 상태 반응에 대한 활성화 에너지를 나타내고 있다. E_r(반응물의 에너지)$+\Delta E^*$(활성화 에너지) 에너지 수준을 가지고 있는 원자들은, 반응된 상태 E_p(생성물 에너지)에 도달하기 위해 자발적으로 반응하기에 충분한 에너지를 가지고 있다. [그림 3.24]는 발열반응으로 에너지가 방출됨을 나타내고 있다.

어떤 온도에서 계 내의 분자 또는 원자의 일부만 E^*의 활성화 에너지 준위에 도달할 충분한 에너지를 가질 것이다. 계의 온도가 증가함에 따라, 더 많은 분자 또는 원자는 활성화 에너지 준위에 이를 것이다. Boltzmann은 기체 분자의 에너지 증가에 대한 온도의 영향을 연구하였다. 통계 분석을 기초로 한 Boltzmann의 결과는, 특히 절대온도 T에서 계의 모든 분자 또는 원자의 평균 에너지 E보다 큰 에너지 준위 E^*에서 원자 또는 분자를 발견할 확률을 보여준다.

$$\text{확률} \propto e^{-(E^*-E)/kT} \tag{5}$$

여기서, k=Boltzmann 상수$=1.38\times10^{-23}$J/(atom·K)이다.

원자 또는 분자의 평균 에너지보다 더 큰 E^* 이상의 에너지를 갖는 계의 분자 또는 원자의 분율은 다음과 같다.

$$\frac{n}{N_{total}} = Ce^{-E^*/kT} \tag{6}$$

여기서, $n = E^*$보다 큰 에너지를 가진 분자 또는 원자의 수

N_{total} =계에 존재하는 분자 또는 원자의 전체 수

k = Boltzmann 상수

T = 절대온도, K

C = 상수

금속 결정격자의 특정 온도에서 평형 공극(vacancies)의 수는 다음과 같이 표현할 수 있으며, 식 (6)과 비슷하다.

$$\frac{n_v}{N} = Ce^{-E_v/kT} \tag{7}$$

여기서, n_v =금속의 입방미터당 공극의 수

N =금속의 입방미터당 원자 위치의 전체 수

E_v =공극을 형성하는 활성화 에너지, eV

T = 절대온도, K

k = Boltzmann 상수=8.62×10^{-5} eV/K

기체 분자의 에너지에 대한 Boltzmann 관계식은 화학 반응 속도에 대한 온도의 효과에 대해 실험한 Arrhenius의 식과 표현이 비슷하다. Arrhenius는 온도 함수로서 많은 화학 반응 속도가 다음 관계식에 의해 표현될 수 있다는 것을 알아냈다.

$$\text{Arrhenius 속도식 : 반응속도} = Ce^{-Q/RT} \tag{8}$$

여기서, Q =활성화 에너지, J/mol 또는 cal/mol

R=몰 기체상수=8.314J/(mol·K) 또는 1.987cal/(mol·K)

T=절대온도, K

C=속도상수, 온도에 무관

액체와 고체를 연구할 때 활성화 에너지는 대개 몰, 즉 6.02×10^{23} 원자 또는 분자 단위로 표현된다. 또한 대개 기호 Q로 나타내며, J/mol 또는 cal/mol로 표현된다.

Boltzmann 식 (6)과 Arrhenius 식 (8)은 원자 또는 분자 사이의 반응 속도는 E^* 또는 보다 큰 활성화 에너지를 가지고 있는 반응 원자 또는 반응 분자의 수에 의존한다는 것을 암시한다.

재료분야 과학자와 기술자들에게 특히 관심이 있는 고체 상태 반응 속도는 Arrhenius 속도법칙에 따른다. Arrhenius 식은 실험적 고체 상태 속도 자료를 분석하는 데 사용된다.

Arrhenius 식은 다음과 같이 자연로그형으로 다시 쓸 수 있다.

$$ln \text{ 속도} = ln \text{ 상수} - \frac{Q}{RT} \tag{9}$$

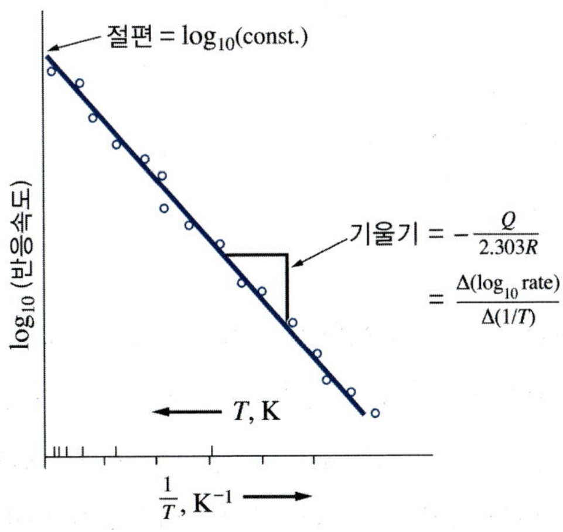

[그림 3.25] 실험적 속도의 전형적인 Arrhenius 그래프

이 방정식을 직선식으로 나타내면 다음과 같다.

$$y = b + mx \tag{10}$$

여기서 b는 y절편이고, m은 직선 기울기이다. 식 (9)의 ln 속도항은 식 (10)의 y와 같은 값이고, 식 (9)의 ln 상수항은 식 (10)의 b항과 같은 값이다. 또한 식 (9)의 $-Q/R$ 양은 식 (10)의 기울기 m과 같은 값이다. 그러므로 ln 속도 대 $1/T\,\mathrm{K}^{-1}$의 그래프는 기울기 $-Q/R$의 직선을 만든다.

Arrhenius 속도식을 상용로그로 다시 쓰면 다음과 같다.

$$\log_{10} \text{속도} = \log_{10} \text{상수} - \frac{Q}{2.303RT} \tag{11}$$

2.303은 자연로그에서 상용로그로 변환시키는 인자다. 이 방정식 또한 직선이다. $\log_{10}$ 속도 대 $1/T\,\mathrm{K}^{-1}$의 관계를 그래프로 나타내면 [그림 3.25]와 같다.

그러므로 실험적인 자료의 ln 반응속도 대 $1/T\,\mathrm{K}^{-1}$의 도표가 직선을 만든다면, 선의 기울기로부터 활성화 에너지를 계산할 수 있다. 원자의 확산과 순수한 원소 반도체의 전기전도도에 대한 온도의 효과를 조사하기 위해 Arrhenius 식을 이용할 수 있다.

3.6 고체 내의 원자 확산

3.6.1 일반적인 고체 확산

확산은 물질이 물질을 통하여 이동하는 기구(機構)로 정의할 수 있다. 기체, 액체 및 고체 내의 원자들은 일정한 운동을 하며 주기적으로 이동한다. 기체에서의 원자 이동은 상대적으로 빠르다. 우리는 이것을 연기 입자나 요리 냄새가 빠르게 이동한다는 사실로 알 수 있다. 액체 내의 원자 이동은 기체보다 느리며, 물에서 염료의 이동이 그 증거다. 고체에서 원자 이동은 평형 위치의 결합에 의해 제한된다. 그러나 고체에서 나타나는 열적 진동들은 몇몇 원자의 이동을 허용한다. 금속과 합금에서 원자의 확산이 특히 중요한데, 이는 대부분 고체 상태 반응들이 원자 운동을 포함하기 때문이다. 고체 상태 반응의 예로는, 고용체로부터 석출 및 핵생성과 냉간가공된 금속의 재결정에서 새로운 결정들의 성장 등이 있다.

3.6.2 확산 기구

결정격자에서 원자 확산의 주된 기구(mechanism)에는 두 가지가 있는데, (1) 공극형(vacancy) 또는 치환형(substitutional) 기구와 (2) 침입형(interstitial) 기구다.

(1) **공극형 또는 치환형 확산 기구** 만일 열적 진동에 의해 충분한 활성화 에너지가 존재하고, 격자에 공극 또는 다른 결정결함들이 있다면, 원자들은 결정격자 내에서 한 원자 위치로부터 다른 원자 위치로 움직일 수 있다. 금속과 합금에서 공극은 평형 결함이므로 항상 몇몇 원자의 치환형 확산이 일어날 수 있다. 금속의 온도가 증가함에 따라 많은 공극들이 존재하고 많은 열에너지가 사용되어 반응속도는 높은 온도에서 더 빨라진다.

[표 3.3] 순수한 자기확산을 위한 활성화 에너지

금속	융점, ℃	결정구조	시험온도 범위, ℃	활성화 에너지	
				kJ/mol	kcal/mol
Zinc	419	HCP	240-418	91.6	21.9
Aluminum	660	FCC	400-610	165	39.5
Copper	1083	FCC	700-990	196	46.9
Nickel	1452	FCC	900-1200	293	70.1
α iron	1530	BCC	808-884	240	57.5
Molybdenum	2660	BCC	2155-2540	460	110

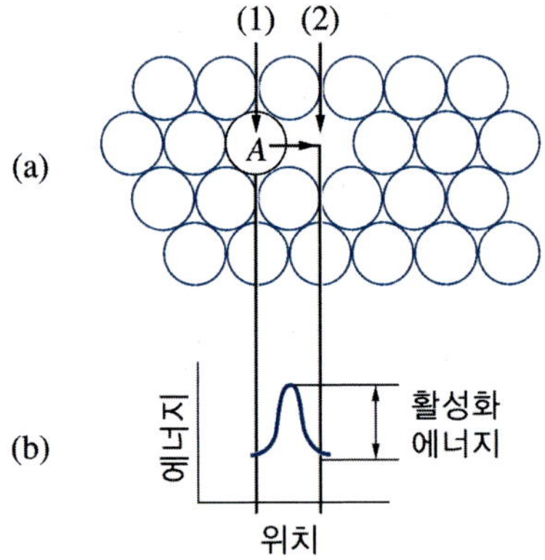

[그림 3.26] 금속 원자 이동에 필요한 활성화 에너지

[그림 3.26]의 구리 결정격자 내 (111)면에서의 공극형 확산 예를 고려해보자. 만일 공극 다음에 있는 원자가 충분한 활성화 에너지를 갖는다면, 공극 위치로 이동할 수 있어 격자 구리 원자들의 자기확산(self-diffusion)에 기여한다. 자기확산을 위한 활성화 에너지는 공극 형성을 위한 활성화 에너지와 공극을 움직이기 위한 활성화 에너지의 합과 같다. [표 3.3]은 순수한 금속들의 자기확산을 위한 활성화 에너지를 나타낸 것이다. 일반적으로 금속의 융점이 증가하면서 활성화 에너지 또한 증가한다는 것에 주의하라. 이 관계식이 성립하는 이유는 보다 높은 융점을 가진 금속들은 원자 간에 보다 강한 결합에너지를 가지는 경향을 띠기 때문이다.

확산은 또한 고용체에서 공극형 기구에 의해 일어날 수 있다. 원자 간의 결합에너지 차와 원자 크기 차이는 확산속도에 영향을 미치는 인자이다.

(2) **침입형 확산 기구** 결정격자 내의 원자의 침입형 확산(interstitial diffusion)은, 기지(base) 결정격자의 영구적인 변위 없이 원자들이 한 침입형 위치로부터 다른 이웃한 침입형 위치로 움직일 때 일어날 수 있다[그림 3.27]. 침입형 기구를 적용할 수 있는 확산 원자들의 크

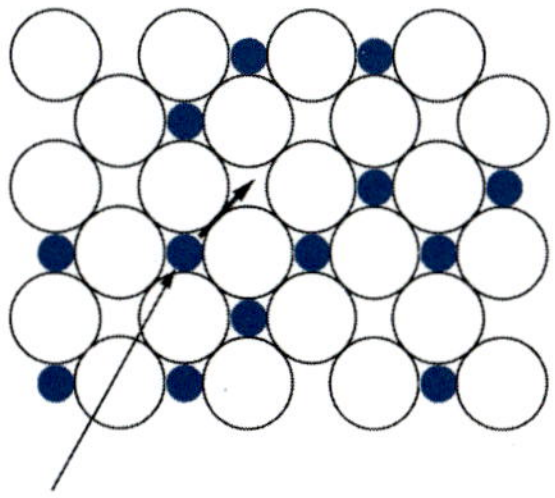

[그림 3.27] 침입형 고용체의 도식적 표현

기는 기지 원자들에 비해서 상대적으로 작아야 한다. 수소, 산소, 질소 및 탄소와 같은 작은 원자들은 몇몇 금속 결정격자에서 침입형으로 확산할 수 있다. 예를 들면, 탄소는 FCC γ철과 BCC α철에 침입형으로 확산할 수 있다[그림 3.10 참조]. 철에서 탄소의 침입형 확산의 경우 탄소 원자는 철 기지 원자들 사이로 들어가야 한다.

3.6.3 정상상태 확산 기구

[그림 3.28]에서와 같이 지면에 수직하며 거리 $x_2 - x_1$ 만큼 분리된 2개의 평행한 원자면들 사이에서 x방향으로 용질 원자들이 확산하는 경우를 관찰해보자. 시간주기당 면 1의 원자농도가 C_1이고 면 2의 농도는 C_2라고 가정하자. 시간에 따라 이들 면에서 계의 용질 원자의 농도 변화는 없다. 이와 같은 확산조건들을 정상상태 조건(steady-state condition)이라 한다. 이러한 유형의 확산은 무반응 기체가 금속 박지(foil)를 통하여 확산할 때 일어난다. 예를 들어, 정상상태 확산조건은 수소기체가 한쪽은 고압이고 다른 쪽이 저압일 경우 수소기체가 Pd의 박지를 통하여 확산될 때 적용된다.

[그림 3.28]의 확산계에서 화학적 상호반응이 용질과 용매 원자 사이에 일어나지 않는다면, 이 때문에 면 1과 면 2 사이에 농도차가 발생하고 보다 높은 농도에서 보다 낮은 농도로 원자들이 순유속(net flow) 할 것이다. 이러한 형태의 계에서 원자의 흐름 또는 유속(flux)은 다음 식으로 표현될 수 있다.

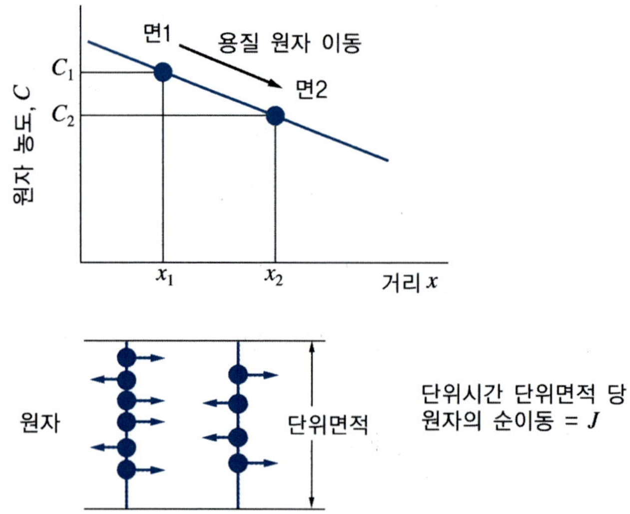

[그림 3.28] 농도 기울기에 따른 원자의 정상상태 확산

$$J = -D\frac{dC}{dx} \tag{12}$$

여기서, J = 유속 또는 원자들의 순유속

D = 확산도(diffusivity, 원자전도도) 또는 확산계수

$\frac{dC}{dx}$ = 농도 기울기

음의 부호는 농도가 높은 곳에서 낮은 곳으로 확산이 일어나기 때문에 사용된다. 이 식은 Fick의 확산 제1법칙(Fick's first law of diffusion)이라 하며 정상상태 확산조건에 대한 것으로 (즉, 시간에 따라 계의 변화가 없다), 원자 확산에 의한 원자들의 순유속은 확산계수 D에 확산 기울기 dC/dx를 곱한 것과 같다. 이 식에 대한 SI 단위는 다음과 같다.

$$J\left(\frac{atoms}{m^2 \cdot s}\right) = -D\left(\frac{m^2}{s}\right)\frac{dC}{dx}\left(\frac{atoms}{m^3} \times \frac{1}{m}\right) \tag{13}$$

[표 3.4]에 침입형과 치환형 확산계의 몇 가지 원자 확산계수 값이 나타나 있다.

[표 3.4] 용질-용매 확산계에 대한 확산계수

용질	용매구조	확산계수, m^2/s	
		500℃(930℉)	1000℃(1830℉)
1. Carbon	FCC iron	$[5\times10^{-15}]$*	3×10^{-11}
2. Carbon	BCC iron	10^{-12}	$[2\times10^{-9}]$
3. Iron	FCC iron	$[2\times10^{-23}]$	2×10^{-16}
4. Iron	BCC iron	10^{-20}	$[3\times10^{-14}]$
5. Nickel	FCC iron	10^{-23}	2×10^{-16}
6. Manganese	FCC iron	$[3\times10^{-24}]$	10^{-16}
7. Zinc	Copper	4×10^{-18}	5×10^{-13}
8. Copper	Aluminum	4×10^{-14}	10^{-10}M+
9. Copper	Copper	10^{-18}	2×10^{-13}
10. Silver	Silver(crystal)	10^{-17}	10^{-12}M
11. Silver	Silver(grain boundary)	10^{-11}	
12. Carbon	HCP titanium	3×10^{-16}	$[2\times10^{-11}]$

*괄호는 상이 준안정 상태임을 가리킨다.
M+: 온도는 융점 이상의 온도이지만, 계산값이다.

확산계수 값은 많은 변수에 의해 결정되는데, 그중 다음과 같은 것이 중요하다.

① 확산 기구의 변형(type of diffusion mechanism) : 침입형 혹은 치환형 확산인지에 따라 확산계수가 영향을 받는다. 작은 원자들은 더 큰 용매 원자의 결정격자에서 침입형으로도 확산할 수 있다. 예를 들어, 탄소는 BCC 또는 FCC Fe 격자에서 침입형으로 확산한다. 구리 원자는 구리와 알루미늄 원자가 거의 같은 크기이기 때문에 알루미늄 용매격자에서 치환한다.

② 온도는 확산계수 값에 영향을 미친다. 온도가 증가하면, [표 3.4]에서 모든 계에 대해 500℃값과 1000℃값에 비교된 바와 같이, 확산계수도 증가한다.

③ 용매격자의 결정구조형태가 중요하다. 예를 들면, BCC Fe에서 탄소의 확산계수는 500℃에서 $10^{-12}m^2/s$이며, 이는 같은 온도의 FCC 철에서 탄소의 확산계수 $5\times10^{-15}m^2/s$보다 훨씬 크다. 이 차이는 BCC 결정구조가 FCC 결정구조의 원자충진인자 값 0.74에 비해 더 낮은 0.68이기 때문이다. 또한 철 원자 사이의 원자간 공간은 FCC 결정구조에서보다 BCC 결정구조에서 더 넓기 때문에 탄소 원자들은 BCC 결정구조에서 더 쉽게 확산할 수 있다.

④ 고체 상태 확산영역에 존재하는 결정결함의 형태가 중요하다. 보다 개방된 구조는 보다 빠른 원자의 확산을 허용한다. 예를 들어, 금속과 세라믹은 결정립 기지에서보다 결정립계를 따라서 더 빨리 확산된다. 과잉 공극(excess vacancy)은 금속과 합금에서 확산속도를 증가시킬 것이다.

⑤ 확산종의 농도(concentration of the diffusion species)는 매우 중요하며, 확산계수는 확산 용질 원자의 높은 농도에 많은 영향을 받는다. 이러한 고체 상태 확산의 양상은 매우 복잡하다.

3.6.4 비정상상태 확산

시간에 따라 조건들이 변하지 않는 정상상태 확산은 실제로 공업재료에서는 존재하기 어렵다. 대부분의 경우, 재료 내의 임의의 점에서 용질 원자의 농도가 시간에 따라 변하는 비정상상태 확산(non-steady-state diffusion)이 일어난다. 예컨대 탄소가 표면을 강하게 하기 위해 강(鋼)의 캠축(camshaft) 표면 속으로 확산해 들어간다면, 탄소농도는 표면 아래의 임의의 점에서 확산과정의 진전에 따라 시간에 종속적으로 변할 것이다. 확산계수가 시간에 무관(D는 상수)한 비정상상태 확산의 경우, Fick의 확산 제2법칙이 적용된다.

$$\frac{dC_x}{dt}=\frac{d}{dx}\left(D\frac{dC_x}{dx}\right) \tag{14}$$

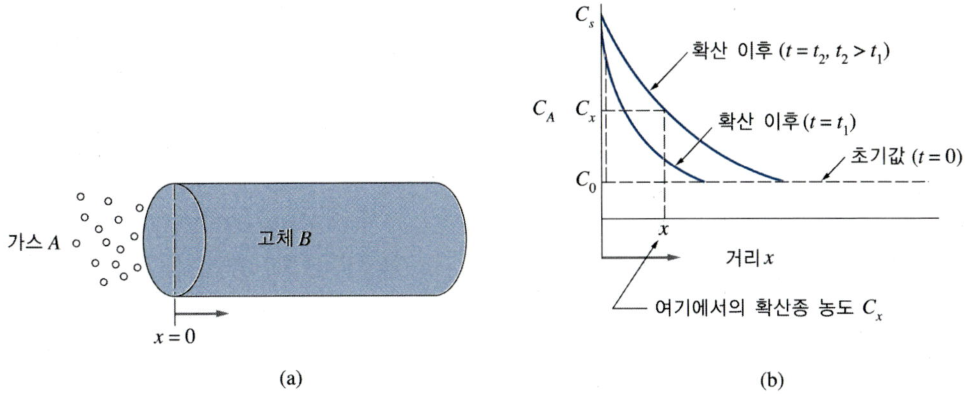

[그림 3.29] 고체 속으로의 기체 확산

이 법칙은 조성 변화속도가 확산계수에 농도 기울기의 변화속도를 곱한 것과 같음을 나타낸다. 이 미분방정식의 풀이와 유도는 이 책의 범위를 넘어서는 것이다. 그러나 기체가 고체 속으로 확산해 가는 것에 대한 이 방정식의 특수해는, 몇 가지 공업적 확산과정에서 매우 중요하며 실제 공업적 확산문제들을 해결하는 데 사용된다.

[그림 3.29(a)]에 나타낸 바와 같이, 고체 B로 확산해 들어가는 기체 A의 경우를 관찰해보자. 확산시간이 증가함에 따라 x방향이 임의의 점에서 용질 원자들의 농도 또한 증가할 것이며, [그림 3.29(b)]에서 시간 t_1과 t_2에 대해서 살펴본 바와 같다. 만일 기체 A의 고체 B에서의 확산계수가 위치에 무관하다면, 식 (14)는 다음과 같이 풀이할 수 있다.

$$\frac{C_s - C_x}{C_s - C_0} = erf\left(\frac{x}{2\sqrt{Dt}}\right) \tag{15}$$

여기서, C_s = 표면 내부로 확산해 가는 기체 원소의 표면농도

C_0 = 고체에서의 원소 초기 균일농도

C_x = 시간 t에서 표면으로부터 거리 x에서의 원소농도

x = 표면으로부터의 거리

[표 3.5] 오차함수표

z	$erf\ z$	z	$erf\ z$	z	$erf\ z$	z	$erf\ z$
0	0	0.40	0.4284	0.85	0.7707	1.6	0.9763
0.025	0.0282	0.45	0.4755	0.90	0.7970	1.7	0.9838
0.05	0.0564	0.50	0.5205	0.95	0.8209	1.8	0.9891
0.10	0.1125	0.55	0.5633	1.0	0.8427	1.9	0.9928
0.15	0.1680	0.60	0.6039	1.1	0.8802	2.0	0.9953
0.20	0.2227	0.65	0.6420	1.2	0.9103	2.2	0.9981
0.25	0.2763	0.70	0.6778	1.3	0.9340	2.4	0.9993
0.30	0.3286	0.75	0.7112	1.4	0.9523	2.6	0.9998
0.35	0.3794	0.80	0.7421	1.5	0.9661	2.8	0.9999

D = 확산하고 있는 용질 원소의 확산계수

t = 시간

오차함수(error function) erf는 약속한 정의에 의해 사용되는 수학적 함수이고 Fick의 제2법칙의 풀이에 사용된다. 오차함수는 sine과 cosine에서와 같은 방법으로 기준표에서 찾을 수 있다. [표 3.5]는 오차함수의 약식표이다.

3.6.5 집적회로를 위한 실리콘 웨이퍼 속으로의 불순물 확산

전기전도 특성을 변화시키기 위해서 실리콘 웨이퍼 속으로의 불순물 확산은 집적전자회로의 생산에 중요한 공정이다. 실리콘 웨이퍼 속으로의 불순물 확산의 한 방법으로 실리콘 표면을 수정관로(水晶管爐) 속에서 약 1100℃ 이상의 온도에서 적당한 불순물의 증기에 노출시키는 것이 있는데, [그림 3.30]과 같다. 불순물 확산이 필요없는 실리콘 표면 부분은 산화막 마스크 등을 사용해 은폐시키고, 부품에서의 불순물 확산 영역은 소자설계기사에 의해 선택될 수 있다.

강표면(鋼表面)의 기체침탄 경우와 같이 침투깊이가 증가함에 따라 실리콘 표면으로 확산된 불순물의 농도는 감소한다. 이것은 [그림 3.31]에 나타난 바와 같다. 확산시간의 변화는, [그림 3.29]에 정성적으로 나타낸 바와 같이, 불순물의 농도 대 침투깊이 분포를 변화시킨다.

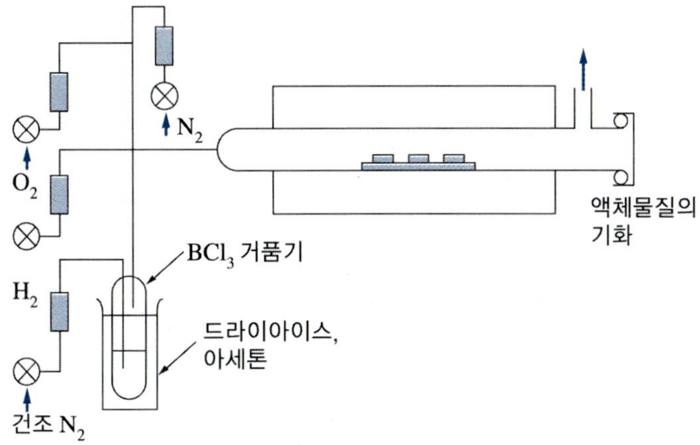

[그림 3.30] 실리콘 웨이퍼 속으로의 붕소의 확산방법

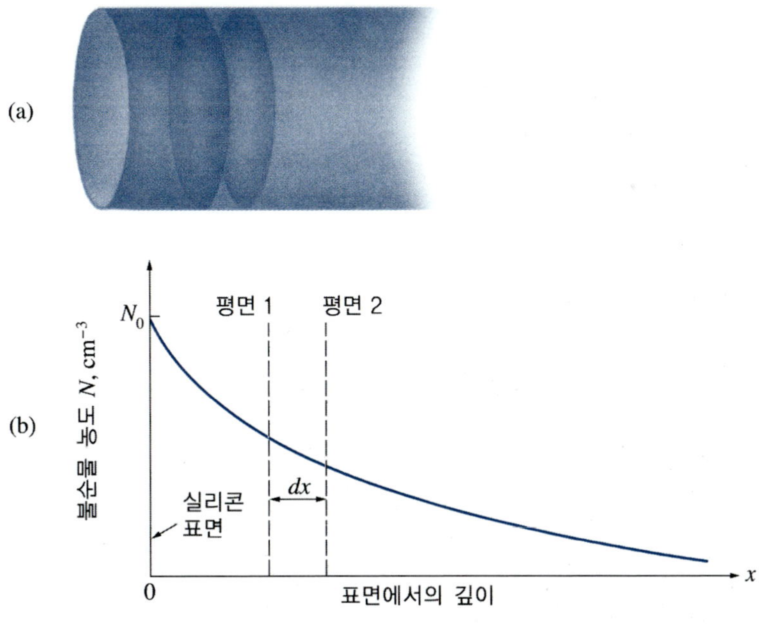

[그림 3.31] 한 면으로부터 실리콘 웨이퍼 속으로의 불순물 확산 : (a) 두께를 가진 실리콘 웨이퍼의 불순물 농도가 크게 과장되어 있는데, 왼쪽 면에서 내부로 들어가면서 감소하고 있다. (b) 그래프로 나타낸 불순물 분포

3.7 고체 내의 확산에 미치는 온도의 영향

원자 확산은 원자운동을 포함하기 때문에 확산계의 온도증가는 확산속도를 증가시킬 것이다. 여러 확산계에 대한 확산속도의 온도 의존성은 Arrhenius형 방정식으로 표현될 수 있다.

$$D = D_0 e^{-Q/RT} \tag{16}$$

여기서, D = 확산계수, m^2/s

D_0 = 비례상수, m^2/s, 방정식이 타당한 범위에서 온도에 무관

Q = 확산하고 있는 중의 활성화 에너지, J/mol 또는 cal/mol

R = 몰 기체상수=8.314J/(mol·K) 또는 1.987cal/(mol·K)

T = 절대온도, K

확산식 $D = D_0 e^{-Q/RT}$는 일반적인 Arrhenius 속도 방정식에 대해서 식 (9)와 식 (11)처럼 직선식의 로그 형태로 나타낼 수 있다.

[표 3.6] 금속계에 대한 확산계수

용질	용매	D_0, m^2/s	**Q**	
			kJ/mol	kcal/mol
Carbon	FCC iron	2.0×10^{-5}	142	34.0
Carbon	BCC iron	22.0×10^{-5}	122	29.3
Iron	FCC iron	2.2×10^{-5}	268	64.0
Iron	BCC iron	20.0×10^{-5}	240	57.5
Nickel	FCC iron	7.7×10^{-5}	280	67.0
Manganese	FCC iron	3.5×10^{-5}	282	67.5
Zinc	Copper	3.4×10^{-5}	191	45.6
Copper	Aluminum	1.5×10^{-5}	126	30.2
Copper	Copper	2.0×10^{-5}	197	47.1
Silver	Silver	4.0×10^{-5}	184	44.1
Carbon	HCP titanium	51.0×10^{-5}	182	43.5

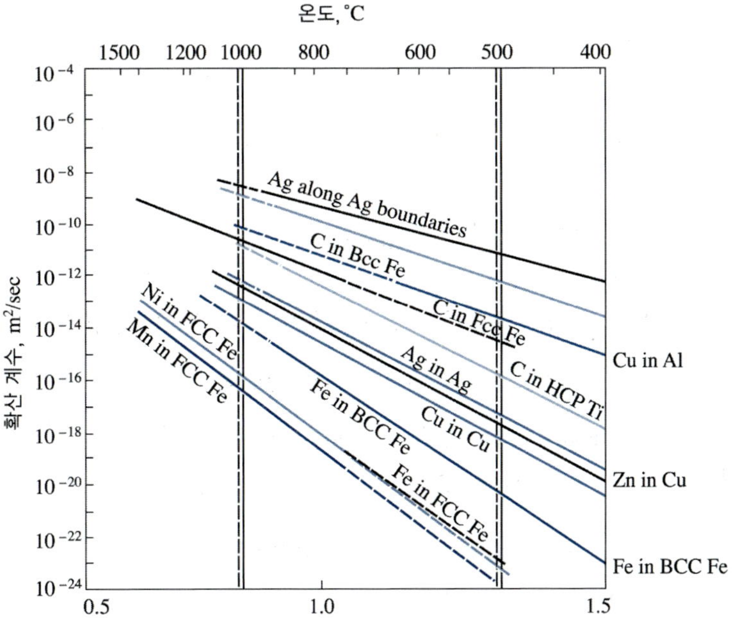

[그림 3.32] 금속계들에 대한 확산계수 자료의 Arrhenius 분포도

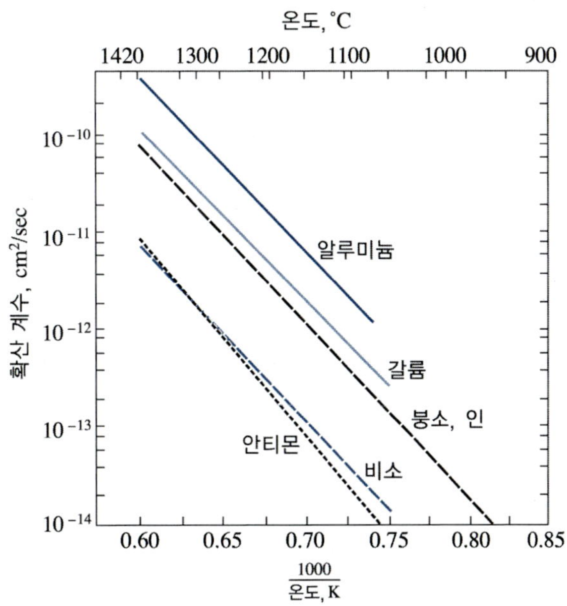

[그림 3.33] 실리콘에서 불순물 원소에 대한 온도 함수로서의 확산계수

$$lnD = lnD_0 - \frac{Q}{RT} \tag{17}$$

또는

$$\log_{10} D = \log_{10} D_0 - \frac{Q}{2.303RT} \tag{18}$$

이다. 만일 확산계에 대한 확산계수값이 두 온도에서 결정된다면, Q와 D_0값은 식 (18)형과 비슷한 2개의 방정식을 연립하여 구할 수 있다. 만일 Q와 D_0값을 식 (18)에 대입하면, 조사되고 있는 온도 범위에 대해 $\log_{10}D$ 대 $1/T\mathrm{K}^{-1}$에 대한 일반식을 만들 수 있다.

[표 3.6]은 [그림 3.32]에서 Arrhenius 확산계수 분포도(plots)를 만드는 데 사용되었던 금속계에 대한 D_0와 Q값을 나타낸 것이다. [그림 3.33]은 실리콘 속으로의 불순물 원소 확산에 대해 비슷한 분포도를 보여주며, 이것은 전자공업에서 직접회로 제작에 이용된다.

1. (1) 순수한 액체 구리가 응고할 때 형성되는 균질 핵의 임계 반지름을 cm로 계산하시오. ΔT(과냉)=$0.2\,T_m$로 가정하고, [표 3.1]을 이용하시오.
   (2) 이 과냉에서 임계핵 크기의 원자수를 계산하시오.

2. 아래 표의 자료를 이용하여 구리에 대한 다음 원소들의 원자적 고용도의 상대값을 예측하시오.

원소	원자반경	결정구조	전기음성도	원자가
Cooper	0.128	FCC	1.8	+2
Zinc	0.133	HCP	1.7	+2
Lead	0.175	FCC	1.6	+2, +4
Silicon	0.117	Diamond cubic	1.8	+4
Nickel	0.125	FCC	1.8	+2
Aluminum	0.143	FCC	1.5	+3
Beryllium	0.114	HCP	1.5	+2

(1) 아연　(2) 납　(3) 실리콘
(4) 니켈　(5) 알루미늄　(6) 베릴륨

3. FCC γ철 격자에서 가장 큰 침입형 공극의 반지름을 계산하시오. 철 원자 반경은 FCC 격자에서 0.129nm이고, 가장 큰 침입형 공극은 (1/2, 0, 0), (0, 1/2, 0), (0, 0, 1/2) 등의 유형의 위치에서 나타난다.

4. ASTM 입자 크기는 100×의 배율을 가진 금속 광학 사진기로 결정한다. 만약 평방인치당 64개의 입자가 있다면 이 금속의 ASTM 입자 크기번호는 무엇인가?

5. 200×의 배율을 가진 금속 광학 사진기에서 평방인치당 60개의 입자가 있다면 이 금속의 ASTM 번호는 얼마인가?

6. 500℃에서 순수한 구리의 입방미터당 공극의 평형 수와 순수한 구리의 500℃에서 공극 분율을 계산하시오. 순수한 구리의 공극 형성 에너지는 0.90eV로 가정하시오. C=1인 식 (7)을 이용하시오(Boltzmann 상수 k=8.62×10^{-5}eV/K).

연습문제

7. 절대온도의 역수 대 $\log_{10}$의 반응속도의 대표적 Arrhenius 분포도를 그리고 도표의 기울기를 표시하시오.

8. Fick의 확산 제1법칙에 대한 방정식을 쓰고 각 항을 SI 단위들로 정의하시오.

9. Fick의 확산 제2법칙에 대한 방정식을 쓰고 각 항들을 정의하시오.

10. 927℃(1700℉)에서 1020강(鋼) 기어의 기체침탄을 관찰해보자. 표면 아래 0.50mm 위치에서 탄소량이 0.40%로 증가하기 위해 필요한 시간을 분으로 계산하시오. 표면에서의 탄소량이 0.90%이고, 강이 0.20%의 공칭탄소량(公稱炭素量)을 갖는다고 가정하시오.

$$D_{927℃} = 1.28 \times 10^{-11} \mathrm{m}^2/\mathrm{s}$$

11. 문제 10에서와 같이 1020강(鋼) 기어의 기체침탄을 관찰해보자. 이번에는 침탄 5시간 후에 기어 표면 아래 0.50mm 위치에서의 탄소량을 계산하시오. 기어 표면의 탄소량이 0.90%이고 그 강이 0.20% 공칭탄소량(公稱炭素量)을 갖는다고 가정하시오.

12. 실리콘 웨이퍼 속으로 갈륨(Ga)의 불순물 확산을 생각하자. 만약 갈륨이 맨 처음부터 갈륨이 없는 실리콘 웨이퍼 속으로 1100℃에서 3시간 동안 확산될 때, 표면의 농도가 10^{24}atoms/m^3이라면 농도가 10^{22}atoms/m^3인 표면 아래의 깊이는 얼마나 되겠는가?

13. 927℃(1700℉)에서 γ철(FCC)의 탄소확산에 대하여 m^2/s 단위로 확산계수 D 값을 계산하시오(D_0=2.0 × $10^{-5}\mathrm{m}^2$/s, Q=142kJ/mol, R=8.314J(mol · K)).

14. 1200℃에서 FCC 철에서의 니켈의 확산계수 D를 구하시오(D_0=7.7×$10^{-5}\mathrm{m}^2$/s, Q=280kJ/mol, R=8.314J/(mol · K)).

15. 고체 Ag에서 Ag 원자의 확산도는 500℃에서 1.0×$10^{-17}\mathrm{m}^2$/s이고, 1000℃에서 7.0×$10^{-13}\mathrm{m}^2$/s이다. 500~1000℃ 온도 범위의 Ag의 확산에 대한 활성화 에너지(J/mol)를 계산하시오.

CHAPTER

4 금속의 전기전도

Material Science and Engineering

지금까지는 주로 원자와 원자 배열에 관심을 쏟아왔다. 이 장에서는 전자와 그 전자들이 원자 사이에서 얼마나 자유롭게 움직이는지 살펴보기로 하자. 약하게 속박(또는 결합)되어 있는 가전자를 가진 금속은 전기적 양도체일 뿐 아니라 열의 양도체이기도 하다. 이 전도도는 그 위치를 떠난 전자들을 전도준위로 활성화시키는 데 아주 적은 에너지를 필요로 하기 때문에 생긴다.

자유전자에 의한 금속의 전기전도현상을 수식적으로 해석하여 정리하였다. 금속과 금속의 접촉면에서는 금속 내부에 비해 전기저항이 커진다.

4.1 금속의 정전기적 성질

금속의 자유전자이론을 간단히 취급하기 위해 자유전자는 자신이 속한 금속을 벗어나지 못한다고 가정했다. 따라서 전자들은 금속표면의 무한히 높은 포텐셜 장벽에 쌓여 있다고 가정했다[그림 4.1]. 그러나 실제로 표면에서 포텐셜 장벽은 유한하며, 그보다 더 높은 에너지를 가진 약간의 전자들은 표면을 벗어날 수 있다. 예를 들어, 진공관의 동작은 가열될 때 전자를 방출하는 음극관 재료의 능력에 의존한다. 또한 금속이 높은 전계를 받을 때 혹은 전자기파 복사가 금속표면에 닿을 때도 자유전자가 방출된다. 이런 모든 성질은 금속 내에 있는 전자의 에너지 분포와 표면에서의 포텐셜 장벽 높이로 설명될 수 있다. 이런 것을 정전기적 성질이라고 한다. 왜냐하면 이 성질은 전하가 금속 내에서 움직일 수 있는 비율에 의존하지 않기 때문이다.

[그림 4.1]은 1차원 금속 내의 자유전자에 대한 포텐셜 에너지를 표시한 것이다. 고체의 각 끝단에는 유한한 포텐셜 에너지 장벽 W가 있음을 주지해야 한다. 전자가 금속에서 벗어나려면, 그 전자는 W와 같거나 아니면 그보다 더 큰 운동에너지를 가져야 한다. 금속 내의 자유전자들은 거의 0에서부터 E_F까지의 운동에너지 범위에 있기 때문에 고체를 벗어나려면 W와 $W - E_F$ 간의 에너지를 흡수해야 한다. 여기서 포텐셜 우물(potential well) 바닥에서는 운동에너지가 0이고, Fermi 에너지 준위에서는 E_F이다. 고체에서 1개의 전자를 방출시키는 데 필요한 최소의

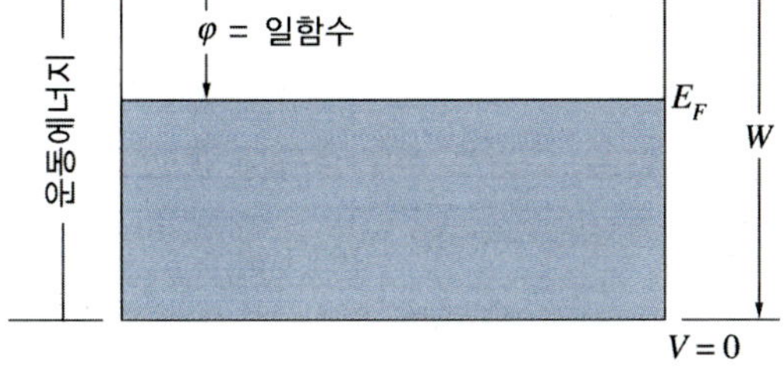

[그림 4.1] 금속의 Fermi 에너지와 일함수 간의 관계

일량을 일함수(work function)라 하며, $\varphi = W - E_F$로 표시한다. 이 일함수는 금속의 전기적 성질을 설명하는 데 가장 중요한 매개 변수다.

4.1.1 접촉전위(contact potential)

[그림 4.2]에서 표시한 금속 A와 B의 에너지준위 도표를 생각해보자. 일반적으로 금속들은 그 표면에서 서로 다른 포텐셜 에너지 장벽 W_A와 W_B를 갖고, 서로 다른 Fermi 에너지 $E_F(A)$와 $E_F(B)$를 갖기 때문에 서로 다른 일함수 φ_{A}와 φ_{B}를 갖는다. 금속 A의 Fermi 에너지 준위에 있는 자유전자들은 금속 B의 Fermi 에너지 준위에 있는 전자들보다 더 높은 에너지를 갖는다. 따라서 두 금속을 가까이 접촉시키면 금속 A에서 금속 B로 전자가 흘러 운동에너지가 감소된다. 한 금속에서 다른 금속으로 전자가 흐를 때, 전자의 흐름을 역행(reverse)시키려 하는 정전기 포텐셜(전압)이 생기기 시작한다. [그림 4.2]의 포텐셜 에너지 도표를 보면, 금속 B에 있는 전자의 포텐셜 에너지가 금속 A에 있는 전자의 포텐셜 에너지에 비해 상대적으로 올라간다는 사실을 알 수 있다. 두 금속 간의 정전기 포텐셜 에너지 차이가 일함수의 차이와 같을 때 전자의 흐름은 정지된

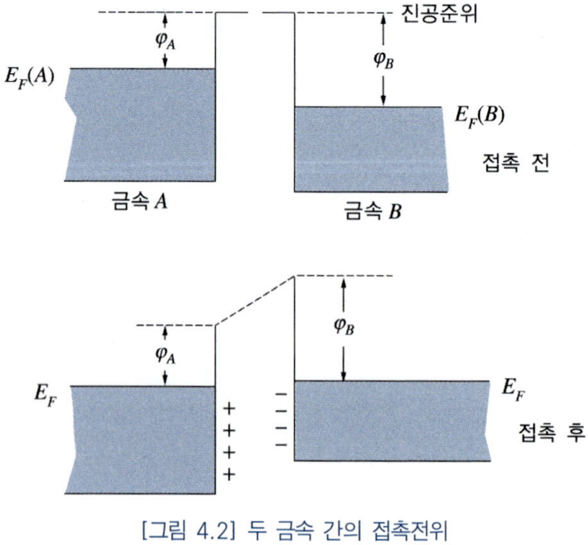

[그림 4.2] 두 금속 간의 접촉전위

다. [그림 4.2]는 금속들이 접촉된 후의 전자의 평형상태를 나타낸다. 평형상태에서는 금속 A에서 금속 B로 전자 하나를 움직이는 데 필요한 에너지는 0이다. 왜냐하면 전자가 금속 A에서 B로 갈 때 전자에 의해 얻어진 에너지($\varphi_B - \varphi_A$)는 접촉 포텐셜(전압) V_c를 통과할 때 잃은 에너지와 같기 때문이다. 평형에서 접촉전위는

$$V_c = \frac{\varphi_B - \varphi_A}{e} \tag{1}$$

로 표시되며, e는 전자의 전하량이다. 금속을 반도체와 접촉시킬 때 생기는 접촉전위는 서로 다른 물질 간에서 접합(junction)의 전기적 성질을 설명하는 데 중요하다. 몇 가지 금속에 대한 일함수와 접촉전위를 [표 4.1]에 나타내었다.

[표 4.1] 몇 가지 금속에 대한 일함수와 접촉전위

금속	일함수(eV)	접촉전위*(volts)	금속	일함수(eV)	접촉전위*(volts)
Ag	4.73	+0.59	K	2.24	+3.08
Al	4.08	+1.24	Li	2.49	+2.83
Au	4.82	+0.50	Mg	3.68	+1.64
Ba	2.48	+2.84	Mo	4.20	+1.12
Be	3.92	+1.40	Na	2.28	+3.04
Bi	4.25	+1.07	Ni	5.01	+0.31
Cd	4.07	+1.25	Pd	4.97	+0.35
Co	4.40	+0.92	Pt	5.32	0.00
Cr	4.60	+0.72	Rb	2.09	+3.23
Cs	1.81	+3.51	Ta	4.19	+1.13
Cu	4.46	+0.86	Th	3.35	+1.97
Hg	4.53	+0.79	W	4.50	+0.82

* 금속의 접촉전위는 백금(Pt)에 대한 것이다. 백금보다 작은 일함수를 가진 금속은 백금에 전자를 주고 양으로 대전된다.

4.1.2 금속의 광전효과

금속표면의 포텐셜 에너지 장벽은 유한하기 때문에 외부 에너지원에서 충분한 에너지를 받으면, 자유전자들은 금속표면으로부터 방출될 수 있다. 예컨대 알칼리 금속이 가시광선을 받으면 자유전자를 방출한다. 이때 광양자로 표현되는 빛 에너지는 금속에서 전자를 떼어낼 만큼 충분한 크기여야 한다. [그림 4.3]은 에너지 hv의 광양자로, 금속에서 자유전자를 방출시킬 때 생기는 상황을 설명한다. h는 플랑크 상수이고, v는 빛의 진동수이며, 빛의 파장 λ에 반비례($v = c/\lambda$, c는 진공에서 빛의 속도)한다. 여기서 임계에너지(critical threshold energy) hv_c가 있는 것은 분명하다. 임계에너지란 표면에서 1개의 전자를 떼어내는 데 필요한 에너지를 말한다. 따라서 임계에너지는 그 금속의 일함수와 같다. 몇 가지 금속에서 자유전자를 방출시키는 데 필요한 임계 광양자의 파장이 [그림 4.4]에 나타나 있다. 입사하는 광양자의 파장이 임계파장보다 길면 (광양자의 진동수가 임계 진동수보다 작으면, 즉 $hv < W - E_F$) 전자방출이 일어날 수 없다. 입사하는 광양자가 더 큰 에너지가 될 때($hv > W - E_F$), 자유전자를 더 많이 방출시키는 데 충분한 에너지를 갖게 된다. [그림 4.4]에서 보듯이, 짧은 파장에서 방출된 전자의 수가 감소되는 것은 전자를 여기시키는 효율이 감소되기 때문이다.

광전효과(photoelectric effect)는 금속의 일함수를 결정하는 데 이용된다. [그림 4.4]에서 알 수 있듯이, 표면에서 전자를 방출시키는 가장 긴 광양자의 파장을 쉽게 측정할 수 있다. 이때 일함수는 다음과 같이 계산된다.

$$\varphi = \frac{hc}{\lambda_c} = hv_c \tag{2}$$

광전효과는 광음극(photocathode) 작동의 기초가 된다. 광음극이란 적절한 파장의 광파를 비출 때 진공관처럼 전기를 전도시키는 장치다. 이따금 합금으로 특별히 설계된 광음극이 더 효율적으로 전자를 방출시키지만 Li, Na, K, Cs와 같은 알칼리 금속으로 만드는 것이 보통이다.

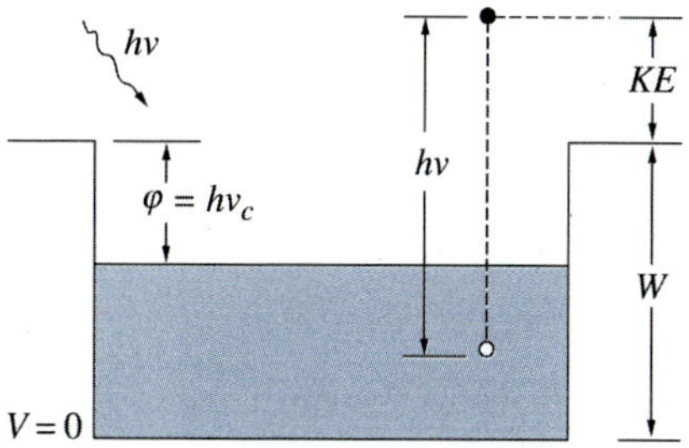

[그림 4.3] 에너지 $h\nu > h\nu_c$인 광자량에 의해 금속에서 방출된 전자의 에너지 보존

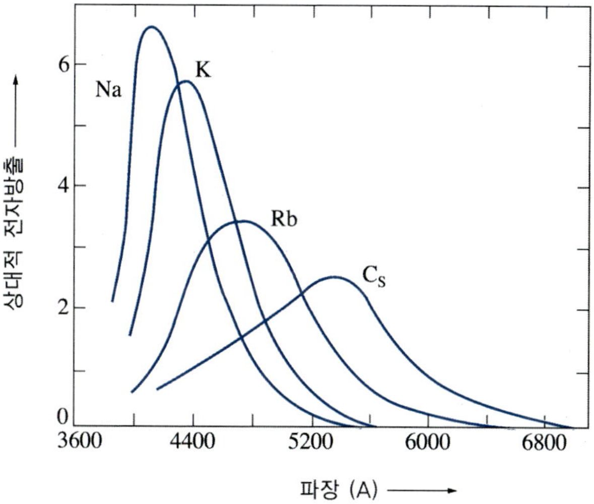

[그림 4.4] 여러 가지 알칼리 금속에서 광전자 방출

4.1.3 열전자 방출(thermionic emission)

금속의 정전기적 성질 가운데 가장 중요한 것은 금속이 가열될 때 전자를 방출하는 능력이다. [그림 4.5]는 표면에서 열로 인해 전자가 여기되는 현상을 설명한다. 전자의 분포 함수에 의하면, 자유전자가 표면을 벗어나는 데 충분한 에너지를 갖는 자유전자의 분율은 매우 작다. 열전자 방출로 생기는 전자의 흐름을 예측하기 위해 전자들의 에너지와 그 운동량을 생각해보자. 1개의 전자가 표면에 대해 수직으로 운동하고 있을 때, 그 전자의 운동에너지 전부가 포텐셜 에

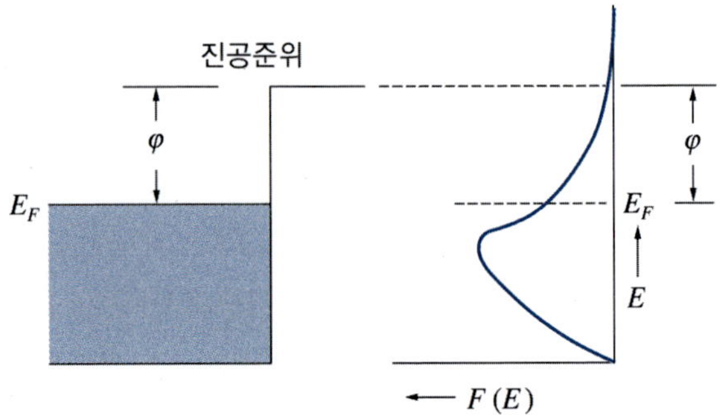

[그림 4.5] 열전자 방출의 설명도

너지 장벽에 작용할 것이다. 그러므로 표면에 수직으로 움직이고 있는 전자에 대해 표면으로부터 벗어나는 데 필요한 임계운동에너지는 φ가 되어야 한다. 그러나 전자가 내부에서 어떤 각도를 가지고 표면에 부딪치면 그 전자의 운동량 가운데 수직 성분만이 그 장벽을 통과하는 데 이용될 수 있다. 결과적으로 φ보다 더 큰 운동에너지를 가진 전자 모두가 금속을 이탈할 수는 없다.

금속표면에서 방출된 전자의 이동을 계산하려면 전자의 운동에너지와 운동량을 고려해야 하므로 그리 간단하지 않다. 그래서 여기서는 그 분석결과만 간단하게 다루기로 한다. Richardson-Dushman 방정식은 금속표면으로부터 열전자의 이동을 계산하는 데 이용된다. 그것은 금속의 자유전자이론에서 유도되며 다음과 같이 표현된다.

$$J = A\,T^2 e^{-\varphi/kT} \tag{3}$$

여기서 A는 물리적 상수들을 포함하는 상수로서 값이 120A/cm^{2}K^{2}이고, T는 K로 표시한 절대온도이며 φ는 금속의 일함수다.

4.2 금속의 전기전도 현상

4.2.1 자유전자와 전기전도도

금속의 전기전도도는 실온의 은(Ag)에서 $6.8\times10^{7}/\Omega\,\mathrm{m}$가 되며, 절연체의 $10^{-16}/\Omega\,\mathrm{m}$ 정도나 반도체의 $2\times10^{-2}/\Omega\,\mathrm{m}$ 정도에 비해 엄청나게 크다. 이것은 금속 내의 가전자가 원자에서 이탈해 고체 중을 자유롭게 이동할 수 있는 자유전자가 되어 전류를 흐르게 한다고 생각하면 이해할 수 있다. 또는 대(band) 모델로 설명한다면, [그림 4.6]과 같이 최외각 전자가 위치하는 에너지대(energy band) 바로 위에 가전자를 수용할 수 있는 전도대(conduction band)가 있기 때문이다.

고체 내의 전자운동을 논할 경우 정확히는 파동역학의 힘을 빌어야 하겠지만, 여기서는 질량 m, 전하 $-e$를 갖는 입자로서의 자유전자가 원자로 이루어져 있는 금속 내를 운동한다고 생각한다. 열평형상태에서 전자는 열속도(r.m.s 값)가

$$v_{th}=\sqrt{\overline{v}^{2}}=\sqrt{\overline{v}_x^{2}+\overline{v}_y^{2}+\overline{v}_z^{2}}=\sqrt{\frac{3kT_e}{m}} \tag{4}$$

로 고체 원자와 충돌하면서 [그림 4.7(a)]와 같은 난잡(random)한 Brown(열)운동을 한다. 열운동은 완전히 난잡한 운동이므로 다수 입자에 대한 평균속도

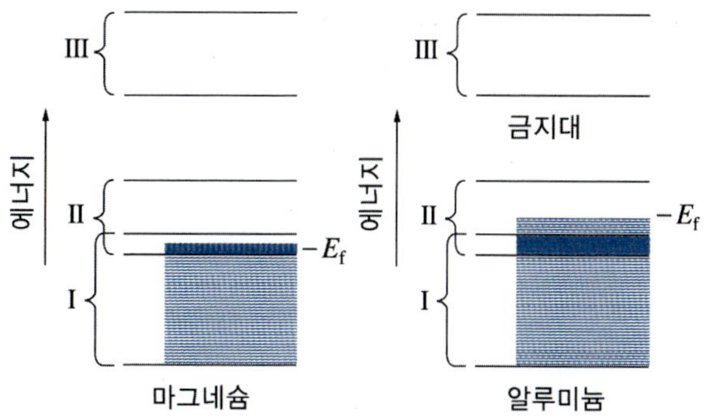

[그림 4.6] 에너지대

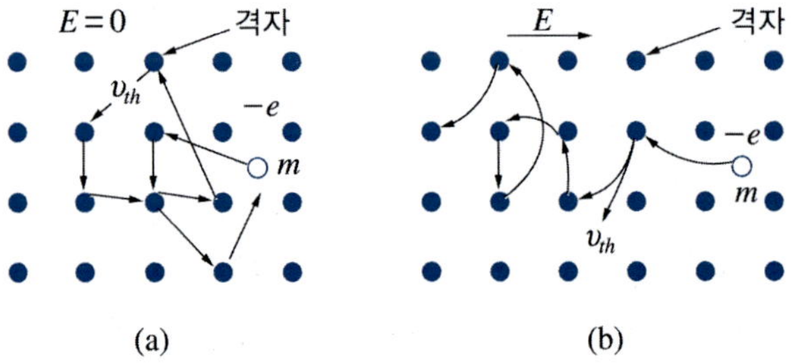

[그림 4.7] 전도전자의 운동 : (a) 전계 없음 (b) 전계 있음

$<v>=0$이 된다. 이 전자에 외부로부터 x방향으로 전계 E를 가하면 [그림 4.7(b)]와 같이 전자는 Brown 운동을 하면서도 전계 E와 반대방향 $(-x$방향$)$으로 힘 $f(x)=eE$에 의해 가속되어 일정한 평균 속도 $<v_x>$로 이동하게 된다. 후자의 운동을 전계에 의한 드리프트 운동(drift motion)이라 한다. 따라서 전자의 운동은 평균속도가 0인 열운동과 평균속도 $<v_x>$인 균일한 드리프트 운동을 중첩한 것이라고 생각할 수 있다. 전계와 반대방향의 전자 속도성분을 v_x, 운동량을 $p_x=mv_x$라 하면, 전자의 평균운동량 $<p_x>=m<v_x>$는 전계에 의한 가속에 의해 증가하는데, 그 증가율은 다음과 같다.

$$\left(\frac{d<P_x>}{dt}\right)_{\text{field}}=eE \tag{5}$$

한편 전자는 고체의 격자원자와 충돌함으로써 전계에서 얻은 $-x$방향의 운동량을 잃게 된다. 전자가 격자와 충돌한 후 다음 충돌까지의 시간 평균값을 τ라 할 때, 이것을 충돌의 완화시간(relaxation time)이라 한다. 전자가 전계에서 얻은 평균속도$<v_x>$를 한 번의 충돌로 전부 잃는다고 하면, 한 번의 충돌에 의한 x방향의 평균운동량의 감소는 $<P_x>=m<v_x>$가 되고, 단위시간에 $1/\tau$회 충돌하므로 충돌에 의한 운동량 변화율은 다음 식과 같이 된다.

$$\left(\frac{d<P_x>}{dt}\right)_{collision}=-\frac{<P_x>}{\tau} \tag{6}$$

τ를 충돌의 완화시간이라 한 것은 다음과 같은 이유 때문이다. 즉 전자가 전

계에 의해 $-x$방향으로 가속되어 평균적으로 $< P_x >_{t=0}$의 운동량을 얻은 후 $t=0$에서 전계를 없애면, 전자는 격자원자와 충돌해 식 (6)에 따라 그 운동량을 점차 잃게 되어 마지막에는 $< P_x > \to 0$이 된다. 그 감소하는 모양은 식 (6)을 풀면

$$< P_x >_t = < P_x >_{t=0} e^{-t/\tau} \tag{7}$$

와 같이 되고, 그 시정수는 τ가 된다.

그런데 전계 E를 오랫동안 걸어주면 전자의 드리프트 운동량은 정상상태에 도달하고, 이때 전계에 의한 드리프트 운동량 $< P_x >$의 증가와 충돌에 의한 감소가 균형을 이뤄 다음 식이 성립한다.

$$\left(\frac{d < P_x >}{dt}\right)_{field} + \left(\frac{d < P_t >}{dt}\right)_{collision} = 0 \tag{8}$$

$$eE + \left\{-\frac{< P_x >}{\tau}\right\} = 0 \tag{9}$$

식 (9)로부터 평균속도 $< v_x >$는

$$< v_x > = \frac{< P_x >}{m} = \frac{e\tau}{m} E = \mu E \tag{10}$$

$$\mu = e\tau / m \tag{11}$$

이 된다. 이와 같이 드리프트 속도 $< v_x >$는 전계에 비례한다. 단, 비례정수 μ를 그 물질 중의 전자 이동도(mobility)라 하며, 단위전계를 인가했을 때의 전자의 드리프트 속도를 나타낸다.

전자의 밀도를 n이라고 하면, 식 (10)으로부터 전계 E를 인가했을 때 전자의 드리프트 운동에 의한 전류밀도 j는

$$j = ne < v_x > = ne\mu E = \frac{ne^2\tau}{m} E = \sigma E \tag{12}$$

이 되므로, 도전율 σ 또는 비저항률 ρ는 다음과 같다.

$$\sigma = \frac{1}{\rho} = j/E = \frac{ne^2\tau}{m} = ne\mu \tag{13}$$

즉 도전율은 자유전자밀도와 평균완화시간 또는 이동도와의 곱에 비례한다. τ가 전계 E에 독립적일 때, 전류는 전계에 비례하고 식 (12)는 Ohm의 법칙을 나타낸다.

그리고 [그림 4.7(a)]에서 전자가 충돌과 충돌 사이에 이동하는 평균거리, 즉 평균자유거리(mean free path)를 λ라 하면, 전자는 평균적으로 열속도 v_{th}로 τ시간 운동하므로 λ는

$$\lambda = v_{th}\tau \tag{14}$$

가 되고, 이 식을 식 (13)에 대입하면 다음과 같다.

$$\sigma = \frac{ne^2}{m}\frac{\lambda}{v_{th}} \tag{15}$$

지금까지는 고전적 이론에 근거해 전자를 다루었기 때문에 적당치 않은 점이 많다. 그 첫 번째는 [그림 4.8]에 나타낸 바와 같이 $E=0$을 전도대의 밑바닥의 에너지라 하면, Fermi-Dirac의 통계에 따라 전자는 Fermi 준위 E_f 부근까지 채워져 있다. Pauli의 배타원리에 의하면, 전자가 완전히 채워져 있는 [그림 4.8]의 $f \fallingdotseq 1$의 에너지준위에 대해서는 전자가 더 이상 들어갈 수 없다. 따라서 전계를 인가했을 때 가속되는 전자는 그 위의 준위가 비어있는 Fermi 에너지 E_f 부근의 전자들 만이다. 다시 말하면 금속의 경우 전기전도에 기여하는 전자의 Brown 운동의 속도 v_f는

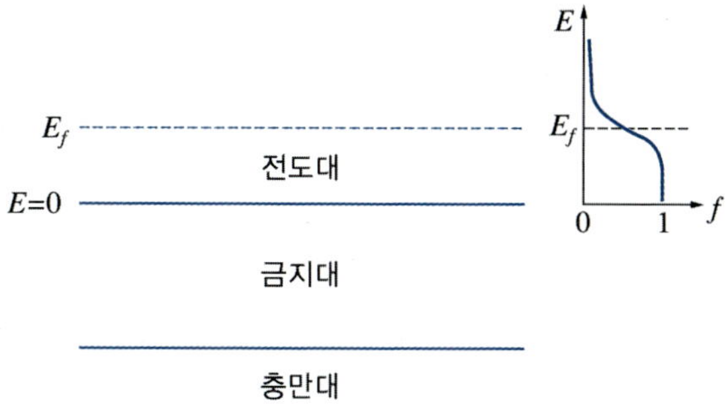

[그림 4.8] 금속의 에너지대 모델

$$\frac{1}{2}mv_f^2 = E_f \tag{16}$$

가 된다. 여기서 E_f은 전도대의 밑바닥에서부터 잰 Fermi 에너지다.

일반적으로 금속의 자유전자의 Fermi 에너지는 수 eV 정도다. 예컨대 은(Ag)에 E_f=5.5 eV가 되므로 v_f=1.4×10^{6}m/sec가 된다. 한편 식 (13)과 실온에서의 은 전도율의 실측값 σ=0.68×10^8/Ω m로부터 1가의 은의 자유전자밀도 n을 원자밀도와 같다고 하면 $\tau_f \cong 4.1\times10^{-14}$sec가 되고, 전자의 평균자유행정 λ는

$$\lambda = v_f\tau_f \cong 5.7\times10^{-8}\text{m} = 570\,\text{Å} \tag{17}$$

이 되며, 원자 사이 거리의 100배 정도가 된다. 다른 금속에 대해서도 똑같이 λ를 구하면 [표 4.2]와 같이 원자간 거리보다 훨씬 크다. 이와 같이 전자의 평균자유거리가 원자간 거리보다 훨씬 크게 되는 이유를 전자가 원자격자와 강성충돌하기 때문이라고 생각해서는 설명할 수 없다. 즉 양자역학에 의하면, 규칙 정연한 결정의 원자는 열운동 등으로 인해 평형위치에서 벗어나 완전히 규칙적으로 배열되어 있지 않으므로 전자는 이 불규칙성에 의해 산란을 받게 된다. 지금 원자의 질량을 M, 진동수를 $v = 1/2\pi\sqrt{x/M}$ (x는 스프링 정수에 해당하는 정수), ξ를 원자의 평형위치로부터의 변위라고 하면, 결정원자의 운동방정식은 평형점 부근에서 다음과 같다.

[표 4.2] 단체금속의 0℃에서의 도전율(σ), Fermi 준위(E_f), 평균자유거리(λ), 완화시간(τ)

금속	$\sigma[10^8\Omega^{-1}m^{-1}]$	E_f[eV]	λ[Å]	$\tau[\times 10^{-14}sec]$
Li	0.12	4.7	110	0.9
Na	0.23	3.1	350	3.1
K	0.19	2.1	370	4.4
Cu	0.64	7.0	420	2.7
Ag	0.68	5.5	570	4.1

$$M\frac{d^2\xi}{dt^2}+x\xi=M\frac{d^2\xi}{dt^2}+(2\pi v)^2M\xi=0 \tag{18}$$

상온 이상에서는 평균 포텐셜 에너지가 에너지 균분 원리에 의해 다음과 같이 된다.

$$2\pi^2v^2M<\xi^2>=\frac{1}{2}kT \tag{19}$$

그런데 Fermi 에너지 E_f를 갖는 전자의 평균자유거리를 λ_F, 결정원자의 충돌단면적을 S_F, 그 밀도를 N이라 하면 그 관계는 다음과 같다.

$$\lambda_F=1/NS_F \tag{20}$$

또 충돌과 충돌 사이의 평균시간 τ는 식 (14)로부터

$$\tau=1/NS_Fv_F \tag{21}$$

가 된다. 여기서 v_F는 식 (16)으로 주어지는 Fermi 에너지를 갖는 전자의 속도이며, 금속에서는 온도에 의해 그다지 변화하지 않는다. 원자가 규칙 정연한 평형위치에 있을 때 $<\xi^2>=0$에서 전자는 산란을 받지 않고, 원자가 평형위치로부터 변위했을 때만 산란을 받아 충돌단면적 S_F는 원자의 열운동에 의한 등가

단면적 $<\xi^2>$에 비례한다고 생각할 수 있다.

따라서 식 (19), 식 (21)로부터 다음을 얻게 된다.

$$\tau \propto 1/<\xi^2> \propto 1/T \tag{22}$$

금속 중에서 자유전자밀도 n은 온도와 무관하므로 도전율 σ는 식 (13)으로부터

$$\sigma = \frac{ne^2\tau}{m} \propto 1/T \tag{23}$$

가 되어 σ는 절대온도 T에 반비례한다. 이 관계는 금속의 도전율에 관한 실험 결과와 잘 일치하지만, 저온($T \to 0$)에서는 성립하지 않는다. 즉, 실험에 의하면, 나트륨(Na)의 저항은 [그림 4.9]와 같이 온도가 절대온도(0K)에 가까워져도 식 (23)으로 기대되는 0에는 수렴되지 않고 어떤 유한한 값에 가까워진다. 이것은 실체의 결정에서는 격자진동 외에도 불순물 원자나 격자결함으로 결정의 주기성이 흐트러져 산란이 생기기 때문이다. 이들 산란중심에 의한 전자 충돌의 완화시간을 τ_j라 하면 j종의 결함에 의한 단위 시간당 전자의 산란확률은 $1/\tau_j$가 되고, 전체의 완화시간 τ는 각각의 단위 시간당 산란확률의 합이 전체의 단위 시간당 산란확률이 되므로 다음 관계가 성립한다.

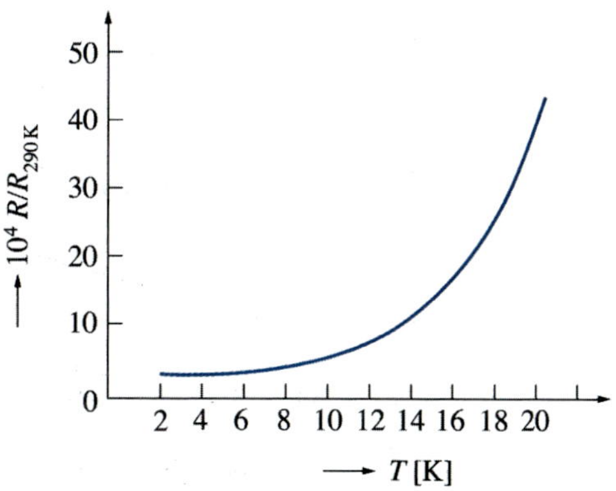

[그림 4.9] 저온영역에서의 나트륨의 전기저항의 온도 의존성

$$1/\tau = \sum_j 1/\tau_j \tag{24}$$

불순물 원자에 의한 산란의 완화시간을 τ_j, 격자의 열진동에 의한 산란시간을 τ_{th}라 하면, 산란 τ는 이 두 원인에 의해

$$\frac{1}{\tau} = \frac{1}{\tau_i} + \frac{1}{\tau_{th}} \tag{25}$$

가 된다. 이것을 식 (13)에 대입하면 고유저항 ρ는 다음과 같다.

$$\rho = \frac{m}{ne^2}(1/\tau_i + 1/\tau_{th}) \tag{26}$$

그리고 τ_{th}에 대해서 식 (22)을 이용하면

$$\rho = \rho_i + aT \tag{27}$$

이 된다. 여기서 $\rho_i = m/ne^2\tau_i$는 불순물에 의해 생기는 고유저항, a는 정수다. 식 (26), 식 (27)과 같이 금속의 고유저항이 격자진동에 의한 저항과 불순물산

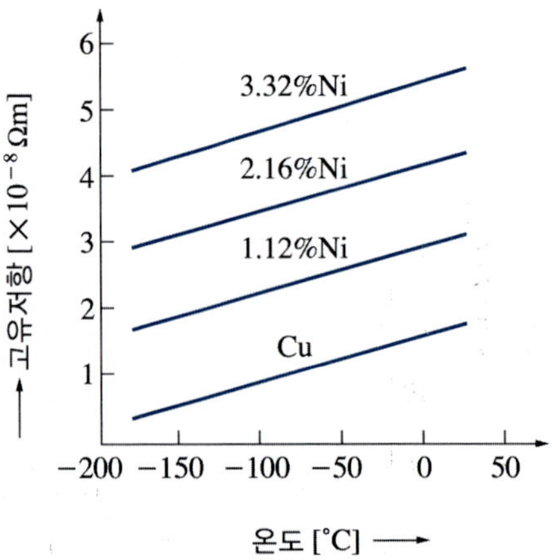

[그림 4.10] 불순물로서 Ni를 함유하는 구리 저항의 온도계수

란에 의한 저항의 합으로 주어진다는 것을 Matthienesen의 법칙이라고 한다. [그림 4.10]은 순수한 구리와 불순물로서 소량의 니켈(Ni)을 함유시킨 구리의 고유저항을 온도의 함수로 나타낸 것인데, 식 (27)에서 ρ_i가 불순물에 비례해서 증가한다고 하면, 이 결과는 식 (27)과 잘 일치한다.

고전 전자이론의 또 하나의 잘못은 고체 중의 전자의 관성질량을 진공 중의 자유전자의 질량과 같다고 생각한 것인데, 실제로는 다음 절에서 설명하는 유효질량 개념을 사용해야 한다.

4.2.2 전자운동과 유효질량

앞 절에서 설명한 바와 같이 고체 중의 전자는 결정원자가 만드는 주기적 포텐셜의 영향을 받고, 또 원자 간격이 전자의 de Broglie 파장에 가깝기 때문에 전자를 파동으로 생각하지 않으면 그 운동을 정확하게 논할 수 없다. 전자의 de Broglie 파와 결정의 주기 포텐셜과의 상호작용을 양자역학을 이용해 푼 결과, 고체 중의 전자 에너지는 여러 개의 에너지대와 금지대로 구분되고 또 완전결정의 에너지대 중에서 전자는 에너지대의 가장자리를 제외하면 결정격자에 의해 거의 산란을 받지 않고 자유롭게 운동할 수 있다는 결론을 얻었다. 예를 들면 [그림 4.11(a)]와 같이 어떤 시간 t에서 속도 v로 x방향으로 이동하는 전자의 파동함수 $\psi(x, t)$는 [그림 4.11(b)]와 같은 파속(wave packet)이 된다.

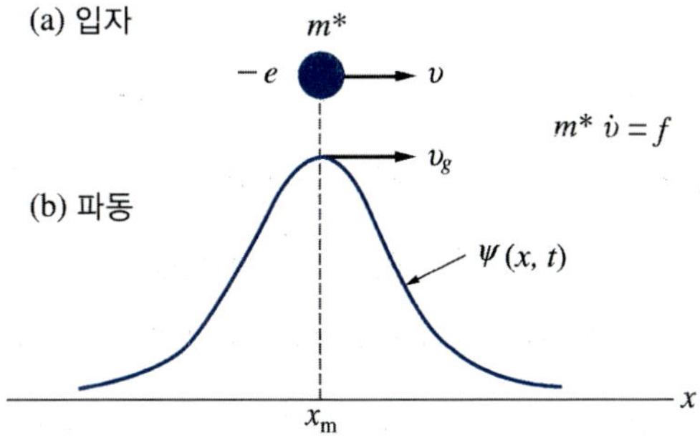

[그림 4.11] 전자 산란시 $\psi(x, t)$

고전적으로 본 전자의 위치 x_m은 파동적으로 보면 그 존재확률 $|\psi|^2$ 혹은 $|\psi|$가 최대가 되는 곳이며, 그것이 v의 속도로 x방향으로 진행하게 된다. 이와 같은 모양의 파속은 단 하나의 파수 $k=2\pi/\lambda$와 진동수 ν를 갖는 진행파

$$\psi_k = e^{i(kx-2\pi vt)} \tag{28}$$

로는 표현할 수 없으며, 파수 k 또는 파장 λ가 다른 다수의 Fourier 성분의 합으로서

$$\psi(x,t) = \int_{-\infty}^{\infty} a(k)\psi_k dk = \int_{-\infty}^{\infty} a(k)e^{i(kx-2\pi\nu t)}dk \tag{29}$$

와 같이 나타낼 수 있다. 이것은 마치 통신공학에서 전송회로의 신호가 다수의 Fourier 성분의 합으로 취급되는 것과 같다. 이 경우 각 Fourier 성분의 x방향 진행속도는

$$\psi_k(x,t) = a(k)e^{i(kx-2\pi\nu t)} = a(k)e^{ik(x-v_p t)} \tag{30}$$

로 바꿔 써보면 알 수 있듯이, 같은 위상의 점($x-v_p t=$일정)이 진행하는 위상속도(phase velocity) v_p는

$$v_p(k) = \frac{2\pi\nu}{k} = 2\pi\frac{h\nu}{hk} = \frac{2\pi}{h}\frac{\epsilon}{k} \tag{31}$$

로 나타난다. 여기서 h 및 $\epsilon=h\nu$는 각각 플랑크 정수 및 진동수 ν의 물질파(전자파)에 대응하는 에너지다. 식 (31)에서 알 수 있는 바와 같이, 만일 ν 또는 ϵ이 k에 비례한다면 k에 관한 모든 Fourier 성분의 위상속도 v_p가 같아지므로, 이 Foruier 성분의 합성으로 이루어지는 전자파 $\psi(x,t)$도 그 모양이 전혀 변하지 않고 같은 속도 v_p로 x방향에 진행하게 된다. 그러나 전자의 de Broglie 파에 대해서는 에너지 $\epsilon=h\nu$가 파수 k에 비례하지 않으므로, 식 (31)에서 알 수 있

는 바와 같이, 파수 또는 진동수에 의해 Fourier 성분 ψ_k의 위상속도가 달라진다. 이와 같은 경우 합성파 $\psi(x, t)$의 모양은 시간과 함께 변화하지만, 그 최대의 위치 x_m, 즉 입자라고 생각할 때의 전자 위치가 이동하는 속도 v_g는 군속도(group velocity)가 되어 다음과 같이 된다.

$$v_g = \frac{\partial \nu}{\partial(1/\lambda)} = 2\pi \frac{\partial \nu}{\partial k} \tag{32}$$

이것은 예컨대 k 및 ν가 각각 미소량 $2\Delta k$ 및 $2\Delta\nu$만큼 다른 2개의 Fourier 성분

$$\begin{aligned} \psi_{k-\Delta k} &= e^{i[(k-\Delta k)x - 2\pi(\nu-\Delta\nu)t]} \\ \psi_{k+\Delta k} &= e^{i[(k+\Delta k)x - 2\pi(\nu+\Delta\nu)t]} \end{aligned} \tag{33}$$

의 합성파는

$$\begin{aligned} \psi(x, t) = \psi_{k-\Delta k} + \psi_{k+\Delta k} &= e^{i(kx-2\pi\nu t)}[e^{-i(\Delta kx - 2\pi\Delta\nu t)} + e^{i(\Delta kx - 2\pi\Delta\nu t)}] \\ &= e^{i(kx-2\pi\nu t)} 2\cos(\Delta kx - 2\pi\Delta\nu t) \end{aligned} \tag{34}$$

가 되며, 그 모양은 [그림 4.12]와 같다.

절대값 $|\psi(x, t)|$이 최대가 되는 x_m은 식 (34)로부터($t = 0$에서 $x_m = 0$이라고 함)

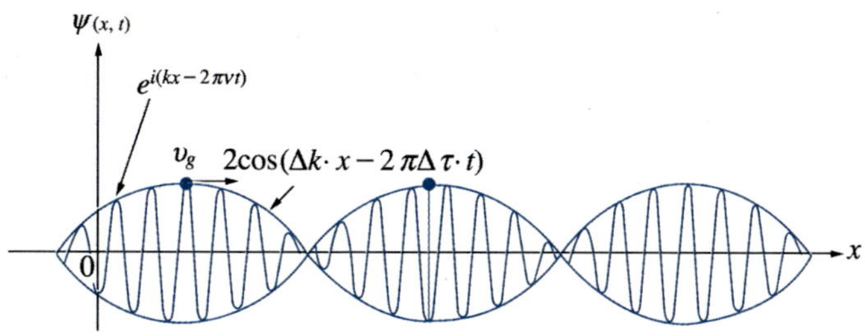

[그림 4.12] 시각 t에서의 $\psi(x, t)$

$$\Delta k x_m - 2\pi \Delta \nu t = 0 \tag{35}$$

이다. x_m의 진행속도 v_g는

$$v_g = \frac{x_m}{t} = 2\pi \frac{\Delta \nu}{\Delta k} = 2\pi \frac{\partial \nu}{\partial k} \tag{36}$$

이 되어, 식 (32)가 증명되었다.

위의 식을 de Broglie의 관계를 이용해 변형하면

$$v_g = 2\pi \frac{\partial \nu}{\partial k} = 2\pi \frac{\partial h\nu}{\partial hk} = \frac{2\pi}{h} \frac{\partial \epsilon}{\partial k} \tag{37}$$

이 된다. 즉 고체 중의 전자를 입자로 생각하면, 식 (37)에서 주어지는 속도로 결정 중을 운동한다고 생각할 수 있다.

이제 이와 같은 전자에 외부로부터 전계 E가 x방향으로 인가되었을 때의 운동방정식을 구해보자. 이때 v_g의 군속도로 운동하고 있는 전자가 단위시간에 전계로부터 얻는 에너지는 $W = -eEv_g$가 되며, 이것은 당연히 전자의 에너지 e의 증가율 $d\epsilon/dt$와 같다. 고체 중의 전자에너지 ϵ은 de Broglie 파의 파수 $k = 2\pi/\lambda$의 함수이므로, 식 (37)의 v_g를 이용하면 다음과 같이 된다.

$$\begin{aligned} W = -eEv_g &= \frac{d\epsilon}{dt} = \frac{\partial \epsilon}{\partial k}\frac{dk}{dt} \\ &= -\frac{2\pi eE}{h}\frac{\partial \epsilon}{\partial k} \end{aligned} \tag{38}$$

이 식으로부터 다음을 얻을 수 있다.

$$\frac{dk}{dt} = -\frac{2\pi eE}{h} \tag{39}$$

즉, 이 식은 전계 E가 가해지면 전자파는 전계와 반대방향으로 가속되며 속도

가 증가함에 따라 de Broglie 파의 파장 λ는 짧아지고, 전계와 반대방향의 파수 k가 커진다는 사실을 나타낸다.

군속도의 식 (37)을 시간으로 미분하여 입자의 가속도를 구하고, 식 (39)를 대입하면

$$\begin{aligned} \frac{dv_g}{dt} &= \frac{2\pi}{h}\frac{d}{dt}\left(\frac{\partial \epsilon}{\partial k}\right) = \frac{2\pi}{h}\frac{\partial^2 \epsilon}{\partial k^2}\frac{\partial k}{\partial t} \\ &= -eE\left(\frac{2\pi}{h}\right)^2\frac{\partial^2 \epsilon}{\partial k^2} = -\frac{eE}{\left(\frac{h}{2\pi}\right)^2 / \frac{d^2\epsilon}{\partial k^2}} = -\frac{eE}{m^*} \end{aligned} \tag{40}$$

이 된다. 단,

$$m^* = \left(\frac{h}{2\pi}\right)^2 / \frac{d^2\epsilon}{\partial k^2} \tag{41}$$

이다. 식 (40)은 $m^* dv_g/dt = -eE$로 바꿔보면 전계 E에 의해 $-eE$의 힘을 받은 질량 m^*인 고전입자의 Newton 운동 방정식과 똑같은 형태가 된다. 즉 결정 중에서도 전자는 보통의 질량 m 대신 식 (41)로 주어지는 일종의 가상적인 유효질량(effective mass) m^*을 생각하면 Newton 역학에 따르는 진공 중의 입자와 같이 그 운동을 결정할 수 있다. 유효질량 m^*은 고체 중의 de Broglie 파에 대한 격자원자의 상호작용을 입자 모델로 바꿀 때 나타나는 가상적인 개념이기 때문에 진공 중의 자유전자 질량 $m_0 = 9.1 \times 10^{-31}$kg보다 가벼운 경우도 있고 무거운 경우도 있다.

그런데 일정한 전계 밑에서 식 (40)을 시간에 대해 적분하면 전자속도는 $v_g = (-eE/m^*)t$가 되어 시간 $t \to \infty$ 에서는 $v_g \to \infty$ 가 되지만, 실제로는 이와 같이 되지 않고 어떤 일정한 평형속도 v_d(드리프트 속도)에 도달한다. 이것은 제3장에서 설명한 바와 같이 고체 중에는 여러 종류의 원자배열의 흐트러짐, 즉 격자결함이 있기 때문에 전자는 완전 결정과는 달리 그들과 충돌하여 전계방향의

가속도를 잃기 때문이다. 이제 충돌에서 충돌까지의 평균시간을 τ라 하면, 드리프트 속도 v_d는 고전 전자론의 식 (10)과 같이

$$v_d = \frac{-eE}{m^*}\tau = -\mu E \tag{42}$$

가 되고, 고체 중의 전자이동도 μ는 위 식으로부터

$$\mu = \frac{e\tau}{m^*} = \frac{e}{m^*}\frac{\lambda}{v_{th}} \tag{43}$$

이 된다.

그런데 주기 a로 원자가 배열되어 있는 결정에서 전자에너지 ϵ과 그 de Broglie 파로서의 파수 k의 관계는 [그림 4.13(a)]와 같이 Brillouin대의 가장자리 $\pm\pi/a$에서 끊어진 포물선에 가까운 곡선이 된다. 이 경우 식 (37)로부터 군속도 v_g는 [그림 4.13(a)]의 $\epsilon-k$곡선의 1차미분에 비례하므로 [그림 4.13(b)]와 같이 되며, k의 정부(正負) 값에 대하여 입자속도 v_g도 같은 부호가 되지만, 중앙부($k=0$)와 Brillouin대의 가장 자리($k=\pm\pi/a$)에서는 0이 된다. 다음에 식 (41)에서 $\epsilon-k$곡선의 변곡선보다 큰 파수 영역에서는 부의 유효질량이 생긴다. 즉 $k=0$의 전자에 외력을 가하면 처음에는 식 (39)와 같이 가속되어 de Broglie 파의 파수 k가 증대함과 동시에 입자속도 v_g도 증가하지만, 어

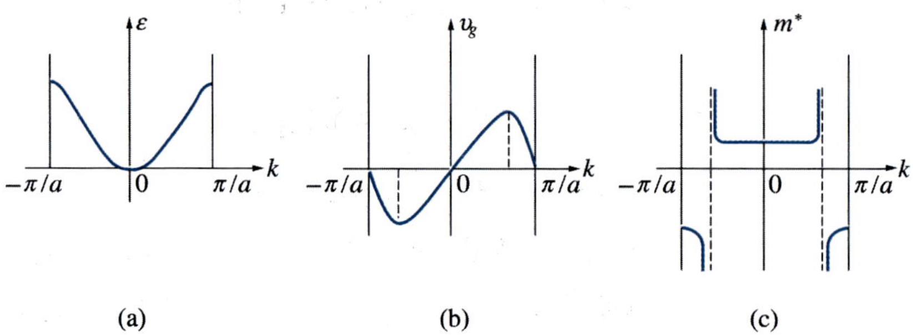

[그림 4.13] Brillouin대에서의 전자의 에너지, 속도 v_g, 유효질량 m^*

느 정도 이상 k가 증대하면 각 격자점으로부터의 반사가 증가해 결국 de Broglie 파의 진행이 방해를 받아 오히려 겉보기에는 외력에 의해 감속작용이 생긴 것처럼 되어 유효질량이 부가됨과 동시에 입자속도 v_g도 감소한다. 결국 $k=\pi/a$의 Brillouin대의 가장자리에 도달하면 전반사가 일어나 정재파가 생기며, $v_g=0$이 된다. 여기서 전반사된 전자는 운동량이 역전되어 반대방향으로 진행하며, Brillouin대의 다른 가장자리 $k=-\pi/a$에서 또 전반사를 하게 된다. 이와 같이 일정전계 아래서 전자는 같은 Brillouin대 내를 반복한다.

이상의 설명은 Brillouin대에 대해 1차원적으로 생각한 것이며, 3차원적으로 고찰하면, 유효질량은 일반적으로 방향에 따라 달라지는 텐서(tensor)량이 된다.

이와 같이 고체 중의 전자의 유효질량은 고전적으로 본 진공 중의 자유전자의 질량과는 다르다. 실제로 이 유효질량을 측정하는 대표적인 방법은 사이클로트론 공명(cyclotron resonance) 법이다. 어떤 고체에 자속 B를 [그림 4.14]와 같이 인가하면 고체 내에 있는 전자는

$$\omega_c = eB/m^* \tag{44}$$

의 각주파수(사이클로트론 주파수)로 반경 $r=m^*v/eB$의 원운동을 한다. 여기

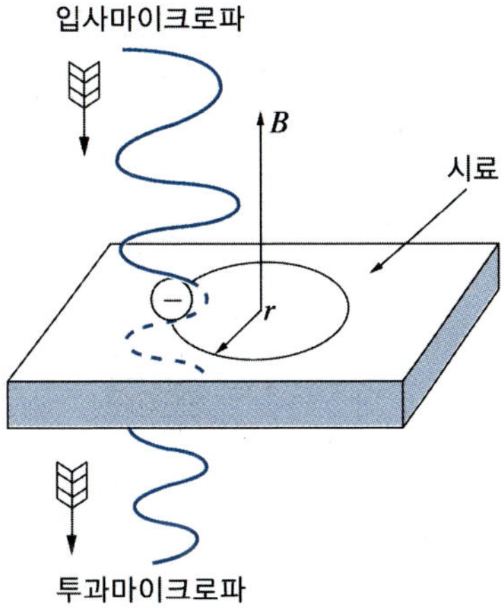

[그림 4.14] 전자의 사이클로트론 운동에 의한 전파의 흡수

서 m^*, e, v는 각각 전자의 유효질량, 전하량 및 속도이다. 이제 이 고체에 진동면이 자계 B에 수직인 마이크로파를 그림과 같이 입사시켜 그것이 고체를 통과할 때의 흡수량을 마이크로파의 주파수 ω를 변화시키면서 관측하면, 입사 마이크로파의 주파수 ω가 사이클로트론 주파수 ω_c와 일치할 때 일종의 공진흡수가 일어나 흡수의 피이크가 나타난다. 따라서 이 피이크가 나타나는 주파수 ω_c로부터 식 (44)를 이용해 고체 내의 유효질량 m^*을 구할 수 있다. 그러나 실질적으로 보다 편리한 방법은 마이크로파의 주파수 ω를 변화시키는 대신 자속밀도 B를 변화시켜 일정 주파수의 마이크로파에 대한 흡수가 최대가 되는 자속밀도 B로부터 식 (44)를 이용해 유효질량 m^*를 구하는 것이다. [그림 4.15]는 Ge의 사이클로트론 공명흡수의 실험결과다. 이를 통해 우리는 유효질량이 다른 수 종류의 전자와 정공이 혼재하고 있고 Ge의 에너지대 구조를 추정하는 데 유력한 수단이 된다는 사실을 알 수 있다. 사이클로트론 공명흡수의 피이크는 전자의 충돌 주파수 $\nu_c = 1/\tau_c$(τ_c는 충돌과 충돌 사이의 평균시간)가 사이클로트론 공명주파수에 가까워지면 찌그러진다. 흡수를 명백히 관측하려면 $\omega_c \gg \nu_c$가 되어야 하므로, 격자진동에 의한 충돌주파수 ν_c를 낮추기 위해 보통 액체 헬륨 온도에서 측정해야 한다.

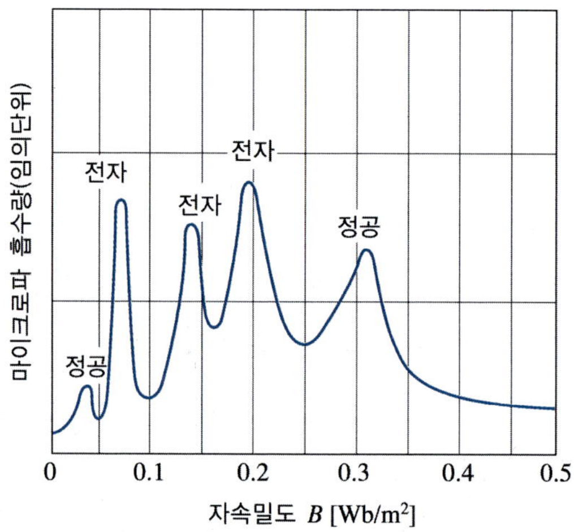

[그림 4.15] 게르마늄의 사이클로트론 공명흡수(4°K)

4.2.3 주울(Joule) 열

도체에 전계 E를 가했을 때 흐르는 전류를 J라고 하면, 도체 중에는 단위 체적당 다음 식과 같은 열이 발생한다.

$$W = JE = \sigma E^2 [\mathrm{W/m^3}] \tag{45}$$

이 식을 분자론적으로 유도해보자. 전계 E가 $-x$방향으로 인가되었을 때 시간 $t=0$에서 v_x, v_y, v_z의 속도성분을 갖는 전자가 격자와 충돌하지 않고 시간 t만큼 운동할 때, x방향의 속도성분은 $v_x + (e/m)Et$가 되므로 시간 $t=0$에서 $t=t$ 사이에 전자가 전계로부터 얻는 에너지 증가는 다음과 같다.

$$(\Delta W)_t = \left(\frac{1}{2}\right) m\left[(2e/m)Ev_x t + (e/m)^2 E^2 t^2\right] \tag{46}$$

이것을 시간 t 사이에 충돌하지 않고 운동하는 다수의 전자에 대한 평균을 취하면 $< v_x > = 0$이 되므로 우변의 제2항만 남아

$$(\Delta W)_t = e^2 E^2 t^2 / 2m \tag{47}$$

이 된다. 전자의 산란이 등방적이라고 가정하면 짧은 시간 dt 사이에 충돌하는 확률은 dt/τ가 된다. 한편 전자가 충돌하지 않고 시간 t만큼 운동하는 확률을 $F(t)$라고 하면

$$F(t+dt) = F(t) + \left(\frac{dF}{dt}\right)dt = F(t)F(dt) = F(t)\left(1 - \frac{dt}{\tau}\right)$$

의 관계가 성립하므로 다음을 얻을 수 있다.

$$\frac{dF}{dt} = -\frac{F}{\tau}, \ F(t) = e^{-t/\tau} \tag{48}$$

따라서 전자가 시간 t까지는 충돌하지 않고 t와 $t+dt$ 사이에 충돌하는 확률은 $e^{-t/\tau}\cdot dt/\tau$가 된다. 그러므로 충돌과 충돌 사이에 전자가 얻는 평균에너지 증가는

$$< \Delta W > = \int_{t=0}^{\infty} < \Delta W >_t e^{-t/\tau} \cdot dt/\tau \tag{49}$$

로 나타나며, 식 (47)을 대입하여 적분하면

$$< \Delta W > = \frac{\tau^2 e^2 E^2}{m} \tag{50}$$

이 된다. 단위 체적당 n개의 전자가 있고, 이들이 각각 $< \Delta W >$의 평균에너지를 매초 $1/\tau$회의 충돌에 의해 격자에 전달한다고 하면 단위 체적당 매초 발생되는 열은 다음과 같다.

$$W = \frac{n}{\tau} < \Delta W > = \frac{ne^2\tau}{m} E^2 = \sigma E^2 \tag{51}$$

4.2.1에서 설명한 바와 같이, 금속에 있어서 전류에 기여하는 전자는 Fermi 준위에 있는 전자이므로, 식 (51)의 τ는 Fermi 준위에 있는 전자가 갖는 완화시간 τ_f와 같다.

4.2.4 열전도

등방성의 균일한 물질 중에 온도의 기울기가 있으면 그 기울기와 반대방향으로 열의 흐름이 일어난다. 이때 x방향의 온도의 기울기를 dT/dx, 열류의 밀도를 Q_x라 하면 다음 식이 성립한다.

$$Q_x = -K\left(\frac{dT}{dx}\right) \tag{52}$$

[표 4.3] 실온에서의 열전도율 K[W/m℃]

물질	K	물질	K
Al	209	마이카(⊥ 벽개면)	0.75
콘스탄탄 (Cu 60%, Ni 40%)	22.5	석영(∥)	12.6
Cu	385	석영(⊥)	6.7
Fe	67	카본	4.2
Ni	54	유리	1.0

여기서 K는 열전도율이며 단위는 W/m℃ 이다. [표 4.3]에 각종 물질의 열전도율이 나타나 있다. 이 표에서 알 수 있는 바와 같이, 금속은 보통의 온도에서 절연체보다 훨씬 높은 열전도율을 나타낸다. 이것은 절연체에서는 열류가 오직 격자진동에 의해 운반되지만 금속에서는 격자진동과 전도전자에 의해 운반되며, 전도전자에 의해 운반되는 열류가 격자진동에 의한 것보다 훨씬 크기 때문이다. 전도전자에 의한 열전도율 K를 구하면 다음과 같다.

$$K = \frac{1}{3}\frac{n\pi^2 k^2 T\tau_f}{m} \tag{53}$$

$T=300°\text{K}$, $n \cong 5\times10^{28}/\text{m}^3$, $\tau_f \cong 10^{-14}$ sec라 하면 $K \cong 100$ W/mdeg가 되어 실험값과 잘 일치한다. 그리고 τ_f는 Debye 온도 θ_D 이상에서 T에 반비례하므로 이 온도 범위에서 K는 존재하지 않는다. 이것도 실험결과와 잘 일치한다.

식 (23)과 식 (53)에서 다음 관계를 얻을 수 있다.

$$\frac{K}{\sigma} = \frac{\pi^2}{3}\frac{k^2}{e^2}T,\ \frac{K}{\sigma T} = \frac{\pi^2}{3}\frac{k^2}{e^2} \equiv L\ (T \gg \theta_D) \tag{54}$$

즉, 전도전자의 열전도만을 생각할 때는 모든 금속의 $K/\sigma T$는 상수 L과 같다. 이 관계를 Wiedemann-Franz의 법칙이라 하며,

[표 4.4] 각종 금속의 Lorentz 수 L의 실험값

금속	L(10^{-8}W · Ω · deg^{-2})		금속	L(10^{-8}W · Ω · deg^{-2})	
	0℃	100℃		0℃	100℃
Ag	2.31	2.37	Pb	2.47	2.56
Au	2.35	2.40	Pt	2.51	2.60
Cu	2.23	2.33	Mo	2.61	2.79

$$L = 2.45 \times 10^{-8}\ \mathrm{W\Omega/deg^2}$$

는 Lorentz 수라고 한다. [표 4.4]는 여러 가지 금속의 L에 관한 실험값을 나타낸 것인데, 이론과 실험이 잘 일치하고 있다.

전도전자에 대응하는 열저항은 전기저항의 경우와 마찬가지로 격자진동에 의한 산란에 기인하는 저항과 격자결함에 의한 산란에 기인하는 저항의 2개 부분으로 이루어진다고 생각된다. 이들을 각각 $1/K_l$ 및 $1/K_i$로 나타내면 2개가 서로 독립적인 경우,

$$\frac{1}{K} = \frac{1}{K_l} + \frac{1}{K_i} = \frac{1}{K_l} + \frac{1}{L\sigma_i T} \tag{55}$$

라고 쓸 수 있다. 여기서 $1/\sigma_i$는 격자결함에 기인되는 전기저항률이다. 따라서 T/K를 T에 대해서 그리면 직선을 얻을 수 있고, $T=0$의 교점으로부터 $1/L\sigma_i$를 구할 수 있으며, 따라서 K_l도 구할 수 있다.

4.2.5 열전효과

열전효과(thermoelectric effect)에는 (1) Seebeck 효과, (2) Peltier 효과 및 (3) Thomson 효과가 있다. [그림 4.16]과 같이 두 종류의 금속 또는 반도체 I과 II를 접합하여 폐회로를 만들어 2개의 접합점에 온도차 $\Delta T = T_1 - T_2$을 주었을 때, 회로에 전류가 흐르는 효과를 Seebeck 효과라고 한다. 이것은 내부

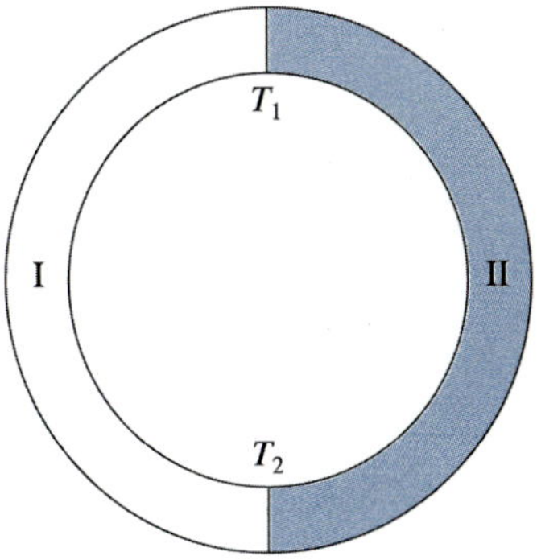

[그림 4.16] 열전효과의 설명도 I

에 기전력이 발생하고 있음을 나타내는 것이며, 이 기전력 V_{12}를 열기전력이라 한다. 또한 위의 폐회로 전체를 일정온도로 유지하여 접합점을 통해 전류를 흐르게 할 때, 접합점에서 Joule열 이외의 열이 발생 또는 흡수되는 것을 Peltier 효과라고 한다. 이 효과는 가역적이며, 전류의 방향을 반대로 하면 열의 발생은 흡수로, 흡수는 발생으로 바뀐다. Thomson 효과는 온도의 기울기가 있는 금속 또는 반도체 중에 전류를 흐르게 할 때, 전류의 방향에 따라 Joule열 이외의 열이 발생하거나 흡수되는 효과를 말한다. 이 효과도 가역적이며, 전류의 방향을 바꾸면 발생과 흡수가 바뀐다. Peltier 효과에 따른 발열 또는 흡열량은 전류에 비례한다. 비례계수 π_{12}를 Peltier 계수라 하며, π_{12}는 재료 I에서 II로 단위전류가 흘렀을 때 매초 방출되는 열을 말한다. 전류의 방향을 바꾸면 발생하는 열의 부호가 바뀌므로 $\pi_{12} = -\pi_{21}$이 된다. Thomson 효과에 따른 발열 또는 흡수량은 전류와 온도 차의 곱에 비례하며, 그 비례정수 σ를 Thomson 계수라 한다. σ는 고온 쪽에서 저온 쪽으로 단위전류를 흐르게 할 때, 1℃당 매초 발생하는 열을 말한다.

[그림 4.17]과 같이 도체 I과 II로 회로를 구성하여 그 접합부 A 및 B의 온도를 각각 T_1 및 $T_2(T_1 > T_2)$라 하고, AC 구간을 제외한 도체 I은 모두 T_2로 유지되어 있다고 하자. 전원이 공급하는 전력 IV_0 중의 일부는 Joule열의 발생에, 일부는 접합점 A 및 B의 가열과 냉각에, 또 일부는 구간 AB 및 AC의 가열 및 냉각에

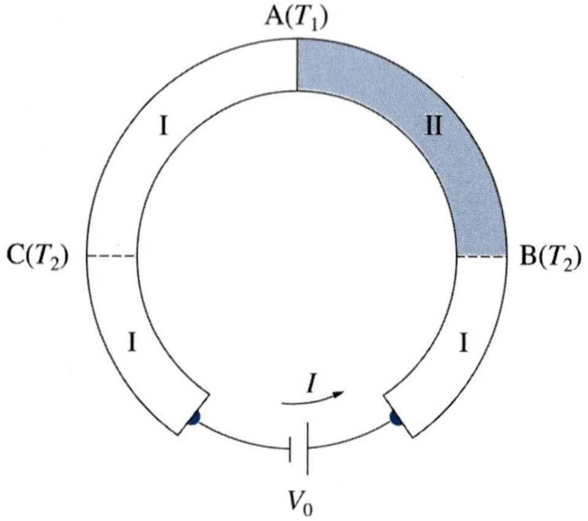

[그림 4.17] 열전효과의 설명도 II

쓰이므로 다음 식이 성립한다.

$$IV_0 = I^2R - I\pi_{12}(T_1) + I\pi_{12}(T_2) - I\int_{T_2}^{T_1}\sigma_2(T)dT + I\int_{T_2}^{T_1}\sigma_1(T)dT \quad (56)$$

이 식을 I로 나누어 변형하면,

$$IR = V_0 + \pi_{12}(T_1) - \pi_{12}(T_2) + I\int_{T_2}^{T_1}[\sigma_2(T) - \sigma_1(T)]dT \quad (57)$$

가 되므로 회로에는 열전효과에 기여하는 기전력, 즉 열기전력

$$V_{12} = \pi_{12}(T_1) - \pi_{12}(T_2) + I\int_{T_1}^{T_2}[\sigma_2(T) - \sigma_1(T)]dT \quad (58)$$

가 발생한다. 즉 열기전력 V_{12}는 π_{12}와 σ_1, σ_2의 함수로 주어진다. 그런데 앞에서 말한 3개의 열전효과는 서로 독립적인 것은 아니며, V_{12}, π_{12}, σ_1 및 σ_2 사이에는 다음과 같은 관계가 성립한다.

$$\frac{dV_{12}}{dT} = \frac{\pi_{12}}{T} \tag{59}$$

$$\frac{d^2V_{12}}{dT} = \frac{\sigma_1 - \sigma_2}{T} \tag{60}$$

따라서 V_{12}를 T의 함수로 정확히 측정한 후 이것을 온도로 한 번 미분함으로써 Peltier 계수 $\pi_{12}(T)$를 구하고, 다시 한 번 미분하여 온도 T에서의 Thomoson 계수의 차를 구할 수 있다.

σ는 물질의 고유한 계수이고 V_{12}나 π_{12}는 2개의 물질에 관계되는 양이므로 편의상 물질의 고유 계수로서 절대 열전능(absolute thermo-electric force) α가 사용된다. α는 열전효과를 전혀 나타내지 않는 가상금속과 결합시켰을 때의 온도차 1℃당 열기전력이며, 재료 I 및 II의 α를 각각 α_1, α_2라 하면 온도차가 ΔT일 때의 열기전력 V_{12}는

$$V_{12} = (\alpha_1 - \alpha_2)\Delta T \tag{61}$$

로 나타난다. 또한 식 (59)로부터 다음 식이 유도된다.

$$\pi_{12} = (\alpha_1 - \alpha_2)T \tag{62}$$

그리고 식 (60)과 식 (61)을 이용하면 α와 σ사이에는 다음 관계가 성립한다.

$$\alpha = \int_0^T \frac{\sigma(T')}{T'} dT' \tag{63}$$

열전효과가 일어나는 첫 번째 이유로, Fermi 준위의 온도 의존성을 들 수 있다. 금속에서 Fermi 준위는 온도에 의한 변화는 매우 작지만, 반도체에서는 변화가 현저하기 때문에 반도체의 열전효과는 금속의 그것에 비해 일반적으로 크다. 두 번째 이유는 자유전자나 정공(hole)은 전류와 열을 동시에 운반하기 때문에 온도의 기울기가 있는 곳에서는 캐리어밀도에도 같은 기울기가 생긴다는

것이다. 따라서 n형 반도체에서는 전자가 고온에서 저온 쪽으로 이동하여 저온 쪽이 부(負)로 대전된다. 반대로 p형 반도체에서는 정공이 고온에서 저온 쪽으로 이동하므로 저온 쪽이 정(正)으로 대전된다. 이들 전하는 전자나 정공의 이동을 방해하는 전계, 즉 열기전력을 형성하여 온도의 기울기와 균형을 이룬다.

도전율이 높은 금속에서 α의 값은 대개 10^{-6}V/℃ 정도가 되고, 도전율이 비교적 낮은 Bi 등에서는 이보다 100배 정도 더 크다. 반도체에서는 α가 10^{-3}V/℃나 된다.

Seebeck 효과는 오래 전부터 넓은 온도 범위에서 각종 온도측정과 열방사의 측정 또는 적외분광의 검출기로 이용되어왔다. 또한 교류(특히 고주파)의 전류와 전력의 측정에도 이용되고 있는데, 최근에는 열전재료의 발달에 따라 이 효과를 이용해 열에너지를 직접 전기에너지로 변화시키는 열전발전도 실용성을 갖게 되었다.

이제 열전발전용 재료에 요구되는 조건을 유도해보자. [그림 4.18]에 나타난 열전소자(열전쌍)의 구조에서 열접점의 온도를 T_1, 냉접점의 온도를 T_2로 하고, 열전재료 I과 II의 열기전력, 저항률, 열전도율을 각각 α_1, ρ_1, x_1 및 α_2, ρ_2, x_2라 하고, 길이 및 단면적을 각각 l_1, s_1 및 l_2, s_2라 한다. 열전소자 전체의 내부저항을 R이라 하면

$$R = \rho_1 l_1 / s_1 + \rho_2 l_2 / s_2 \tag{64}$$

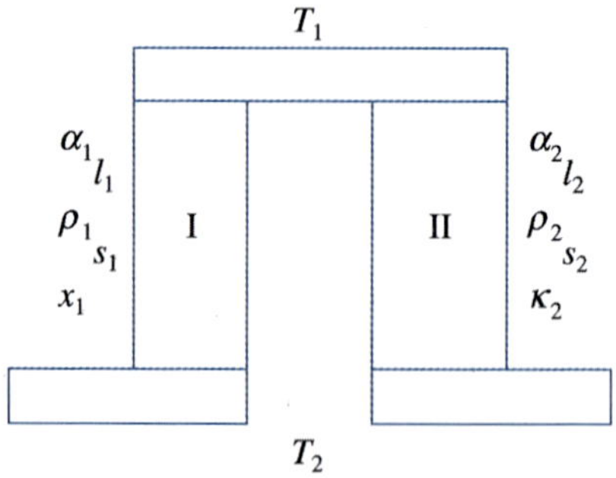

[그림 4.18] 열전소자의 구조

가 되고 열전소자 2개의 접점간 열전도율 K는

$$K = x_1 s_1/l_1 + x_2 s_2/l_2 \tag{65}$$

가 된다. 온도차 $\Delta T = T_1 - T_2$에 대한 열기전력 V_{12}는 식 (61)로 주어지므로, 부하저항을 R_L, $R_L/R = m$라 하면, 이용할 수 있는 전력 P는

$$P = \frac{V_{12}^2}{(R_L + R)^2} R_L = \frac{\{(\alpha_1 - \alpha_2)\Delta T\}^2}{R} \frac{m}{(m+1)^2} \tag{66}$$

가 된다. 정상상태에서는 열접점에서 흡수되는 열량 Q_A와 Joule열의 반인 (1/2) Q_J와의 합이 Peltier 열 Q_P와 열전도에 의한 방열 Q_K의 합과 같으므로 다음 관계가 성립한다.

$$Q_A = Q_P - (1/2)Q_J + Q_K \tag{67}$$

이 식의 우변을 계산하면

$$Q_A = \frac{(\alpha_1 - \alpha_2)^2 T_1 \Delta T}{R(m+1)} - \frac{1}{2} \frac{\{(\alpha_1 - \alpha_2)\Delta T\}^2}{R(m+1)^2} + K\Delta T \tag{68}$$

가 되므로, 열전발전의 효율 η는

$$\eta = \frac{P}{Q_A} = \frac{m\Delta T}{(m+1)T_1 - \Delta T/2 + (m+1)^2/z} \tag{69}$$

이 된다. 단,

$$z = \frac{(\alpha_1 - \alpha_2)^2}{R \cdot K} = \frac{(\alpha_1 - \alpha_2)^2}{(\rho_1 l_1/s_1 + \rho_2 l_2/s_2)(x_1 s_1/l_1 + x_2 s_2/l_2)} \tag{70}$$

이다. 효율이 최대가 되는 m의 값 $m_{opt} = M$은

$$M = \left[1 + \frac{1}{2} z (T_1 + T_2)\right]^{\frac{1}{2}} \tag{71}$$

가 되며, 최대효율 $\eta_{\max}$

$$\eta_{\max} = \frac{T_1 - T_2}{T_1} \frac{M - 1}{M + T_2 / T_1} \tag{72}$$

가 된다. $\eta_{\max}$을 크게 하려면 M의 값, 따라서 z의 값을 크게 해야 한다. α_1과 α_2가 주어질 경우 z를 최대로 하려면 재료의 치수와 재료정수 사이에

$$\frac{s_2 l_1}{s_1 l_2} = \left(\frac{\rho_2 x_1}{\rho_1 x_2}\right)^{\frac{1}{2}} \tag{73}$$

의 관계가 성립해야 하며, 이 조건이 만족될 때

$$z = (\alpha_1 - \alpha_2)^2 / (\sqrt{x_1 \rho_1} + \sqrt{x_2 \rho_2})^2 \tag{74}$$

가 된다. 이때 z는 재료정수만으로 결정된다. 식 (74)의 z를 열전쌍의 성능지수(figure of merit)라고 한다. 이것은 2개의 재료에 의해 결정되지만, 하나의 재료에 대해서도

$$z = \frac{\alpha_2}{x\rho} \tag{75}$$

를 재료의 성능지수라 하며, 열전재료의 양호도를 나타내는 데 쓰인다.

이제 Peltier 효과를 이용한 열전냉각에 대해 생각해보자. 이론적으론 열전발전의 경우와 거의 같지만, 이 경우 정상상태에서는 흡열과 발열 사이에 다음 관

계가 성립한다.

$$Q^A = Q^P - (1/2)Q_J - Q_K = (\alpha_1 - \alpha_2)T_2 I - (1/2)I^2 R - K\Delta T \qquad (76)$$

이 식을 ΔT에 대해서 풀면 Peltier 흡열에 의한 온도차 ΔT를 구할 수 있다.

$$\Delta T = \left\{(\alpha_1 - \alpha_2)T_2 I - (1/2)I^2 R - Q_A\right\}/K \qquad (77)$$

ΔT를 최대로 하는 전류를 구한 후 식 (76)에 대입하고, $Q_A = 0$으로 놓으면

$$(\Delta T)_{max} = \frac{1}{2}\frac{(\alpha_1 - \alpha_2)^2 T_2^2}{KR} = \frac{1}{2} z T_2^2 \, (T_1 > T_2) \qquad (78)$$

를 얻는다. 전원에서 소모되는 전력 W는 열기전력에 대항해서 소비되는 전력 W_T와 Joule 손실 W_J로 나누어지므로, 결국 W는

$$\begin{aligned} W &= W_T + W_J = (\alpha_1 - \alpha_2)\Delta T \cdot I + I^2 R \\ &= I[(\alpha_1 - \alpha_2)\Delta T + IR] \end{aligned} \qquad (79)$$

가 되고, 냉각계수 ϵ은

$$\epsilon = \frac{Q_A}{W} = \frac{(\alpha_1 - \alpha_2)T_2 \cdot I - (1/2)I^2 R - K\Delta T}{I[(\alpha_1 - \alpha_2)\Delta T + IR]} \qquad (80)$$

가 된다. ϵ을 최대로 하는 전류를 계산하여 ϵ_{max}을 구하면

$$\epsilon_{max} = \frac{T_2}{T_1 - T_2}\frac{M - T_1/T_2}{M + 1}(T_1 > T_2) \qquad (81)$$

가 된다. $(\Delta T)_{max}$이나 ϵ_{max}를 크게 하려면 재료의 성능지수 z의 값을 크게 해야 한다는 것은 열전발전의 경우와 같다.

z가 큰 재료로는 Bi-Te계가 있으며, 이것에 Sb나 Se를 첨가한 $(BiSb)_2Te_3$ 이나 $Bi_2(TeSe)_3$ 등의 z는 3×10^{-3}/℃ 정도의 값을 갖는다. 이 재료들은 열전냉각 및 열전발전용으로 중요하지만, 융점이 상당히 낮아 고온에서 사용하는 열전발전용으로는 적당하지 않다. 고온용 열전재료로서 $CrSi_2$, $MnSi_2$, TiC, ZrC 등의 화합물이 개발되었다. $z=3\times10^{-3}$/℃ 정도의 재료를 이용하면 열전발전에서는 약 25%의 효율을 얻게 되고, 열전냉각에서는 열접점의 온도를 실온으로 하면 $(\Delta T)_{max}=70$℃ 정도의 최대 온도차를 얻는다. 이들의 에너지 변환 방식은 모두 실용 단계에 이르렀다.

4.3 접촉면의 전기전도 및 저항재료

전기전자 기기에는 회로를 개폐하는 소자로서 전기접점이나 접촉자 (일종의 스위치) 등이 많이 사용된다. 이런 소자는 화려한 존재는 아니지만, 매우 중요한 역할을 담당하여 기기의 성능을 지배하는 경우가 많다. 이것은 2개의 접촉면을 통해 전류를 흐르게 하거나 차단하는 것으로 매우 단순한 동작으로 보이지만, 금속이 서로 접촉하고 있는 경계면에서는 단일 도체의 경우와는 다른 상태와 메커니즘으로 전기전도가 생긴다. 금속 접촉면에서의 전기저항을 접촉저항(contact resistance)이라 하는데, 이것은 다른 부분과 비교해 높은 전기저항을 나타낼 뿐 아니라 매우 다른 특성을 갖는다. 접촉저항은 집중저항(convergence resistance)과 경계저항(transition resistance)으로 이루어진다.

4.3.1 집중저항

청정 처리된 표면을 갖는 2개의 금속을 적당한 접촉력으로 압착하면, [그림 4.19]와 같이 접촉면이 작아져 전류가 통과하는 면적도 좁아지고 단일 도체보다 높은 저항을 갖는데, 이것을 집중저항이라 한다.

탄성한계 내에서의 집중저항 R_c는 홈(Holm)에 의해 다음 식과 같이 된다.

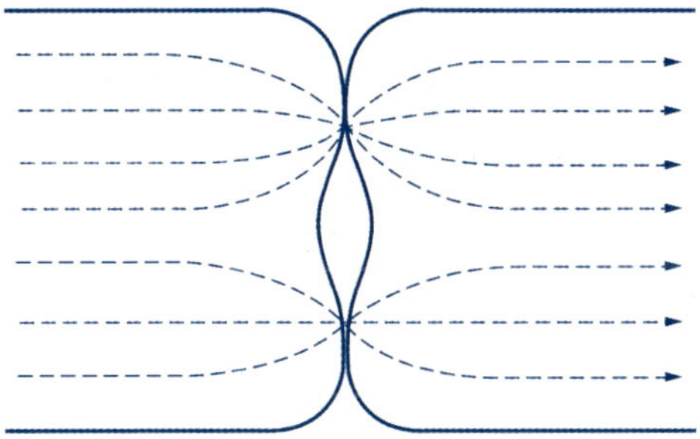

[그림 4.19] 접촉면에서 집중전류에 의한 집중저항

$$R_c = \frac{\rho_a + \rho_b}{4}\sqrt{\frac{\pi f}{nF}}\,[\Omega] \tag{82}$$

여기서 ρ_a, ρ_b는 각각 접촉된 도체의 저항률[$\Omega \cdot$m], f는 탄성한계[N/m^2] 또는 경도[kg/cm^2], n은 접촉점의 수, F는 접촉력[N]이다.

식 (82)에서, 같은 재료이고 같은 형상의 전기접점일 때, 접촉력 F의 증가에 따라 접촉면도 증가하므로 집중저항 R_c는 감소하는 것을 알 수 있다. 접촉면이 작은 경우에는 탄성한계 f가 낮은 재료, 즉 연질재료를 선택하는 것이 좋다.

4.3.2 경계저항

대기 중에 노출된 금속 접촉면에는 각각 금속 자체의 산화 및 황화 피막, 대기 중의 가스 분자나 수증기 등의 흡착 가스층, 또는 여러 가지 유기물 피막 등의 절연성 박막이 존재하므로 접촉저항은 증가하게 된다. 이러한 저항을 경계저항이라 한다. 이때 박막에 있어서의 전기적 특성은 도전성, 반도전성 및 절연성 등의 복잡한 양상을 띤다.

연습문제

1. 알루미늄을 Mg와 접촉시킬 때 생기는 접촉전위의 크기와 부호를 결정하시오.

2. Cs로부터 광전자 방출에 필요한 최소의 에너지를 갖는 광양자의 파장을 계산하시오. W에서 전자를 방출시키는 데 필요한 광양자의 파장은 얼마인가?

3. 두께가 10μm인 T_a의 얇은 필름이 열전자 방출의 평면원(planar source)으로 사용된다. 그 필름을 2500K로 가열할 때 표면의 각 cm^2으로부터 방출된 전류를 계산하시오.

4. 실온에서 $1.54\times10^{-8}\Omega$ m의 저항률을 갖는 Ag선에 1V/cm의 전계를 인가했을 때, 전자의 평균 드리프트 속도를 구하시오(전도전자의 밀도를 $5.8\times10^{28}m^{-3}$이라 가정). 그리고 전자의 이동도 및 완화시간을 구하시오.

5. Ag의 Fermi 에너지를 5.5eV라 가정할 때, 이 에너지를 갖는 전자의 속도를 구하고 문제 4에서 구한 드리프트 속도와 비교하시오. 또 이 Fermi 속도와 문제 4에서 구한 완화시간을 사용해 산란에 대한 평균자유거리를 계산하시오.

6. 순수한 Cu의 실온(300K)에서의 저항률은 $1.7\times10^{-8}\Omega$ m이라 할 때, 700℃에서의 저항률을 계산하고 실온값에 대한 변화율을 구하시오.

7. 실온(300K)에서 니크롬(Ni–Cr 합금)의 저항률은 $1.0\times10^{-6}\Omega$ m이며, 이것을 700℃로 가열하면 저항률이 약 7% 증가한다. Mathiessen의 법칙이 성립한다고 가정하여, 니크롬 중의 격자결함이나 불순물의 산란만에 기인하는 저항률을 계산하시오.

8. 실온(300K)에서 순수한 Cu의 저항률은 $1.7\times10^{-8}\Omega$ m이다. 이것에 소량의 Ni 또는 Ag를 첨가하면 원자 백분율당 각각 $1.25\times10^{-8}\Omega$ m 및 $0.14\times10^{-8}\Omega$ m의 저항률이 증가한다. Ni를 0.2%, Ag를 0.4% 첨가한 합금의 300K 및 4K에서의 저항률은 이론적으로 얼마가 되는지 구하시오.

9. Cu의 전도전자의 완화시간을 2.7×10^{-14}sec라 가정하고 $-x$ 방향으로 1V/cm의 전계를 인가

했을 때, 충돌과 충돌 사이에 전자가 x방향에 대해 얻는 속도증가의 평균값과 이 충돌 사이에 전자가 얻는 에너지 증가의 평균값을 구하시오.

10. 유리창의 안쪽과 바깥쪽 사이의 온도차를 40℃, 유리두께를 1mm, 또는 그 열전도율을 0.0025cal/sec · cm · ℃라 가정할 때, 단위 면적당(m^2) 1시간에 소실되는 에너지 손실을 계산하여 J의 단위로 나타내시오.

11. 실온(300°K)에서 Cu와 칸탈(Fe–Cr–Al 합금)의 저항률이 각각 1.7×10^{-8} 및 1.4×10^{-6}Ω m이다. Wiedemann–Franz의 법칙이 성립한다고 가정하여 실온에서 이들 재료의 전자에 기인하는 열전도율을 구하시오.

12. $(Bi \cdot Sb)_2Te_3$의 열기전력을 171μV/℃, 열전도율을 0.014W/cm · ℃, 저항률을 7.3×10^{-4} Ω m라 가정한다. 이 재료의 열전적 성능지수 z의 값을 구하시오.

13. Ge이나 Si은 다이아몬드 구조를 갖는다. 단위세포에 함유되는 원자수를 구하고, Ge 및 Si의 격자정수를 각각 5.62Å 및 5.43Å라 할 때 단위 체적(m^3)당의 원자수를 구하시오.

14. 진성 Si의 실온에서의 저항률은 3000Ω m이다. 전자와 정공의 이동도를 각각 0.17 및 0.035m^2/V · sec라 할 때 캐리어의 밀도를 계산하시오.

15. GaAs의 μ_e는 0.3m^2/V · sec이고 μ_h는 0.2m^2/V · sec이다. 실온에서 진성 GaAs의 저항률을 2×10^{-3}Ω m라 가정할 때 실온에서의 캐리어 밀도를 구하시오.

CHAPTER

5 반도체

Material Science and Engineering

오늘날 전자공학의 눈부신 발전은 트랜지스터와 집적회로(IC)의 개발을 통해 이루어졌으며, 과학기술 전 분야에 걸쳐 지대한 영향을 미치고 있다. 이제 반도체는 우리 일상생활의 거의 모든 곳에서 사용되고 있다. 일례로 수십 년 전만 해도 큰 방 하나를 가득 채우던 크기의 컴퓨터가 오늘날에는 작은 책상용 컴퓨터로 바뀌면서도 더 빠르고, 더 효율적이 되었다. 이는 전자공학 분야에서도 반도체 기술의 발전에 의한 것이라고 해도 과언이 아니다. 반도체는 1948년 쇼클리(Shockley) 등에 의해 트랜지스터가 발명된 후, 짧은 기간에 놀랄만한 발전을 이룩하여 없어선 안 될 중요한 존재가 되었다. 특히, 1970년대에 LSI가 출현한 이후 급속한 발전을 거듭하여 모든 산업분야에 응용되어 각 분야의 발전에 크게 기여하고 있다.

집적회로 기술의 괄목할 만한 성장은 최근 20년 동안 이루어졌지만, 반도체 소자는 나름대로 오랜 역사를 가지고 있다. 이미 1870년대에 금속-반도체 접촉 기술이 시도되었으며, 1900년대 초에는 반도체 위에 금속을 스퍼터링 하여 만든 다이오드의 정류 특성이 발표되었다. 1935년도에는 셀렌 정류기와 실리콘 점 접촉 다이오드를 라디오 감지기로 이용하기 시작하였다. 또한 이 시기에 고순도 실리 콘(Si)과 게르마늄(Ge)을 얻어내는 방법들도 개발되었다. 1947년에 트랜지스터가 발명되기 시작하면서 반도체 분야는 큰 발전을 이루게 되었으며, 이를 바탕으로 1958년도에는 실리콘과 게르마늄에 집적회로를 구성하기 시작하였다. 이후, 집적회로 기술은 급속하게 발전하여 바이폴라 접합 트랜지스터(BJT), 전계효과 트랜지스터(FET)및 CMOS 등 다양한 반도체 소자를 만들어 내었다.

이러한 반도체 기술 및 산업은 21세기 정보사회의 근간을 이루는 매우 중요한 분야이므로, 이에 대한 전반적인 이해가 절실히 필요하다. 따라서 이 장에서는 반도체의 물리적인 바탕에서부터 시작하여 pn접합, 바이폴라 접합 트랜지스터, 전계효과 트랜지스터, CMOS 및 집적회로(IC) 칩 등 다양한 소자들에 대한 특성들을 다루고자 한다.

5.1 반도체의 에너지 밴드와 결정구조

5.1.1 에너지 밴드

반도체와 절연체 그리고 도체 사이의 기본적인 차이점은 에너지 밴드(energy band) 구조의 차이에서 기인된다. 원자뿐만 아니라 원자로 형성된 물질들은 각각 자기 고유의 궤도구조(orbit structure)를 가지고 있다. 원자의 전자궤도(electron orbit)는 껍질(shells)이라 하며, 핵 주위의 전자궤도는 3차원적 껍질 구조를 하고 있다. [그림 5.1(a)]는 이러 한 껍질궤도의 단면을 나타낸 것이며, 가장 바깥쪽의 껍질을 최외각 껍질(valence shell)이라고 한다.

최외각 껍질의 전자들은 전기적인 흐름(electric current)을 발생시킬 수 없다. 전자가 핵의 속박에서 탈출하거나, 최외각 껍질을 벗어날 때 전자는 자유전자(free electron)가 되어, 전기적인 흐름을 발생시킨다. 많은 원자들이 고체(solid)를 형성하기 위해 결합되어 있을 때, 전자의 궤도는 겹쳐지며, 이 겹쳐진 궤도를 [그림 5.1(b)]에서 보듯이, 밴드(band)라고 한다. 전도대(conduction band)에 있는 전자들은 상대적으로 고체 내에서 보다 자유롭게 움직일 수 있으며, 고체에 전계가 인가되면 전기적인 흐름을 발생시킨다. 반면에, 가전자대(valence band) 내의 전자는 핵에 구속되어 있어서 자유롭게 움직일 수 없기 때문에 전기적인 흐름을 만들 수 없다. 가전자대는 낮은 포텐셜(potential)을 가

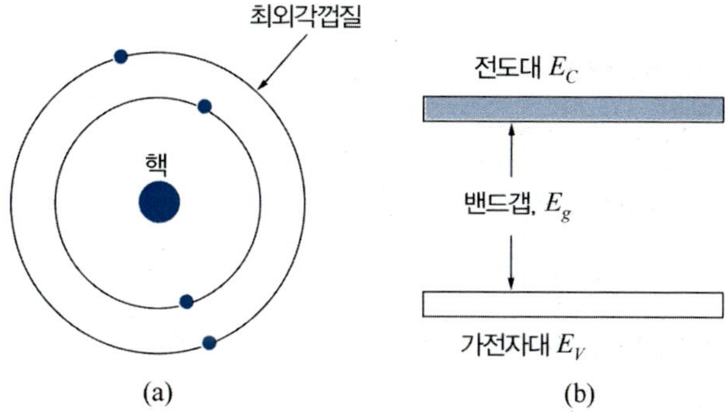

[그림 5.1] 단일 원자의 (a) 궤도구조 (b) 에너지 밴드 구조

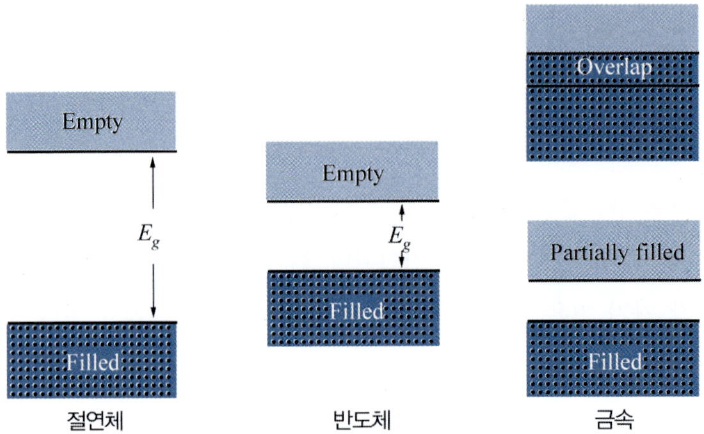

[그림 5.2] 절연체, 반도체, 금속의 에너지 밴드 구조

지고 있기 때문에 전자들은 가전자대에 머무르려 한다.

저항은 전기적인 흐름을 방해하는 물질의 고유 능력으로 도체는 낮은 저항을 가지고 있고, 절연체는 높은 저항을 가지고 있다. [그림 5.2]에 반도체와 도체 및 절연체의 에너지 밴드 구조를 나타내었다.

[그림 5.2]에서 보듯이, 대부분의 금속과 같은 도체의 전도대는 가전자대와 겹쳐져 있고, 매우 낮은 밴드 갭 에너지를 갖는다. 낮은 밴드 갭 에너지 때문에 전자들은 상온(300K≡0.0259eV)에서도 쉽게 밴드 갭을 가로질러 여기될 수 있다. 따라서 전도대에는 많은 전자들이 있고, 이들에 의해 전기전도가 용이하게 발생한다. 컵, 플라스틱과 같은 절연체는 밴드 갭이 너무 커서 가전자대를 가로질러 전도대로 전자가 여기될 수 없다. 따라서 전도대에는 전기적인 흐름을 발생시킬 수 있는 전자가 매우 적어 전기전도가 일어나지 않는다. 반도체의 밴드 갭은 도체와 절연체의 중간 정도다. 예를 들어, 실리콘(Si)은 1.1eV이고, 게르마늄(Ge)은 0.67eV이다. 비록 대부분의 전자들은 가전자대에 머무르고 있지만, 일부 열전자들이 전도대로 여기될 수 있어 전기적인 흐름이 발생한다.

5.1.2 결정 구조

반도체 재료로 가장 많이 사용되는 실리콘과 게르마늄은 주기율표에서 4족에 속하며, 4개의 최외각 전자를 가지고 있다. [그림 5.3]에서 보듯이, 실리콘과 게르마늄은 공유결합을 하면서 다이아몬드 구조를 나타낸다. 실리콘과 게르마늄은 최외각 전자가 4개이므로 주변에 4개의 원자와 공유결합하여 최외각 전자를 8개로 만들어 안정화한다.

5.1.3 전자와 정공

공유결합을 이루고 있는 격자에 열에너지가 전달되면 전자는 결합을 끊고 자유전자가 된다. 이 과정을 여기(천이)라고 하며, 이때 발생된 자유전자는 전하입자로서 전계가 가해질 때 전류의 흐름에 기여한다. 따라서 결정 내에 많은 수의 자유전자가 존재하면 동일한 인가전계에 대해 높은 전류가 흐르게 된다. 자유전자가 발생하여 비어 있는 자리를 정공(hole)이라고 하며, 에너지 밴드 구조에 의하면 하나의 정공은 가전자대에서 비어 있는 하나의 전자준위에 해당된다.

[그림 5.4]와 같이 진성 실리콘의 경우, 공유결합 에너지 이상의 전계가 인가

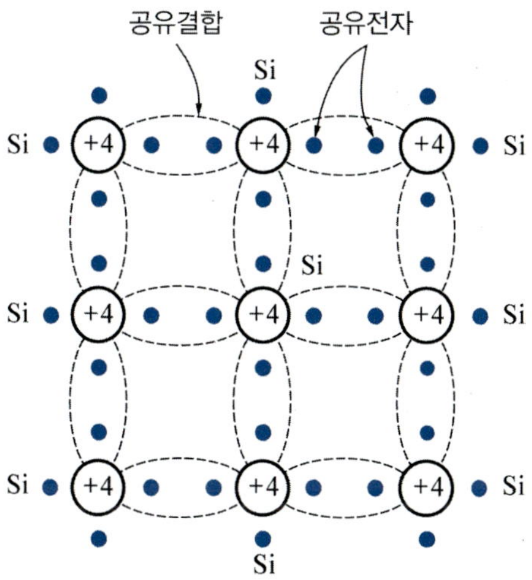

[그림 5.3] 실리콘의 공유결합

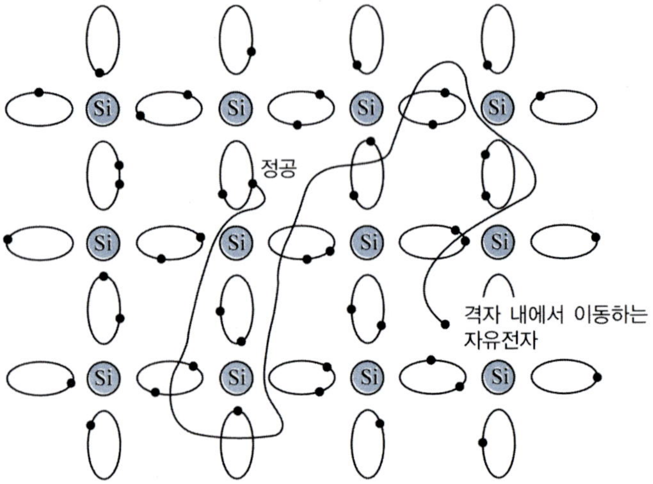

[그림 5.4] 진성 실리콘 격자에서의 전자와 정공

되면 결정격자 내에서 공유결합에 참여하고 있는 전자들은 결합을 끊고 자유전자가 되어 결정격자 내를 자유롭게 이동하며, 그 자리에 정공을 발생시킨다. 이때 발생된 자유전자는 격자 내를 이동하다가 정공과 결합을 하게 되는데, 이것이 바로 정공이 전계에 의해 이동하는 것처럼 보이게 한다. 그러므로 정공은 전자가 비어 있는 하나의 입자로 생각할 수 있으며, 전자와 반대되는 양의 전하량을 가지고, 전계 인가시 전자와 반대방향으로 움직이는 전하 운반자가 된다.

5.2 반도체 재료

5.2.1 진성 반도체

진성 반도체(intrinsic semiconductor)는 0°K에서 전자로 꽉 채워진 가전자대와 비어 있는 전도대가 보통 2eV보다 적은 에너지 밴드 갭으로 분리된 구조다. 단일 원소로 된 반도체로는 실리콘과 게르마늄 두 가지가 있으며, 각각의 밴드 갭 에너지는 1.1eV와 0.67eV이다. 두 원소 모두 주기율표 4족에 위치하며, 공유결합을 하고 있다. 이외에 주기율 표상 3 족- 5 족으로 만들어진 화합물 반도체 (GaAs 와 InSb) 와 2족-6족으로 만들어진 화합물 반도체(CdS와 ZnTe) 등이 있다. 이와 같은 화합물 반도체는 주기율표상에서 멀리 떨어져 있을수록 원자결합이 이온 결합성을 가지며, 에너지 밴드 갭이 증가한다.

5.2.2 외인성 반도체

유용한 반도체 소자를 만들기 위해, 도핑(doping)이라는 불순물을 첨가시키는 기술적인 방법을 이용하여 캐리어 농도를 증가시킴으로써 전도도를 변화시킨다. 인위적으로 자유전자 또는 정공의 농도가 변경된 반도체들을 외인성 반도체(extrinsic semiconductor)라고 한다. 반도체의 도핑 과정에서, 일부 실리콘 원자들은 다른 종류의 원자로 교체되며, 이를 도핑된 원자(doped atom), 도펀트(dopant) 또는 불순물 원자(impurity atom)라고 부른다. 실제의 실리콘 결정에서 많은 실리콘 원자 위치가 불순물 원자들에 의해서 점유당한다. 주기율표의 3족 또는 5족 원자가 다수의 실리콘 원자 위치를 점유할 때 유용한 특성을 얻을 수 있다. 3족 원소를 불순물로 첨가한 p형과 5족 원소를 불순물로 첨가한 n형 두 종류가 있다. 5족 원소를 도너(donor)라 하고, 3족 원소를 억셉터(acceptor)라고 한다.

(1) n형 반도체

4족 원소인 순수한 실리콘과 게르마늄에 5족 원소인 P와 As 등을 도핑하면 여분의 전자는 결합을 하지 못하고 [그림 5.5]에서 보듯이, 최외각 껍질에 남아 있다. 그 여분의 전자는 쉽게 전도대로 옮겨갈 수 있고 전기적인 흐름을 만들 수 있는 자유전자가 된다. 이 같은 경우에 다수 캐리어는 전자가 되며 반도체는 n형이 된다. 주입되는 불순물의 양이 많을수록 자유전자가 많아져 전기적 전도 특성이 좋아진다.

도핑된 원자들은 전자를 내놓기 때문에 도너라 부르며, 실리콘 결정상태에서 도너의 농도는 N_D로 표기한다.

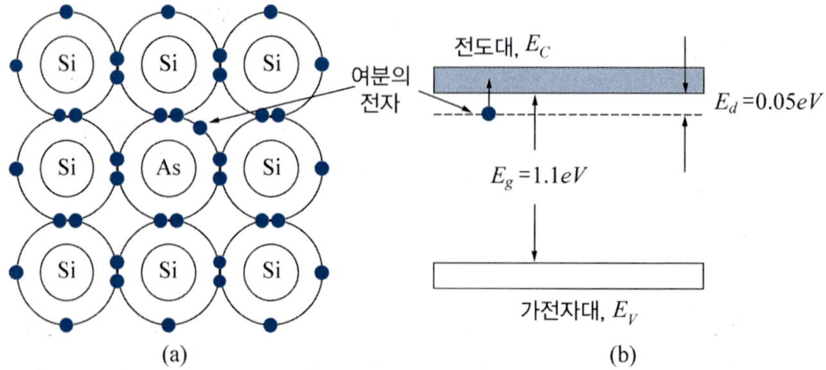

[그림 5.5] n형 실리콘의 구조 : (a) As가 도핑된 실리콘 (b) 도너 에너지 밴드

(2) p형 반도체

실리콘 또는 게르마늄에 B 등과 같은 3족의 불순물을 첨가하면, n형 반도체와는 다른 현상이 발생한다. 각 불순물 원자 주위의 공유결합들 중 하나는 전자가 결핍되어 있다. 이와 같은 결핍은 불순물 원자에 약하게 결합된 정공이 된다. [그림 5.6]에서 보듯이, 최외각 껍질의 빈점은 실리콘 또는 게르마늄에 B가 도핑되어 발생한 정공이다.

[그림 5.7]은 가전자대의 전자가 억셉터 에너지 밴드로 쉽게 여기되어, 가전자대에 정공이 만들어지는 과정을 나타낸 것이다.

전계가 인가되면, 가전자대에 있는 전자는 정공을 채우기 위해 이동하고, 이때

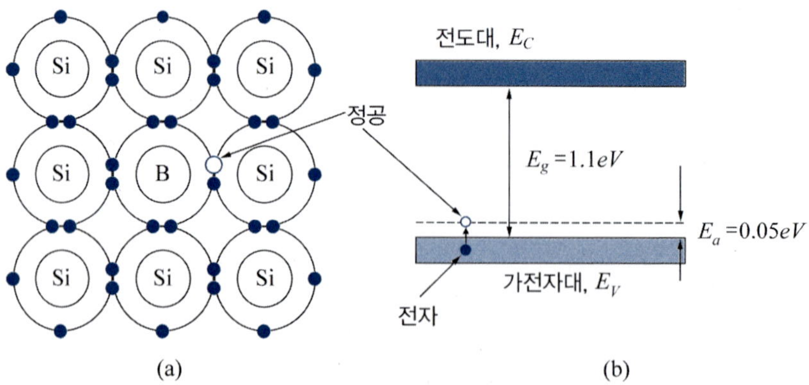

[그림 5.6] p형 실리콘의 구조 : (a) B가 도핑된 실리콘 (b) 억셉터 에너지 밴드

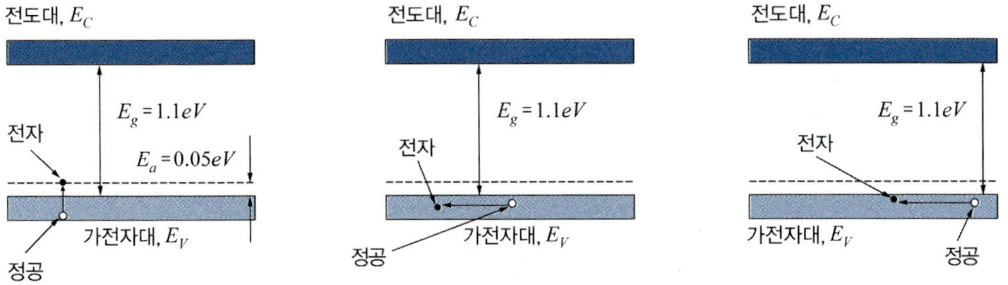

[그림 5.7] 정공의 이동 과정

전자들이 이동한 곳에는 새로운 정공이 발생한다. 즉, p형 불순물들은 가전자대로부터 전자를 받아들여 정공을 가전자대에 남겨놓기 때문에 억셉터(acceptor)라 하고, p형 불순물에 의해 밴드 갭 내에 형성되는 에너지 준위를 억셉터 준위(acceptor level)라고 한다. 이런 유형의 외인성 반도체 전도에서는 정공이 전자보다 훨씬 많이 존재하므로, 전기전도가 양전하에 의해 주로 이루어진다. 즉, 정공이 다수 캐리어이고 전자가 소수 캐리어이다.

5.3 반도체의 전기전도도

5.3.1 진성 반도체의 전기전도도

실리콘과 게르마늄 같은 진성 반도체의 전도도는 물질 고유의 전도 성질에 의해 결정되는데, 다이아몬드 입방결정격자를 통해 정성적으로 설명할 수 있다. [그림 5.8]에서 원은 실리콘과 게르마늄 원자의 양이온 중심부(positive-ion cores)를 표현하고 있으며, 선의 연결쌍은 결합하고 있는 가전자를 나타낸다.

결합되어 있는 전자는 결정격자를 통해 움직이는 것이 불가능하므로, 결합하고 있는 상태에서 가전자를 떼어낼 수 있는 충분한 에너지가 전달되지 않는 한 전기전도는 일어나지 않는다. 외부로부터 가전자를 여기시킬 수 있는 에너지가 공급되면, 가전자는 자유전도전자가 되어 결정격자 내에 양으로 대전된 정공을 남기고 이동한다. 순수한 실리콘이나 게르마늄 같은 진성 반도체의 전기전도 과

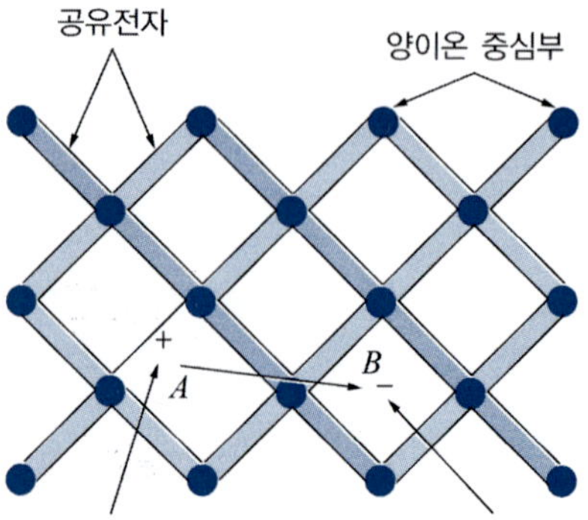

[그림 5.8] 양이온 중심부와 가전자를 나타내는 실리콘 또는 게르마늄의 다이아몬드 입방결정격자의 2차원적 도형

정에서 전자와 정공은 전하 캐리어(carrier)로서 전기장 내에서만 움직인다. 진성 반도체에 직류전계를 가하면 음전하를 갖는 전자는 (+) 극으로, 양전하를 갖는 정공은 (−) 극으로 이동하여 전기전도를 일으킨다. 진성 반도체에서 이러한 전기전도가 진행되는 동안 전류밀도(J)는 전자와 정공에 의한 전도의 합으로 나타낼 수 있다.

$$J = nqv_n + pqv_p \tag{1}$$

여기서 n은 단위 체적당 전도전자의 수, p는 단위 체적당 전도정공의 수, q는 전자 및 정공의 전하량(1.60×10^{-19}C)이고, v_n과 v_p는 각각 전자와 정공의 드리프트 속도(drift velocity)이다.

식 (1)의 양변을 전기장 E로 나누고 J = σE 의 관계를 이용하면, 식(2)를 얻을 수 있다.

$$\sigma = \frac{J}{E} = \frac{nqv_n}{E} + \frac{pqv_p}{E} \tag{2}$$

여기서 v_n/E와 v_p/E를 각각 전자와 정공의 이동도(mobility)라고 하며, 이는 전계가 걸린 반도체에서 전자와 정공이 얼마나 빨리 이동하는가를 나타낸다. 전자와 정공의 이동도는 각각 μ_n과 μ_p로 나타낸다. 따라서 식 (2)에서 v_n/E과 v_p/E를 전자와 정공의 이동도로 대치하면, 반도체의 전기전도도는 식 (3)과 같이 나타낼 수 있다.

$$\sigma = nq\mu_n + pq\mu_p \tag{3}$$

여기서 $nq\mu_n$은 전자의 전도도를 나타내는 것이고, $pq\mu_p$는 정공의 전도도를 나타낸 것이다.

진성 반도체에서는 전자와 정공이 쌍(pair)으로 생성되므로 전도전자의 수는 생성된 정공의 수와 같게 된다.

$$n = p = n_i \tag{4}$$

여기서 n_i는 단위 체적당 진성 캐리어 농도를 의미한다.

따라서 진성 반도체의 전기전도도를 나타내는 식 (3)은 다음과 같이 표현할 수 있다.

$$\sigma = n_i q(\mu_n + \mu_p) \tag{5}$$

진성 캐리어 농도 n_i는 온도에 의존한다. 온도의 증가는 결정격자의 원자가 높은 에너지를 갖는다는 것을 의미한다. 따라서 온도가 증가하면 공유결합이 파괴되고 자유전자와 정공의 농도가 증가하여 전기저항이 감소한다. 온도가 증가하면 가전자대의 전자가 열적으로 활성화되어 전도대로 이동하기 때문에 반도체에서 전자의 농도는 다른 열적 활성화 과정과 비슷한 온도 의존성을 나타낸다. 전도대로 이동하기에 충분한 열적 에너지를 갖는 진성 캐리어 농도 n_i는 다음 식과 같이 표현할 수 있다.

$$n_i \propto e^{-(E_g - E_{av})/kT} \tag{6}$$

여기서 E_g는 에너지 밴드 갭, E_{av}는 에너지 밴드를 지나는 평균에너지, k는 Boltzmann 상수이고, T는 절대온도이다.

실리콘 및 게르마늄과 같은 진성 반도체의 E_{av}는 $E_g/2$가 되며, 위의 식 (6)은 다음과 같이 나타낼 수 있다.

$$n_i \propto e^{-\left(E_g - \frac{E_g}{2}\right)/kT} \tag{7}$$

식 (7)을 정리하면, 식 (8)로 다시 표현할 수 있다.

$$n_i \propto e^{-E_g/2kT} \tag{8}$$

진성 반도체의 전기전도도 σ는 진성 캐리어의 농도 n_i에 비례하기 때문에 식 (8)은 다음과 같이 두 가지 형태로 표현할 수 있다.

$$\sigma = \sigma_0 e^{-E_g/2kT} \tag{9}$$

$$\ln \sigma = \ln \sigma_0 - \frac{E_g}{2kT} \tag{10}$$

여기서 σ_0는 일정하며 주로 전자와 정공의 이동도에 의존한다.

5.3.2 외인성 반도체의 전기전도도

도핑시킨 불순물 원자를 포함하는 외인성 반도체의 전기전도도는 [그림 5.9]에 나타낸 것처럼 온도에 의해 영향을 받는다. 낮은 온도에서는, 단위 체적당 활성화(이온화)된 불순물 원자의 수가 실리콘의 전기전도도를 결정한다. 온도가 증가함에 따라 더 많은 불순물 원자가 이온화되고, 전기전도도는 외인성 범위에서 온도가 올라감에 따라 증가한다.

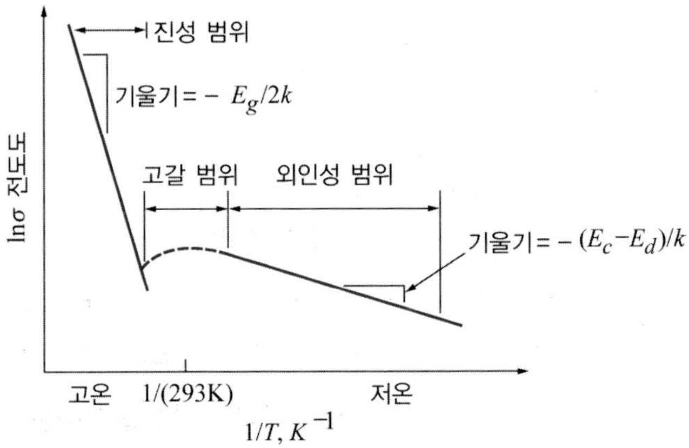

[그림 5.9] n형 외인성 반도체에 대한 1/T, K^{-1} 대 $\ln\sigma$의 관계

외인성 범위에서는 불순물 원자를 이온화하는 데 상대적으로 적은 양의 에너지($\approx$0.04eV)가 필요하다. n형 실리콘에서 전도대로 도너 전자를 여기시키기 위해 필요한 에너지의 양은 $E_c - E_d$이므로, n형 실리콘에 대하여 $1/T$ 대 $\ln\sigma$의 기울기는 $-(E_c - E_d)/k$이다. 완전한 이온화가 일어나는 온도 범위에서, 온도의 증가는 외인성 반도체의 전기전도도를 크게 변화시키지 않는다. n형 반도체에 있어서 이온도 범위를 고갈 범위(exhaustion range)라 하는데, 이는 도너 원자가 도너 전자를 잃은 후 완전히 이온화하기 때문이다. 반도체 디바이스에서 고갈 범위에 해당하는 온도 범위가 상당히 중요한데, 이는 디바이스의 작동에 대해 필수적인 일정한 전기전도도를 갖는 온도 범위를 제공하기 때문이다. 온도가 고갈 범위를 넘어 증가함에 따라 진성 범위(intrinsic range)로 들어간다. 높은 온도는 전자가 반도체 갭을 뛰어넘기에 충분한 활성화 에너지를 제공하며, 그 결과 진성전도가 우세하게 된다. $1/T$ 대 $\ln\sigma$의 기울기는 매우 급하게 되어 $-E_g/2k$가 된다.

5.4 홀 효과

반도체의 캐리어 농도는 주입된 불순물 농도와 다를 수 있는데, 이것은 이온화된 불순물 농도가 온도 및 불순물 에너지 준위에 의존하기 때문이다. 캐리어 농도를 직접 측정하는 방법으로 가장 일반적인 방법은 홀 효과(Hall effect)를 이용하는 것이다. 홀 효과란 전류가 흐르고 있는 도체 또는 반도체에 직각 방향의 자기장을 인가하면 전류와 자계의 직각 방향으로 기전력이 발생하는 현상을 말한다. 홀 효과는 전하 캐리어로서 정공의 존재를 보여주는 가장 설득력 있는 방법이며, 캐리어의 형(type)을 직접적으로 알 수 있게 해준다.

[그림 5.10]과 같이 x축에 전계를 인가하고, z축에 자기장이 인가되는 p형 반도체의 경우를 생각해보자. 외부에서 인가되는 전계에 대응하여 전자 또는 정공이 x방향으로 이동하면서 전류 I_x가 흐르게 된다. 이때, z방향으로 자기장(B_z)을 인가하면 캐리어에 가해지는 Lorentz 힘 $qv \times B(= qv_x B_z)$이 형성되며, 이 힘은 캐리어들을 $-y$방향으로 휘어지게 만든다. [그림 5.10]에서 보듯이, 정공의 경우는 시편의 위쪽 면으로, 전자의 경우는 아래쪽 면으로 휘어진다. 따라서 $-y$방향으로 캐리어가 축적되면서 y방향으로 전계 E_y을 발생시킨다. y축에 따른 전계는 Lorentz 힘과 정확하게 균형을 이루며 다음 식으로 표현된다.

$$qE_y = qv_x B_z \tag{11}$$

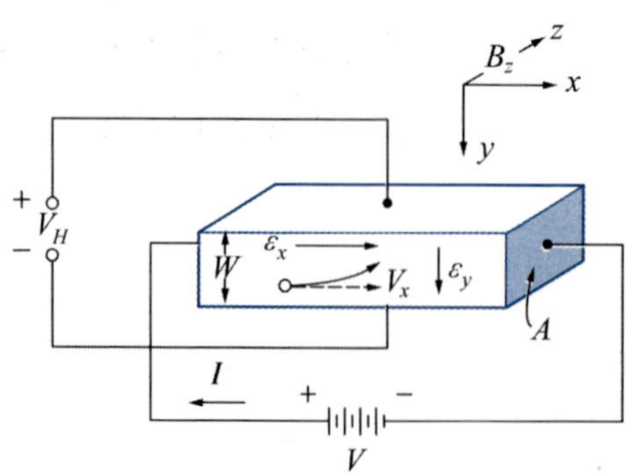

[그림 5.10] 홀 효과를 이용해 캐리어 농도를 측정하기 위한 장치

또는

$$E_y = v_x B_x \tag{12}$$

식 (12)의 전기장을 홀 전계(Hall field)라 하며, 이때 발생된 전압 $V_H = E_y W$을 홀 전압(Hall voltage)이라 한다. 앞에서 언급된 정공의 드리프트 속도를 이용하면, 식(12)의 홀 전계 E_y는 다음 식과 같이 표현된다.

$$E_y = \left[\frac{J_p}{qp}\right] B_z = R_H J_p B_z \tag{13}$$

홀 전계 E_y는 전류밀도 및 자계의 곱에 비례하며, R_H는 $1/qp$이며 홀 계수(Hall coefficient)라고 한다. n형 반도체의 경우 홀 계수는 $-1/qn$로 표현된다. 전류 및 전계를 알고 홀 전압을 측정하면 다음과 같은 관계식을 얻을 수 있다.

$$P = \frac{1}{qR_H} = \frac{J_p B_z}{qE_y} = \frac{(I/A)B_z}{q(V_H/W)} = \frac{IB_z W}{qV_H A} \tag{14}$$

여기서 식의 오른쪽에 표현된 모든 양은 직접 측정할 수 있는 것으로, 캐리어 농도 및 캐리어 형(type)을 홀 측정으로부터 직접 구할 수 있다.

5.5 pn접합(다이오드)

대부분의 다이오드는 p형과 n형 반도체 사이의 접합을 통해 제작되는 pn접합의 구조를 가지고 있다. 이 접합은 한쪽 방향으로는 전류가 매우 쉽게 흐르지만, 반대방향으로는 매우 작은 누설전류만 흐르는 정류성을 가지고 있다. p형 반도체와 n형 반도체가 접합되면 n형 영역의 접합 부근의 일부 전자는 p형 영역으로 확산되어 접합 부근의 정공과 결합하게 된다. 전자가 접합면을 넘어 정공과 결합하게 되면 도너 원자는 접합 부근의 n형 영역에서 양의 전하로 대전되어 양이온이 된다. 또한 전자가 p형 영역의 정공과 결합할 때 억셉터 원자는 음의 전하로 대전되어 음이온이 된다. 이러한 재결합 과정의 결과로써 대부분의 양이온과 음이온이 접합면 부근에 존재하게 되며, 이 영역에는 전자나 정공 같은 캐리어가 존재하지 않기 때문에 공핍층(depletion layer)이라고 부른다. 처음에는 공핍층이 어느 정도까지 확대되는데, 어느 정도 시간이 지나면 공핍층 내에 있는 이온으로 인해 생겨난 전계(electric field) 때문에 더 이상 캐리어가 pn접합면을 넘을 수 없게 되어 공핍층이 더 이상 확대되지 않는다. 이를 평형상태라고 한다. pn접합에 의한 다이오드의 동작은 바이어스가 인가되지 않은 노 바이어스(no bias)와 순방향 바이어스(forward bias) 및 역방향 바이어스(reverse bias)로 구분해서 설명할 수 있다.

5.5.1 노 바이어스

노 바이어스(no bias)는 다이오드에 전위차를 주지 않은 상태, 즉 $V_D = 0\,V$인 상태를 말한다. 노 바이어스의 조건에서 n형 반도체 내부의 소수 캐리어인 정공

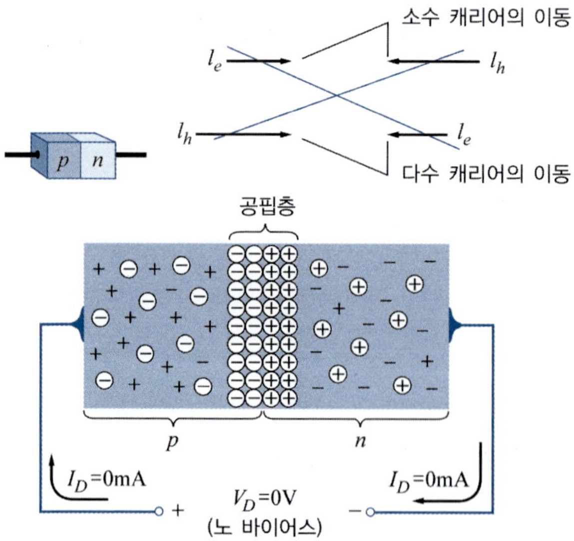

[그림 5.11] 외부 바이어스가 없는 pn접합

은 공핍층을 통과해서 p형 반도체 내로 이동되며, p형 반도체 내의 소수 캐리어인 전자도 동일하게 n형 반도체 내로 이동한다. n형 반도체의 다수 캐리어인 전자들이 p형 반도체 내부로 이동하기 위해서는 n형 반도체 내에 있는 양이온 층의 인력과 p형 반도체 속에 있는 음이온 층의 차폐를 극복해야 한다. n형 반도체 내부에 다량의 다수 캐리어가 존재하지만 공핍층에 있는 이온들의 영향을 극복해서 p형 반도체로 유입될 만큼 충분한 운동에너지를 가진 다수 캐리어들은 매우 적다. p형 반도체의 다수 캐리어인 정공들의 경우도 동일한 해석이 적용된다. 결국 소수 캐리어의 이동과 다수 캐리어의 이동이 서로 상쇄되어서 전류의 흐름은 어떠한 방향으로도 없게 된다.

즉, 인가전압이 없는 노 바이어스($V_D = 0\,V$)의 경우, [그림 5.11]에 나타낸 바와 같이 전류의 흐름은 0이 된다.

5.5.2 순방향 바이어스

순방향 바이어스(forward bias)는 [그림 5.12]에서 보듯이, p형 반도체에 양의 전위를 n형 반도체에 음의 전위를 연결한 상태로 전압을 인가하는 것을 말한다. 순방향 바이어스 전압 V_D을 인가할 때, 가장 큰 변화는 공핍층의 폭이 좁아진다. 이것은 인가된 전압의 영향으로 n형 반도체에서는 전자와 양이온이, p형 반

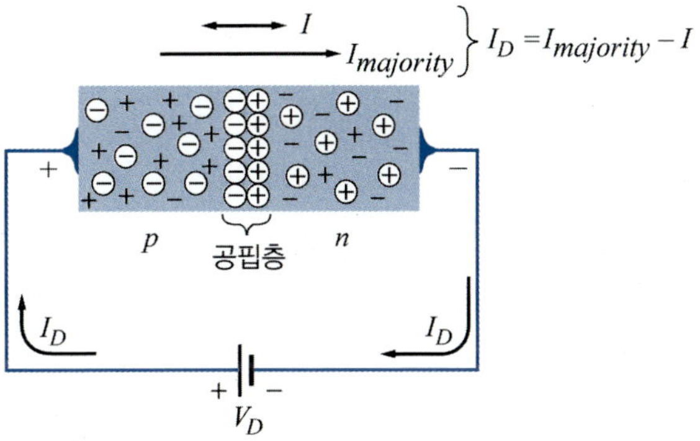

[그림 5.12] 순방향 바이어스된 pn접합

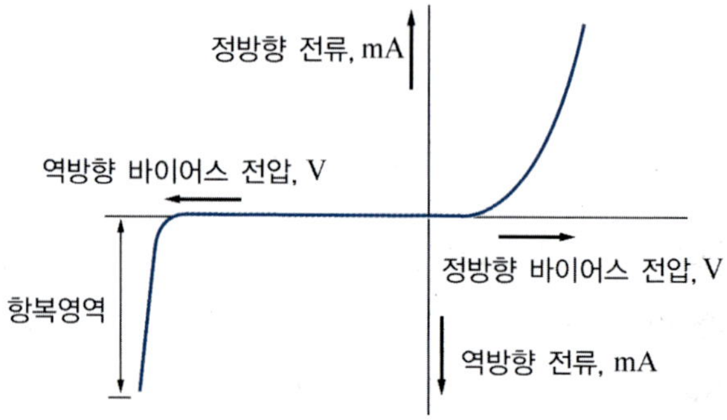

[그림 5.13] 다이오드의 전류-전압 특성곡선

도체에서는 정공과 음이온이 재결합을 형성하기 때문이다. 소수 캐리어의 이동량, 즉 p형 반도체의 전자가 n형 반도체로 유입되는 양과 n형 반도체의 정공이 p형 반도체로 유입되는 양은 한정된 소수의 양이기 때문에 변화가 없다. 하지만 다수 캐리어의 이동량은 크게 변화한다. 공핍층 폭의 감소는 다수 캐리어가 접합면을 지나기 위해 최소한 갖춰야 할 운동에너지, 즉 전위 장벽을 감소시키기 때문에 다수 캐리어의 흐름이 크게 증가한다. 또한 순방향 바이어스로 인가된 전압 자체에 의한 전기장에 의해 다수 캐리어의 흐름은 더욱 가속된다. 인가된 바이어스의 크기가 증가하면, 공핍층의 폭은 캐리어가 접합을 통해 지나갈 수 있을 때까지 계속 감소하며, 전기장은 점차 강해지므로 [그림 5.13]과 같이 전류는 지수함수적인 증가를 보인다.

5.5.3 역방향 바이어스

역방향 바이어스(reverse bias)는 [그림 5.14]에 나타내었듯이, p형 반도체에 음의 전위를, n형 반도체에 양의 전위를 연결한 상태로 전압을 인가하는 것을 말한다. 이때는 순방향 바이어스를 인가한 경우와 반대로 공핍층의 폭이 넓어진다. 이는 다수 캐리어들이 인가된 전압의 영향으로 접합면의 반대방향으로 끌리게 되기 때문이다. 공핍층 폭의 증가로 인한 소수 캐리어의 이동량에는 변화가 없지만, 다수 캐리어가 극복하기에는 너무 큰 전위장벽이 형성되기 때문에 다수

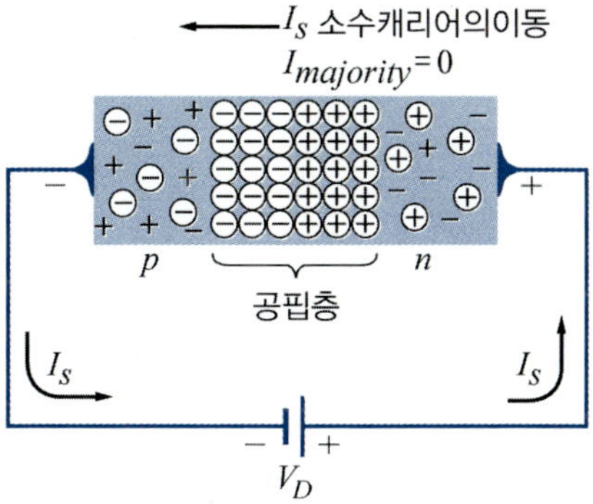

[그림 5.14] 역방향 바이어스된 pn접합

캐리어의 흐름을 0으로 감소시킨다. 결국 다수 캐리어에 의한 전류의 흐름은 없으며 단지 소수 캐리어에 의한 전류의 흐름만 존재하게 된다. 이때의 전류를 역포화전류(reverse saturation current)라고 한다.

역방향 바이어스가 증가하여 항복전압(breakdown voltage)이라 불리는 전압에 이르게 되면, p형 반도체 내의 자유 소수 전자들(free minority electrons)에게 충분한 에너지가 공급되어 자유 소수 전자들 이 p형 반도체 내에서 공핍층 쪽으로 빠른 속도로 움직이게 된다. 이 자유 소수 전자들이 가전자들(valence electrons)과 충돌하여 새로운 자유전자들을 만들어내며, 새로 만들어진 자유전자들이 다시 가전자들과 충돌하는 과정이 반복되어 p형 반도체 내에 자유전자들이 급증하여 [그림 5.13]에 나타낸 것처럼, 과도한 전류가 흐르게 된다. 이러한 과도전류가 흐르는 현상을 항복(breakdown)이라 하며, 과도전류에 의해 다이오드의 pn접합 구조가 파괴될 수도 있다.

5.5.4 반파 정류기

반파 정류기(half-wave rectifier)는 [그림 5.15]에 나타낸 것처럼, 다이오드를 사용하는 가장 간단한 응용 회로로서 교류를 직류로 변환하는 역할을 한다.

교류입력파형 V_i을 직류로 변환시켜서 직류의 출력파형 V_o을 발생시키는 과정을 정류과정이라 하고, 이때 사용된 다이오드를 일반적으로 정류기(rectifier)

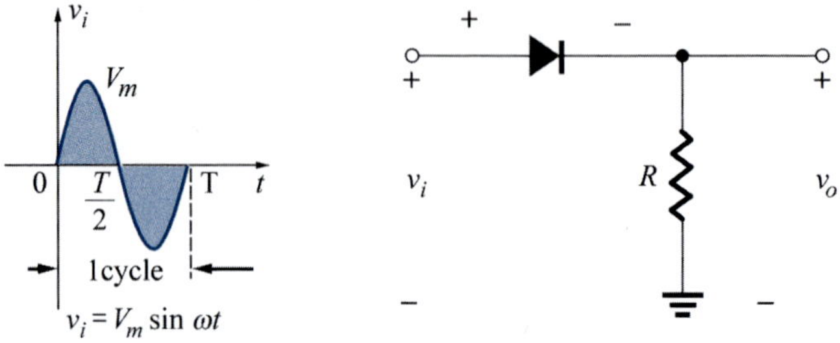

[그림 5.15] 반파 정류기

라고 한다. [그림 5.15]에 나타내었듯이, $t = 0$에서 $t = T/2$인 구간 동안 입력전압 V_i는 양의 값을 가지므로 다이오드는 순방향 바이어스가 인가되어 전류를 도통시키므로 출력전압 V_o는 V_i와 동일한 전압을 갖는다. $t = T/2$에서 $t = T$인 구간을 보면 입력전압 V_i가 음의 값을 가지므로 다이오드는 역방향 바이어스가 인가되어 전류를 도통시키지 않으므로 출력전압 V_o는 0이 된다.

[그림 5.16]에서 보듯이, 이러한 과정을 되풀이하는 동안 입력전압 V_i에서 양의 값은 전달되고 나머지 절반인 음의 값은 제거되므로 이것을 반파 정류(half-wave rectification)라고 한다.

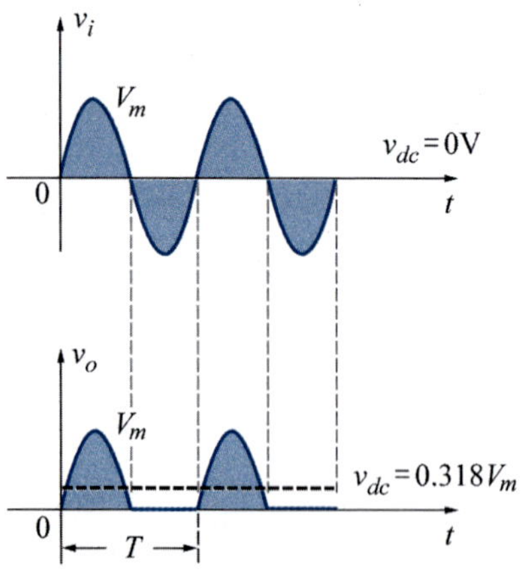

[그림 5.16] 반파 정류된 신호

5.6 바이폴라 접합 트랜지스터(BJT)

5.6.1 BJT의 구조

BJT는 바이폴라 접합 트랜지스터(Bipolar junction transistor)를 뜻하며 3단자 소자이다. [그림 5.17]은 npn형과 pnp형의 BJT 구조를 나타낸 것이다.

npn형의 경우, 2개의 넓은 n형 영역 사이에 샌드위치 모양으로 놓인 얇은 p형 반도체 층으로 구성된다. 가운데 영역을 베이스(base)라고 하는데, 이 영역은 BJT 전체 폭의 1/150 정도로 매우 얇으며, 다른 영역 도핑 농도의 1/10 정도로 낮게 도핑되어 있다. 베이스 왼쪽의 n영역은 높은 농도로 도핑되어 있으며 에미터(emitter)라고 부른다. 이것은 p형 베이스에 자유전자를 주입하거나 또는 p형 베이스로 자유전자를 내주는 역할을 한다. 베이스 오른쪽의 n영역은 컬렉터(collector)라고 하는데, 적당한 농도로 도핑되어 있고 거의 모든 열을 발산해야 하므로 트랜지스터 세 영역 중 가장 크다.

npn형에서 전자는 에미터와 컬렉터 영역에서 다수 전류 캐리어(majority

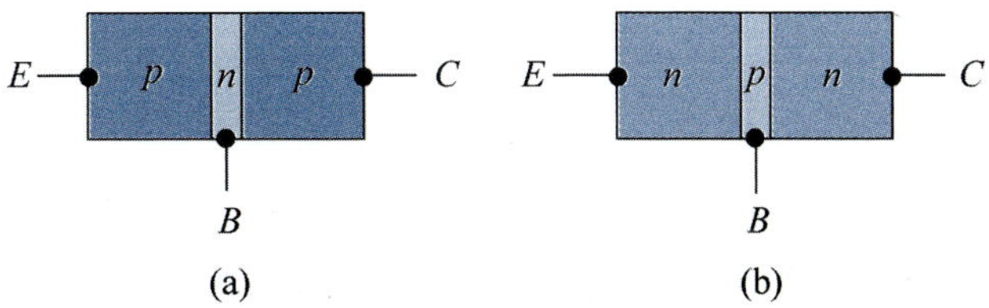

[그림 5.17] BJT 소자의 형태 : (a) pnp (b) npn

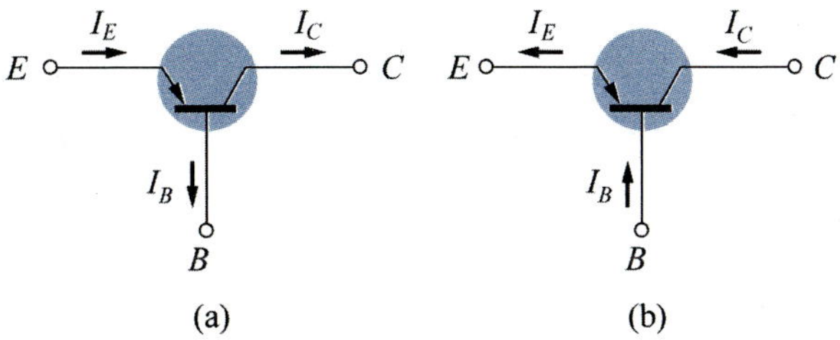

[그림 5.18] BJT의 회로 심볼 : (a) pnp (b) npn

current carrier)다. pnp형의 경우는 반대 현상이 발생한다. 전자가 베이스 영역에서의 다수 전류 캐리어이며, 정공은 에미터와 컬렉터 영역에서 다수 전류 캐리어이다. npn과 pnp형 모두 전압과 전류 및 전력 등을 증폭하는 능력을 가지고 있다. 두 유형의 동작이 기본적으로 같지만 동작시키기 위해선 반대 극성의 전압이 요구된다. [그림 5.18]은 npn형과 pnp형 BJT에 사용되는 기호를 나타낸 것이다. 단자선을 트랜지스터 내 각 영역에 연결하여 3단자 소자를 만든다. [그림 5.18(a)]는 pnp 트랜지스터의 회로 기호를 나타낸 것이고, [그림 5.18(b)]는 npn 트랜지스터의 회로 기호를 나타낸 것이다. 모든 기호에서 C는 컬렉터를, B는 베이스를, 그리고 E는 에미터를 의미한다. 두 회로 기호에서 에미터 단자선에 화살표가 있음을 알 수 있다. npn 트랜지스터는 화살표가 밖으로 향하고 있고, pnp 트랜지스터는 화살표가 내부로 향하고 있다. 화살표는 두 유형에서 전형적인 전류 흐름 방향을 표시한다.

[그림 5.17]을 보면 2개의 pn접합이 있는 것을 알 수 있다. 에미터와 베이스 영역에 의해 형성된 pn접합을 에미터-베이스(EB) 접합이라 하고, 컬렉터와 베이스 영역에 의해 형성된 pn접합을 컬렉터-베이스(CB) 접합이라고 한다. npn 트랜지스터의 경우, 양쪽의 n형 영역에서 p형 베이스 영역으로 확산된 자유전자는 전위장벽 V_B를 만들어 양쪽에 pn접합을 존재하게 한다. 실리콘의 경우, 전위장벽 V_B는 약 0.7V이고, 게르마늄의 경우 전위장벽 V_B는 약 0.3V이다. EB 공핍층과 CB 공핍층의 폭이 서로 다르게 나타나는데, 이것은 에미터와 컬렉터의 도핑 농도가 서로 다르기 때문이다. 에미터는 도핑 농도가 높기 때문에 자유전자를 많이 가지고 있는데, 이로 인해 n형 재료 쪽으로 침투하여 들어가는 것이 최소화된다. 컬렉터는 에미터에 비해 도핑 농도가 낮아서 자유전자가 비교적 적으므로 공핍층의 침투가 에미터의 경우에 비해 깊어진다.

5.6.2 BJT의 동작

모든 BJT는 적절한 동작을 위해 DC 전압을 사용한다. [그림 5.19]는 npn과 pnp 트랜지스터의 적절한 바이어스 형태를 나타낸 것이다.

두 트랜지스터의 EB접합은 모두 순방향 바이어스가 가해져 있고, CB접합은 역방향 바이어스가 인가되어 있다. pnp 트랜지스터의 동작을 이해하기 위해 첫 번째로 [그림 5.20]과 같이 베이스와 컬렉터 사이에 바이어스가 걸리지 않는 경우를 살펴보면, 앞에 기술한 pn접합의 순방향 다이오드와 동일하게 해석할 수 있다. 이때의 공핍층은 순방향 바이어스에 의해 폭이 감소하고, 그 결과 다수 캐리어가 p형에서 n형으로 이동하게 된다.

두 번째로 [그림 5.21]과 같이 에미터와 베이스 사이의 바이어스를 제거하고, CB접합에 역방향 바이어스를 걸면 공핍층이 확장되어서 다수 캐리어의 흐름은 0이 되고, 소수 캐리어의 흐름만 남게 된다.

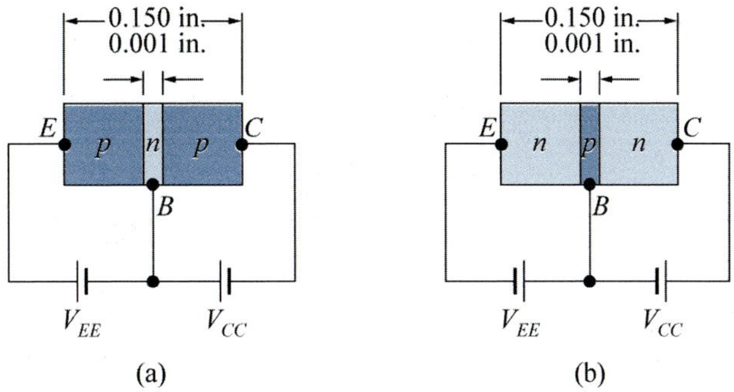

[그림 5.19] BJT의 바이어스 구성

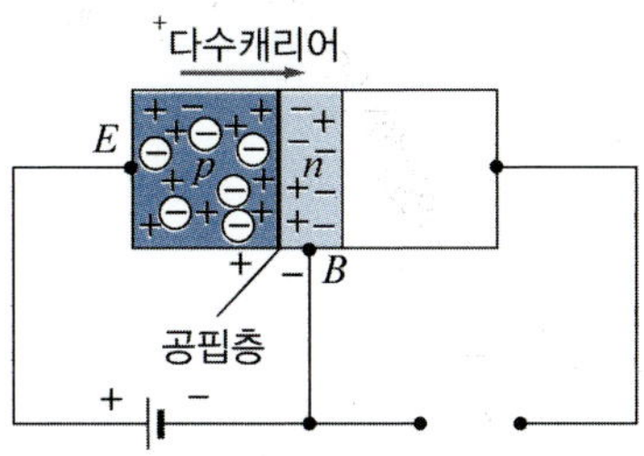

[그림 5.20] 순방향 바이어스된 pnp 트랜지스터의 접합

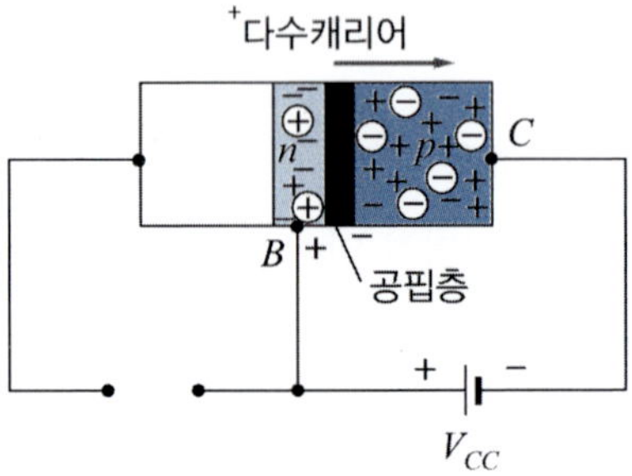

[그림 5.21] 역방향 바이어스된 pnp 트랜지스터의 접합

[그림 5.22]는 pnp 트랜지스터에 인가된 두 바이어스 전압에 의한 소수 캐리어와 다수 캐리어의 흐름을 나타낸 것이다. 다수 캐리어들은 순방향 바이어스된 EB접합을 가로질러서 베이스로 확산된다. n형 재료인 베이스는 매우 얇고 도전성이 낮아 큰 저항성을 가지므로, 전체 다수 캐리어 중에서 매우 적은 양만 베이스 전류로 빠져나간다. 베이스 전류의 크기는 일반적으로 에미터와 컬렉터 전류의 1/1000 정도이다. 베이스로 확산되어온 다수 캐리어들은 [그림 5.22]에 나타난 것과 같이 역방향 바이어스가 인가된 CB접합을 가로질러 p형 재료로 된 컬렉터로 확산된다. 역방향 바이어스가 인가된 CB접합면을 가로질러서 확산될 수 있는 이유는 베이스로 확산되어온 다수 캐리어가 n형 재료로 된 베이스에서는 소수 캐리어와 같기 때문이다. 즉, n형의 베이스에 있는 소수 캐리어가 p형의 컬렉터로 확산되어 이동하는 것이다.

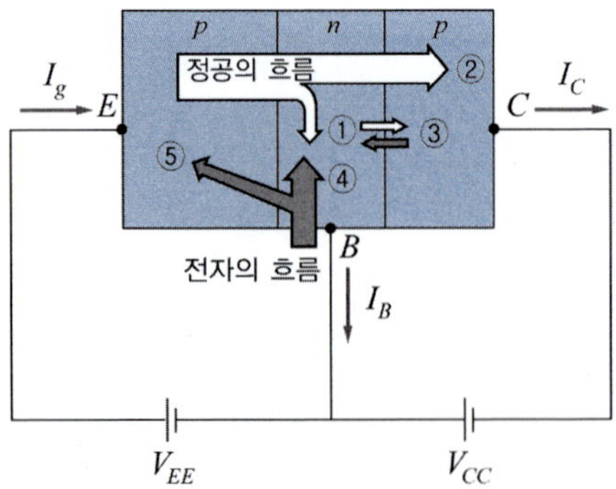

[그림 5.22] pnp 트랜지스터에서 다수 캐리어와 소수 캐리어의 흐름

[그림 5.22]에서 ①은 에미터에서 베이스로 주입된 정공 중에서 베이스에서 재결합으로 소멸되는 성분을 의미하며, ②는 에미터에서 베이스로 주입된 정공 중에서 컬렉터에 무사히 도달하는 성분을 의미한다.

③은 역방향 바이어스가 인가된 CB접합면에서 발생하는 역포화 전류(reverse saturation current)를 나타낸 것이며, ④는 에미터에서 베이스로 주입된 정공 중에서 중성 베이스에서 재결합되는 정공을 위해 공급되는 전자 성분이고, ⑤는 베이스에서 에미터로 역주입(back injection)된 전자 성분이다.

[그림 5.22]에서 Kirchhoff의 전류법칙을 적용하면 다음의 식을 얻을 수 있다.

$$I_E = I_C + I_B \tag{15}$$

그러나 에미터에 있는 대부분의 다수 캐리어는 컬렉터로 이동하기 때문에 에미터 전류 I_E와 컬렉터 전류 I_C는 대략 동일하다. 베이스 전류 I_B는 컬렉터 전류 I_C의 1% 정도밖에 되지 않는다. 여기서 I_C에 대한 I_B의 관계를 전류이득 β라 하며 다음 식으로 표현한다.

$$\beta = \frac{I_C}{I_B} \tag{16}$$

전체 전류는 다수 캐리어에 의한 전류와 소수 캐리어에 의한 전류로 구분할 수 있는데, 다수 캐리어에 의한 전류는 식 (15)로 표현되며 소수 캐리어에 의한 전류는 누설전류(leakage current)라 하고 I_{CO}로 나타낸다.

그러므로 컬렉터 전류 I_C는 다음과 같이 표현할 수 있다.

$$I_C = I_{C\ majority} + I_{CO\ minoriy} \tag{17}$$

일반적으로 BJT에서 I_C는 mA 단위로 측정되며, I_{CO}는 μA 또는 nA 단위로 측정된다.

BJT는 [그림 5.23]에 나타내었듯이 EB접합과 CB접합의 전압극성에 따라 활

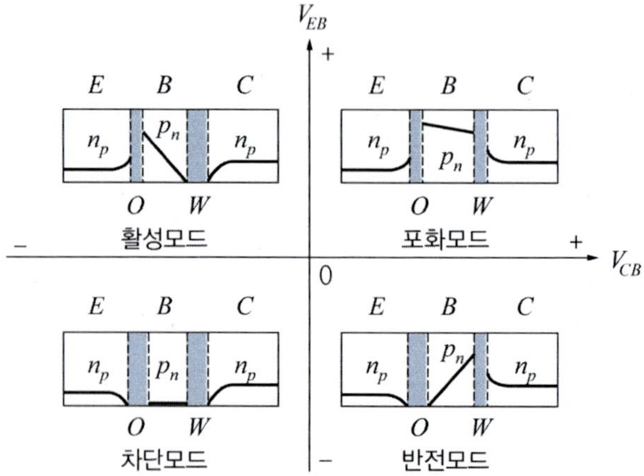

[그림 5.23] 동작모드에 따른 pnp 트랜지스터의 접합구성 및 소수 캐리어 분포

성모드(active mode), 포화모드(saturation mode), 차단모드(cutoff mode), 반전모드(inverted mode)의 네 가지 동작모드를 갖는다. 활성모드는 EB접합에 순방향 바이어스가 인가되며, CB접합에 역방향 바이어스가 인가된 상태에서의 동작모드로 앞서 설명한 동작 특성이 이에 해당한다. 포화모드는 두 접합 모두에 순방향 바이어스가 인가된 상태로 작은 바이어스 전압과 큰 출력전류에 대응된다. 이때의 트랜지스터는 도전상태(conduction state)가 되어서 온(on) 상태의 스위치로 작동한다. 차단모드는 두 접합 모두에 역방향 바이어스가 인가된 상태로, 베이스 영역에 실질적으로 축적된 캐리어가 없으므로 컬렉터 전류 I_C는 0으로 접근하며, 오프(off) 상태의 스위치에 해당한다. 반전모드는 활성모드와 반대로 바이어스가 인가된 상태로 에미터와 컬렉터의 역할이 뒤바뀌게 된다. 이 모드는 동작특성이 나쁘므로 잘 사용되지 않는다.

5.6.3 공통 베이스 회로

공통 베이스라는 것은 [그림 5.24]에서 보듯이, 트랜지스터의 구성에서 베이스가 입·출력 양측 모두에 공통으로 연결되어 있다는 것을 의미한다. BJT에 인가된 바이어스는 BJT의 각 단자에 표시된 방향으로 전류가 흐르도록 해야 한다.

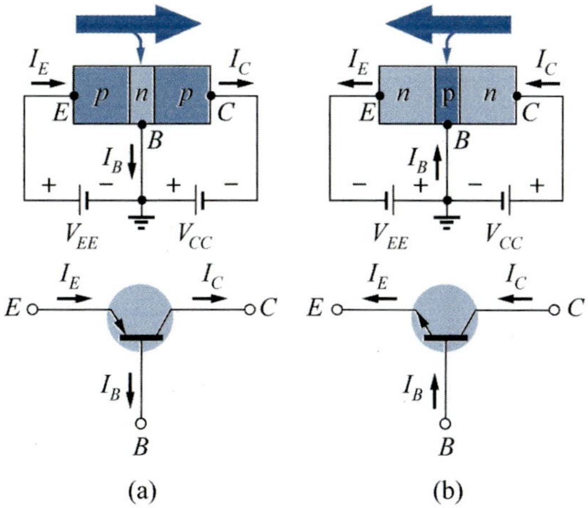

[그림 5.24] 공통 베이스 구조의 표기와 심볼 : (a) pnp (b) npn

[그림 5.24]에 나타낸 공통 베이스 증폭기의 동작을 알기 위해서는 입력변수와 출력특성을 파악해야 한다.

[그림 5.25]에 나타내었듯이, 공통 베이스 증폭기의 입력단자는 출력전압 V_{CB}의 다양한 값들에 대하여 입력전압 V_{BE}와 입력전류 I_E와 관련된다.

[그림 5.26]에 나타낸 것처럼, 출력측인 컬렉터의 특징은 입력전류 I_E의 다양한 값들에 대하여 출력전압 V_{CB}와 출력전류 I_C에 연관되어 있으며, 활성

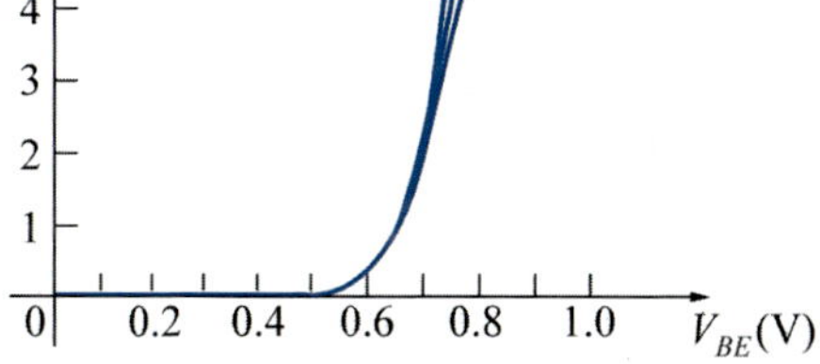

[그림 5.25] 공통 베이스 실리콘 트랜지스터 증폭기의 입력특성

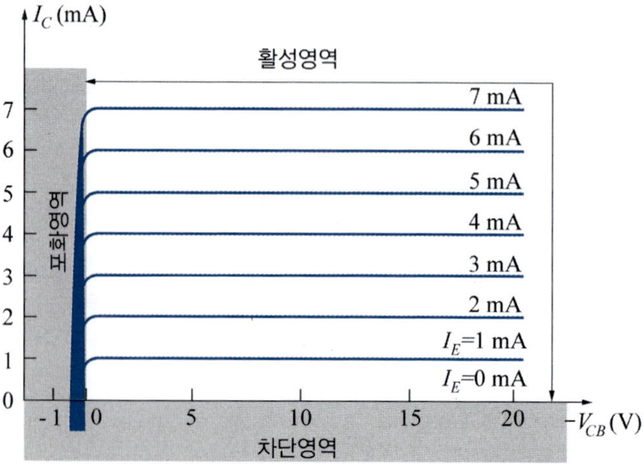

[그림 5.26] 공통 베이스 트랜지스터 증폭기의 출력특성

(active), 차단(cutoff), 포화(saturation)의 세 영역으로 구분된다.

활성영역의 경우, EB접합면에는 순방향 바이어스가 인가되며 CB접합면에는 역방향 바이어스가 인가된다. 활성영역에서 에미터 전류 I_E가 0인 경우에 출력단자의 전류인 컬렉터 전류 I_C는 역포화 전류 I_{CO}와 같다. I_{CO}는 I_C에 비하여 매우 작기 때문에 실제로는 I_C가 0인 것으로 간주된다. 역포화 전류 I_{CO}는 컬렉터에서 베이스로 흐르는 전류이기 때문에 I_{CBO}로 표시하기도 한다. 에미터 전류 I_E가 0 이상으로 증가하는 경우, 컬렉터 전류 I_C는 트랜지스터의 전류 관계에서 결정된 것처럼 동일한 크기로 증가한다. 또한 활성영역에서는 I_C가 인가된 전압 V_{CB}에 거의 영향을 받지 않으므로, I_C와 I_E의 관계를 다음과 같이 표현할 수 있다.

$$I_C \cong I_E \tag{18}$$

차단영역에서는 두 접합면 모두에 역방향 바이어스가 인가된다. [그림 5.26]에서 보듯이, 차단영역은 컬렉터 전류가 0인 영역으로 정의된다. 포화영역에서는 두 접합면 모두에 순방향 바이어스가 인가되며, [그림 5.26]에 나타내었듯이, pnp 트랜지스터의 경우 V_{CB}가 0V보다 큰 경우에 해당한다. 이 영역에서는

V_{CB}의 변화에 대한 I_C의 변화가 현저하게 나타난다.

직류모드에서 다수 캐리어에 의한 에미터 전류 I_E와 컬렉터 전류 I_C의 관계는 다음의 식으로 정의된 알파(α)로 표현된다.

$$\alpha = \frac{I_C}{I_E} \tag{19}$$

여기서 I_C와 I_E는 동작점에서의 전류값을 나타낸다.

[그림 5.26]의 특성곡선에서는 α가 1임을 알 수 있다. 실제 BJT 소자에서 α는 대략 0.09에서 0.998 사이의 값을 갖는다. 여기서 α는 단지 다수 캐리어에 의한 전류비를 나타내므로 실제의 전류를 표현하기 위해서는 식 (20)과 같이 소수 캐리어에 의한 전류도 포함시켜야 한다.

$$I_C = \alpha I_E + I_{CBO} \tag{20}$$

여기서 I_{CBO}는 컬렉터에서 베이스로 흐르는 역포화 전류를 의미하며 I_E에 비해 매우 작은 값을 갖는다.

5.6.4 공통 에미터 회로

[그림 5.27]은 에미터가 베이스와 컬렉터 단자가 공통으로 연결되어 있는 공통 에미터 회로를 나타낸 것이다.

공통 에미터 회로의 특성도 공통 베이스 회로와 마찬가지로 2개의 특성곡선으로 설명된다. 출력특성은 [그림 5.28(a)]와 같이 입력전류 I_B 값에 대한 출력전압 V_{CE}와 출력전류 I_C 사이의 관계를 나타낸 것이며, 입력특성은 [그림 5.28(b)]에서 보듯이 출력전압 V_{CE} 값에 대한 입력전류 I_B와 입력전압 V_{BE} 사이의 관계를 나타낸 것이다. [그림 5.28(a)]의 특성곡선에서 I_B는 I_C에 비해서 매우 작은 값을 가지며, I_C 값이 활성영역에서 수평을 유지하는 것이 아니라 V_{CE}가 증가함에 따라 변화하는 것을 알 수 있다. 이것은 V_{CE} 전압이 I_C에 영향

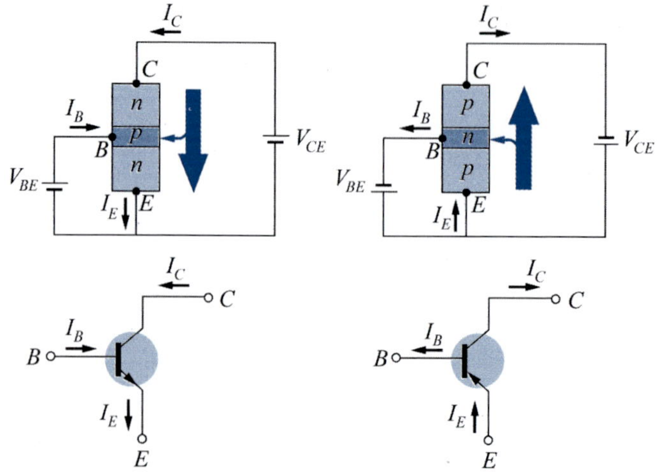

[그림 5.27] 공통 에미터 구조의 표기와 심볼 : (a) npn (b) pnp

을 미친다는 것을 의미한다.

공통 에미터 회로에서 활성영역은 I_C가 비교적 일정한 값을 유지하며 I_B의 크기에 대해서 거의 일정한 간격을 갖는 영역이다. 즉, [그림 5.28(a)]에서 V_{CEsat}의 오른쪽과 I_B가 0일 때의 특성곡선 위를 말한다. 공통 에미터 회로도 공통 베이스 회로와 동일하게 바이어스가 인가되며, 전압과 전류 및 전력의 증폭을 위해서 활성영역이 사용된다. 차단영역은 [그림 5.28(a)]에서 보듯이, I_B가 0인 특성곡선의 아랫부분이지만, 공통 베이스 회로의 경우와는 다르게 I_C가 0이 되지 않는다. 이것은 식 (15)와 식 (20)을 이용하여 쉽게 설명할 수 있다. 식 (15)를 식 (20)에 대입하여 다음의 식을 얻을 수 있다.

$$I_C = \frac{\alpha I_B}{1-\alpha} + \frac{I_{CBO}}{1-\alpha} \tag{21}$$

I_B가 0A이고 α=0.996이라 가정하면, I_C 값은 식 (21)에 의해 다음과 같이 구할 수 있다.

$$I_C = \frac{\alpha(0\text{A})}{1-0.996} + \frac{I_{CBO}}{1-0.996} = \frac{I_{CBO}}{0.004} = 250 I_{CBO} \tag{22}$$

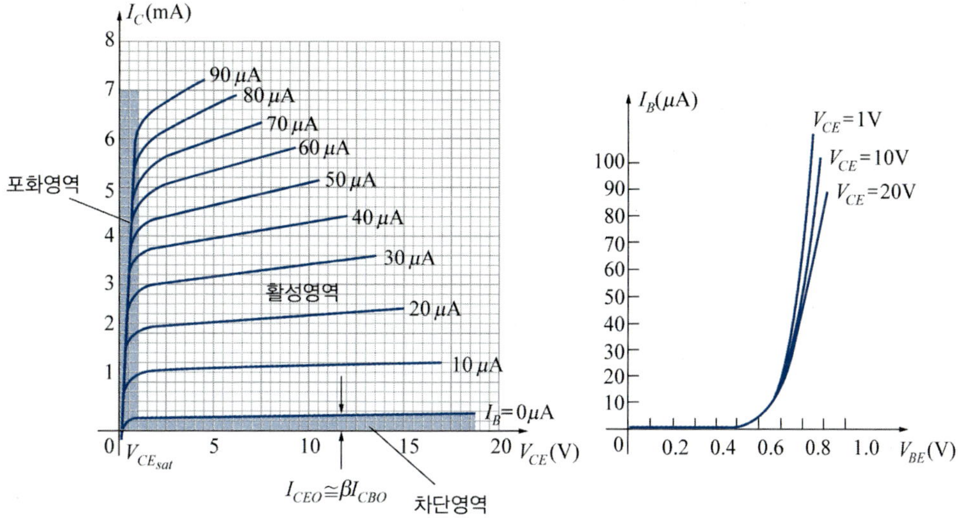

[그림 5.28] 공통 에미터 구조에서 실리콘 트랜지스터의 특성 : (a) 출력특성 (b) 입력특성

따라서 I_C는 I_B 값이 0일 때, 0에 가까운 값을 갖는 것이 아니라 컬렉터와 베이스 간의 역포화 전류 I_{CBO}의 250배에 해당하는 전류가 흐른다. 즉, I_{CBO}의 값이 1μA인 경우, I_C에 0.25mA의 전류가 흐르게 된다. 이때의 I_C는 에미터와 컬렉터 간에 흐르는 전류를 나타내므로 I_{CEO}로 표시하며 다음의 식으로 간략화시킬 수 있다.

$$I_{CEO} = \frac{I_{CBO}}{1-\alpha} \text{ at } I_B = 0\mu\text{A} \tag{23}$$

5.6.5 전류비 알파(α)와 베타(β)의 관계

전류비 α와 β에 대한 식 (16)과 (19)를 통해서 BJT의 전류들 사이의 관계를 간단하게 설명할 수 있는 여러 가지 식을 유도할 수 있다.

식 (15)에 두 식 (16)과 (19)를 대입하여 I_C에 대한 식으로 표현하면 $I_C/\alpha = I_C + I_C/\beta$가 되는데, 여기서 양변을 I_C로 나누면 α와 β의 관계를 나타내는 식 $1/\alpha = 1 + 1/\beta$을 얻을 수 있다. 이 식으로부터 α와 β에 대하여 각각 정리

하면 다음의 두 식을 얻을 수 있다.

$$\alpha = \frac{\beta}{\beta + 1} \tag{24}$$

$$\beta = \frac{\alpha}{1 - \alpha} \tag{25}$$

α와 β에 대한 관계식을 통한 최소한의 정보로부터 각 단자에 흐르는 전류를 쉽게 예측할 수 있다.

5.7 전계 효과 트랜지스터(FET)

바이폴라 접합 트랜지스터와는 달리 전계 효과 트랜지스터(Field effect transistor)는 단극성(unipolar) 소자인데, 이것은 전자나 정공 중 하나의 캐리어만 사용하는 것을 의미한다. 전계 효과 트랜지스터는 기본적으로 접합 전계 효과 트랜지스터(Junction field-effect transistor : JFET)와 금속-산화물 반도체 전계 효과 트랜지스터(Metal-oxide semiconductor field-effect transistor : MOSFET)의 두 가지 형태로 구분된다.

전류 제어형 소자인 바이폴라 접합 트랜지스터와는 달리 전계 효과 트랜지스

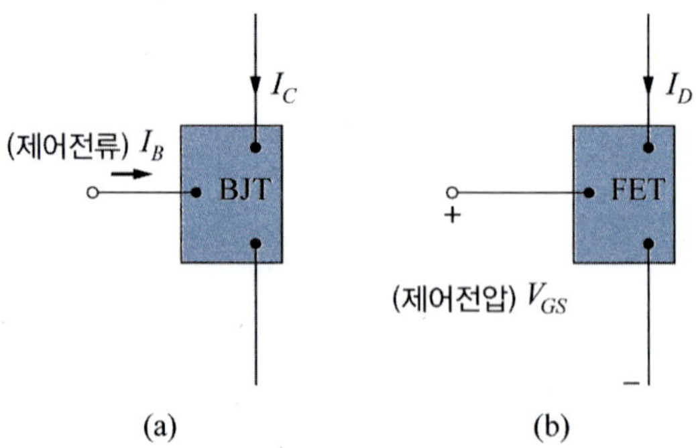

[그림 5.29] 증폭기 개략도 : (a) 전류제어 방식 (b) 전압제어 방식

터(FET)는 전압 제어형 소자이다. 즉, 입력전압이 출력전류를 조정하게 된다. [그림 5.29(a)]는 전류 제어형 소자인 BJT을 나타낸 것으로 전류 I_C는 I_B에 의해 조절되며, [그림 5.29(b)]는 전압 제어형 소자인 FET를 나타내는 것으로 전류 I_D는 입력회로에 인가되는 전압 V_{GS}에 의해 조절된다.

FET의 가장 중요한 특성 중 하나는 입력 임피던스가 높다는 것이다. 일반적으로 1MΩ 에서 수백 MΩ 까지의 값을 가져서 선형교류 증폭기에 적용하기에 유리하다. 또, FET는 BJT보다 온도 안정성이 크고 크기가 작아서 집적회로로 만들기에 상당히 용이하다. 그러나 BJT는 인가된 신호의 변화에 대해 매우 민감한 반응을 보여서 출력전류의 변화가 FET의 경우보다 크므로 BJT 증폭기의 교류전압 이득이 FET의 경우보다 훨씬 크다.

5.7.1 접합 전계 효과 트랜지스터(JFET)

JFET는 접합 전계 효과 트랜지스터(Junction field-effect transistor) 전하 캐리어에 따라서 n채널과 p채널로 구분된다. 전하 캐리어가 전자인 경우는 n채널 JFET이며, 정공인 경우는 p채널 JFET이다. [그림 5.30]은 n채널 JFET을 나타낸 것이다. 전하 캐리어는 n형, 즉 전자가 되고, 이 전자들은 n형 반도체를

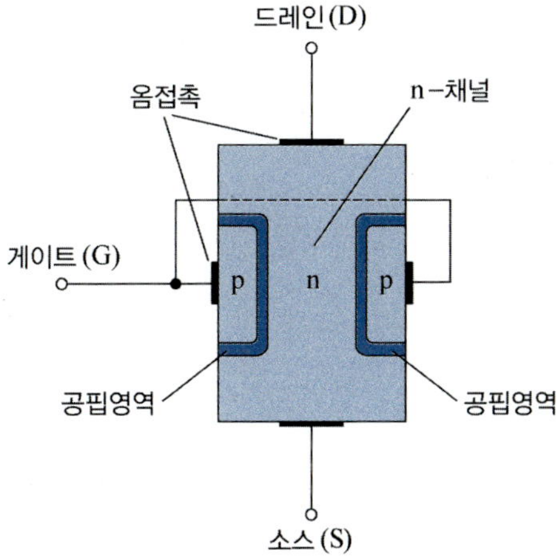

[그림 5.30] n채널 접합 전계 효과 트랜지스터(JFET)의 단면도

[표 5.1] JFET 전극의 이름

BJT	JFET
컬렉터	드레인
베이스	게이트
에미터	소스

통해 흐르므로 n채널 JFET라고 한다.

[그림 5.30]에서 검은 부분은 금속전극(electrode)이며, [표 5.1]에서 보듯이 JFET에서 각각의 이름은 BJT에 다음과 같이 대응된다.

드레인은 [그림 5.30]에서 n채널의 윗부분에 연결된 단자이며, 소스는 n채널의 아래쪽으로 연결된 단자다. 게이트는 2개의 p형 반도체에 동시에 연결된 단자다. 즉, 드레인과 소스는 각각 n채널의 양끝에 연결되며 게이트는 p형 반도체에 연결된 구조다. 따라서 2개의 pn접합을 가지며 인가된 전위가 없는 경우, [그림 5.30]과 같이 동일한 공핍층이 발생한다.

[그림 5.31]은 n채널과 p채널 JFET의 기호를 나타낸 것이다. pn접합에 순방향 바이어스가 인가될 때, 게이트 전류 I_G의 방향을 화살표로 표시한다. 따라서 [그림 5.31(a)]는 n채널 JFET를 나타낸 것이고, [그림 5.31(b)]는 p채널 JFET를 나타낸 것이다.

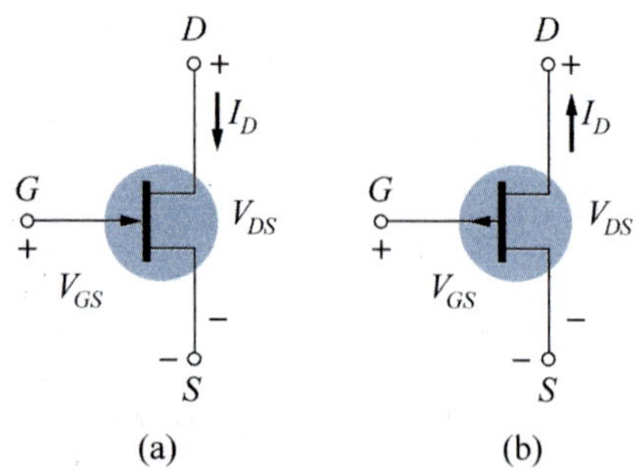

[그림 5.31] JFET 심볼 : (a) n채널 (b) p채널

(1) JFET의 기본 동작 특성

JFET에서 게이트-소스 접합은 항상 역방향 바이어스가 걸려 있으므로, 게이트 전류 I_G는 항상 0이다. 역방향 바이어스가 인가된 게이트-소스 접합은 채널 쪽으로 확장될 수 있는 공핍층을 가지고 있다. 공핍층은 채널을 좁게 하므로 채널의 저항이 커지게 된다. 게이트-소스 접합의 역방향 바이어스 전압을 변화시키면 공핍층의 폭이 변하게 되고, 이것이 다시 드레인 전류 I_D를 조정하게 된다.

[그림 5.32]는 n채널 JFET에서 게이트-소스 접합의 역방향 바이어스 전압 V_{GS}에 따른 드레인 전류의 변화를 나타낸 것이다. [그림 5.32(a)]에서 게이트-소스 전압은 게이트와 소스가 서로 단락(short) 상태이므로 0V이다. 드레인 단자가 드레인 공급 전압 V_{DD}의 양의 단자에 연결되어 있으므로, 게이트-소스 접합은 항상 역방향 바이어스가 걸려 있다. 이때, 공핍층 사이에 넓은 채널이 형성되어 충분히 큰 값의 드레인 전류 I_D가 흐르게 된다. [그림 5.32(b)]는 게이트가 소스에 비해 상대적으로 작은 역방향 바이어스가 인가된 경우의 채널을 나타

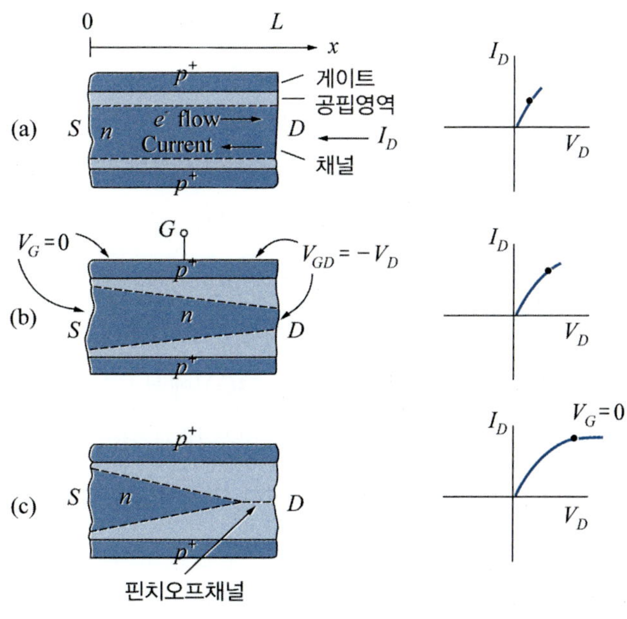

[그림 5.32] 게이트 바이어스가 0일 때, V_D에 따른 JFET의 공핍영역과 I_D의 변화
(a) 선형영역 (b) 핀치오프 영역 (c) 핀치오프를 넘어선 경우

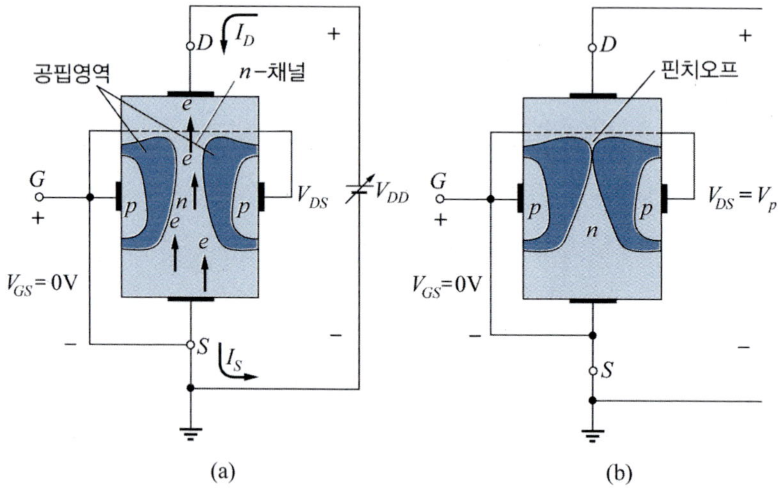

[그림 5.33] JFET의 단면도 : (a) V_{GS}=0V, V_{DS} > 0V (b) pinch-off (V_{GS} =0V, V_{DS}= V_P)

낸 것이다. 게이트-소스 접합에 역방향 바이어스가 증가하게 되므로 채널은 점점 좁아지고 드레인 전류는 [그림 5.32(a)]의 경우에 비해 감소한다. 마지막으로 [그림 5.32(c)]는 게이트에 큰 역방향 바이어스를 인가한 경우다. 이 경우, 양쪽 공핍층이 확장되며 커져 서로 만나게 되어 채널이 없어지는 핀치오프(pinch-off)가 발생한다.

[그림 5.33]과 [그림 5.34]는 V_{GS}가 0일 때, V_{DS}의 크기에 따른 채널과 드레인 전류 I_D의 변화를 나타낸 것이다. V_{DS}의 값이 낮은 경우, I_D는 V_{DS}가 증가함에 따라 커지며, V_{DS}가 어느 정도 이상의 값이 되면 I_D는 채널의 저항에 의해서 발생된 드레인과 소스 사이의 전압 강하에 의해서 p형과 n형이 역방향 바이어스 된다. 이로 인해 [그림 5.33(a)]에서 [그림 5.33(b)]처럼 되기 때문에 공핍층에 의해서 채널전류 I_D가 제한을 받게 되어 포화전류 I_{DSS}에 이르게 된다. 이때의 전압을 핀치오프 전압이라 하며 V_P로 나타낸다.

[그림 5.34]에서 보듯이, V_P의 왼쪽 영역은 I_D가 V_{DS}에 비례하여 변화하므로 저항영역(ohmic region)이라 하고, 드레인 전류 I_D가 일정해지는 V_P의 오른쪽 영역을 전류원 영역(current-source region) 또는 포화영역(saturation

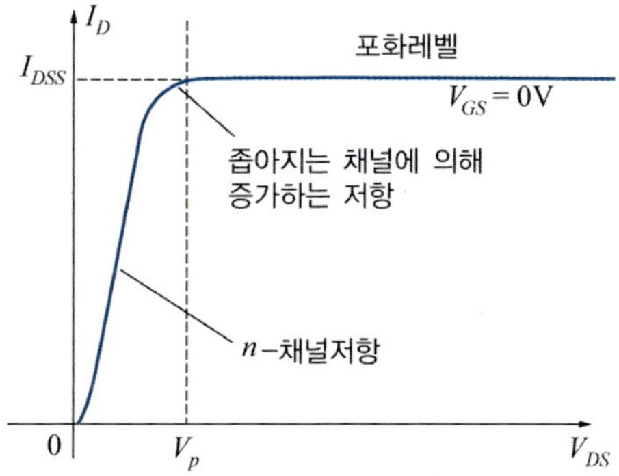

[그림 5.34] V_{GS}=0V일 때의 I_{DSS} 대 V_{DS}

region)이라고 한다. V_P 이상에서의 일정한 드레인 전류 특성은 채널저항 R_{DS}가 V_{DS}에 바로 비례하여 증가하기 때문에 나타나는 것이다. 정상적인 동작 상태에서 JFET의 최대 드레인 전류는 V_{GS}가 0V인 경우에 발생한다. 이 전류는 I_{DSS}로 나타내는데, V_{GS}가 0V인 경우의 드레인 전류이다. V_{Gs}가 0V인 경우에도 드레인 전류가 흐르고 있으므로, JFET는 normally ON 소자다.

[그림 5.35]는 드레인 특성에서 구한 전달특성곡선을 나타낸 것이다. V_{GS}가 음의 값으로 증가하게 됨에 따라 드레인 전류는 감소한다. 또한 V_{GS}를 음의 값으로 더욱 증가시키면 점차 낮은 V_{DS}에서 I_D가 일정하게 되는 것을 볼 수 있다.

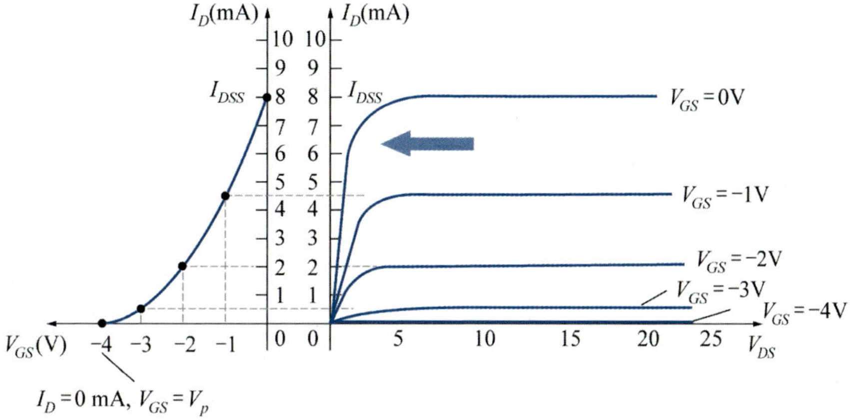

[그림 5.35] 드레인 특성으로부터 구한 전달특성곡선

$V_{GS} = V_{GS(off)}$가 되면 I_D가 0이 된다. 주목할 점은 어떤 JFET에서도 V_P와 $V_{GS(off)}$의 값이 같다는 것이다. 따라서 $|V_P| = |V_{GS(off)}|$의 관계는 어떤 JFET에서도 항상 성립한다.

(2) JFET의 전달특성

[그림 5.36]은 JFET의 전달특성곡선, 즉 V_{GS}와 I_D의 관계를 나타낸 것이다. [그림 5.36]에서 보듯이, 동일한 V_{GS} 변화에 대해 동일하지 않은 I_D의 변화를 얻게 되므로 비선형(nonlinear)이다.

JFET의 드레인 전류 I_D을 계산하기 위해 Shockley 방정식으로 정의된 식 (26)을 이용한다.

$$I_D = I_{DSS}\left(1 - \frac{V_{GS}}{V_P}\right)^2 \tag{26}$$

일반적으로 I_{DSS}와 V_P의 값은 제조사의 데이터 사양서(data sheet)에 명시되어 있다. 이 두 가지 값만 주어진다면, [그림 5.36]의 전달특성곡선은 식 (26)

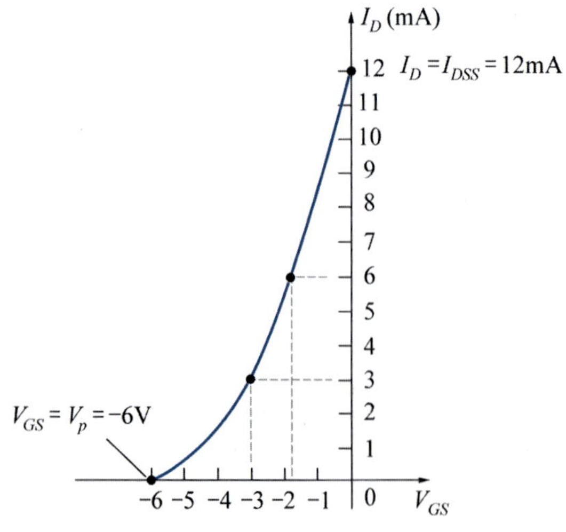

[그림 5.36] JFET의 전달특성곡선 : V_{GS}와 I_D의 관계

으로부터 쉽게 구할 수 있다. I_{DSS}와 V_P는 양축의 한계점을 나타내므로, 중간의 연결을 위한 몇 개의 점을 찾으면 된다. I_{DSS}가 12mA이고, V_P가 -6V인 [그림 5.36]의 경우를 예로 보면 다음과 같다. 먼저 식 (26)에 V_{GS}를 0V로 대입하면 다음과 같다.

$$I_D = I_{DSS}\left(1 - \frac{V_{GS}}{V_P}\right)^2 = I_{DSS}\left(1 - \frac{0}{V_P}\right)^2 = I_{DSS}(1-0)^2 \qquad (27)$$

따라서 I_D는 식 (28)과 같이 나타낼 수 있다.

$$I_D = I_{DSS}|_{V_{GS}=0V} \qquad (28)$$

$V_{GS} = V_P$를 식 (26)에 대입하면, 다음 식과 같다.

$$I_D = I_{DSS}\left(1 - \frac{V_P}{V_P}\right)^2 = I_{DSS}(1-1)^2 = I_{DSS}(0) \qquad (29)$$

따라서 I_D는 식 (30)과 같이 표현된다.

$$I_D = 0A|_{V_{GS}=V_P} \qquad (30)$$

V_{GS}=-3V를 식 (26)에 대입하면, 다음 식을 얻을 수 있다.

$$I_D = 1\left(1 - \frac{-3}{-6}\right)^2 mA = 12\left(1 - \frac{1}{2}\right)^2 mA = 3mA \qquad (31)$$

따라서 I_D는 3mA가 되며, 이는 [그림 5.36]에 나타낸 결과와 일치한다. 위의 계산에서 V_{GS}와 V_P는 음의 부호를 갖는 것에 주의해야 한다. 위의 예를 통해서 V_P와 I_{DSS}의 값을 알면 JFET의 전달특성곡선을 구할 수 있음을 알 수 있다. 식 (26)을 V_{GS}에 대한 식으로 변환하면, I_D 값이 주어진 경우 V_{GS}를 구할 수 있는 식 (32)를 유도할 수 있으며, 식 (26)과 (32)는 실제로 매우 유용하게 사용된다.

$$V_{GS} = V_P\left(1-\sqrt{\frac{I_D}{I_{DSS}}}\right) \quad (32)$$

앞서 설명한 것은 n채널 JFET의 경우를 예로 한 것이다. p채널인 경우는 단순히 V_P와 V_{GS}가 양의 값을 갖게 되고 동일한 수식으로 해석할 수 있으며, 전달특성곡선은 n채널인 경우와 y축 대칭이 된다.

5.7.2 MOSFET

FET는 앞서 논의한 것처럼 JFET와 MOSFET(Metal-oxide semiconductor field effect transistor)의 두 종류로 나뉘며, MOSFET는 다시 공핍형(depletion type) MOSFET와 증가형(enhance-ment type) MOSFET로 구분된다. MOSFET는 JFET와 마찬가지로 게이트, 드레인, 소스를 가지고 있으며 드레인 전류 I_D는 게이트-소스 전압 V_{GS}의 변화에 의해 조절된다. JFET와 MOSFET의 핵심적인 차이점은 MOSFET의 게이트 단자가 채널로부터 절연되어 있다는 점이다. 따라서 MOSFET를 절연-게이트 전계 효과 트랜지스터(Insulated gate field-effect transistor: IGFET)라고도 한다. 절연된 게이트로 인해 MOSFET의 입력 임피던스는 JFET보다 상당히 크다.

(1) 공핍형 MOSFET의 기본구조

[그림 5.37]은 공핍형 n채널 MOSFET의 기본구조를 나타낸 것이다. 드레인 단자와 소스 단자는 금속전극을 통해 n형 재료와 연결되어 있지만, 게이트 단자에서는 금속전극과 n채널을 형성하는 n형 재료가 매우 얇은 산화막(SiO_2)으로 분리되어 있다.

게이트에서부터 채널에 이르기까지 금속, SiO_2, n형 반도체 재료를 순서대

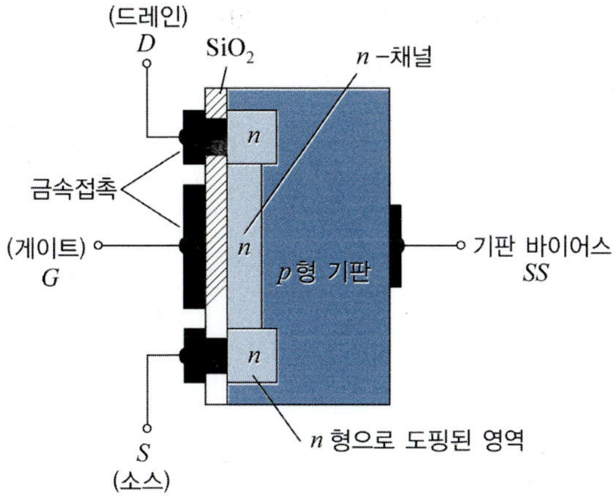

[그림 5.37] n채널 공핍형 MOSFET의 구조

로 만나게 되는데 이것이 MOSFET란 이름을 갖게 된 이유다. SiO_2는 유전체(dielectric)라고 하는 특별한 형태의 절연막으로서, 외부적으로 전계가 인가되면 유전체 내에서 반대 전계를 형성하는 특성이 있다. 이러한 특성 때문에 MOSFET의 구조는 매우 높은 입력 임피던스를 가지며 게이트 전류 I_G는 거의 0에 가깝다.

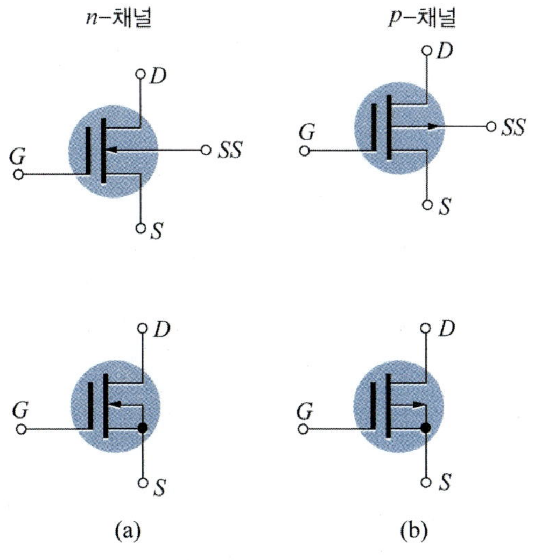

[그림 5.38] 공핍형 MOSFET의 심볼 : (a) n채널 (b) p채널

[그림 5.38]은 n채널과 p채널 공핍형 MOSFET의 기호를 나타낸 것이다. 기호에서 게이트 단자와 다른 단자들 사이에 공간이 존재하는 것은 절연막에 의해 이들 사이가 떨어져 있음을 나타내며, 소스 단자와 드레인 단자를 연결하는 실선은 공핍형 MOSFET가 normally ON 소자임을 나타낸 것이다. 즉, V_{GS}가 0V인 경우에도 드레인 전류가 흐른다는 것을 의미한다.

각 채널은 4단자와 3단자의 두 가지 기호가 있는데, 4단자로 된 것은 기판과 연결된 '*SS*'라는 단자가 독립적으로 떨어져 나와서 기판 자체에 바이어스를 걸어줄 수 있는 상태의 소자를 의미하며, 기판의 단자와 소스 단자가 연결된 것은 일반적으로 사용하는 3단자 공핍형 MOSFET 소자를 의미한다.

(2) 공핍형 MOSFET의 기본 동작 특성

공핍형 MOSFET는 양 또는 음의 게이트 전압에서 모두 작동될 수 있다. [그림 5.39]에서 보듯이, 공핍형 MOSFET는 게이트와 소스가 연결되어 V_{GS}가 0V인 경우에도 동작을 하게 된다. 공핍형 MOSFET의 동작 특성은 JFET와 비슷하다.

[그림 5.40]에 나타낸 드레인 곡선에서 보듯이, 핀치오프 전압 V_P에 이를 때까지는 I_D가 비선형적으로 증가한다. V_{GS} 전압이 음의 값을 갖는 경우, 낮은

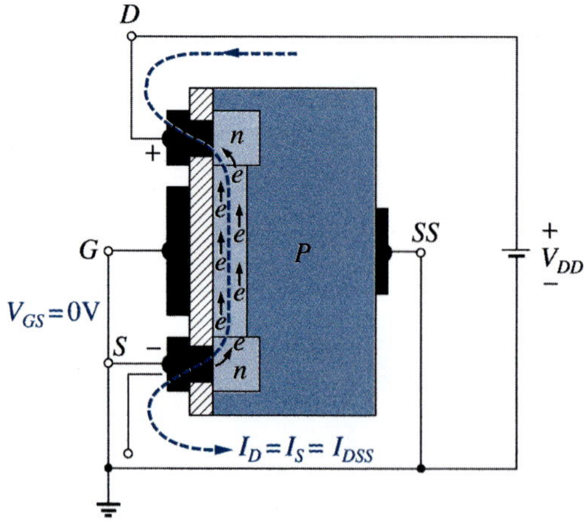

[그림 5.39] V_{GS}=0V와 인가전압이 V_{DD}일 때의 n채널 공핍형 MOSFET

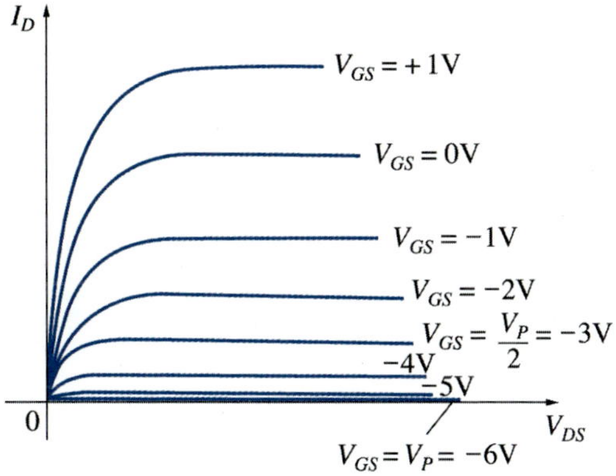

[그림 5.40] 공핍형 MOSFET의 드레인 특성곡선

V_{DS} 전압에서 핀치오프가 일어나게 되고, V_{GS} 전압이 양의 값을 갖는 경우는 높은 V_{DS} 전압에서 핀치오프가 발생한다. [그림 5.40]에서 보듯이, 게이트 전압이 0V인 경우 드레인 전류 I_D는 JFET와는 달리 드레인 전류의 최대값이 되지 않는다. 그렇지만 I_{DSS}는 V_{GS}가 0V인 경우의 드레인 전류로 규정한다.

[그림 5.41]은 n채널 공핍형 MOSFET에 양의 게이트 전압($V_{GS}>0$)을 인가한 경우를 나타낸 것이다. 양의 게이트 전압은 기판으로부터 채널로 자유전자를 끌어와서 도전률(conductivity)을 향상시킨다. 게이트를 소스에 비해 양으로

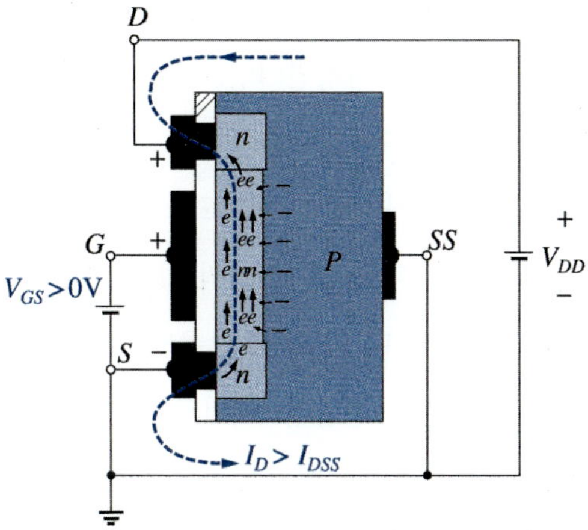

[그림 5.41] $V_{GS}>0$인 n채널 공핍형 MOSFET

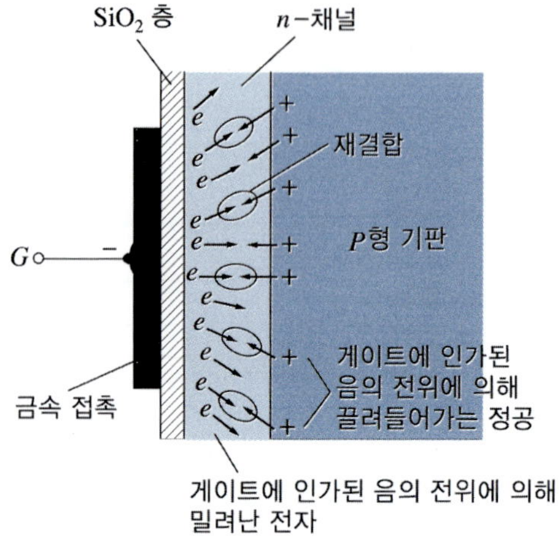

[그림 5.42] $V_{GS}<0$인 n채널 공핍형 MOSFET

만들면 n채널 공핍형 MOSFET는 증가형 모드(enhancement mode)로 동작한다. V_{GS}가 양인 경우 드레인 전류 I_D는 I_{DSS} 값보다 크다.

게이트에 음의 전압($V_{GS}<0$)을 인가한 경우를 [그림 5.42]에 나타내었다. 음의 게이트 전압은 채널로부터 자유전자를 밀어 몰아낸다. 이 경우 채널내 일부 또는 모든 자유전자가 빠져나가 고갈(deplete)된다. 게이트를 소스에 비해 음으로 만들면 n채널 공핍형 MOSFET는 공핍모드(depletion mode)로 동작한다. 충분한 음의 게이트 전압을 가하면 드레인 전류 I_D를 0으로 줄일 수 있다.

[그림 5.43]은 n채널 공핍형 MOSFET 전달특성곡선을 나타낸 것이다. 게이트와 소스를 서로 단락시키면(V_{GS}=0V), 드레인 전류는 I_{DSS}가 된다. 여기서 I_{DSS}는 더 이상 최대 가능 드레인 전류가 아니다.

V_{GS}가 양의 값을 가지면 증가모드로 동작하고, 드레인 전류 I_D는 I_{DSS} 값 이상으로 증가하게 된다. V_{GS}가 음의 값을 가지면 공핍모드로 동작하고, I_D는 I_{DSS} 값 이하로 된다. V_{GS}가 충분한 음의 전압을 가지면 드레인 전류가 0으로 감소하게 되는데, 이때 전압을 게이트-소스 차단 전압(gate-source cutoff voltage)이라 하고, V_P로 명시한다. 공핍형 MOSFET에서 드레인 전류 I_D와 V_{GS}의 관계는 식 (33)을 이용하여 계산할 수 있다.

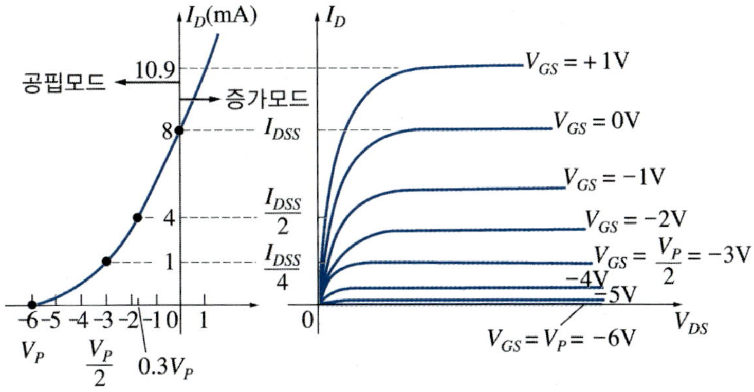

[그림 5.43] n채널 공핍형 MOSFET의 드레인과 전달특성곡선

$$I_D = I_{DSS}\left(1 - \frac{V_{GS}}{V_P}\right)^2 \tag{33}$$

위의 식은 JFET에서의 전달특성곡선을 표현하는 Shockley 방정식과 동일하다. 그러나 공핍형 MOSFET에서는 V_{GS}가 양의 값과 음의 값 모두를 가질 수 있기 때문에 수학적인 연산에서 V_{GS}의 부호에 주의해야 한다.

[그림 5.44]는 p채널 공핍형 MOSFET 전달특성곡선이다. n채널의 경우와는 반대로 기판은 n형 재료로 만들어지고 채널은 p형 재료로 만들어지기 때문에 p채널 공핍형 MOSFET는 음의 드레인 전압이 필요하게 된다. 또한 p채널 공핍형 MOSFET는 V_{GS}가 음일 때 증가형 모드로 동작하고 V_{GS}가 양일 때 공

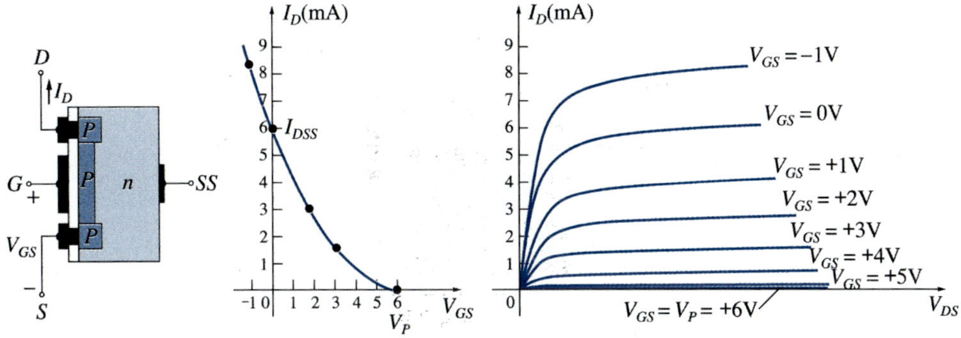

[그림 5.44] p채널 공핍형 MOSFET의 구조 및 전달특성과 드레인 특성곡선

핍형 모드로 동작한다.

(3) 증가형 MOSFET의 기본구조

공핍형과 증가형 MOSFET는 제조공정과 구조에서 유사점을 보이지만, 동작 특성에서는 상당한 차이를 보인다. 드레인 전류 I_D와 게이트 전압 V_{GS}의 관계를 나타내는 전달특성곡선이 Shockley 방정식으로 표현될 수 없으며, 게이트와 소스 사이에 일정량 이상의 전압을 인가하지 않으면 드레인 전류 I_D는 흐르지 않는다.

[그림 5.45]는 n채널 증가형(enhancement-type) MOSFET의 기본구조를 나타낸 것이다. p형 기판에 SiO_2 절연체를 증착시켜 만드는데, 공핍형 MOSFET와는 달리 드레인 단자와 소스 단자 사이에 전도를 위한 채널이 존재하지 않는다.

따라서 V_{GS}가 0V일 때, 소스와 드레인 사이에는 채널이 존재하지 않으므로 드레인 전류 I_D는 0이 된다. 이것이 공핍형 MOSFET와 구조상의 가장 큰 차이점이다.

[그림 5.46]은 증가형 MOSFET의 기호를 나타낸 것이다. 드레인과 소스 사이가 점선으로 표시되어 있는 것은 바이어스가 인가되지 않는 경우, 즉 V_{GS}=0

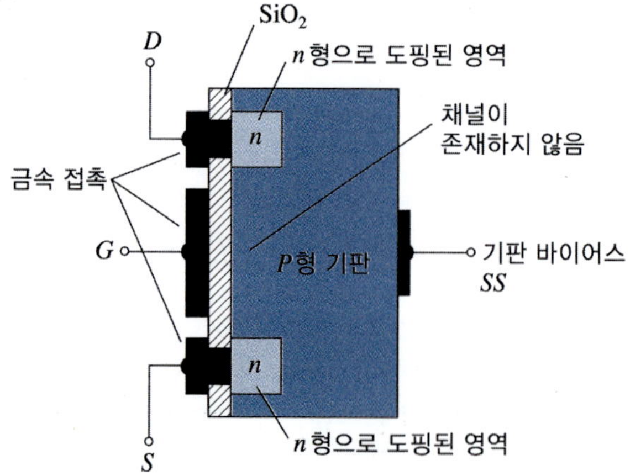

[그림 5.45] n채널 증가형 MOSFET의 구조

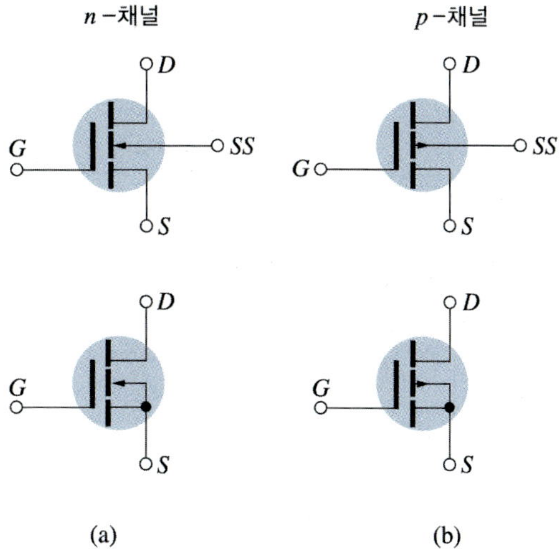

[그림 5.46] 증가형 MOSFET의 심볼 : (a) n채널 (b) p채널

인 경우에 채널이 존재하지 않아서 전류가 흐르지 못하는 normally OFF 소자임을 나타낸 것이다. 공핍형 MOSFET와 비교해볼 때, 드레인과 소스가 점선으로 표시된 것을 제외하면 동일하다.

(4) 증가형 MOSFET의 기본 동작 특성

앞에서 설명한 바와 같이, V_{GS}가 0V인 경우 V_{DS}에 어떠한 전압을 인가하더라도 채널이 형성되지 않기 때문에 드레인 전류 I_D는 0이 된다. 드레인 전류를 흐르게 하기 위해서는 드레인과 소스 사이에 채널을 형성시켜야 하는데, 이를 위해서는 게이트 전압 V_{GS}가 일정량 이상 인가되어야 한다.

[그림 5.47]은 n채널 증가형 MOSFET에 채널을 형성시키기 위해 전압 V_{GS}와 V_{DS}를 인가한 상태를 나타낸 것이다. V_{GS}와 V_{DS} 모두 양의 전압이 인가되어 있다. 양의 V_{GS} 전압에 의해 SiO_2와 p형 재료의 경계면 쪽으로 소수 캐리어인 전자가 모여들어 점차적으로 채널을 형성하게 된다. 전압 V_{GS}가 증가함에 따라 더욱 많은 전자가 누적되어 전자 농도가 증가되고, 결과적으로 이러한 전자들에 의해 형성된 n형 영역이 드레인과 소스 사이에서 전류가 흐르는 통로가

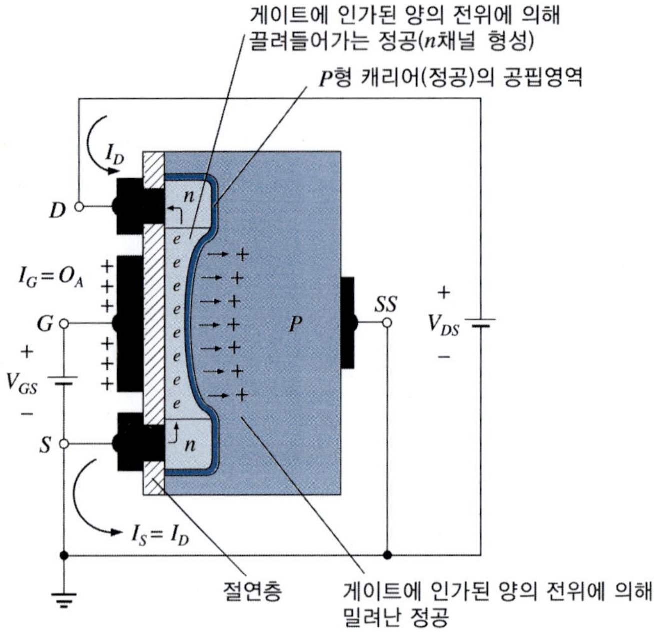

[그림 5.47] n채널 증가형 MOSFET의 채널 형성

된다. 드레인 전류가 흐르기 시작하는 최소의 V_{GS}를 문턱전압(threshold voltage)이라 하며 V_T 또는 $V_{GS(Th)}$로 표기한다. 전압 V_{GS}가 V_T보다 적으면 드레인 전류 I_D는 0이 된다. V_{GS}가 V_T 이상으로 증가하면, 채널의 자유 캐리어 농도가 점차 증가하므로 드레인 전류 I_D도 증가하게 된다. 그러나 V_{GS}를 V_T보다 큰 값으로 일정하게 유지시킨 상태로 V_{DS}를 증가시키면 드레인 전류 I_D는 JFET나 공핍형 MOSFET의 경우와 동일하게 포화값에 도달하게 된다. 이러한 I_D의 포화는 [그림 5.48]에 나타낸 것처럼 형성된 채널이 드레인 쪽 끝에서 가늘어지는 핀치오프(pinch off) 현상에 의한 것이다.

[그림 5.48]에서 보듯이, 핀치오프 현상은 V_{DS}가 증가해서 V_{GS}와의 전압 차이가 V_P보다 작아지면 드레인 쪽의 p형 재료에서 소수 캐리어인 전자를 끌어당길 수 있는 충분한 전계가 형성되지 못해 채널이 좁아지기 때문에 발생된다. 즉, 일정한 V_{GS}가 인가된 상태에서 V_{DS}가 증가하면, I_D는 항복조건이 일어날 때까지 증가하지만 포화값 이상으로 증가할 수 없다. V_P가 2V인 경우, V_{GS}=8V일

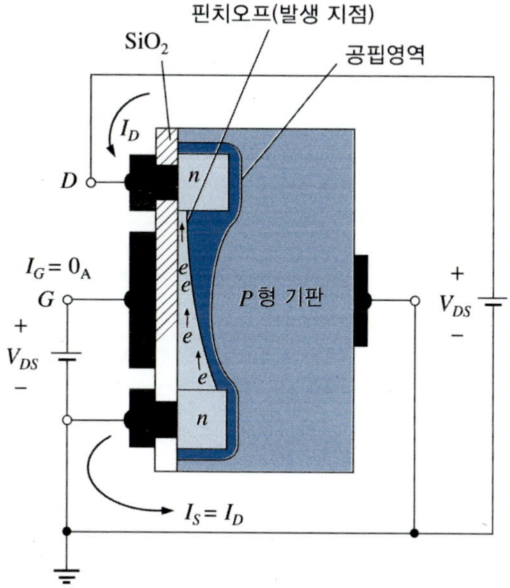

[그림 5.48] V_{GS}를 고정하고 V_{DS}를 증가시켰을 때 채널과 공핍영역의 변화

때 V_{DS}=6V에서 포화상태가 발생한다. 포화상태가 발생하는 최소의 V_{DS} 값을 V_{DSsat}이라 하며 다음 식으로 정의할 수 있다.

$$V_{DS_{sat}} = V_{GS} - V_T \tag{34}$$

따라서 V_{GS} 값이 클수록 V_{DS}의 포화값은 그만큼 더욱 증가한다.

[그림 5.49]는 다양한 값으로 고정된 V_{GS}에서 V_{DS}의 값에 대한 I_D의 변화를 나타낸 것이다.

문턱전압 V_T 이하의 V_{GS}에서 드레인 전류 I_D는 0이며, V_{DS}가 어느 한계값까지 증가하면 I_D 값이 포화되는 것을 알 수 있다. 또한 V_{GS}가 증가할수록 I_D의 포화 전류값 역시 증가됨을 알 수 있다. $V_G > V_T$인 경우, 포화 드레인 전류는 다음의 관계식으로 표현된다.

$$I_D = k(V_{GS} - V_T)^2 \tag{35}$$

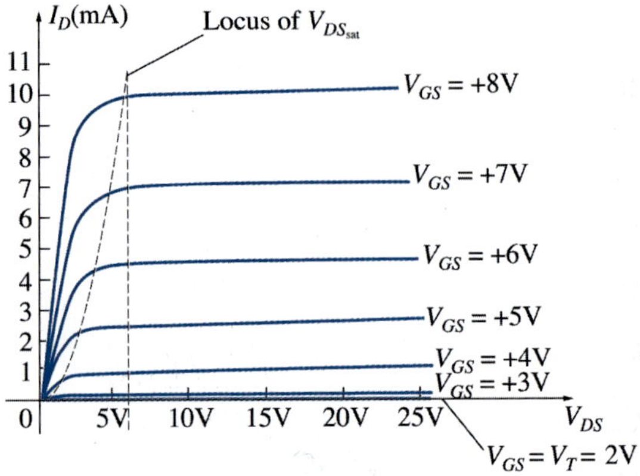

[그림 5.49] n채널 증가형 MOSFET의 드레인 특성곡선

위 식에서 드레인 전류 I_D가 V_{GS}의 제곱에 비례하므로, [그림 5.49]에서 보듯이 V_{GS}에 대한 I_D 곡선의 간격이 점차 증가된다. k는 소자 구조에 대한 함수로 상수다. k는 식 (35)로부터 변형된 식 (36)으로부터 결정할 수 있다.

$$k = \frac{I_{D(on)}}{(V_{GS(on)} - V_T)^2} \tag{36}$$

$I_{D(on)}$과 $V_{GS(on)}$은 특성곡선 위에 있는 임의의 값이다.

[그림 5.50]은 n채널 증가형 MOSFET에서 V_{GS}에 대한 I_D의 전달특성 곡선

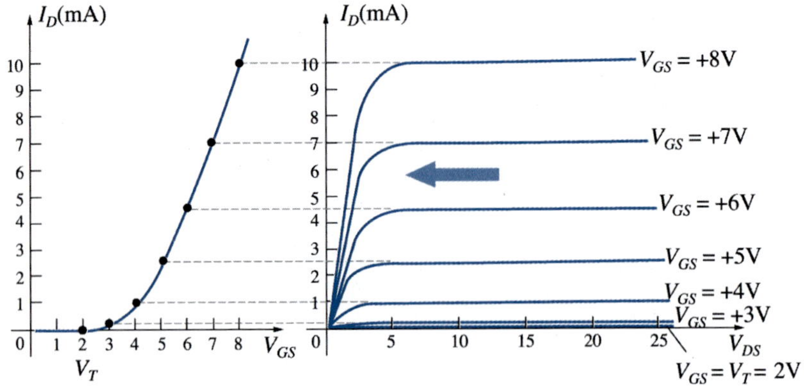

[그림 5.50] 드레인 특성으로부터의 n채널 증가형 MOSFET의 전달특성곡선

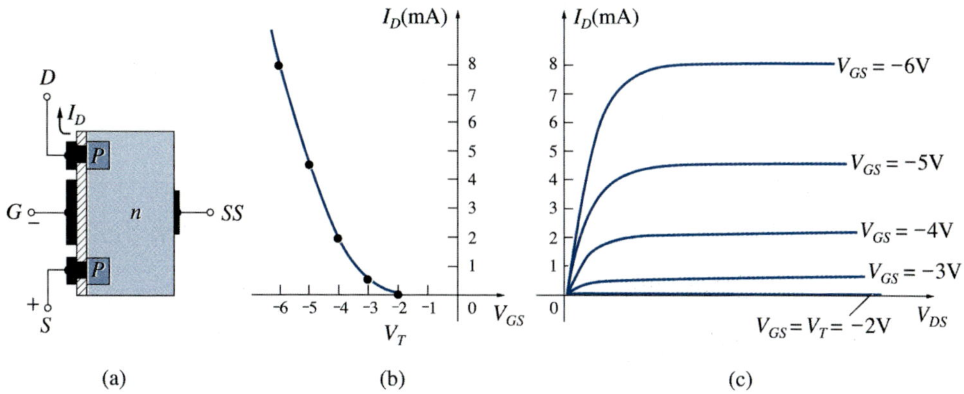

[그림 5.51] p채널 증가형 MOSFET의 (a) 구조 (b) 전달특성곡선 (c) 드레인 특성

을 나타낸 것이다.

V_{GS}가 양의 값을 갖는 영역에서만 정의되며, $V_{GS} \leq V_T$인 경우 I_D는 0이고, $V_{GS} > V_T$인 경우 I_D는 식 (35)에 의해 V_{GS}의 제곱에 비례해서 증가함을 알 수 있다. p채널 증가형 MOSFET의 구조는 n채널 증가형 MOSFET 구조와 반대로 n형 기판에 p형으로 도핑된 드레인과 소스가 존재하며, p형 채널이 형성된다. 모든 전압의 극성과 전류의 방향은 반대가 되므로, 충분한 음의 전압이 V_{GS}에 인가되어야 채널이 형성되어 드레인 전류 I_D가 흐른다. [그림 5.51]은 p채널 증가형 MOSFET의 구조와 드레인 특성, 그리고 전달특성곡선을 나타낸 것이다.

5.8 CMOS

5.8.1 CMOS 구조

주로 디지털 논리회로에서 사용되는 CMOS(complementary MOS)는 [그림 5.52]에서 보듯이, 하나의 기판 위에 증가형 n채널 MOSFET(nMOS)와 증가형 p채널 MOSFET(pMOS)가 나란히 형성된 구조를 갖는다.

낮은 농도로 도핑된 n형의 기판 위에 pMOS를 형성하고, nMOS는 기판의 농도보다 조금 높은 농도로 도핑된 p영역 속에 형성한다. 여기서 p영역을 p-well이라 하며, 이 well의 표면 농도는 nMOS의 형성이 가능하도록 낮은 농도를 유지해야 한다.

CMOS의 구조는 [그림 5.53]과 같이 nMOS와 pMOS을 연결한 회로도로 기호화할 수 있으며, 일반적으로 CMOS 인버터라 한다. 이는 입력신호 V_i에 대한 출력신호 V_o가 반전되기 때문이다.

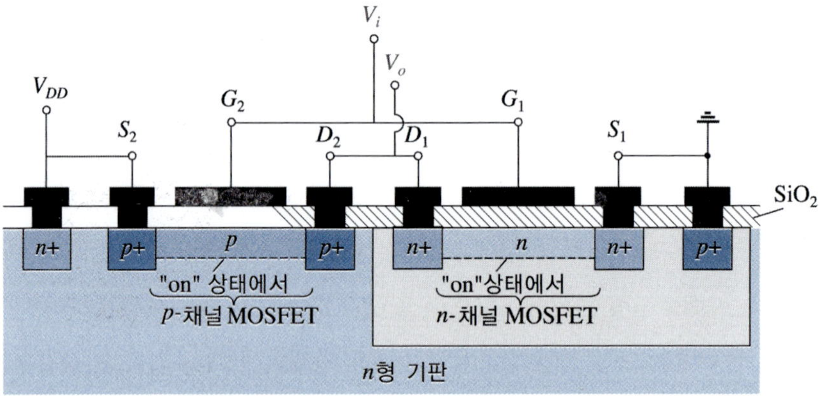

[그림 5.52] CMOS의 단면도

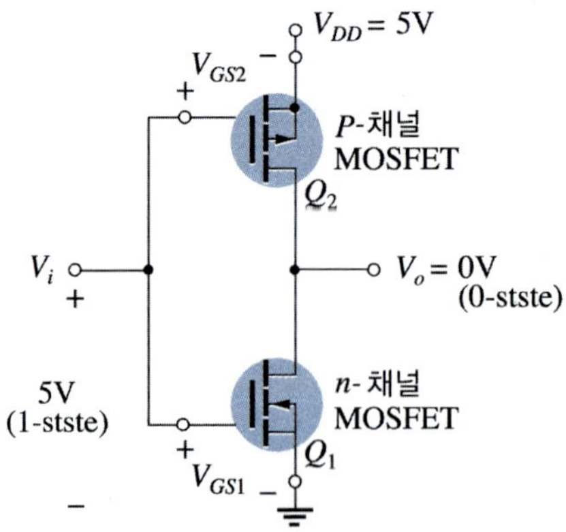

[그림 5.53] CMOS 인버터

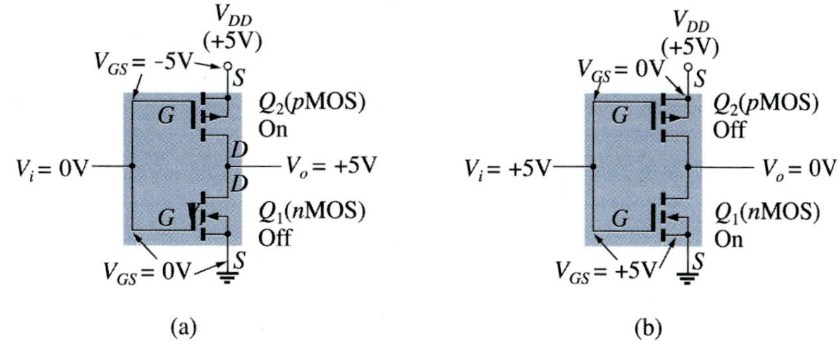

[그림 5.54] CMOS 회로의 동작 : (a) 출력 +5V (b) 출력 0V

5.8.2 CMOS 동작

[그림 5.54(a)]와 같이 CMOS 회로의 입력 V_i에 0V를 인가하면, nMOS의 게이트와 pMOS의 게이트에 동시에 0V가 인가된다. nMOS의 경우 게이트 전압 V_{GS}에 0V가 인가되면 채널이 형성되지 않아서 오프(off) 상태가 되며, pMOS의 경우는 채널이 형성되어서 온(on) 상태가 된다. 따라서 출력단자 V_o는 nMOS의 소스와 연결되어 있는 접지부(ground)와는 연결되지 않으며, pMOS의 소스에 연결되어 있는 V_{DD}(+5V)와 연결된 상태가 된다. 결국 입력단 V_i에 0V를 인가한 경우 5V가 출력된다.

[그림 5.54(b)]와 같이 CMOS 회로의 입력 V_i에 5V를 인가하면 nMOS의 채널은 형성되고 pMOS의 채널은 형성되지 않게 되어, 출력단자 V_o는 nMOS의 소스에 연결되어 있는 접지부와 연결된다. 따라서 입력단 V_i에 5V의 전압이 인가되면 출력단 V_o는 0V가 된다. CMOS 회로의 입출력 전압 사이의 특성을 [표 5.2]에 정리하였다.

5.8.3 래치업

CMOS 구조는 nMOS와 pMOS의 게이트를 동시에 연결해서 입력전압 V_i를 인가하며, 두 트랜지스터의 드레인을 한데 묶은 곳에서 출력전압을 얻는다. 또

[표 5.2] CMOS 회로의 동작

V_i(V)	nMOS	pMOS	V_o(V)
0	off	on	+5
+5	on	off	0

한 pMOS의 소스에 가장 높은 전압인 V_{DD}(+5V)를 인가하며, nMOS의 소스에 가장 낮은 전압인 접지(ground)를 연결한다. 이와 같은 CMOS의 구조는 래치업(latch-up)이라 부르는 의도되지 않은 현상에 노출된다. [그림 5.55]는 CMOS에 발생하는 래치업 현상의 원인을 나타낸 것이다.

n형으로 도핑된 부분과 p형으로 도핑된 부분이 서로 연결되면서 pn접합 또는 np접합이 형성되는데, 이러한 접합의 연결이 BJT의 npn 트랜지스터와 pnp 트랜지스터로 동작하게 된다. nMOS의 소스(n형), p-well(p형), 그리고 n형 기판(n형)의 연결이 하나의 npn 트랜지스터가 되며, pMOS의 소스(p형), n형 기판(n형), 그리고 p-well(p형)이 pnp 트랜지스터가 된다.

CMOS의 정상동작은 pMOS와 nMOS의 채널을 통해서 전류가 통해야만 하는데, 래치업 현상이 발생하게 되면 채널을 통하지 않고 기판 자체의 np 또는 pn 접합면을 통해서 전류가 전달되므로, 전류는 + V_{DD}로부터 접지로 흐르게 된다. npn 트랜지스터와 pnp 트랜지스터는 서로 베이스에 연결되어 있기 때문에 하

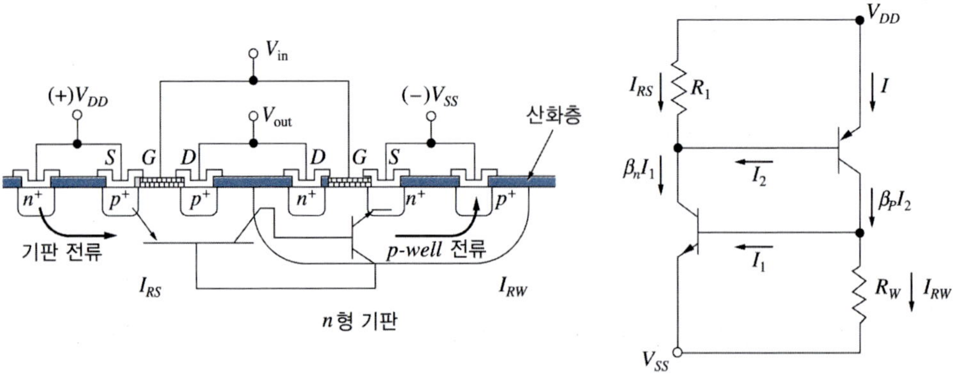

[그림 5.55] CMOS 인버터의 단면도와 래치업 전류에 대한 등가회로

나의 트랜지스터가 동작하기 시작하면 다른 트랜지스터의 전류를 증폭시키는 작용을 해서 점차 큰 전류를 흐르게 한다. 결국 CMOS 회로에 과전류가 흐르게 되어 본래의 기능을 상실하게 된다. 이와 같은 현상을 래치업이라 한다. 이러한 래치업 현상은 CMOS 회로의 가장 큰 문제점이다. 래치업의 방지를 위한 기술이 계속해서 개발되어 왔는데, 다음의 세 가지가 가장 널리 알려진 방법이다.

(1) 베이스와 에미터 사이에 순방향 바이어스가 걸리지 않도록 하기 위해 기판의 도핑 농도를 충분히 높게 한다.

(2) 베이스와 에미터 사이에 순방향 바이어스가 걸려서 전류가 흐르더라도 다른 기생 BJT에 영향을 미치지 못하도록 컬렉터 전류를 낮추는 방법이다. 이를 위해서 두 BJT 사이의 거리를 떨어지게 하는데, 이것은 실제로 nMOS와 pMOS 사이의 거리를 멀리 하는 것이 아니라 [그림 5.56]에 나타내었듯이, nMOS와 pMOS 사이에 트렌치 고립(trench isolation) 공정을 이용하여 가드링(guard-ring)을 설치하는 것이다.

(3) VDD에 의한 전류 생성이 아닌, 외부의 빛이나 α-입자의 영향에 의해 발생하는 전류를 방지하기 위해 소수 캐리어의 수명을 줄이는 방법이다. 이것을 위해서 역시 높은 농도로 도핑된 기판을 사용하는 것이 유리하다.

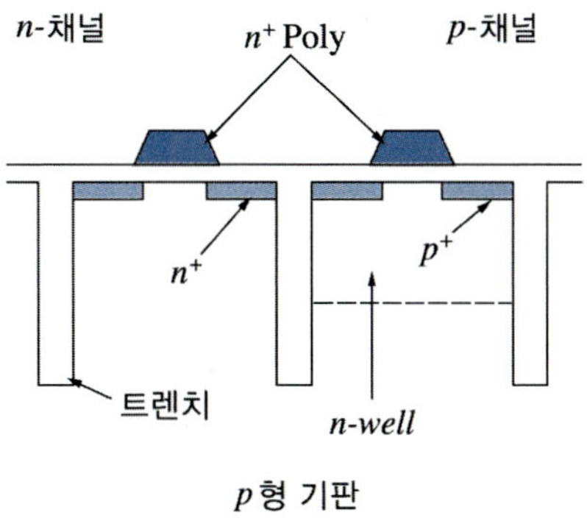

[그림 5.56] 트렌치 고립 공정을 이용한 가드링

5.9 집적회로(IC) 칩

집적회로(IC) 칩들은 크게 메모리와 마이크로프로세서 및 ASIC(Applied specific integrated circuit)의 세 가지로 분류될 수 있다.

5.9.1 메모리

메모리는 전기적인 전하들의 저장과 방전을 통해 디지털 데이터를 기억하는 역할을 하며, 휘발성 메모리와 비휘발성 메모리로 구분할 수 있다. 휘발성 메모리는 DRAM이나 SRAM과 같이 전원공급이 중단되면 데이터를 상실하는 반면에, EPROM이나 EEPROM으로 대표되는 비휘발성 메모리는 전원공급이 중단되어도 저장된 데이터를 상실하지 않는다.

(1) DRAM(Dynamic random access memory)

DRAM은 "random access"이므로 비순차적, 즉 임의로 데이터의 읽기나 쓰기가 가능하다. 반면에, 순차 메모리 소자(sequential memory device)는 순차적으로만 데이터의 읽기나 쓰기가 가능하다. 예를 들면, 하드디스크와 컴팩트디스크(compact disk)는 "random access"인 반면, 카세트 테이프는 "sequential access"이다.

DRAM은 컴퓨터 내부에서 데이터 저장을 위해 가장 많이 사용되는 메모리이다. 개인용 컴퓨터를 구입할 때, 가장 중요한 요소 중 하나는 메모리의 크기,

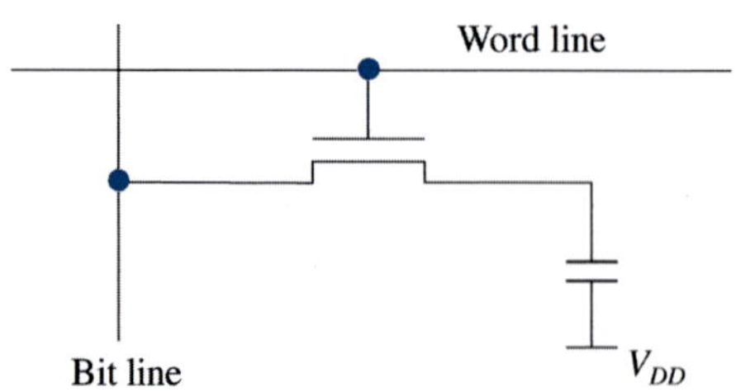

[그림 5.57] DRAM 메모리 셀의 회로도

즉 DRAM 칩이 가지고 있는 데이터 저장 능력이다. DRAM의 기본 메모리 셀은 [그림 5.57]에 나타낸 바와 같이, 하나의 MOSFET와 하나의 캐패시터로 구성된다.

MOSFET는 스위치 역할만 하고, 캐패시터의 전하 충 · 방전에 의해 데이터가 저장된다. 캐패시터는 전하손실들을 보상하기 위해서, V_{DD} 전원공급에 의해 주기적으로 재충전하는 것이 필요하기 때문에 dynamic RAM 또는 DRAM이라고 부른다. DRAM에서는 전원이 제거되면, 데이터가 소멸된다. 컴퓨터에 문서를 편집하는 동안, 글과 그림 등을 포함하는 모든 입력요소들은 하드디스크 또는 플로피 디스크에 영구적으로 저장시키기 위한 저장(save) 명령을 받기 전에 컴퓨터의 DRAM 메모리에 저장된다. 특히, 장문의 문서 작업을 하는 경우, 편집하는 파일을 주기적으로 저장하는 것은 매우 중요하다. 그렇지 않으면 몇 시간에 걸친 작업이 한 번의 정전에 의해 소멸될 수도 있다.

(2) SRAM(Static random-access memory)

SRAM은 명령어 또는 데이터를 기억하기 위해 latching 트랜지스터를 사용한다. 이것은 4개의 트랜지스터와 2개의 저항, 또는 6개의 트랜지스터로 구성된다. 데이터 저장을 위해 캐패시터를 재충전하는 것이 필요없기 때문에 DRAM보다 훨씬 빠르다. 그러나 SRAM은 DRAM에 비해 소비전력이 크고 집적도가 낮으며 가격이 비싼 단점이 있다. 따라서 SRAM은 주로 컴퓨터에서 가장 자주 사용되는 명령을 저장하기 위한 캐시 메모리로 사용되고, DRAM은 비교적 덜 사용되는 명령과 데이터를 저장하기 위한 주기억 장치로 사용된다.

(3) EPROM/EEPROM(Erasable/Electric erasable programmable read-only memory)

DRAM과 SRAM은 데이터 유지를 위한 전원공급이 필요하기 때문에, 휘발성 메모리(volatile memory)라고 불린다. EPROM과 EEPROM은 전원공급 없이 명령이나 데이터를 영구적으로 저장하는 데 주로 사용된다.

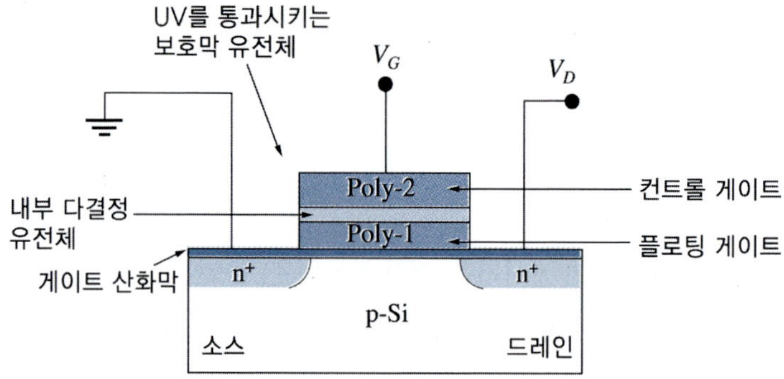

[그림 5.58] EPROM 메모리 셀의 단면도

EPROM의 구조는 [그림 5.58]에 나타나 있듯이 nMOS와 유사하다. 근본적인 차이점은 디지털 데이터를 영구적으로 저장할 수 있고, 어디에도 연결되지 않는 플로팅 게이트(floating gate) 구조를 갖는다는 것이다.

EPROM의 데이터 기록 과정이 [그림 5.59]에 나타나 있다. 컨트롤 게이트(control gate)에 $V_G > V_T > 0$인 바이어스가 걸리면, 전자들은 실리콘/게이트 산화막의 경계면 쪽으로 이끌리게 되고 플로팅 게이트 아래에 n채널이 형성된다. 소스/드레인으로부터 온 전자들은 이 채널을 통해 이동할 수 있으며 전기적인 전류를 전달한다. 비록 대부분의 전자들은 채널을 통해 이동하지만, 일부의 전자는 열전자 효과(hot electron effect)로 알려진 전자 터널링 효과에 의해 얇은 게이트 산화막을 통해서 플로팅 게이트 내로 주입된다. 전자들이 플로팅 게이트 내부에 주입되면, 다시 밖으로 빠져나갈 수 없기 때문에 수년 동안 이

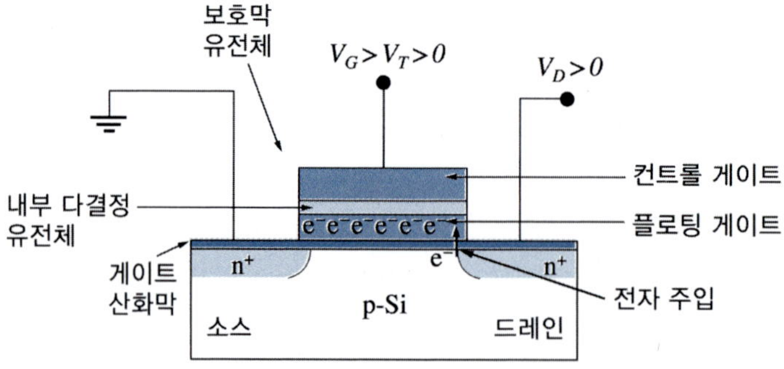

[그림 5.59] EPROM 데이터 기록 과정

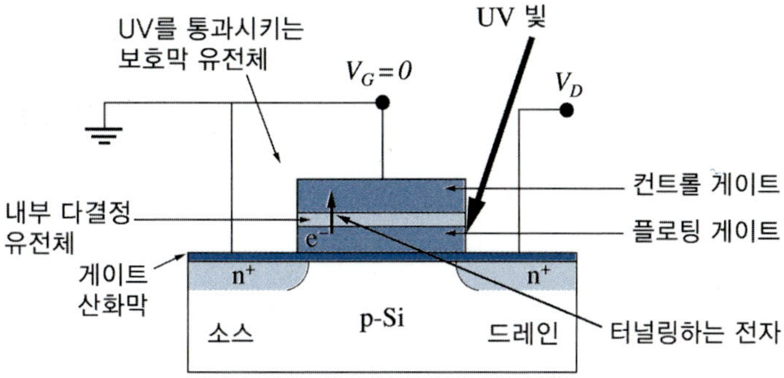

[그림 5.60] EPROM의 데이터 소거 과정

상태를 유지할 수 있다. 그러므로 이들은 전원공급의 유무에 상관없이 데이터를 유지할 수 있다.

EPROM에서 데이터를 소거하기 위해, [그림 5.60]에 나타낸 것처럼 보호막 유전체를 통해 UV 빛을 조사한다. UV 빛은 플로팅 게이트에 있는 전자들을 여기시켜 폴리 실리콘 사이의 유전체층을 통과해서 컨트롤 게이트로 이동시킨 후, 컨트롤 게이트와 연결된 접지를 통해서 전자들이 빠져나가도록 한다.

플래시 메모리(flash memory)라고 불리는 EEPROM은 UV 빛으로 칩 전체의 데이터를 지우는 EPROM과는 달리, 컨트롤 게이트의 바이어스에 의해 플로팅 게이트에서 컨트롤 게이트로 전자 터널링이 발생하도록 하므로 각각의 셀을 전기적으로 조절해서 데이터를 소거할 수 있다. 플래시 메모리는 디지털 카메라와 휴대용 컴퓨터에 널리 사용되며, 작은 크기를 갖는 장점 때문에 가까운 미래에 컴퓨터에서 데이터 저장을 위한 하드 디스크를 대체할 것으로 기대된다.

5.9.2 마이크로프로세서

마이크로프로세서는 CPU(central processing unit)라고 불리며, 일반적으로 컨트롤 시스템과 ALU(Arithmetic-logic unit)로 구성된다. 최근의 마이크로프로세서는 고유의 캐시 메모리를 가지고 있다. CPU는 컴퓨터와 다른 컨트롤 시스템의 두뇌 역할을 한다. 널리 사용되는 마이크로프로세서는 CISC(Complete instruction set computer)와 RISC(Reduced instruction set computer) 두 가지다. IBM 호환성 PC는 CISC 마이크로프로세서를 사용하며, 애플 매킨토시 PC는 RISC 마이크로프로세서를 사용한다.

5.9.3 ASIC

ASIC(Application specific integrated circuit)이란 특정 응용에 맞게 설계된 비메모리 반도체를 의미하며, 이러한 ASIC 제품은 크게 특정업체의 요구에 맞게 설계된 전통적인 ASIC 제품과 특정용도이긴 하나 응용시장에서 검증되어 다수의 업체에게 공급되는 ASSP(Application specific standard product) 제품으로 구분된다. ASIC 칩에는 DSP 칩, TV, 라디오, 인터넷, 자동차, 전자통신에 사용되는 칩 등 수많은 칩들이 포함된다.

연습문제

1. 결정내 전자가 에너지 밴드 구조를 나타내는 이유에 대하여 설명하시오.
2. 에너지 밴드의 종류에 대하여 설명하시오.
3. 절연체, 반도체, 도체의 차이점을 설명하시오.
4. 자유전자와 정공에 대하여 설명하시오.
5. 구속전자와 자유전자의 차이점을 설명하시오.
6. 진성 반도체와 불순물 반도체에 대한 에너지대 구조를 도시하고 설명하시오.
7. 불순물 반도체에 온도, 불순물 밀도가 미치는 영향을 설명하시오.
8. 반도체 내의 전류수송기구로서 드리프트 전류와 확산전류에 대해서 설명하시오.
9. 홀(Hall) 효과에 대하여 설명하시오.
10. 정공밀도가 $p=10^{23}[m^{-3}]$인 p형 반도체의 홀 계수를 구하시오.
11. pn접합에서의 정류성에 대하여 설명하시오.
12. pn접합에서 공핍층의 의미를 설명하시오.

연습문제

13. pn접합에 순바이어스와 역바이어스가 인가되었을 때, 각각의 공핍층의 폭에 대하여 설명하시오.

14. 접합의 항복 현상에 대하여 설명하시오.

15. 바이폴라 트랜지스터의 동작원리를 설명하고 증폭효과에 대해서 논의하시오.

16. MOSFET의 공핍형과 증가형을 비교 설명하시오.

17. CMOS의 원리에 대해서 설명하시오.

18. RAM과 ROM의 차이점에 대해서 설명하시오.

19. RAM의 종류와 그 특징에 대해서 설명하시오.

20. EEPROM의 데이터 기록과 소거 과정을 간단히 설명하시오.

CHAPTER

6 유전체

Material Science and Engineering

유전체는 전기적으로 절연체인 재료를 전기장 내에 놓았을 때 표면에 전하가 유기되는 현상을 가지고 있는 재료를 말한다. 이것은 1837년 패러데이에 의해 캐패시터의 극판 사이에 절연물을 끼우면 전기용량이 증가하는 데서 발견되었다. 이 현상을 일으키는 메커니즘은, 자성체의 자기화와 마찬가지로 전기장의 작용에 의해 무극성 분자에서는 분자 내의 양 · 음의 전하가 어긋나고, 유극성 분자에서는 쌍극자 모멘트의 방향이 비슷해져 재료가 전체적으로 전기 쌍극자 모멘트를 갖게 되어 캐패시터의 극판에서 전하의 작용을 얼마간 상쇄하는 것이라고 밝혀졌다. 유전체는 그 결정 구조의 종류 및 결정의 대칭성으로 구분되며, 결정 종류에 따라서 압전성, 초전성, 강유전성 등의 다양한 특성을 나타낸다. 압전체는 기계적 에너지를 전기적 에너지로 혹은 전기적 에너지를 기계적 에너지로 바꿔주는 압전효과를 갖는 재료로서, 최근에 고주파 대역의 통신소자 등에 많이 응용되면서 그 중요성이 점차 증가하고 있다. 초전체는 적외선 같은 열에너지의 변화를 주었을 때, 재료 내의 자발분극이 변화함에 따라 전류나 전압의 변화가 생기는 현상이다. 이와 같은 현상을 이용하여 초전형 적외선 센서 및 이미지 어레이 소자들을 제작할 수 있다. 강유전체는 자발분극이 외부 전기장에 의해 역전될 수 있는 재료로서, 압전성과 초전성을 동시에 가지며 상전이 온도 이하에서만 극성인 강유전상으로 존재하게 된다. 오늘날에는 이러한 다양한 유전체 특성을 산업 및 민생용 전자기기, 자동화기기 등의 핵심 부품 및 소재에 폭넓게 이용하고 있으며, 각종 전자소자, 반도체, 적외선 센서 및 광소자, 그리고 이동통신 기기 등의 정보통신 소자에도 급속히 응용되고 있다.

따라서 이 장에서는 캐패시턴스, 유전률, 분극기구 등 유전체의 기본적인 전기 및 물리적인 성질에 대하여 이해하고, 유전체에 포함되어 있는 압전성, 초전성, 강유전성에 대해 설명하고자 한다. 또한 이를 바탕으로 유전체를 이용한 다양한 응용 분야에 대해서도 살펴보고자 한다.

6.1 캐패시턴스와 비유전률

캐패시터(capacitor)의 양단에 전압이 가해질 때, 외부에서 가해지는 전기장의 방향, 즉 양에서 음으로 향하는 방향에 대응하여 한쪽 면은 양전하, 다른 쪽 면은 음전하로 대전된다. 다시 말해 캐패시터의 특징은 전하 Q를 저장할 수 있다는 것이다. 캐패시턴스 C는 양면에 저장된 전하량 Q와 다음과 같은 관계를 갖는다.

$$C = \frac{Q}{V} \tag{1}$$

여기서 V는 캐패시턴스 양단에 가해진 전압이다. 캐패시턴스의 단위는 coloumb/volt(C/V) 또는 farad(F)로 표시된다. 전압은 축전된 전하량에 정비례하며, 캐패시터를 흐르는 전류는 다음 식과 같이 표현할 수 있다.

$$V = \frac{Q}{C} = \frac{\int I dt}{C} \tag{2}$$

$$I = C\frac{dV}{dt} \tag{3}$$

교류회로에서 이용되는 정현파 전압(sinusoidal voltage)은 일반적으로 다음과 같이 나타낼 수 있다.

$$V = V_0 \exp(i\omega t) \tag{4}$$

이에 대한 충전 전류는 다음 식과 같다.

$$I_c = i\omega CV \tag{5}$$

인가된 전압에 대해 정확히 90° 위상이 앞서 있다. 위의 전압과 충전 전류식에서 i는 $\sqrt{-1}$ 이고 ω는 $2\pi f$ 인데, 이때 f는 주파수이다. 캐패시턴스 C는 기하학적 인자와 재료 자체에 의존한다. [그림 6.1(a)]에 나타낸 것과 같이, 진공 중에 평행한 2개의 판(plate)으로 구성된 캐패시터를 고려해보자. 캐패시턴스는 다음 관계식으로 계산될 수 있다.

$$C = \varepsilon_0 \frac{A}{l} \tag{6}$$

여기서 A는 평행판의 면적이고, l은 두 판 사이의 거리다. ε_0는 진공 중의 유전률(permittivity)로서, 8.85×10^{-12}F/m 값을 가지고 있다.

[그림 6.1(b)]와 같이, 유전체가 두 판 사이에 위치하면 캐패시턴스는 다음 식과 같이 바뀌게 된다.

$$C = \varepsilon \frac{A}{l} \tag{7}$$

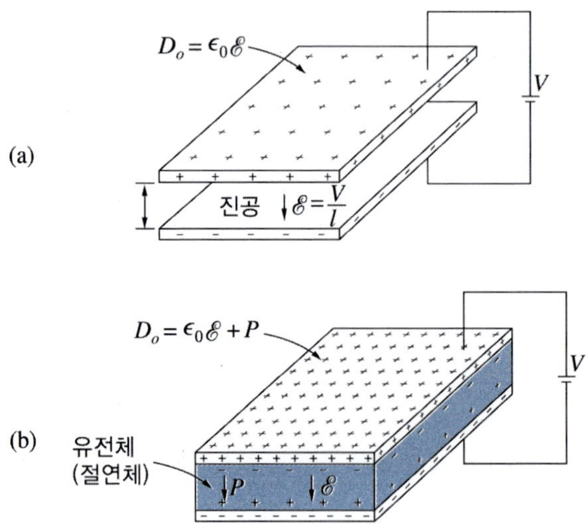

[그림 6.1] 평행판 캐패시터 : (a) 진공인 경우 (b) 절연체가 있는 경우

[표 6.1] 여러 유전체 재료의 유전체 상수와 강도

재료	유전상수		유전강도 (V/mil)
	60Hz	1MHz	
세라믹			
Titanate ceramics	-	15-10,000	50-300
Mica	-	5.4-8.7	1000-2000
Steatite(MgO-SiO_2)	-	5.5-7.5	200-350
Soda-lime glass	6.9	6.9	250
Porcelain	6.0	6.0	40-4000
Fused silica	4.0	3.8	250
고분자			
Phenol-formaldehyde	5.3	4.8	300-400
Nylon 6, 6	4.0	3.6	400
Polystyrene	2.6	2.6	500-700
Polyethylene	2.3	2.3	450-500
Polytetrafluoroethylene	2.1	2.1	400-500

여기서 ε는 유전체 물질의 유전률이고, ε_0보다는 큰 값을 나타낸다.

상대 유전률 ε_r은 유전상수(dielectric constant)라고 하며, 다음과 같이 나타낸다.

$$\varepsilon_r = \frac{\varepsilon}{\varepsilon_0} \tag{8}$$

상대 유전률 ε_r은 1보다 큰 값을 나타내며, 이는 두 판 사이에 유전체 물질이 삽입됨으로써 전하의 저장 능력이 커진다는 것을 의미한다. 유전상수는 캐패시터를 설계할 때 가장 중요하게 고려되는 재료 성질이다. 여러 유전체 재료의 유전상수를 [표 6.1]에 나타내었다.

6.2 전기장 벡터와 분극

캐패시턴스 현상은 전기장 벡터를 이용하여 설명할 수 있다. [그림 6.2]에 나타낸 것과 같이 양전하와 음전하가 분리된 경우를 이용하여 전기 쌍극자를 고려해 보자.

전기 쌍극자 모멘트 p는 각각의 쌍극자와 다음과 같은 관계를 갖는다.

$$p = qd \tag{9}$$

여기서 q는 각 쌍극자의 전하량이고, d는 두 전하 사이의 거리다. 실제로 하나의 쌍극자 모멘트는 음전하에서 양전하로 향하는 방향성을 가진 하나의 벡터다. [그림 6.3]에 나타낸 것과 같이, 쌍극자에 전기장 E가 가해지면, 힘(torque)이 전기 쌍극자에 가해져 쌍극자가 외부 전기장의 방향에 따라 정렬하게 된다. 이러한 쌍극자 배열 과정을 분극(polarization)이라고 한다.

캐패시터에서, 표면전하밀도 D 또는 캐패시터 박막에 대한 단위 면적당 전하량(C/m^2)은 전기장에 비례한다. 진공상태의 표면전하밀도는 다음 식과 같다.

$$D_0 = \varepsilon_0 E \tag{10}$$

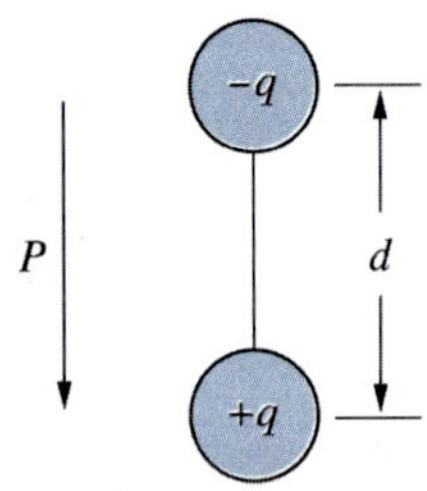

[그림 6.2] 거리 d만큼 떨어져 있는 2개의 전하량(q)에 의해 생성되는 하나의 전기 쌍극자에 대한 개략도

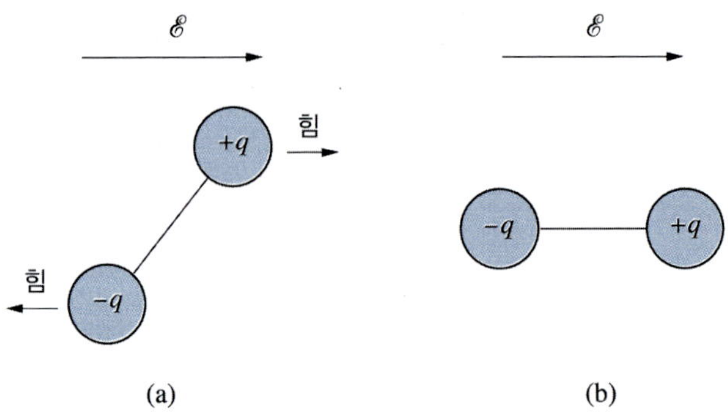

(a) (b)

[그림 6.3] (a) 전기장에 의하여 하나의 쌍극자에 부과되는 힘 (b) 전기장과의 최종적인 쌍극자 정렬

또한 유전체 물질이 삽입된 경우 다음과 같이 비슷한 식으로 나타낼 수 있다.

$$D = \varepsilon E \tag{11}$$

경우에 따라 D는 유전적 변위(dielectric displacement)라고도 표현된다.

유전체 재료의 사용으로 캐패시턴스 또는 유전상수가 증가하는 것은 간단한 분극 모델을 이용하여 설명할 수 있다. [그림 6.4(a)]에 나타낸 캐패시터의 경우, 캐패시터는 진공상태에 있으며, 상단의 판(plate)에 $+Q_0$의 전하가, 하단의 판에는 $-Q_0$의 전하가 저장된다. 이와 같이 캐패시터의 양쪽 판 사이에 유전체 물질을 삽입하고 전기장을 외부에서 인가하면, [그림 6.4(b)]와 같이 판 내부에 위치한 유전체는 분극화된다. 이러한 분극에 의해 양극 가까이 위치한 유전체 표면에는 과잉의 음전하 $-Q'$가 축적되고, 음극 가까이 있는 유전체 표면에는 과잉의 $+Q'$ 전하량이 축적된다. 유전체에서 양쪽 표면을 제외하면 분극에 중요한 영향을 미치지 않는다. 그러므로 각 판에 근접하게 위치해 있는 유전체에

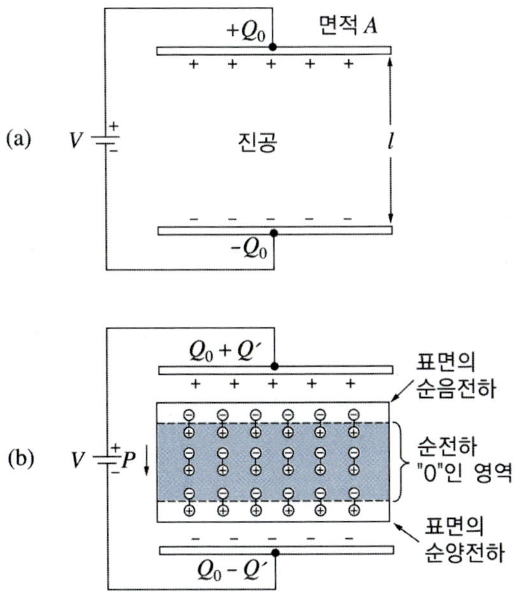

[그림 6.4] (a) 진공에 대한 캐패시터 판 위에 저장된 전하 (b) 유전체 분극에 의해 증가되는 전하 저장능력을 보여주는 개략도

서 양쪽 표면을 하나의 물체(entity)로 생각하면, 유전체에 유도되는 전하는 진공상태에서 판에 축적된 전하의 일부를 상쇄시킬 것으로 추정된다. 결과적으로 양쪽 판에 가해지는 전압은 진공상태에서 가해진 전압과 같이 일정하게 유지되며, 음극단의 전하량은 $-Q'$ 만큼 증가하고 양극단의 전하량은 $+Q'$ 만큼 증가하게 된다. 전자는 외부에서 가해지는 전압에 의해 양극에서 음극으로 흘러들어가면서 내부에서 새로운 전압이 재정립된다. 각 판의 전하량은 Q_0+Q'를 나타내어 Q' 만큼의 전하량이 증가한다.

캐패시터에 유전체가 존재할 때, 캐패시터 판에 형성되는 표면전하 밀도(surface charge density)는 다음과 같이 표현된다.

$$D=\varepsilon_0 E+P \tag{12}$$

여기서 P는 분극 또는 유전체가 존재하기 때문에 진공의 경우보다 증가된 전하밀도를 의미한다.

증가된 전하밀도와 분극과의 관계는 다음 식과 같다.

$$P=\frac{Q'}{A} \tag{13}$$

여기서 A는 각 판의 면적이며, 분극 P의 단위는 D와 같이 $\mathrm{C/m^2}$이다.

분극 P는 유전체의 단위 부피당 전체 쌍극자 모멘트라고 생각할 수 있다. 다시 말해, 분극은 유전체 내의 원자 또는 분자 쌍극자들이 외부 전기장 E에 의해 배향됨에 따라 절연물 내부에 형성되는 분극 전기장이라고 생각할 수 있다. 많은 유전체에 대하여 P와 E의 관계식은 다음과 같이 나타낼 수 있다.

$$P=\varepsilon_0(\varepsilon_r-1)E \tag{14}$$

여기서 ε_r은 전기장의 크기와 무관하다.

인가된 전계에 대한 분극비의 또 다른 척도는 전기 감수율(electric susceptibility)이다. 위의 식에서 $P/\varepsilon_0 E$를 유전체의 전기 감수율이라고 하며, 이는 구속된 전하와 자유전하의 비(bound charge/free charge= P/Q)를 나타내는 값이다.

$$\chi = \frac{P}{\varepsilon_0 E} = \varepsilon_r - 1 \tag{15}$$

한편 단위입자(elementary particle)의 평균 쌍극자 모멘트 p는 그 입자에 작용하는 국부 전기장 E'에 비례한다.

$$p = \alpha E' \tag{16}$$

이때 비례상수 α를 분극률(polarizability)이라고 하며, 이는 단위 국부 전기장에 의해 발생된 평균 쌍극자 모멘트를 나타낸다.

$$P = Np = N\alpha E' \tag{17}$$

6.3 국부 전기장과 클라우시어스-모조티 관계식

낮은 압력의 기체에서는 분자 사이의 상호작용이 무시될 수 있는데, 이때 국부적으로 작용하는 전기장은 외부에서 가해준 전기장과 같다. 그러나 고체에서는 재료 내부의 어느 한 분자에 작용하는 전기장이 주위 분자들의 분극에 의해 영향을 받는다.

[그림 6.5]와 같이 두 금속판 사이에 얇은 판 모양의 유전체가 있을 때, 유전체 내의 점 O에 위치한 분자에 작용하는 국부 전기장은 다음과 같이 유도될 수 있다. 점 O는 분자 크기보다 크고 유전체 판에 비해 충분히 작은 가상의 구에 의해 둘러싸여 있다고 가정한다. 각 분자 사이의 상호작용은 분자 사이의 거리가 멀수록 약해지므로 가상의 구보다 먼 거리에 있는 분자들과 점 O에 위치한 분자와

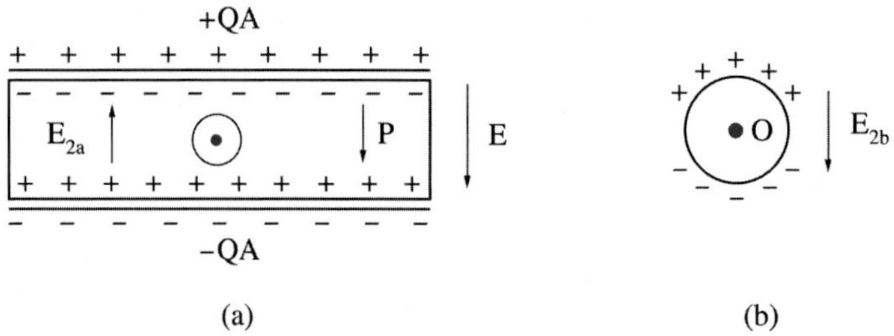

[그림 6.5] (a) 금속판 사이의 유전체 내의 전기장 (b) 가상의 구 내의 전기장

의 상호작용은 무시할 수 있다. 그러므로 점 O에 작용하는 국부 전기장은 다음과 같은 요소들로 이루어져 있다고 생각할 수 있다.

$$E' = E_1 + E_{2a} + E_{2b} + E_3 \tag{18}$$

여기서 E_1은 금속판 위의 전하에 기인한 전기장, E_{2a}는 유전체의 표면전하에 기인한 전기장(depolarizing field), E_{2b}는 가상의 구 표면 위의 전하에 기인한 전기장, 그리고 E_3는 가상의 구내 분자 사이의 상호 작용에 기인한 전기장이다. 금속판 위의 전하에 의한 전기장은 가우스(Gauss) 법칙으로 구할 수 있다.

$$E_1 = \frac{Q}{\varepsilon_0} \tag{19}$$

유전체의 표면전하는 분극 P로 주어지며, 이들에 의한 전기장은 E_1에 반대 방향으로 작용한다.

$$E_{2a} = -\frac{P}{\varepsilon_0} \tag{20}$$

가상의 구 표면 위에 있는 전하에 의한 전기장 E_{2b}를 계산하기 위해 가상의 구를 [그림 6.6]과 같이 이용한다.

점 O에 작용하는 E 방향의 전기장은 구 표면전하의 효과에 대한 쿨롱(Coulomb)의 법칙을 이용하여 구할 수 있다. 구의 표면 위에 유도된 전하의 밀

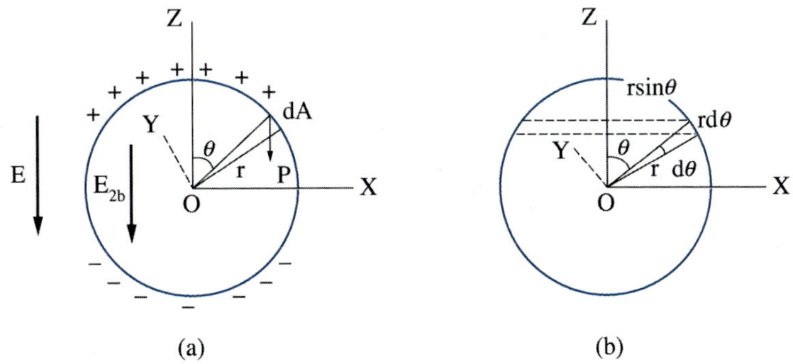

[그림 6.6] 가상의 구 표면전하에 기인한 전기장

도는 분극 P의 구중심방향성분이다.

$$P_n = P\cos\theta \tag{21}$$

표면적 dA 위의 전하에 기인한 점 O에서 반지름 방향의 전기장(radial field)은 다음과 같이 나타낼 수 있다.

$$PdA\frac{\cos\theta}{4\pi\varepsilon_0 r^2} \tag{22}$$

E 방향으로의 성분은 다음과 같다.

$$PdA\left(\frac{\cos\theta}{4\pi\varepsilon_0 r^2}\right)\cos\theta \tag{23}$$

구의 전 표면에 대한 적분은 축 OZ에 대해 dA를 회전시켜 얻는 미소면적으로부터 얻을 수 있다. 이러한 단위 표면환(elemental surface ring)의 면적은 $2\pi r \cdot \sin\theta \cdot rd\theta$이며, 전체 전기장 E_{2b}는 $\theta = 0$에서 $\theta = \pi$까지 적분하여 구할 수 있다.

$$E_{2b} = \int_0^\pi \frac{p\cos^2\theta}{4\pi\varepsilon_0 r^2} \bullet 2\pi r^2 \bullet \sin\theta \bullet d\theta = \frac{p}{3\varepsilon_0} \tag{24}$$

이 식은 가상의 구 밖에 존재하는 재료내 대부분의 쌍극자들에 기인한 점 O에서의 전기장을 거시적인 양인 분극으로 나타낸 것이다.

한편, 가상 구 내의 쌍극자 상호작용에 의한 전기장 E_3는 계산하기 매우 복잡하지만, 입방정 대칭성(cubic symmetry)을 가진 재료의 경우 쌍극자들의 상호작용은 서로 상쇄되어 0이 된다.

$$E_3 = 0 \tag{25}$$

전체 국부 전기장은 위에서 구한 네 가지 전기장의 합으로서, 다음과 같다.

$$E' = \frac{Q}{\varepsilon_0} - \frac{P}{\varepsilon_0} + \frac{P}{3\varepsilon_0} \tag{26}$$

금속판 위의 전하 Q는 전기적 변위 D와 같으므로, $D = \varepsilon E + P$를 식 (26)에 대입하여 정리하면 다음 식을 얻을 수 있다.

$$E' = E + \frac{P}{3\varepsilon_0} \tag{27}$$

이러한 국부 전기장에 대한 로렌츠 식을 이용하여 분극률(polar- izability)과 유전상수와의 관계를 유도할 수 있다. 식 (15)를 식 (27)에 대입하면 다음 식을 유도할 수 있다.

$$E' = E + \frac{(\varepsilon_r - 1)E}{3} = \frac{(\varepsilon_r + 2)E}{3} \tag{28}$$

또, 식 (17)과 식 (28)을 이용하면 다음 식을 얻을 수 있다.

$$P = N\alpha \frac{(\varepsilon_r + 2)E}{3} \tag{29}$$

$$\varepsilon_0(\varepsilon_r - 1)E = N\alpha\frac{(\varepsilon_r + 2)E}{3} \tag{30}$$

$$\frac{N\alpha}{3\varepsilon_0} = \frac{\varepsilon_r - 1}{\varepsilon_r + 2} \tag{31}$$

이 식을 클라우시어스-모조티 관계식(Clausius-Mosotti relation)이라고 하며, 재료의 미시적 특성인 분극률과 거시적으로 쉽게 측정할 수 있는 재료 특성인 상대 유전률과의 관계를 나타낸 식이다. N은 단위 부피당 쌍극자의 수이므로 $N_0\rho/M$으로 치환할 수 있으며, 이를 이용하여 다음과 같은 식을 얻을 수 있다.

$$\frac{N_0\alpha}{3\varepsilon_0} = \frac{M}{\rho}\frac{\varepsilon_r - 1}{\varepsilon_r + 2} \tag{32}$$

여기서 N_0는 아보가드로(Abogadro)의 수, M은 분자량, 그리고 ρ는 밀도이다. 따라서 분극률 α는 다음 식과 같이 정리될 수 있다.

$$\alpha = \frac{3\varepsilon_0}{N_0}\frac{M}{\rho}\frac{\varepsilon_r - 1}{\varepsilon_r + 2} = \frac{3\varepsilon_0}{N_0}P_m \tag{33}$$

여기서 P_m은 몰 분극률(molar polarizability)이다.

6.4 분극기구

기본적으로 분극은 물질을 이루는 기본단위인 원자들이 양전하(핵)와 음전하(전자)로 구성되어 있기 때문에 나타난다. 전기장이 분자에 작용하면 양전하는 전기장의 방향으로, 음전하는 전기장의 반대방향으로 이동한다. 그 결과 반대 전하들이 서로 떨어져 있게 되어 분극화된다. [그림 6.7]에 나타낸 것과 같이 분극기

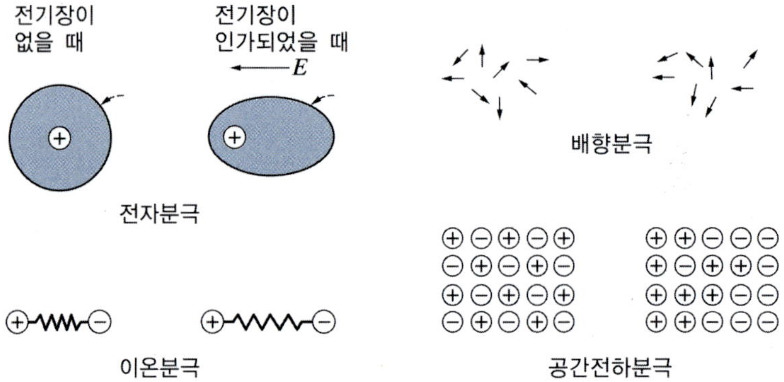

[그림 6.7] 분극기구를 나타내는 개념도

구에는 여러 가지가 있으며, 이는 고체를 구성하는 분자의 구조에 의존한다.

유전체의 총 분극률(total polarizability)은 네 가지 분극기구에 의한 분극률의 합으로서, 다음과 같이 나타낼 수 있다.

$$\alpha = \alpha_e + \alpha_i + \alpha_o + \alpha_s \tag{34}$$

여기서 α_e는 전자 분극률(electronic polarizability), α_i는 이온 분극률(ionic polarizability), α_o는 배향 분극률(orientation polarizability), 그리고 α_s는 공간전하 분극률(space charge polarizability)이다.

6.4.1 배향분극

분자가 영구 쌍극자 모멘트(permanent dipole moment)를 가지면 이를 극성분자라 하고, 이러한 분자로 이루어진 물질을 극성물질이라고 한다. 배향분극(orientation polarization)은 영구 쌍극자 모멘트를 소유하고 있는 물질에서만 발견된다. 그러나 극성 물질 개개의 분자들은 영구 쌍극자를 가지고 있지만 무질서하게 배향되어 있어 서로 완전하게 상쇄되므로 순 분극(net polarization)은 0이 된다. 이러한 극성 물질에 전기장을 인가하면, 외부 전기장 방향으로 영구 쌍극자 모멘트가 회전하기 때문에 분극이 형성된다. 이와 같은 정렬 경향은 원자들의 열적 진동에 의해 상쇄되는 효과가 있어 온도가 증가함에 따라 분극은 감소된다.

6.4.2 이온분극

이온분극(ionic polarization)은 이온 재료에서만 발생하는데, 세라믹 화합물 안에서 가장 일반적이다. 분자가 이온결합을 포함하고 있으면 전기장은 이들 결합길이를 늘이는 경향이 있다. 즉, 외부에서 전기장이 가해짐에 따라 양이온이 한쪽 방향으로 약간 움직이고, 반대방향으로 음이온이 움직이게 되어 위치 변화가 일어난다. 이러한 위치 변화는 순수한 쌍극자 모멘트를 형성시킨다. 각 이온쌍에 대한 쌍극자 모멘트는 각 이온의 전하량과 상대적인 위치 이동을 곱해준 값과 같다. 전체 변위가 몇몇 구조에서는 비교적 클 수 있으므로, 이온분극의 기여로부터 비교적 높은 유전상수를 얻을 수 있다. 교류 전기장 하에서 이온들의 분극은 전자들의 분극보다 느리다. 최대응답은 약 10^{13}cps이며, 이는 원적외선 파장에 해당된다.

6.4.3 전자분극

전자분극(electronic polarization)은 모든 원자에서 어느 정도 유도되고 있는 공통적인 분극이다. 한 원자로 이루어진 희가스(rare gas)에도 전자가 있으므로, 외부 전기장이 인가될 때 분극이 발생한다. 이 분극은 전기장이 가해짐에 따라 하나의 원자에서 양전하를 띤 핵에 비해 음전하 전자군의 중심이 이동됨에 따라 형성된다. 이와 같은 분극은 모든 재료에서 전기장이 가해지는 동안 형성된다. 원자들이 있는 만큼의 전자 쌍극자가 있지만 모멘트 팔이 극도로 짧아 전체 분극은 작다. 전자분극은 높은 주파수(10^{16}cps까지)의 전기장 변화에 매우 빠르게 응답한다.

6.4.4 공간전하분극

다결정 다상의 고체는 그 속에 존재하는 상들이 서로 다른 전기전도도를 나타내므로 공간전하분극(space charge polarization)을 나타내게 된다. 공간전하분극은 재료 내의 움직일 수 있는 전하가 전극이나 재료 내의 계면에 의해 차단될 때 발생한다. 예를 들어, 2개의 서로 다른 전도도를 가진 재질이 동상을 이루고 있다고 할 때, 하전된 캐리어(charged carrier)의 움직임은 한쪽 상 내에서는 용이하게 일어나지만, 그것이 상 경계에 도달하면 저지되고 만다. 그 때문에 계면에서의 전하의 축적이 일어나게 되며 외부에서 볼 때는 커다란 분극, 즉 큰 유전률을 가진 것과 동일한 효과를 나타내게 된다. 불균일성에 기인되는 이와 같은 분극은 페라이트나 반도체와 같이 전기전도도가 미미한 조성에서 특히 중요하다.

6.5 주파수에 따른 유전 특성

6.5.1 교류 전기장에서의 유전체

(1) 유전체의 전력소모(power dissipation)

지금까지는 정전계(steady electric field)에서의 유전체만을 고려해왔다. 일반적인 전계는 유전체 내에서 시간에 따라 정현파로 변한다. 이것은 가장 일반적인 회로 응용에 사용된 캐패시터에 대한 경우다. 예를 들면, 전자기파가 전계 성분을 가지고 있기 때문에, 마이크로웨이브 소자에서의 유전체 공진기와 또는 투명한 물질을 지나는 빛(light) 이 그 예에 해당할 것이다. 다행히 전계가 시간에 따라 어떻게 변하더라도, 그 변화는 Fourier 성분으로부터 합성될 수 있다. 따라서 시간에 따라 정현파로 변하는 전계에 놓인 유전체의 응답을 논의해도 보편성에는 큰 문제가 없다.

[그림 6.8]에서와 같이 정현파가 인가된 캐패시터를 고려할 때, 전압을 V라고 하면 전류 I_c는 다음과 같은 식으로 나타낼 수 있다.

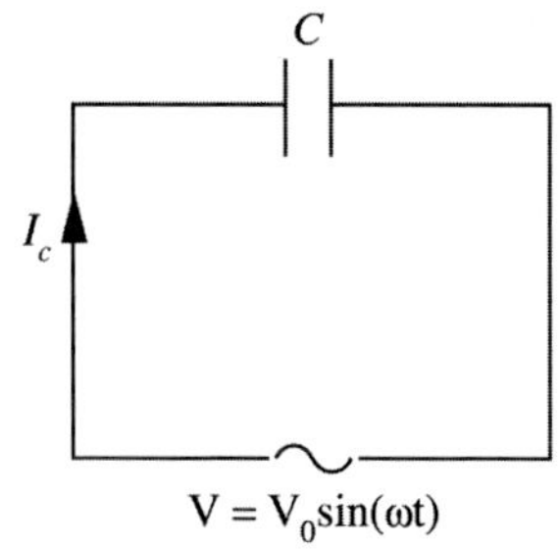

[그림 6.8] 정현파가 인가된 이상적인 캐패시터 회로

$$I_c = C\frac{dV}{dt} \tag{35}$$

전압을 $V = V_0 \sin(\omega t)$로 나타내면, 전류는 $I_c = CV_0 \omega \cos(\omega t)$로 표현되고, 전압 V를 90°만큼 앞선다. 전압원으로부터 발생한 순간전력(instantaneous power)은 $I_c V$이므로, 소모된 시간당 평균전력은 $\overline{P}$가 되며, 다음과 같이 나타낼 수 있다.

$$\overline{P} = \frac{1}{T}\int_0^T I_c V dt = 0 \tag{36}$$

여기서 $T = 2\pi/\omega$는 주기다.

반 주기 동안 캐패시터가 대전되고, 다음 반 주기 동안은 반대로 전하를 방출하기 때문에 전압원으로부터 발생한 평균전력은 0이 된다. 다시 말해서, 반 주기 동안 전압원은 캐패시터에 대하여 일을 하고, 다음 반 주기 동안은 방전에 의해 캐패시터가 전압원에 대하여 일을 하는 셈이다.

캐패시터의 충전과 방전에 대한 전류-전압 관계는 페이서(phasor)를 이용해서 표현할 수 있다. [그림 6.9]에서 보듯이, 인가된 전압은 수평선으로 표현되고 순간 전류는 90°만큼 전압을 앞서기 때문에 수직선으로 나타난다. 전압원으로부터 전력의 순 적출(net extraction)이 있다면, [그림 6.10]에 나타낸 것과 같이 V와 I의 성분 I_1이 일치하게 된다. I_1은 전력손실을 일으키는 반면에 I_c는 손실을 일으키지 않는다. 따라서 시간당 평균전력손실은 다음과 같이 나타낼 수 있다.

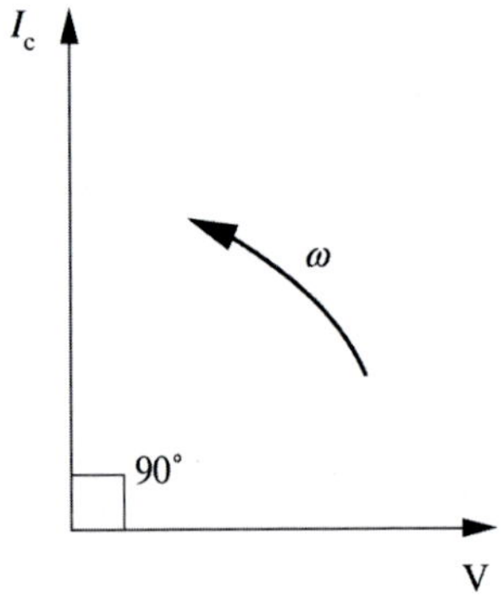

[그림 6.9] 이상적인 캐패시터 회로에서의 페이서를 이용한 전류-전압 관계

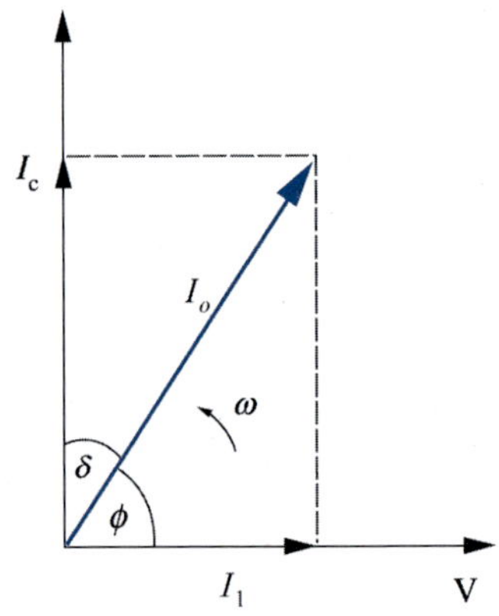

[그림 6.10] 실제 캐패시터에 대한 페이서

$$\overline{P} = \frac{1}{T}\int_0^T VIdt = \frac{1}{T}\int_0^T V_0 \sin(\omega t) I_0 \cos(\omega t - \delta) dt \tag{37}$$

식 (37)을 적분하면 다음과 같다.

$$\overline{P} = \frac{1}{2} V_0 I_0 \sin\delta \tag{38}$$

여기서 $I_0 = I_c / \cos\delta$와 $I_c = \omega V_0 C$이므로 전력손실은 다음과 같이 표현된다.

$$\overline{P} = \frac{1}{2} V_0 I_c \tan\delta = \frac{1}{2} V_0^2 \omega C \tan\delta \tag{39}$$

식 (39)에서 $\tan\delta$는 손실계수(dissipation factor)로서 용량성 전류와 전압의 곱 형태로 나타나며, 열에 의해 손실된 비율을 의미한다.

식 (39)에서 V_0 대신에 $E_0 h$를, C 대신에 $\varepsilon_0 \varepsilon_r A/h$, 그리고 Ah에 대하여 $V_{ol.}$로 치환하여 다음 식과 같이 유전체의 손실된 전력밀도를 나타낼 수 있다.

$$\frac{\overline{P}}{V_{ol.}} = \frac{1}{2} E_0^2 \omega \varepsilon_0 \varepsilon_r \tan\delta \tag{40}$$

여기서 $\varepsilon_r \tan\delta$는 유전체의 손실계수이며, $\omega\varepsilon_0\varepsilon_r \tan\delta$는 유전체 또는 교류전도도를 나타낸다.

(2) 복소 유전률(complex premittivity)

교류회로의 거동은 일반적으로 복소량을 사용하여 분석할 수 있다. 이 방법은 다음과 같은 항등식을 사용한다.

$$\exp(j\theta) = \cos\theta + j\sin\theta \tag{41}$$

$V = V_0\exp(j\omega t)$는 복소 정현파형의 전압을 나타낸다. V의 시간 미분은 다음과 같이 주어진다.

$$\frac{dV}{dt} = j\omega V_0 \exp(j\omega t) = j\omega V \tag{42}$$

여기서 j는 dV/dt가 V에 90° 앞서 있다는 것을 의미한다. 선형 방정식에서 $V = V_0\exp(j\omega t)$는 $V_0\cos(\omega t)$를 표현하기 위하여 사용될 수 있다. $V_0\mathrm{Re}\{\exp(j\omega t)\}$로 표현되는 게 더 정확한데, 여기서 Re는 실수부를 의미한다. 손실이 없는 진공 캐패시터 C_0 상의 순간적인 전하는 다음과 같다.

$$Q = VC_0 \tag{43}$$

이때 전류는 다음 식으로 나타낼 수 있다.

$$I = \frac{dQ}{dt} = C_0\frac{dV}{dt} = j\omega C_0 V \tag{44}$$

캐패시터가 이제 손실 유전체로 채워진다면, 이것의 효과는 복소 비유전률 $\varepsilon_r^* = \varepsilon_r' - j\varepsilon_r''$을 도입하여 설명할 수 있다. 여기서 ε_r'과 ε_r''은 각각 비유전률의 실수부와 허수부다. 이 경우 전류에 대한 식은 다음과 같이 표현될 수 있다.

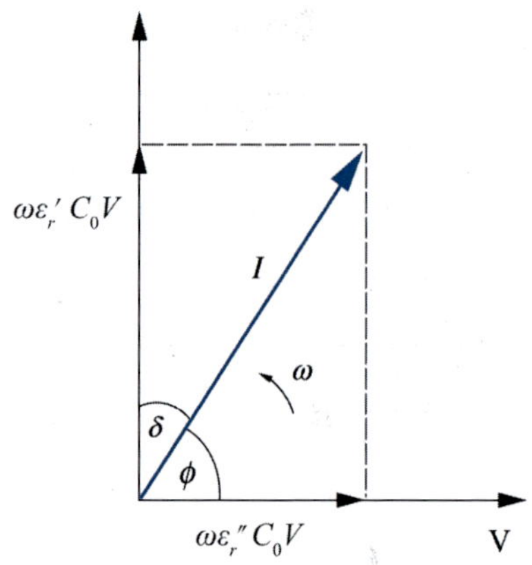

[그림 6.11] 전체 순 전류 I의 캐피시턴스 성분과 손실 성분

$$I = j\omega\varepsilon_r^* C_0 V = j\omega\varepsilon_r' C_0 V + \omega\varepsilon_r'' C_0 V \tag{45}$$

전류는 두 가지 성분으로 구성되는데, [그림 6.11]에 나타낸 것과 같이 하나는 용량성(capacitative)이자 '무손실'이고, 다른 하나는 V와 동일한 상에 위치한 '손실' 성분이다.

그림으로부터 이것은 다음과 같이 표현될 수 있다.

$$\frac{\varepsilon_r''}{\varepsilon_r'} = \tan\delta \tag{46}$$

V와 동일한 상 내의 전류 I_1은 다음과 같이 나타낼 수 있다.

$$I_1 = \omega\varepsilon_r'' \frac{\varepsilon_0 A}{h} V \tag{47}$$

따라서 전류밀도는 다음과 같다.

$$\frac{I_1}{A} = \omega\varepsilon_r''\varepsilon_0 E = \omega\varepsilon'' E \tag{48}$$

식 (40)과 (45)로부터 다음 식을 얻을 수 있다.

$$\omega\varepsilon_0\varepsilon_r{}'' = \sigma_{AC} \tag{49}$$

여기서 평균 손실 전력 밀도는 다음과 같이 나타낼 수 있다.

$$\frac{\overline{P}}{V} = \frac{1}{2}E_0^2\sigma_{AC} = \frac{1}{2}E_0^2\omega\varepsilon_0\varepsilon_r{}'' = \frac{1}{2}E_0^2\omega\varepsilon_0\varepsilon_r{}'\tan\delta \tag{50}$$

이것은 식 (39)와 동일하다.

6.6 유전강도

유전 재료에 있어 유전상수 외에 또 다른 한 가지 중요한 물성은, 전기적 파괴가 일어나지 않고 커다란 전계강도를 이겨내는 능력인 유전강도이다. 즉, 유전강도는 그 물질이 고전압 하에서 에너지를 보존할 수 있는 능력의 척도가 되기도 한다. 낮은 전계에서는, 전자 혹은 이온결함에 관련된 제한된 수의 전하 캐리어의 이동도에 대응하는 유한의 직류 전도성이 존재한다. 전계강도가 증가하면 이러한 직류 전도성도 증가하지만, 충분히 큰 값의 포텐셜에 이르게 되면 전극으로부터의 전계방사에 의해 다량의 전자가 생겨나 한꺼번에 큰 전류가 흐른다. 다시 말해 유전체에 너무 큰 전압구배를 가하면, 유전체를 통과하고자 하는 전자나 이온들의 힘이 유전강도를 초과하게 되어 유전체가 파괴되어 전류가 흐르게 된다. 이러한 절연파괴 현상에 관한 과정으로 여러 가지를 생각할 수 있으나, 상이한 측정방법은 결과에 상당한 차이를 나타내며 상세한 것은 아직도 의문점이 많은 상태다.

유전강도는 전기적 절연파괴를 일으키지 않고 유전체가 지탱할 수 있는 최대 전기장으로 정의된다. 유전강도는 보통 volts/mil(1mil=0.001in.)이나 kV/mm로 측정된다. 주의 깊게 설계하여 실험한 단결정의 경우, 1000V/mil(약 4×10^6V/cm)까지의 값을 관찰할 수 있다. 결정질 다상 세라믹의 경우, 상온에서 100V/mil의 작은 값이 관찰되며, 고온에서는 훨씬 더 작은 값이 관찰된다.

다양한 응용분야에 있어서, 특히 고온에서 낮은 절연내력 값은 유전체를 광범위하게 사용하는데 제약을 주는 최대 원인이 된다.

6.7 캐패시터의 역할과 종류

6.7.1 캐패시터의 역할과 조건

캐패시터는 전하를 저장하는 용도로 사용될 뿐만 아니라 신호의 변동을 감소하고 회로의 손상을 방지하는 용도로도 사용된다. 캐패시터는 전하가 두 도체 사이의 분극화된 물질에 저장될 수 있도록 설계되어 있다. 저장될 수 있는 전하량은 캐패시터의 모양과 사용되는 유전 재료에 따라 달라진다. 유전 재료는 높은 유전상수를 가지면서도 전기 저항이 높아 도체판 사이의 전기흐름을 차단할 수 있어야 한다. 또, 소형으로 고전압에서 작동하려면 유전강도가 커야 하고, 열이 발생하는 것을 방지하기 위해 유전손실은 작아야 한다.

6.7.2 캐패시터의 종류

(1) 단층 세라믹 캐패시터

[그림 6.12]에 나타내었듯이, 단층 세라믹 캐패시터는 얇은 세라믹 원반이나 판에 적당한 금속전극을 부착시키고, 열경화성 수지에 담가 에폭시 수지로 캡슐화한 형태로 제작된다. 에폭시 코팅은 세라믹의 유전 특성을 악화시키는 습기를

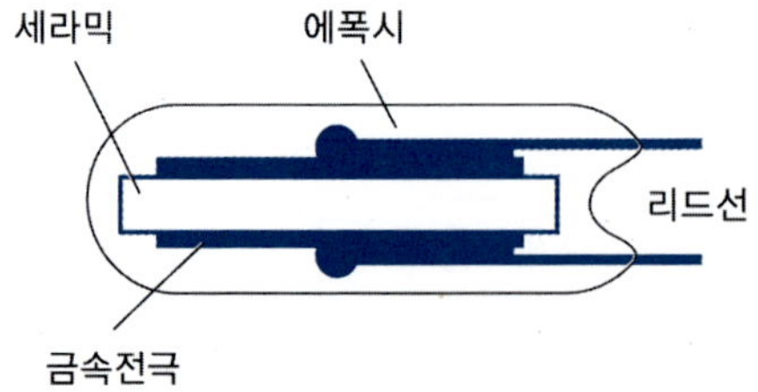

[그림 6.12] 단층 세라믹 캐패시터

[그림 6.13] 적층 세라믹 캐패시터

막는 역할을 한다. 유전 재료로는 유전상수가 큰 $BaTiO_3$(barium titanate) 등이 사용된다.

(2) 적층 세라믹 캐패시터

정전 용량을 증가시키기 위해 [그림 6.13]에서와 같이, 캐패시터를 병렬로 N개만큼 연결하는 적층 세라믹 캐패시터가 사용된다. 이 경우 N개의 전극을 가지는 유전체 층이 존재하게 된다. 각 세라믹은 판의 반대쪽에 정렬된 오프셋 금속 전극을 가지고 있으며, 금속 끝단과 접촉하게 된다. 이 결과, N개의 병렬판 캐패시터가 구성된다. 따라서 구성 요소들의 면적이 동일하게 유지되어 부피를 효과적으로 이용할 수 있는 반면에 높이가 높아진다. 일반적으로 적층 세라믹 구조를 이용하면 수백 mF의 정전 용량을 얻을 수 있다.

(3) 폴리머 박막 캐패시터

넓은 주파수 범위에 사용되는 캐패시터는 유전 재료로 폴리머 박막을 이용한다. 이는 폴리머 박막이 세라믹보다 작은 유전상수를 갖지만, 넓은 주파수 범위에서 유전상수가 일정하고, 고주파에서 유전손실이 작기 때문이다. [그림 6.14(a)]와 [그림 6.14(b)]는 금속을 입힌 폴리머 박막 캐패시터를 제조하는 방법을 나타낸 것이다. 두 폴리머 테이프는 한쪽 표면에만 진공 증착된 알루미늄과 같은 금속화된 전극을 가지며, 다른 쪽 표면은 빈 부분으로 되어 있다. 이 박막 전극은 테이프의 반대 면으로 보상되어 테이프의 반대 면과 정렬된다. 두 테이프는 롤빵

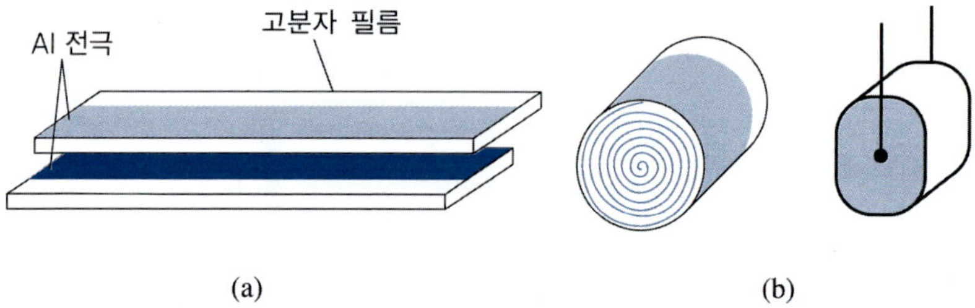

[그림 6.14] 금속을 입힌 폴리머 박막 캐패시터 : (a) 폴리머 테이프의 각 면에 금속막 증착 (b) 금속막이 증착된 폴리머 테이프를 말아서 원형 캐패시터 형성

처럼 둥굴게 말리고, 반대 면은 적절한 전도성 접착제나 다른 방법으로 전극을 형성한다. 이러한 개념은 원형 단면을 얻도록 말리는 것을 제외하고는 적층 세라믹 캐패시터와 유사하다.

(4) 알루미늄 전해 캐패시터

알루미늄 전해 캐패시터는 50~100μm 정도의 두께를 갖는 2개의 알루미늄 박(foil)으로 되어 있는 금속전극이, 액체 전해질에 담겨진 다공성의 종이에 의해 분리되어 있는 구조로 되어 있다. [그림 6.15(a)]에 나타낸 것처럼, 두 박편은 원기둥 형태로 감겨 원통 안에 고정되어 있다. 유전체는 전해질을 담은 종이가 아니라 얇은 알루미나(Al_2O_3) 층이고, 이는 [그림 6.15(b)]처럼 막 한쪽의 거친 표

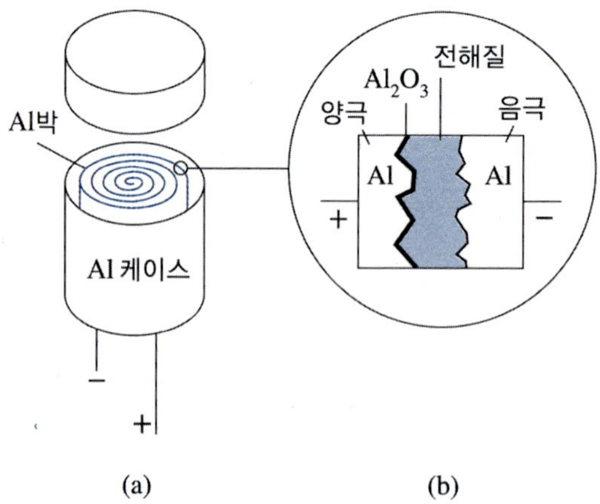

[그림 6.15] 알루미늄 전해 캐패시터

면 위에 성장된다. 두 알루미늄 막은 거친 표면을 얻기 위해 식각(etching)되는데, 이는 부드러운 표면에 비해 표면적을 증가시키기 때문이다. 일반적으로 약 0.1μm 두께인 알루미나 층은 막의 한쪽에서 전기분해로 성장되므로, 이 캐패시터를 전해성이라고 부른다. 캐패시터의 거동은 Al/(Al_2O_3)/ 전해질 구조에 기인하며, Al/Al_2O_3 접합은 p형 반도체 접촉을 위한 금속과 같이 작용하여 정류 특성을 갖는다. Al_2O_3로의 전하주입과 그로 인한 캐패시터를 통한 전도를 막기 위해, 바이어스를 올바르게 걸어주어야 한다.

(5) 탄탈륨 캐패시터

액체 전해질을 이용한 전해 캐패시터는 긴 주기가 지나면 건조해지는 단점이 있다. 고체 전해 탄탈륨(tantalnum) 캐패시터는 고체 전해질을 사용함으로써 이런 단점을 제거할 수 있다. 일반적인 고체 탄탈륨 캐패시터의 구조를 [그림 6.16(a)]와 [그림 6.16(b)]에 나타내었다. Ta_2O_5(tantalum pentoxide)로 이루어진 얇은 표면층을 얻기 위해 양극 산화 처리된 다공성 탄탈륨 알갱이(pellet)가 (+) 전극 역할을 하며, 이때 Ta_2O_5는 유전매질이다. Ta_2O_5를 갖는 탄탈륨 알갱이는 MnO_2 금속 전해질로 코팅된다. 그 다음 흑연과 실버 패이스트 층이 도포되고, 리드선이 부착된 후 전체 구조가 수지 칩 안에 몰딩된다. 고체 탄탈륨 캐

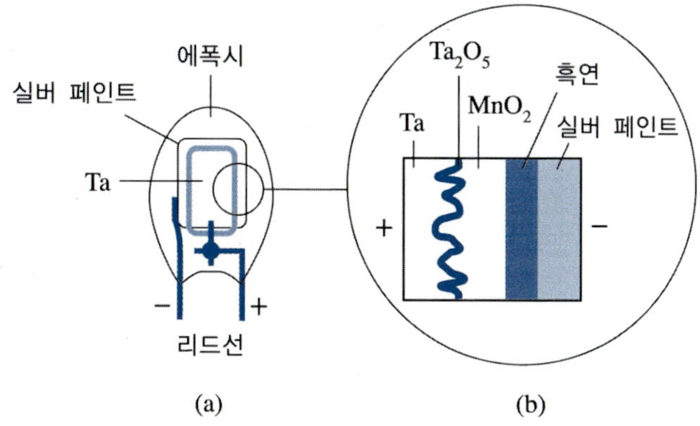

[그림 6.16] 고체 전해 탄탈륨 캐패시터 : (a) 단면도 (b) Ta 캐패시터의 확대 부분

패시터는 작은 크기, 온도 및 시간 안정성, 높은 신뢰성 때문에 수많은 전자 응용 분야에 광범위하게 사용되고 있다.

6.8 압전성

6.8.1 압전체의 특성

(1) 압전성(piezoelectricity)과 압전상수(piezoelectric constant)

결정에 전계를 인가하면 (+)와 (-)의 전하가 전계에 대해 역방향으로 변위되어 결정에 기계적인 변형이 일어난다. 이러한 현상을 전왜(electro-striction)현상이라고 하며, 전계의 방향을 변화시켜도 전왜현상은 변화되지 않는다. 역으로 결정에 기계적인 응력을 가하면 결정격자 내의 전하 위치를 변화시킬 수 있지만, 결정이 대칭중심을 가지고 있으면 대칭성 때문에 분극(polarization)은 발생하지 않는다. 그러나 대칭중심이 없는 20개의 결정족에서는 기계적인 응력에 의해 분극이 발생한다.

결정이 기계적인 응력을 받아 변형과 함께 전계가 발생하는 것을 압전효과라고 한다. 기계적인 응력에 의해 전압이 발생하는 정압전 효과(direct piezoelectric effect)와 전압을 인가하면 기계적인 변형이 발생하는 역압전 효과(inverse piezoelectric effect)가 있다. [그림 6.17]에 압전효과를 나타내었다.

압전체의 성능은 압전상수 d로 나타내며, 압전상수는 입력과 출력을 어떻게

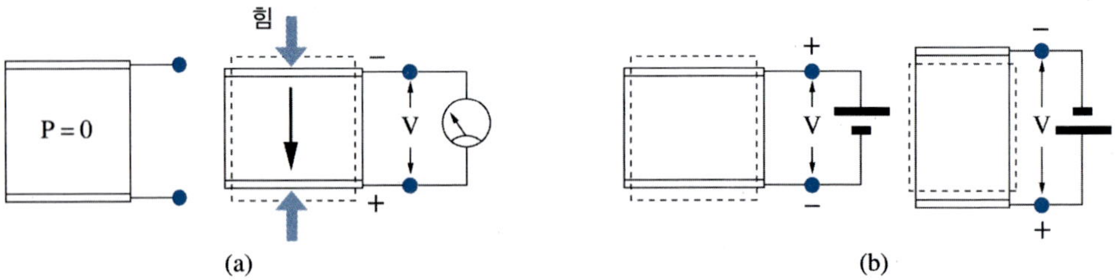

[그림 6.17] 압전 효과 : (a) 정압전 효과 (b) 역압전 효과

취하느냐에 따라 달라진다. 가장 많이 사용되는 것은 입력을 전압으로, 출력을 변형(strain)으로 하는 경우로 10^{-12}m/V의 단위를 사용한다. 입력을 기계적인 응력으로 하고 출력을 전압으로 나타내는 경우에는 10^{-3}mV/N의 단위를 사용한다. 그 밖에 압전체의 물성과 특성을 나타내는 것으로는 탄성 컴플라이언스(compliance)와 탄성 스티프니스(stiffness)가 있으며, 각각 10^{-12}m^2/N과 10^9N/m^{2}의 단위를 사용한다.

(2) 압전 방정식

압전성을 갖는 결정체는, 응력(stress) T와 변형(strain) S의 기계적인 성분과 전계 E 및 전기변위(electric displacement) D 또는 분극 P인 전기적인 성분에 의해 압전효과를 표현할 수 있으며, 이러한 관계를 전기-기계 결합계수(electro-mechanical coupling factor)를 이용하여 서로 연관시킬 수 있다.

다음은 압전성을 나타내는 기본 식으로 식 (51)은 정압전 효과를, 식 (52)는 역압전 효과를 나타낸다.

$$S = s^E T + dE \tag{51}$$

$$D = dT + \varepsilon^T E \tag{52}$$

여기서 S(strain)는 단위 길이당 변화, s는 탄성 컴플라이언스(영률의 역수), T(stress)는 단위 면적당 응력을 나타낸다. d는 압전왜곡을 나타내는 압전정수, E는 단위 길이당 전계, D는 표면전하밀도(전속밀도), ε은 유전률을 나타낸다. 윗첨자 E와 T는 각각 전계가 일정(또는 0)한 경우와 응력이 일정(또는 0)한 경우를 나타낸다. 응력이 일정한 경우, 식 (51)과 (52)는 다음과 같이 간략화된다.

$$S = dE \tag{53}$$

$$D = \varepsilon^T E \tag{54}$$

또한 전계가 일정한 경우에도 식 (51)과 (52)를 다음처럼 간략화할 수 있다.

$$S = s^E T \tag{55}$$

$$D = dT \tag{56}$$

즉, 전계에 비례한 변형(strain)과 응력(stress)에 비례한 전계를 얻을 수 있게 된다. 그러나 압전체가 진동하고 있을 경우에는 $T=0$과 $E=0$이 성립하지 않으므로, 이 경우 식 (51)과 (52)를 이용한 해석이 필요하다. 또한 압전상수 d_{ij}는 방향성이 있으므로 종방향 압전계수는 d_{33}, 횡방향 압전계수는 d_{31}로 표현한다.

전기적인 에너지와 기계적인 에너지의 상호변환관계를 나타내는 전기-기계 결합계수는 다음과 같이 표현된다.

$$K^2 = \frac{\text{전기적 에너지로 변환된 기계적 에너지}}{\text{입력된 기계적 에너지}} \tag{57}$$

$$K^2 = \frac{\text{기계적 에너지로 변환된 전기적 에너지}}{\text{입력된 전기적 에너지}} \tag{58}$$

이러한 전기-기계 결합계수는 압전체의 에너지 변환의 척도를 나타내며, 압전상수와 더불어 압전체의 압전 특성을 나타내는 중요한 인자로 사용된다.

6.8.2 응용분야

압전체는 변위소자(actuator), 초음파 진동자, 착화소자, 압전 진동센서, 필터, 공진기(resonator) 등 다양한 분야에 응용되고 있다. 이 중에서 최근 정보통신 분야의 발전으로 주목받고 있는 압전 박막을 이용한 박막 공진기 기술과 SAW (Surface acoustic wave)를 이용한 무선 센서에 대해 다루기로 한다.

(1) 박막 공진기

압전 박막 공진기의 원리는 양 전극 사이에 압전 박막을 증착해 체적탄성파(bulk acoustic wave)를 유발시켜 공진을 발생시키는 원리를 이용한 것으로

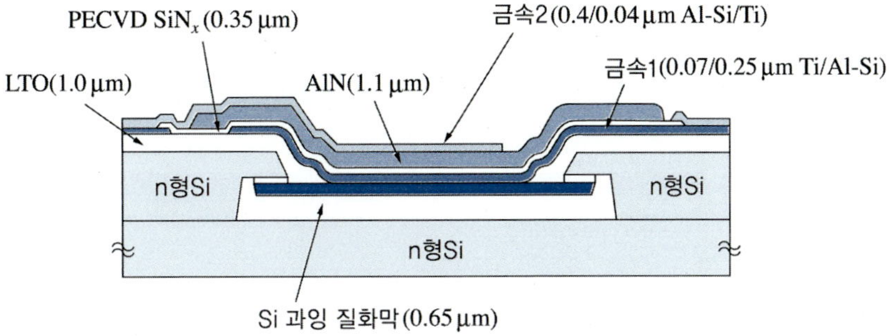

[그림 6.18] 멤브레인 구조의 단면도

상 · 하부에 체적탄성파가 모일 수 있도록 반사층이 형성된 구조로 되어 있다. 현재 연구되고 있는 박막 공진기의 구조는 크게 멤브레인 구조(membrane structure)와 SMR(Solidly mounted resonators) 구조로 나눌 수 있다.

■ 멤브레인 구조

멤브레인 구조가 [그림 6.18]에 나타나 있다. 기판은 Si이나 GaAs를 사용한다. 압전층 내에서 정재파를 형성시키기 위해 압전층의 하부에 완전한 반사를 제공하는 에어-갭(air-gap)을 형성시킨다. 이러한 구조는 실리콘 미소전자 제작에 사용되어온 MEMS(Micro electro mechanical systems) 기술을 응용하여 만들 수 있다. 또한 미소 기계와 미소전자기술의 결합으로 수 μm 크기의 복잡한 센서의 제작과 동작 문제를 해결할 수 있게 되었다.

■ SMR(Solidly mounted resonators) 구조

[그림 6.19]에 나타낸 SMR 구조는 멤브레인 구조와는 달리 압전 박막과 기판을 탄성적(acoustic)으로 차단하기 위해 임피던스 층(impedance layer)을 견고하게 쌓아올려 높은 Q값을 얻도록 제작된다. 광학에서 굴절률이 다른 두 물질을 $\lambda/4$ 두께의 격층으로 증착할 경우, 가장 상단에서 바라보는 유효 굴절률이 바뀐다는 원리를 적용하여, $\lambda/4$ 두께의 임피던스 차이가 큰 재료들을 격층으로 증착하여 기판으로 향하는 탄성 임피던스를 변화시켜 탄성파를 반사시킴으로

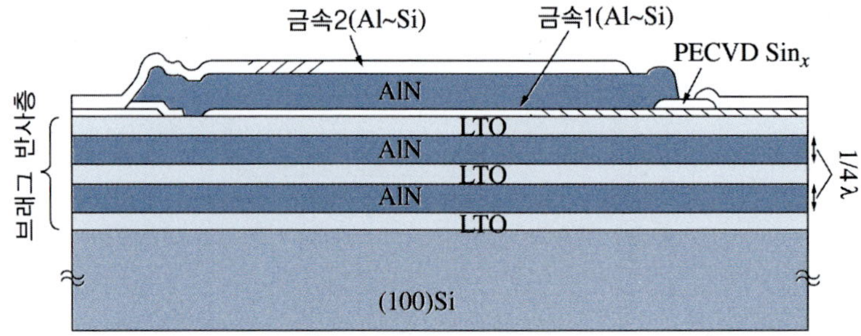

[그림 6.19] SMR 구조의 단면도

서 탄성 에너지가 압전층 내에 모이게 한 구조이다. SMR 제작에서 탄성 임피던스 차이가 큰 재료들의 적층 순서에 따라 기판 쪽으로의 탄성 임피던스는 최소화 또는 최대화되며 기판 쪽으로의 탄성 임피던스가 최소화되는 경우에는 $\lambda/2$ 공진모드가, 최대화되는 경우에는 $\lambda/4$ 공진모드로 이용된다. 충분한 반사계수를 얻기 위해서는 반사층과 기판 사이의 기계적 임피던스가 낮아야 한다.

(2) SAW(Surface acoustic wave) 센서

표면 탄성파는 압전체의 표면을 따라 전송되는 탄성파이다. 1965년 White와 Voltmer가 표면 탄성파를 측정하고 발생시키는 IDT(Inter digital transducer)를 고안해 냈으며, 이후 많은 연구 노력 끝에 실질적으로 사용될 수 있는 신호 처리용 소자와 무선 센서에 적용할 수 있게 되었다.

신호 처리용 소자 중 가장 대표적인 것이 표면 탄성파 필터로 이것은 압전 물질의 표면에서 표면 탄성파를 이용하여 신호처리를 할 수 있는 특성을 갖고 있다. 특히, 진폭 특성과 위상 특성을 독립적으로 설계할 수 있고, LC 필터와 유전체 필터 등에 비해 회로가 간략하고 무조정화가 가능한 장점을 갖기 때문에 TV 등의 중간 주파수 필터로 많이 사용되어 왔다. 최근에는 고주파 통신용 소자로도 활발한 연구개발이 진행 중이나, 삽입 손실이 크고 900MHz 이상의 고주파에서는 디자인이 힘들고 공정 기술상의 어려움 등으로 아직 기술 기반이 취약한 상태이다.

표면 탄성파를 이용한 센서는 작은 크기와 높은 재현성 같은 우수한 특성으로 인해 무선 센서 적용에도 이용될 수 있다. 최근 정보기술(IT) 분야에서 가장 큰 주목을 받고 있는 분야 중의 하나가 유비쿼터스(Ubiquitous)다. 유비쿼터스란 '모든 곳에 있다'는 뜻을 가진 라틴어로서, '언제, 어디서나, 무엇이라도'라는 개념으로 점 조직과도 같은 무선망과 전파라는 무선 매체에 의해 물리공간과 전자공간을 통합하는 개념이다. 이러한 유비쿼터스 기술의 기반은 무선 센서, RF-ID, 근거리 무선통신, 광대역 무선통신, 이동통신기술 등에 있지만, 핵심기술은 고성능이며 소형, 초경량인 무선 센서를 개발하는 데 있다. 표면 탄성파를 이용한 센서는 외부 전력 공급이 필요 없는 수동소자로 고주파에서 동작하고, 반도체 공정을 통해 소형, 초경량으로 대량 생산이 가능하며, 반응속도가 빠르며 비교적 높은 정확도와 신뢰성을 갖고, 입출력 부에 안테나를 연결한 형태만으로 무선 적용이 가능하다는 점 때문에 유비쿼터스에 가장 적합한 센서로 주목받고 있다. [그림 6.20]은 무선 센서 시스템을 나타낸 것이다. 높은 주파수의 전자기파는 RF 트렌스시버에서 방사된다. RF파는 표면 탄성파 센서의 안테나에 의해 수신된다. IDT는 안테나에 연결되어 있어서 수신된 신호를 압전체를 통해 전달되는 표면 탄성파로 변환시키고, 이때 발생된 표면 탄성파는 탄성경로에 위치된 반사기에 의해 반사된다. 반사된 파는 IDT에 의해 다시 전자기적인 신호로 변환되고 리더 유닛(reader unit)으로 전송된다. 다시 수신된 신호는 증폭되고 RF 기준에 맞는 기본 대역 주파수로 변환된다. 센서 신호는 디지털 신호 처리에 의해 분석되고, 마지막으로 측정결과는 컴퓨터 또는 다른 소자에 전달되어

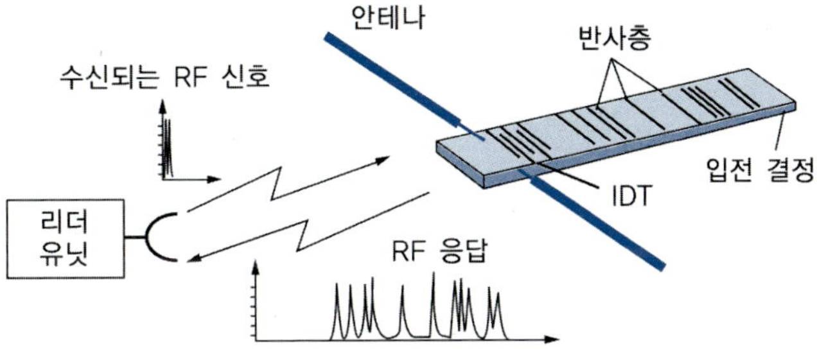

[그림 6.20] 무선 표면 탄성파(SAW) 센서 시스템

특정한 역할을 수행한다.

표면 탄성파의 속도는 자유공간에서의 전자기파보다 약 10^{-5}배 정도 느리다. 표면 탄성파 센서의 펄스응답은 작은 칩에 의해 수 μsec 이상 지연될 수 있다. 이것은 전형적으로 1~2μs 이내에 사라지는 주변의 잡음으로부터 센서의 펄스 응답을 쉽게 분리될 수 있게 한다. 반사기가 바코드처럼 정해진 비트-패턴(bit-pattern)으로 구성되어 있다면, RF 식별 시스템은 수 미터 거리에서도 신호를 해석할 수 있다. 응답신호를 분석함으로써 표면 탄성파 식별기와 센서 시스템은 접촉 없이 무선으로 온도, 압력, 토크 등의 물리량 측정을 위한 센서와 가스나 분자 등의 화학량 측정을 위한 센서 등에 적용될 수 있다.

6.9 초전성(pyroelectricity)

6.9.1 초전효과

초전효과란 적외선 같은 근소한 열에너지의 변화로 강유전체의 자발분극이 변화하는 현상이다. [그림 6.21]에서 보듯이, 강유전체의 자발 분극으로 인해 결정의 양면에 양과 음의 전하가 발생하나, 열평형 상태에서는 표면에 공기 중의 표면전하(surface charge)가 흡착되어 중성의 상태를 나타낸다. 그러나 여기에

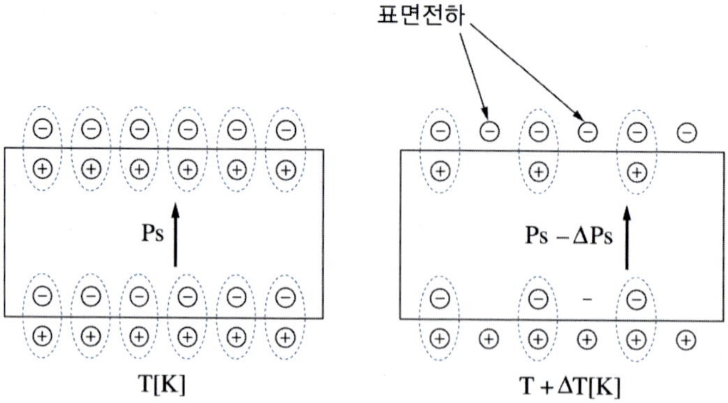

[그림 6.21] 온도에 따른 자발분극과 표면전하의 변화

외부에서 적외선을 한순간 조사하면 아주 작은 열에너지의 변화가 생겨 자발분극의 상태가 갑자기 변화한다. 즉, 내부의 전하가 갑자기 감소하게 된다. 이에 따라 표면전하는 자발분극처럼 온도변화에 빠르게 대응하지 못하기 때문에 결정 표면에는 온도변화에 따른 자발분극의 변화량만큼의 표면전하가 외부회로를 통하여 흐르게 되는데, 이를 초전전류라고 한다. 이 전류를 측정함으로써 초전계수를 측정할 수 있다.

강유전체의 온도변화에 따른 자발분극의 변화 때문에 나타나는 초전효과를 이용한 초전형 적외선 센서는 상온에서 동작이 가능하고 감도의 파장 의존성이 없으며 가격이 저렴한 장점을 갖는다. 이 때문에 전자레인지, 자동문, 인체센서, 침입경보기 등의 전자장치와 비접촉 온도 측정, 물체검지 등의 생산 공정에 널리 쓰이고 있다.

6.9.2 적외선 검출

적외선은 눈에 보이지 않는 광선이다. 원래 빛은 전자파의 일종이며, 흔히 말하는 전파보다 파장이 훨씬 짧은 쪽의 아주 좁은 폭만을 가시광선이라 하고, 빨강, 주황, 노랑, 초록, 파랑, 남색, 보라의 순으로 파장이 짧아진다. 적색보다 조금 파장이 긴 쪽에서 눈에 보이지 않는 부분을 적외선이라 하며, 절대영도 이상의 물체는 모두 그 온도에 대응하는 적외선을 방사하고 있다. 이런 보이지 않는 적외선을 전기적으로 감지하는 장치가 적외선 센서다.

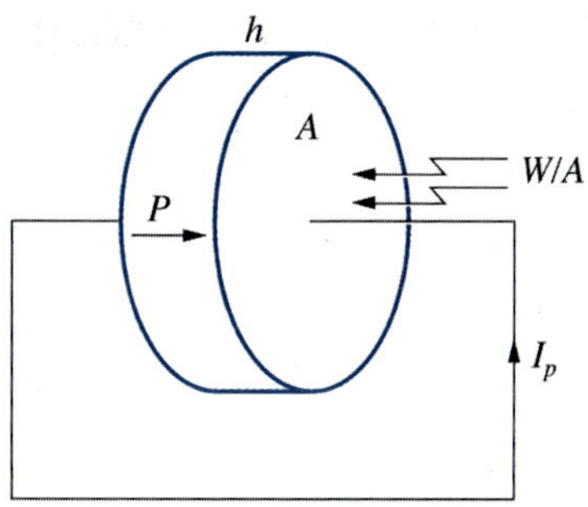

[그림 6.22] 초전 검출기 소자의 개략도

초전소재들은 주로 적외선 방사(radiation)를 검출하는 데 사용된다. 검출기들의 구성 성분은 방사에 대해 우수한 흡수성을 갖는 전도성 전극으로 코팅되어 있는 얇은 조각으로 이루어져 있다. [그림 6.22]는 주위보다 높은 온도 T에서의 검출기를 개략적으로 나타낸 것이다. 흑체로부터 방사되는 적외선의 열 선속이 초전소재에 입사될 때, 초퍼(chopper)의 회전에 의해 열 선속이 on/off 되는 반복과정을 통하여 작은 온도변화가 발생하며, 이로 인해 초전소재의 분극이 변화된다. 이 때 적외선 검출기의 검출 성능은 검출기의 열과 전기적 특성을 고려하여 설명될 수 있다.

적외선이 입사할 때의 열 방정식은 다음과 같이 표현될 수 있다.

$$\frac{d}{dt}(H\theta) + G\theta = \eta F(t) \tag{59}$$

여기서 η, G, H, F는 각각 광학적 흡수율(optical absorption factor), 열전도도(thermal conductance), 열용량(heat capacity, 체적비열), 열 선속(thermal flux)이다. 이때 박막 양단에서 발생하는 신호전압은 다음과 같이 나타낼 수 있다.

$$V = \frac{p\eta F_0 A_0 R}{\sqrt{1+(\omega\tau_T)^2}\sqrt{1+(\omega\tau_E)^2}} \tag{60}$$

여기서 p와 R은 각각 초전계수와 증폭기를 포함하고 있는 등가저항이며, τ_T는 H/G로서 열 시상수를, τ_E는 RC로서 전기적 시상수를 의미한다.

[그림 6.23]에 일반적인 적외선 검출 시스템 장치를 나타내었다. 초전소재로부터의 전압은 높은 입력 임피던스를 가지고 있는 FET의 게이트로 들어간다. 이때 $C = C_{cr} + C_A$이고 $R^{-1} = R_G{}^{-1} + R_{cr}{}^{-1} + R_A{}^{-1}$이다. 여기서 C_A와 C_{cr}은 각각 증폭기의 입력 캐패시턴스와 초전소재의 캐패시턴스이고, R_A와 R_{cr}은 각각 증폭기의 입력저항과 초전소재의 저항이며 시스템과 연결되어 있다.

전압감도 R_V는 단위입력 적외선 세기당 주파수 변화에 따른 출력전압으로 정의되며, 식 (60)의 전압응답을 주파수의 변화에 따라 입사되는 열 선속으로

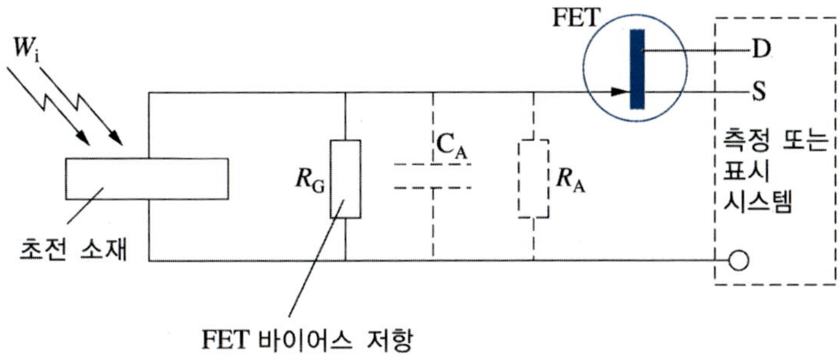

[그림 6.23] 일반적인 초전 검출 시스템

나누어 구할 수 있다.

$$R_V = \left| \frac{V}{F_0 A_0} \right| \simeq \frac{p\eta R}{\sqrt{1+(\omega\tau_T)^2}\,\sqrt{1+(\omega\tau_E)^2}} \left[\frac{V}{W} \right] \tag{61}$$

여기서 F_0는 $1/Q = \Delta F / F_o$로부터 $F_o \simeq \Delta F Q$로 근사될 수 있다.

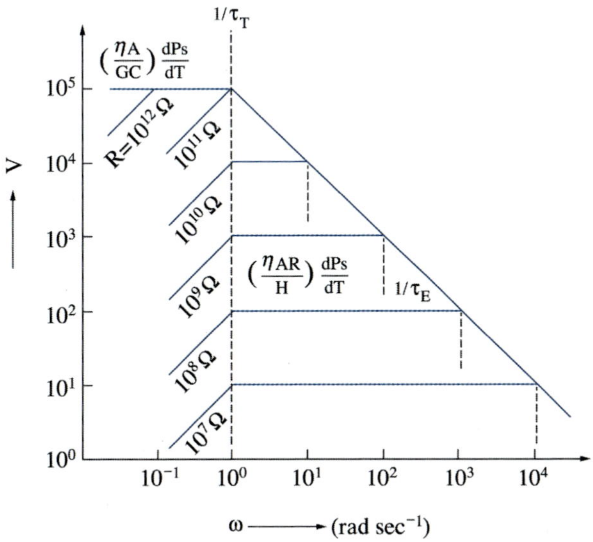

[그림 6.24] 부하저항과 주파수에 따른 초전 검출기의 전압감도

이 식으로부터 전압감도는 τ_E와 τ_T에 대하여 대칭적인 주파수 의존성을 가지고 있으며, $\omega = 0$일 때 0이 됨을 알 수 있다. 전압감도는 $\omega \ll {\tau_T}^{-1}$, ${\tau_E}^{-1}$일 때 ω에 비례하고, $\omega \gg {\tau_T}^{-1}$, ${\tau_E}^{-1}$일 때는 $1/\omega$에 따라 변한다. 일반적으로 저항을 감소시키면, τ_T가 10^0에서 10^{-1}sec까지 변하는 반면, τ_E는 10^2에서 10^{-4}sec까지 쉽게 변한다. [그림 6.24]는 10^7에서 $10^{13}\,\Omega$ 사이의 저항값에 대하여 $\tau_T = 1\text{sec}$, $C = 10\text{pF}$인 경우, 전압감도의 주파수 의존성을 나타낸 것이다. 초전 검출기는 저항이 작아지면 넓은 주파수 응답 범위를 나타내지만, 전압감도의 값은 작아진다. 이것은 다른 열 검출기와 구별되는 초전 검출기만의 특성이다.

잡음등가전력(Noise equivalent power, NEP)은 센서잡음과 동일한 신호 출력을 주기 위해 필요한 최소복사선속(radiant flux)을 의미한다. 잡음등가전력은 다음과 같이 나타낼 수 있다.

$$NEP = \frac{V_N}{R_V}\left[\frac{W}{\sqrt{Hz}}\right] \tag{62}$$

여기서 V_N은 센서의 출력단에서의 잡음전압이며 일반적으로 다음과 같이 표현된다.

$$V_N = V_m\sqrt{\Delta F_N} \tag{63}$$

V_m은 측정된 잡음전압, ΔF_N은 $(\pi/2)(f_o/Q)$이다. 잡음등가전력은 센서의 잡음출력과 신호출력이 같게 될 때, 센서의 최소 적외선 세기를 나타내는 특성으로 값이 작을수록 우수한 초전특성을 나타낸다.

비검출능(specific detectivity) D^*은 초전형 적외선 센서의 성능을 정의하는 신호 대 잡음비를 나타내며, 이에 따른 수식은 다음과 같이 표현할 수 있다.

$$D^* = \frac{\sqrt{A_0}}{NEP}\left[\frac{cm\sqrt{Hz}}{W}\right] \tag{64}$$

즉, D^*는 1cm^2의 면적을 가진 센서에 대한 입사전력(power)이 1W이고 잡음을 1Hz의 전기적 밴드 폭을 가지고 측정했을 때 신호 대 잡음비이다. 식 (64)에 나타냈듯이, 비검출능은 면적으로 규격화되어 있기 때문에 재료 자체의 검출능력을 비교하기에 가장 적합한 초전특성 중 하나다.

한편, 재료평가지수(figure of merits)는 초전형 적외선 센서의 평가에서 입사 적외선 강도, 복사율, 증폭기의 특성 등에 의해 영향을 받지 않고 초전 재료의 고유한 재료 특성값으로 표현되므로 초전소재 자체를 평가하는 매우 중요한 요소다. 재료평가지수는 유전상수, 유전손실, 체적비열 및 초전계수를 사용하여 표현된다.

$$F_v = \frac{p}{c_v \times \varepsilon} \quad [C \cdot cm/J] \tag{65}$$

$$F_D = \frac{p}{c_v \sqrt{\varepsilon^{\times} \tan\delta}} \quad [C \cdot cm/J] \tag{66}$$

p : 초전계수, c_v : 체적비열, ε : 유전율, $\tan\delta$: 유전손실

여기서 F_V는 전압감도, F_D는 비검출능을 위한 재료평가지수다.

자발분극의 온도계수인 초전계수값이 클수록 온도변화에 대하여 발생하는 전하량이 커지고, 비열이 작을수록 단위 적외선 입력에 대한 온도변화가 커지며, 발생하는 전압은 초전체의 전기용량이 작을수록 높아진다.

6.9.3 초전성의 응용

초전소재들은 입사하는 적외선 방사의 세기가 변화할 때만 반응한다. 따라서 인간 또는 동물들이 검출기의 시야를 가로질러 움직일 때 적외선을 방출하여 응답이 발생하게 된다. 움직이지 않는 물체로부터 응답을 얻기 위해서는 그 물체로부터의 적외선 방사가 주기적으로 차단되어야 한다. 이를 위해서 보통 검출기 앞에 있는 회전하는 방사 쵸퍼(radiation chopper)가 이용된다.

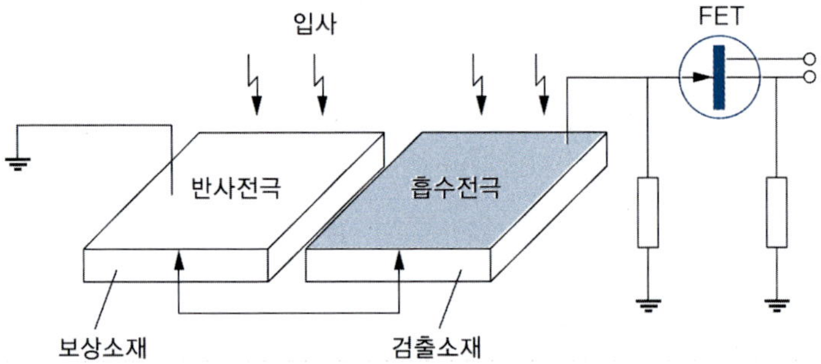

[그림 6.25] 압전성분에 의해 유도된 전류를 보상하기 위한 더미(dummy) 소자

모든 초전소재들은 압전 물질이며 따라서 외부응력들에 응답하는 전기적 전하들이 발생하게 되어 적외선 방사에 대한 응답과 간섭을 일으킨다. 이것은 주로 반사전극 또는 마스킹에 의해 적외선 방사로부터 보호되는 이중검출소재에 의해 보상된다. [그림 6.25]에 기본적인 원리가 설명되어 있다.

이중소재(duplicate element)는 검출기와 직렬로 연결되어 있고, 그 분극방향은 반대이므로 압전출력은 제거된다. 이는 감도의 작은 감소 (<3dB)를 발생시키지만, 많은 경우에 있어 보상은 필수적이다. 검출소재보다 큰 면적의 보상소재(compensating element)를 사용(예를 들어, 세 배 정도 큰)하면 검출능은 검출소재 단독의 값과 유사하게 된다. 또한 검출기와 보상기는 패키지되어 진동의 변화를 감소시켜야 한다.

(1) 침입경보(Intruder alarm)

일반적인 형태의 침입경보에서 검출기는 [그림 6.26]에서 보듯이, 포물선형 거울(parabolic mirror) 주변부의 초점이 맞는 곳에 위치하고 있다. 움직이는 물체는 검출기에 도달하는 방사의 연속적인 최대점과 최소점을 생성시킨다. 온도 T에서 흑체(black body)로부터 방출되는 방사의 파장 λ_m은 비인(Wien)의 변위법칙(displacement law)에 의해 식 (67)로 주어진다.

$$\lambda_m T = 2944 \mu m K \tag{67}$$

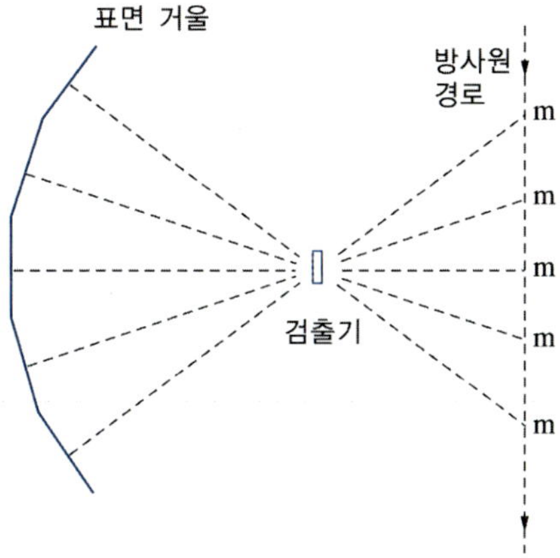

[그림 6.26] 침입경보 시스템에서의 다면체 거울(m은 검출기에 제공되는 방사원의 위치)

300K에서 흑체의 파장은 λ_m=9.8μm이다.

필터에 의해서 약 5μm보다 짧은 파장의 적외선 방사는 제거되므로, 배경 광 레벨(background lighting level)들의 변화에 대하여 소자가 응답하는 것을 막는다. 이런 검출기는 대략 100m까지 움직이는 사람에 대한 응답을 할 수 있다.

(2) 열 영상(Thermal imaging)

열 영상에서 상이한 온도의 표면들에 의해 방출되는 적외선 방사는 가시광선을 사용하여 사진 영상을 형성하는 방법과 똑같이 감광판 위에 집중된다. 3~5μm와 8~14μm의 적외선에 대해 2개의 대기 창(atmospheric window)들이 있다. 위에서 언급했듯이 300K에서 흑체로부터 방사되는 파장은 대략 10μm이고, 8~14μm 대역에서 방사 에너지 밀도는 3~5μm 밴드에서 방사되는 것보다 대략 25배 정도 크다. 이러한 이유 때문에 초전성을 사용하는 적외선 영상은 8~14μm 대역 내의 에너지를 이용한다. 소자에 사용되는 초전소재들은 지금까지 수 mm의 길이와 약 30μm의 두께를 갖는 사각의 판 형태들이 이용되었다. 전체적인 장면들이 열 영상으로 판 위에 집중되어야 하기 때문에 초전소재들은 일반적으로 약 1cm 길이의 사각형 형태를 갖는다. 판 형태의 초전소재에서 공간적으로 변하는 방사밀도(radiation flux)의 효과는 그에 부합하는 전하분포를 야기

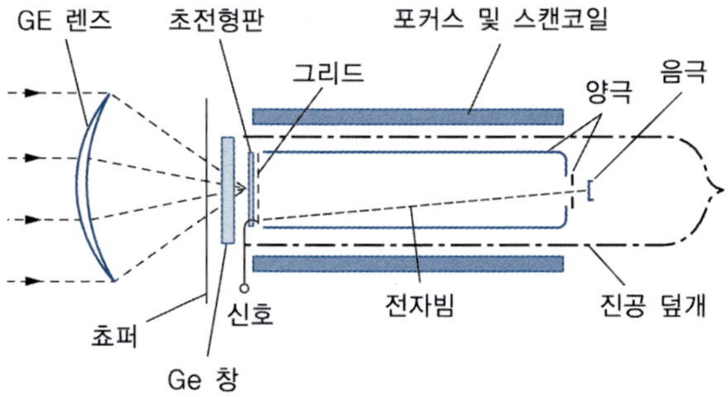

[그림 6.27] 초전형 비디콘의 개략도

시킨다. 영상소자들에서 이러한 전하분포는 증폭된 전류를 발생시키는 과정에 의해 검출되고, 원래의 장면으로부터의 적외선 방사와 부합되는 TV 화상이 전자적으로 생성된다.

광범위하게 사용되는 소자는 [그림 6.27]에 개략적으로 나타낸 적외선 비디콘(infrared vidicon)이다. 이것은 가전뿐만 아니라 군사 분야 등 다양한 분야에서 광범위하게 사용되고 있다.

6.10 강유전성

6.10.1 강유전체의 구조와 특성

유전체는 전기 쌍극자에 의한 전기분극효과가 큰 재료로서, 크게 비극성 유전체와 극성 유전체로 나눌 수 있다. 비극성 유전체는 전기장에 의해서만 전기 쌍극자가 유기되며, 유전체 내부에는 영구 쌍극자가 존재하지 않는다. 반면 극성 유전체는 전기장이 인가되지 않아도 쌍극자가 유기되어 재료 내부에 영구 쌍극자가 존재한다. 이러한 영구 쌍극자는 전기장에 의해 재료 내에 유기되지 않아도 재료의 분자구조에 의해 재료 내에 영구적으로 존재하는 전기 쌍극자를 의미한다. 전기장이 인가되었을 때 영구 쌍극자는 스위칭하여 전기장 방향으로 배향을 일으켜 배향분극을 나타낸다. 전기장을 인가하지 않았을 때는 열 효과

(thermal effect)로 인해 영구 쌍극자가 무질서하게 배향되어 결과적으로 순분극(net polarization)은 0이 된다.

유전체 재료 중에서 가장 큰 관심을 모으고 있는 것이 강유전체다. 강유전체는 자발분극을 갖는 유전체 중에서 외부 전기장에 의해 자발 분극이 역전될 수 있는 재료를 말한다. 이러한 자발분극은 영구 쌍극자 사이의 정전기적 상호작용이 강하여 외부 전기장이 없어도 영구 쌍극자들이 배향되어 유전분극이 생긴다.

강유전체는 압전성과 초전성을 동시에 가지며, 상전이 온도 이상에 서는 비극성인 상유전상으로 존재하고, 그 이하에서는 극성인 강유전상으로 존재한다. 거의 모든 강유전체는 ABO_3 식으로 나타나는 페로브스카이트(perovskite) 구조를 갖는다. [그림 6.28]에서 보듯이 페로브스카이트 구조는 단순입방, 면심입방, 체심입방 구조들의 결합으로 보이지만 자세히 관찰하면 각각 다른 원자들이 모서리, 체심, 면심 위치를 점유하고 있음을 알 수 있다. 이온 크기가 큰 A이온은 12개의 최근 접 산소이온에 의하여 둘러싸여 있으며, 각 B이온은 8면체 배위의 6개의 산소를 가지고 있다. A이온과 산소이온으로서 면심입방격자를 형성하고, B이온은 8면체 격자 사이에 위치하고 있다. 다른 구조와는 대조적으로 이온 크기가 큰 A이온이 면심입방 격자포를 확장시키는 것에 의하여, B원자의 안정한 위치가 8면체의 중심으로부터 약간 치우쳐 존재하고 있다.

B이온은 2개의 위치를 왔다갔다 할 수 있다. 이는 B이온이 중심으로부터 조

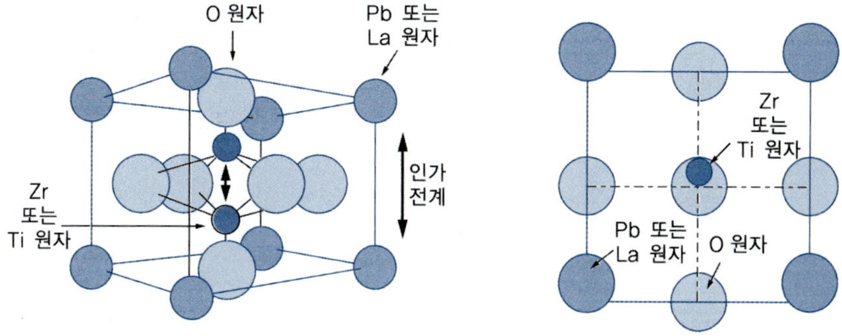

[그림 6.28] 페로브스카이트 단위 셀과 강유전체의 이온 변위

금 치우친 2개 이상의 최소 에너지 위치를 가지고 있다는 것이며, 이로 인해 전기 쌍극자의 생성이 가능하다. 큐리(Curie) 온도 이하에서 B이온은 중심으로부터 조금 치우친 일정한 위치에 고정되어 영구 쌍극자를 이룬다. 이들 쌍극자는 규칙적으로 배열되어 분역(domain) 구조를 형성하고 있다. 보통 강유전성 재료의 페로브스카이트 구조는 정방정계, 사방정계, 삼방정계의 세 가지 형태로 가정된다. 이 형태들의 구조에서는 단위격자(unit cell) 내의 음이온들과 양이온들의 질량중심이 어긋나 있기 때문에 단위격자 각각은 구조에 기인한 분극이 생기며, 이의 벡타적인 합이 전체적인 자발분극으로 나타난다. 강유전체의 가장 큰 특징은 외부전계에 의해 자발분극의 방향이 반전될 수 있다는 것이다.

강유전체는 일반적으로 큐리온도 이하에서는 강유전상(ferroelectric phase)을 나타내며 큐리온도 이상에서는 상유전상(paraelectric phase)을 나타낸다. 강유전상의 전기장에 대한 분극응답, 즉 P-E 이력곡선을 [그림 6.29(a)]에 나타내었다. 고온의 상유전상에서 T_c를 지나 저온으로 냉각되면 전기 쌍극자가 일정방향으로 배열되어 있는 분역이 형성되면서 자발분극이 발생한다. 그러나 분극처리(poling) 되지 않은 시편의 경우 분역이 무질서하게 배열되어 있으므로 시료 전체의 총 분극은 0이다. 외부에서 전계가 가해지면 전계의 방향과 평행한 분극방향을 갖는 분역은 확장되고, 그렇지 않은 분역은 수축하게 되면서 전체 분극의 크기가 증가하고, 이후 포화상태에 이르게 된다(P_{max}). 시편 전체의 총

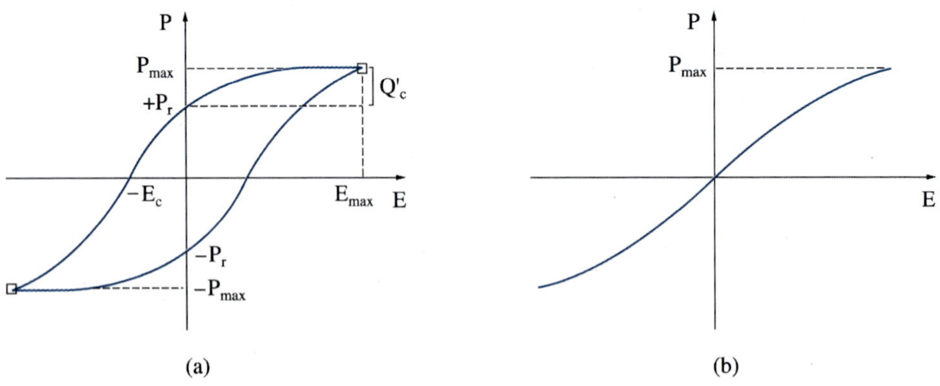

[그림 6.29] 강유전상과 상유전상의 분극 대 전계 특성 : (a) 강유전상 ($T < T_c$) (b) 상유전상 ($T > T_c$)

분극이 0이 되는 역전계의 크기를 항전계(coercive field, E_c)라 한다. 이력곡선의 면적은 분역들의 물리적인 재배향에 소비된 에너지에 기인하며, 여기서 비유전률은 전계 의존적이다.

높은 온도에서 열에너지는 앞에서 언급한 것과 같이 강유전체의 분역구조, 즉 강유전성을 파괴한다. 따라서 [그림 6.29(b)]에서처럼, 강유전체 특유의 이력특성은 소멸되어 일반적인 절연체와 같이 전계와 분극의 관계는 보통의 선형성을 나타내며 강유전체는 상유전성으로 변화한다. 이 변화를 상전이(phase transition)라고 한다.

6.10.2 강유전체 메모리 소자

인간은 다양한 정보와 지식을 뇌 속에 기억하고 있다. 또한 책은 활자를 사용하여 방대한 양의 지식을 저장 보관하고 있다. 최근에는 많은 정보가 전자기기를 통해 처리되는데, 이 정보를 저장하는 전자부품이 바로 메모리다. 메모리에는 자기 메모리, 광 메모리, IC 메모리 등의 많은 종류가 있다. 이상적인 메모리가 되려면 대용량으로 고속 동작이 가능하고 비휘발성이어야 한다. 현재까지 개발된 비휘발성 메모리로는 PROM, EPROM, EEPROM, Flash EEPROM 등이 있으며, 집적도와 기능면에서 괄목할 만한 성장을 이루어왔다. 그러나 이들 대부분의 비휘발성 메모리 소자의 동작은 고전압 하에서 실리콘 산화막(SiO_2)을 통한 전자 터널링(electron tunneling) 방법이 사용됨에 따라, 읽기/쓰기/지우기 등의 반복에 의해 실리콘 산화막이 열화됨으로써 짧은 소자수명 및 느린 처리속도가 큰 문제로 남아 있어 컴퓨터의 메모리나 휴대용 정보통신기기 등으로의 시장 확대가 어려웠다. 최근에, 강유전체 박막의 분극반전과 이력 특성을 이용한 비휘발성 메모리 소자는 빠른 동작속도, 저전압 동작, 내방사선성 등의 장점을 가지고 있어 이상적인 메모리 소자로 각광받고 있다. 이들 비휘발성 메모리 소자는 크게 1T-1C(1transistor+1capacitor)형과 MFSFET(Metal-ferroelectric-semiconductor FET)형으로 나눌 수 있다.

(1) 1T-1C형 메모리

[그림 6.30]에 1T-1C로 구성된 메모리 셀의 기본동작과 펄스모양을 나타내었다. 1T-1C로 구성된 비휘발성 메모리의 동작방법은 DRAM과 유사하며 그 동작방법은 다음과 같다. 쓰기(write)의 경우, 워드 라인(word line)을 선택하고 항전계 이상의 양(positive)의 펄스전압을 드라이브 라인(drive line)에 인가(이력곡선에서 A의 위치) 한다. 이 상태를 "0" 상태로 정의한다. 이와 유사하게 "1"을 쓰기 위해 워드 라인을 선택하고 비트 라인(bit line)에 양의 (또는 drive line에 음의 펄스) 펄스를 인가(이력곡선에서 B의 위치)한다. 읽기(read) 동작은 메모리에 "1"이 저장되어 있을 경우(위치 B), 워드 라인을 선택하고 드라이브 라인에 양의 펄스를 인가하면 분극반전이 일어나 이력곡선의 B → D 로 이동하며, 펄스의 인가 전후에 P*에 해당하는 전하량의 변화를 비트 라인의 센스 앰플리파이어(sense amplifier)가 검출한다. 이와 유사하게, "0"의 읽기는 이력곡선의 A → D로 이동하며 센스 앰플리파이 어는 P^에 해당하는 전하량의 변

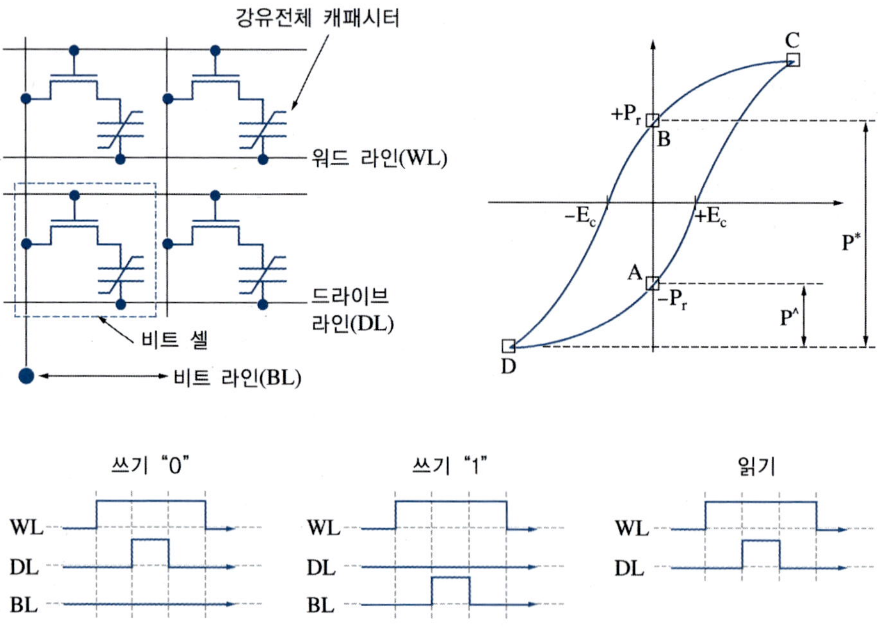

[그림 6.30] 강유전체 1T-1C 메모리 소자의 동작 특성

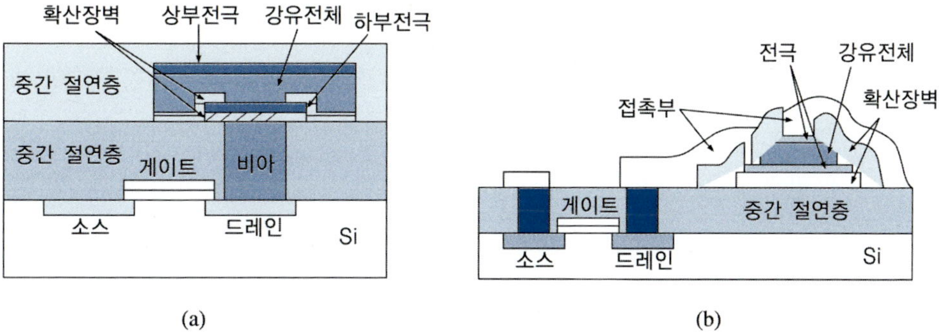

[그림 6.31] 비휘발성 강유전체 메모리(NVFRAM)의 단면도 : (a) 수직 고밀도 구조 (b) 수평 저밀도 구조

화를 검출한다. 신호의 검출방법은 “1”인 경우, 분극반전되는 전하량의 변화에 기인하는 전류가 저항 내에 흘러 전압이 신호로써 검출되고, “0”인 경우, 분극반전되지 않으므로 전하량의 변화가 적고 따라서 저항을 통해 흐르는 전류가 작기 때문에 “1”인 경우에 비해 출력전압이 상대적으로 낮다. 이 출력전압의 차이로 “1”과 “0”을 구별한다.

강유전체를 이용한 비휘발성 메모리의 제작 형태는 크게 두 가지로 나눌 수 있는데, [그림 6.31(a)]는 트랜지스터 위에 강유전체 캐패시터가 있는 구조로 집적도에 유리하나, 트랜지스터 공정이 끝난 다음 강유전체의 결정화를 위해 고온의 열처리 공정이 필요하기 때문에 트랜지스터의 금속접합의 단락이나 불순물의 확산 등이 일어날 수 있는 단점이 있다. [그림 6.31(b)]는 트랜지스터 옆에 강유전체 캐패시터가 위치하는 형태로 집적도가 떨어지나, 강유전체 캐패시터가 먼저 제작되므로 열처리에 따른 문제점이 없다.

(2) MFSFET형 메모리

FET의 게이트가 강유전체 박막으로 형성된 FET 소자를 금속-강유전체-반도체(Metal-ferroelectrics-semiconductor)의 첫 글자를 따서 MFSFET라고 부른다. 이 비휘발성 메모리 소자에서는 강유전체의 전기분극에 의해 게이트 아래 반도체의 표면 포텐셜을 제어하고, FET의 드레인 전류를 이력곡선에 대응해 변화시킨다. 보통 p형 반도체 기판 상에 강유전체 박막을 성장시키고, 그 위에 금속전극을 형성한다.

MFSFET에 사용되는 강유전체의 이력곡선 상태에 따른 MFSFET의 밴드 구조(band diagram)를 [그림 6.32]에 나타내었다. 분극을 스크린(screen)하기 위해서 필요한 자유 캐리어들은 강유전체 내의 전도에 의해 제공되지 않기 때문에, 자유 캐리어들은 반드시 반도체에 의해 제공되어야 한다. 이들 밴드구조에서는 금속-반도체 사이의 일함수 차이는 무시하고, 강유전체와 반도체 사이의 계면 영향도 고려하지 않았다.

[그림 6.32(a)]는 반도체 기판 방향으로 전기분극이 생기고, 인가전압이 V_m인 경우의 밴드구조를 나타낸 것이다. 반도체의 계면에는 강유전체의 전기분극에 의해 전자가 축적된다. 이후에 외부에서 강유전체가 갖는 항전계보다 큰 역전계를 갖는 전압을 인가하여 분극 방향을 역방향으로 하면 [그림 6.32(b)]에 나타낸 것처럼, 반도체의 계면에 정공들이 축적된다. 즉, 강유전체의 분극 방향에 따라 채널(channel)의 도전률이 변화하며, 이를 이용하여 MFSFET의 전류

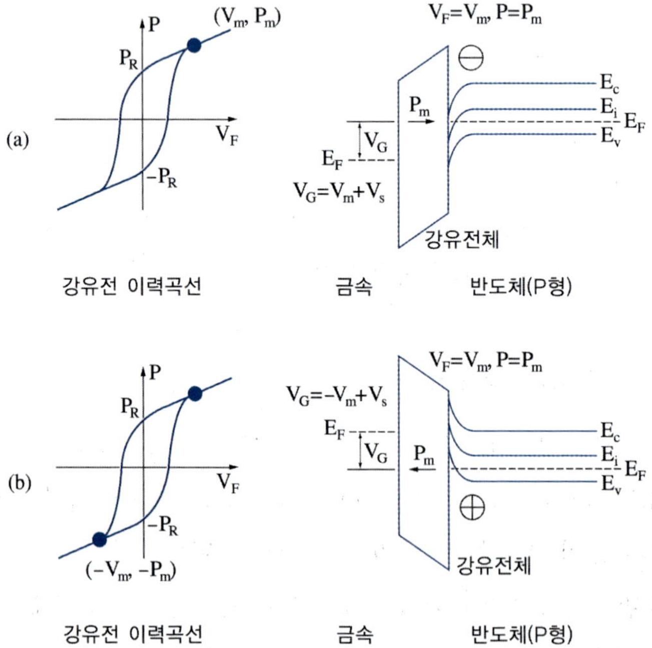

[그림 6.32] MFSFET의 밴드 구조 : (a) on 상태 (b) off 상태

를 on/off시킬 수 있다.

[그림 6.33(a)]는 MFSFET를 제작하는 공정순서를 개략적으로 나타낸 것이다. p형 실리콘 기판에 얇은 열 산화막을 증착시켜 소스와 드레인 형성을 위한 마스크로 이용한다. 개방된 마스크 윈도우 영역에 인(P)을 확산시켜 소스와 드레인 영역을 형성한 후, 열 산화막을 제거한다. 그 후 MFSFET의 게이트 산화막으로서 강유전체를 증착하고, 마지막으로 소스, 드레인, 게이트 연결을 위한 금속을 증착시킨다. 최종적으로 제작된 MFSFET 소자의 단면도가 [그림

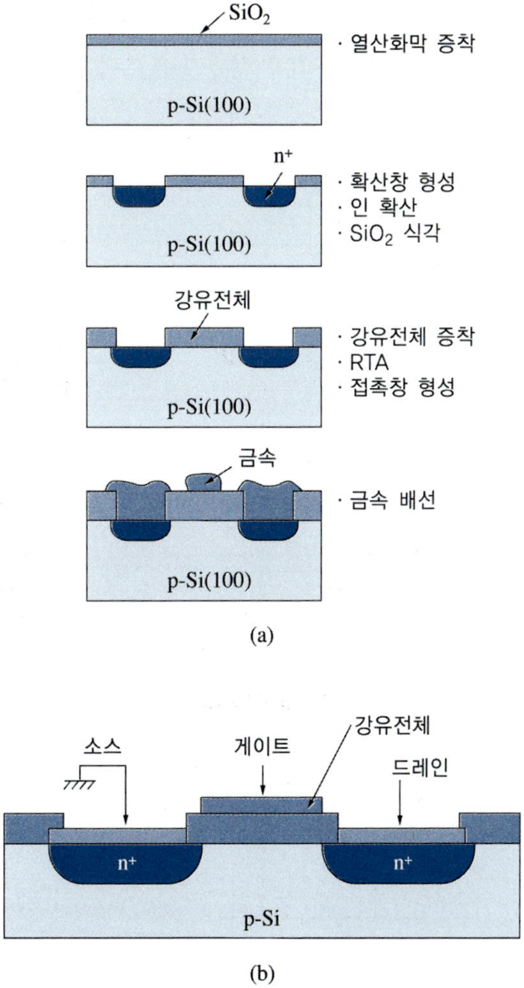

[그림 6.33] (a) n채널 MFSFET의 제작공정 (b) 단면도

6.33(b)]에 나타나 있다.

MFSFET를 기반으로 하는 강유전체 메모리는 NDRO(Non-destructive read-out) 방식으로 동작한다. 단일 MFSFET 셀의 NDRO 구동방식과 펄스 모양을 [그림 6.34]에 나타내었다.

쓰기(write)의 경우, 비트 라인과 프로그래밍 라인(programing line)의 조합에 의해 "0"과 "1"을 선택해서 메모리에 기억시킬 수 있다.

읽기 과정 동안, 프로그래밍 라인은 항상 접지되어 있기 때문에 Tf 상태가 "0"이면 on 상태이고, Tf 상태가 "1"이면 off 상태이다. 그러므로 읽기 과정 동안 비트 라인에 연결된 센스 앰플리파이어가 MFSFET의 상태를 검출할 수 있다. 즉, 전류가 흐르면 "0"이고 전류가 흐르지 않으면 "1"로 인식한다.

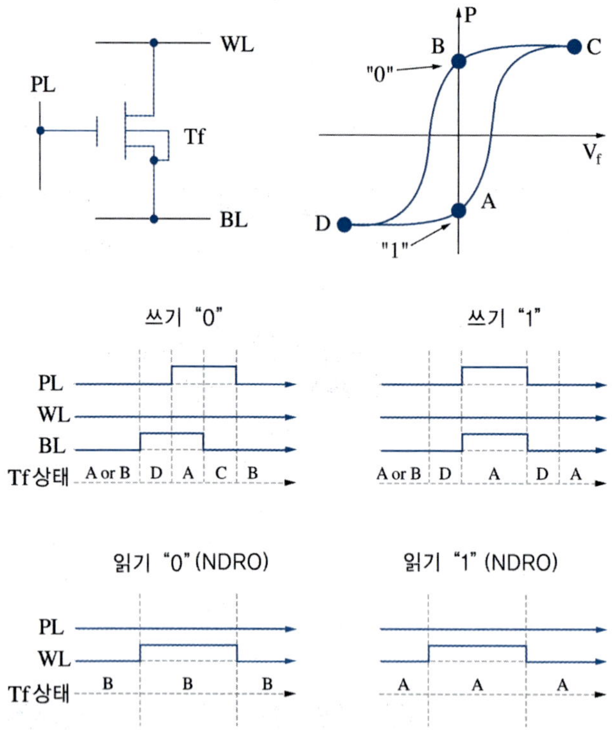

[그림 6.34] NDRO 형 MFSFET 메모리 소자의 동작 특성

연습문제

1. 유전체에 대하여 설명하시오.

2. 유전률의 의미를 설명하시오.

3. PLT((Pb, La)TiO_3) 박막을 이용하여 직경이 200μm 평판형 캐패시터를 제작하였다. 이때 캐패시터의 정전용량(C)이 200pF였다면 박막의 유전률은 얼마인지 계산하시오(단, 박막의 두께는 3300Å, ε_0=8.854×10^{-14}F/cm).

4. 클라우시어스-모조티 관계식(Clausius-Mosotti relation)을 유도하시오.

5. 분극기구에 대하여 설명하시오.

6. 캐패시터의 평행판 사이에 절연체를 삽입함으로써 전하저장능력이 증가하는 기구를 설명하시오.

7. 유전체에서 손실성분이 어떠한 형태로 나타나며 그 원인이 무엇인지 설명하시오.

8. 유전률과 유전손실 사이의 관계를 도표로 나타내고 설명하시오.

9. 정압전 효과와 역압전 효과를 설명하시오.

10. 실생활에서 압전효과를 적용한 제품을 예를 들어 설명하시오.

11. 전기기계 결합계수에 대한 식을 나타내고 무엇을 의미하는지 설명하시오.

연습문제

12. 초전효과에 대하여 설명하시오.

13. 강유전체에 대하여 설명하시오.

14. 강유전체의 강유전성이 큐리온도 이상에서 사라지는 이유를 설명하시오.

15. 비휘발성 메모리의 정의에 대해 설명하시오.

16. 강유전 메모리의 소자를 두 가지로 나누어, 각각의 동작 원리와 특성에 대해 상세히 설명하시오.

CHAPTER

7 자성체 및 초전도체

자성(magnetism), 즉 하나의 재료가 다른 재료에 대하여 밀거나 당기는 힘들이 작용하는 현상은 오래 전부터 알려져 왔다. 이미 기원전 600년경 Thessaly 지역의 Magnesia에서 천연자석이 발견되어 'Magnes'라고 불리며 항해용 나침반에 사용되었다. 그러나 이러한 자기현상을 설명하는 중요한 이론과 기구들은 복잡하고 미묘하여, 최근까지 이들에 대해 완벽하게 이해하지 못하고 있었다. 자성 재료는 여러 가지의 공업적 설계에서 중요한 재료이며, 특히 전기공학 분야에서는 필수적이다. 유전체가 전기장과 상호작용하는 것처럼, 대부분의 자성 재료들은 자장과 상호작용을 일으킨다. 이러한 자기 재료는 전기모터, 발전기, 변압기 등을 작동시키거나 자기테이프 또는 컴퓨터에 정보를 저장하는데 사용된다. 또한 액튜에이터와 센서는 물론 전자빔을 조절하거나 의료진단 장비를 지원하는데 사용될 뿐만 아니라 다른 응용분야에서도 널리 사용되고 있다. 가장 널리 쓰이는 자기 재료들은 철, 니켈, 코발트와 같은 강자성 금속이나 합금, 또는 다양한 페라이트와 가닛(garnet)을 포함하는 페리자성 세라믹스를 기초로 한 것이다. 자기적 거동은 일차적으로 자기 쌍극자를 형성하는 전자구조에 의해 결정되며, 이들 쌍극자 간의 상호작용에 의해 거시적인 자기적 거동의 유형이 결정된다. 자기적 거동은 위와 같은 기초 재료들의 조성, 미세구조, 제조공정에 의해 조정될 수 있다.

이 장에서는 기초적인 자기장 벡터들과 자기 매개변수들에 대한 내용과 반자성, 상자성, 강자성, 페리자성들의 현상과 자기정보저장 응용에 대해 다룰 것이다.

초전도는 낮은 온도에서 전도체의 저항이 거의 없어지는 현상을 의미한다. 양자역학적으로는 초전도체가 완벽한 반자성이며 자계에서 활용될 가능성이 많으므로, 이 장에서는 초전도 현상에 대해서도 다룰 것이다. 1986년에 취리히에 있는 IBM 연구소에서 베드노즈와 뮬러에 의한 고온초전도체의 등장은 의심할 바 없이 지난 50년간을 통틀어 가장 중요한 발견 중의 하나였다. 고온초전도체는 이미 초전도 솔레노이드, 민감한 자계 측정기, 그리고 고품질의 초단파 필터와 같은 곳에 응용되고 있다. 이 장에서는 초전도체 특성과 초전도체 유형에 따른 종류, 그리고 마지막으로 초전도체 응용에 대해 설명하고자 한다.

7.1 자기 쌍극자와 자기 모멘트

자화는 자기 재료와 자장 사이의 상호작용에 의해 유도자기 쌍극자 또는 영구자기 쌍극자가 정렬될 때 일어난다. 어떤 물질의 자화는 그 물질이 없을 때 보다 더 많은 자기에너지를 저장할 수 있도록 자장의 효과를 향상시킨다. 이 에너지는 영구적으로 또는 일시적으로 저장될 수 있으며, 일을 하는데 사용될 수도 있다.

원자에 들어 있는 전자들은 각각 2개의 자기 모멘트(magnetic moment)를 갖는다. 이 자기 모멘트는 단순히 전자와 관련된 자장의 세기를 나타낸다. Bohr 마그네트론(Bohr magnetron)이라 불리는 이 모멘트는 다음과 같이 나타낼 수 있다.

$$\text{Bohr 마그네트론} = \frac{qh}{4\pi m_e} = 9.27 \times 10^{-24} \mathrm{A \cdot m^2} \tag{1}$$

여기서 q는 전자의 전하량, h는 플랑크 상수, m_e는 전자의 질량이다. [그림 7.1]과 같이 자기 모멘트는 핵에 대한 전자의 궤도 운동과 전자 축의 스핀에 의해 발생된다.

전자구조와 양자수에 대한 논의로부터, 각각의 독립된 에너지 준위는 서로 반대 스핀을 갖는 2개의 전자를 수용할 수 있다. 이때 에너지 준위에 있는 각 전자쌍의 자기 모멘트는 서로 반대이므로, 에너지 준위가 완전히 찰 때에는 순(net) 자기 모멘트가 없다. 이 때문에 홀수의 원자번호를 갖는 원소의 원자는 쌍을 이

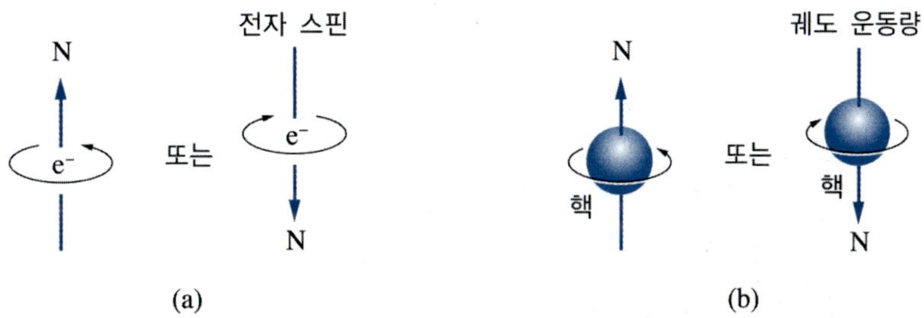

[그림 7.1] 자기 쌍극자의 기원 : (a) 전자 스핀 (b) 핵 주위의 전자 회전

[표 7.1] 천이금속 3d 준위의 전자 스핀

금속			3d			4s
Sc	↑	↑				↑↓
Ti	↑	↑	↑			↑↓
V	↑	↑	↑	↑		↑↓
Cr	↑	↑	↑	↑	↑	↑
Mn	↑	↑	↑	↑	↑	↑↓
Fe	↑↓	↑	↑	↑	↑	↑↓
Co	↑↓	↑↓	↑	↑	↑	↑↓
Ni	↑↓	↑↓	↑↓	↑	↑	↑↓
Cu	↑↓	↑↓	↑↓	↑↓	↑↓	↑

루지 못한 전자로부터 유도되는 순 자기 모멘트를 가질 것으로 예상할 수 있지만, 실제로는 그렇지 않다. 대부분의 이런 원소들에서 쌍을 이루지 못한 전자는 가전자다. 각 원자에서 나온 가전자들은 상호작용을 일으켜 서로의 자기 모멘트를 상쇄시키므로, 평균적으로 볼 때, 이런 물질에서는 순 자기 모멘트가 생기지 않는다. 그러나 천이금속과 같은 일부 원소들은 완전히 채워지지 않은 내부 에너지 준위를 갖는다. 스칸듐(Sc)에서 구리(Cu)까지의 원소들이 대표적인 경우이며, 이들의 전자구조가 [표 7.1]에 나타나 있다. 크롬(Cr)과 구리의 경우를 제외하고, 4s 준위의 가전자들은 쌍을 이루고 있다. 크롬과 구리에서 쌍을 이루지 못한 4s 전자들은 다른 원자와 상호작용하여 모멘트가 상쇄된다. 또한 구리는 완전히 채워진 3d 전자각을 가지고 있으므로 순 자기 모멘트가 없다.

나머지 천이원소의 3d 준위에 있는 전자들은 처음부터 쌍을 이루어 전자각에 들어가지 못한다. 대신, 망간(Mn)의 경우와 같이, 처음 5개의 전자들은 같은 스핀을 가지고 있으며, 반대 스핀을 가진 전자들에 의한 쌍은 3d 준위의 반이 채워진 후에 비로소 만들어진다. 그러므로 천이금속의 각 원자는 영구적인 자기 모멘트를 가지고 있으며, 이 모멘트는 쌍을 이루지 못한 전자의 수와 관계있다. 그리고 각 원자는 자기 쌍극자로서 행동한다. 자장이 가해질 때 나타난 원자들의 반응은 각 원자로 대표되는 자기 쌍극자들이 자장과 어떻게 상호작용을 하는가에 좌우된다. 대부분의 천이원소들은 각 원자의 짝 모멘트 합이 0이 되도록 반응한다. 그러나 니켈(Ni), 철(Fe), 코발트(Co) 원자들은 교환상호작용(exchange interaction)을 일으켜 한 쌍극자의 방위가 주변의 다른 쌍극자들의 방위에 영향을 주어 같은 방위를 갖도록 하며, 이에 따라 자장이 증폭된다.

7.2 자기장 벡터

[그림 7.2]에 나타낸 코일을 통해 자장과 자화의 관계를 알아보자. [그림 7.2]는 n회를 감은 코일에 전류가 흐르면 자장 H가 형성됨을 나타낸 것이다. 이때 자장의 세기는 다음과 같이 표현된다.

$$H = \frac{nI}{l} \tag{2}$$

여기서 n은 코일을 감은 수, l은 코일의 길이(m), I는 전류(A)다.

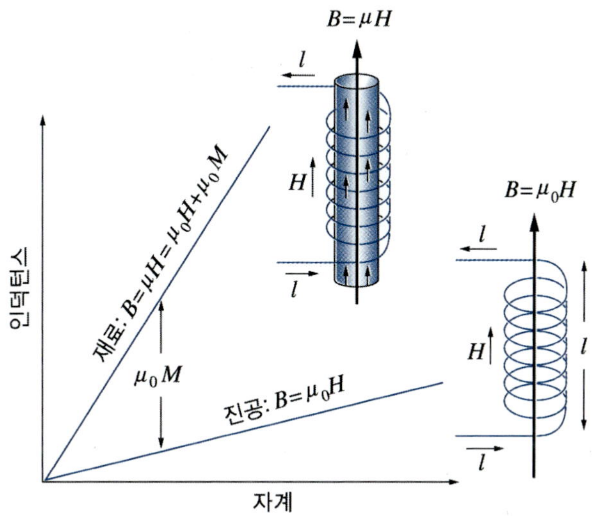

[그림 7.2] 코일을 따라 전류가 흐를 때의 자장과 자화의 관계

[표 7.2] 자기 단위

	SI 단위	cgs 단위	환산
자기유도, B	Tesla, T (또는 weber/m^2, Wb · m^{-2})	Gauss	$1T=1\times10^4$ Gauss
자계, H	A · m^{-1}	Oersted	1A · m^{-1} $=4\pi\times10^{-3}$ Oersted
자화율, M	A · m^{-1}	Oersted	
투자율, μ	T · m · A^{-1} (또는 Wb · A^{-1} · m^{-1})	Gauss/Oersted	$4\pi\times10^{-7}$T · m · A^{-1} =1 Gauss/Oersted

그러므로 H의 단위는 ampere · turn/m 또는 단순히 Am^{-1}가 된다. [표 7.2]에 나타낸 것과 같이, 자장의 다른 단위는 에르스텟(oersted, Oe)으로서 Am^{-1}과 $4\pi\times10^{-3}$을 곱하여 구한다.

진공 중에 자기장이 가해지면 자속선이 유도된다. 자속밀도(flux density)라 불리는 자속선의 수, 또는 자기유도(magnetic inductance) B는 자장과 다음과 같은 관계를 갖는다.

$$B=\mu_0 H \tag{3}$$

여기서 B는 자기유도(tesla, T 또는 weber/m^2, Wb · m^{-2}), H는 자장(A · m^{-1})을 나타낸다. 그리고 μ_0는 상수로서, 진공의 자기 투자율(magnetic permiability, $4\pi\times10^{-7}$ T · m · A^{-1}, 또는 1gauss/oersted)이라고 한다.

자장 내에 어떤 재료를 넣으면, 유도자기 쌍극자와 영구자기 쌍극자가 자장과 상호작용을 일으키는 방법에 따라 자기유도가 결정된다. 이 경우에 자기유도는 다음과 같이 표현된다.

$$B=\mu H \tag{4}$$

여기서 μ는 자장 내에 있는 재료의 투자율이다.

만약 자기 모멘트가 인가자장을 강화시키는 경우 $\mu>\mu_0$가 되어, 자속선의 수가 크게 증가하며 자장이 증폭된다. 그러나 자기 모멘트가 자장과 반대인 경우에는 $\mu < \mu_0$가 된다.

자기 재료의 영향은 다음과 같이 상대 투자율(relative permeability) μ_r로 나타낼 수 있다.

$$\mu_r = \frac{\mu}{\mu_0} \tag{5}$$

상대 투자율이 크다는 것은 재료가 자장을 증폭시킴을 의미한다. 따라서 상대 투자율은 유전체에서의 유전상수, 또는 상대 유전율과 같은 중요성을 갖는다.

자화(magnetisation) M은 자심재료(core material)에 의한 자기유도의 증가를 나타내므로, 자기유도에 대한 식을 다음과 같이 다시 쓸 수 있다.

$$B = \mu_0 H + \mu_0 M = \mu_0 (H + M) \tag{6}$$

여기서 $\mu_0 H$는 진공 중에서 자계 H에 의해 만들어지는 자기유도고, $\mu_0 M$은 자성 재료가 있기 때문에 발생하는 추가적인 자기유도다.

한편, M은 자성 재료의 자화값으로, 단위 체적당 자기 모멘트다.

$$M = \frac{m}{V} \tag{7}$$

이때 재료의 자기 모멘트 m은, 진공 중에서 자계의 작용하에 놓여 있는 재료가 갖는 최대 토크 τ_{max}를 자계의 강도 H로 나눈 값이다. 따라서 자성 재료의 자화값은 대개 자계강도 H의 함수가 되며, 물질상수는 아니다.

자화와 인가된 자장의 비율인 자화율(magnetic susceptibility) χ는 재료에 의해 얻어진 증가폭, 즉 자계강도 H에 대한 자화 M의 비를 나타내며, 다음과 같이 표현된다.

$$\chi = \frac{M}{H} \tag{8}$$

자화율 χ는 철, 코발트 및 니켈과 같은 강한 자성 재료에서는 물질상수가 아니다. 왜냐하면 이들 재료의 경우, χ는 자계강도 H에 의존하기 때문이다. 반면 알루미늄(Al), 나트륨(Na)과 같은 약한 자성 재료에서는 거의 상수에 가깝다.

μ_r과 χ는 모두 재료에 의해 자장이 증가되는 정도를 나타내며, 다음과 같은 관계를 갖는다.

$$\mu_r = 1 + \chi \tag{9}$$

대부분 중요한 자기 재료에서는 $\mu_0 M$이 $\mu_0 H$보다 훨씬 크다. 따라서 이들 재료에 대해서는 다음과 같이 표현할 수 있다.

$$B \cong \mu_0 M \tag{10}$$

자기유도와 자화는 가끔 서로 번갈아 사용되기도 한다. 일반적인 경우 높은 자기유도 B 또는 높은 자화 M을 얻는 것이 목표이며, 이러한 목표는 높은 상대 투자율이나 자화율을 갖는 재료를 선택해야 이룰 수 있다.

7.3 자성의 종류

일반적으로 자기물질은 반자성체, 상자성체, 강자성체, 반강자성체, 페리 자성체의 다섯 가지 그룹으로 분류할 수 있다. 자장이 원자군에 가해지면, [그림 7.3]과 같이 여러 가지 유형의 움직임이 관찰된다.

7.3.1 반자성

임의의 원자에 작용하는 자장은 궤도를 돌고 있는 전자들에 의해 형성되는 자기 모멘트에 영향을 주어 전체 원자에 자기 쌍극자를 유도한다. 이 쌍극자들이 자장과 반대로 정렬하면서 0보다 작은 자화를 일으킬 수 있다. 이 경우를 반자성

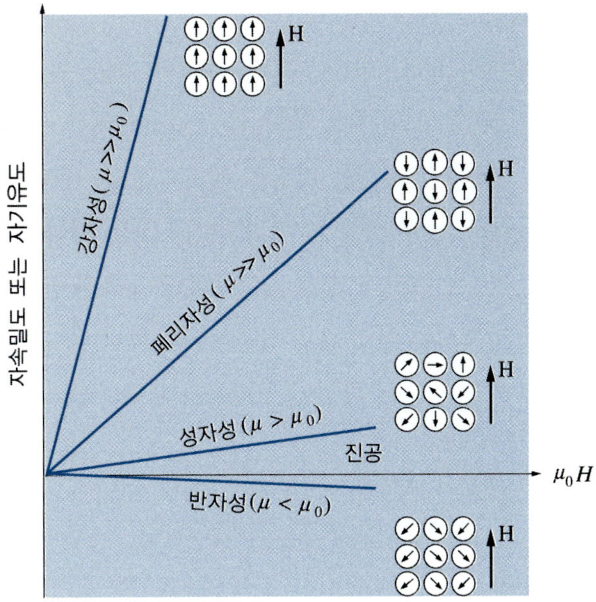

[그림 7.3] 자속밀도에 미치는 자심재료의 영향

(diamagnetism)이라고 하며, 상대 투자율 또는 마이너스 자화율은 약 0.99995다. 구리(Cu), 은(Ag), 금(Au), 알루미나(Al_2O_3)와 같은 재료들은 상온에서 반자성이다. 초전도체는 반드시 반자성이어야 한다. 물질이 반자성을 띠면 구성하는 원자들은 언제나 부껍질(subshell)과 껍질(shell)을 갖는다. 이것은 각 구성 원자가 인가 자기장이 없으면 영구자기 모멘트를 갖지 않는다는 것을 의미한다. 공유결합 결정체와 많은 이온결합 결정체는 전형적인 반자성체다. 왜냐하면 구성하는 원자가 채워지지 않은 부껍질을 가지고 있지 않기 때문이다. 초전도체는 완벽한 반자성체로 자화율이 -1이며 인가된 자기장을 물질 내부에서 완벽하게 축출한다. 초전도체에서는 상자성과 같은 다른 자기 영향이 활성화되어 자장이 물체 내로 침투하게 되면 초전도성을 잃는다.

7.3.2 상자성

어떤 물질이 쌍을 이루지 못한 전자들을 가지고 있으면, 각 원자는 전자 스핀에 의해 발생한 순 자기 모멘트를 갖는다. 자장이 가해지면 쌍극자들은 자장을 따라 정렬하면서 양성자화를 일으킨다. 그러나 쌍극자들이 서로 상호작용을 일으키지 않기 때문에, 모든 쌍극자들을 정렬시키려면 매우 큰 자장이 필요하게 된다. 또한 이런 정렬효과는 자장이 제거되면 곧 사라진다. 이런 효과를 상자성(paramagnetism)이라고 하며, 알루미늄(Al), 티타늄(Ti), 구리 합금(copper alloy) 등에서 발견된다. 상자성 재료의 상대 투자율은 1에서 1.01 사이이다. 이런 금속들이 상자성(파울리 스핀 상자성이라 불림)을 갖는 원인은, 자기장에 의해 대다수의 전도 전자의 스핀이 정렬하기 때문이다.

7.3.3 강자성

강자성(ferromagnetic) 거동은 철(Fe), 니켈(Ni), 코발트(Co)의 완전히 채워지지 않은 3d 에너지 준위들에 의해 발생한다. 이것과 유사한 거동은 가돌리늄(gadolinium)을 포함한 몇몇 재료들에서도 발견할 수 있다. 강자성 재료에서는, 영구적인 쌍극자들이 쌍극자들 간의 교환상호작용 또는 상호강화작용 때문에 인가자장을 따라 쉽게 정렬된다. 이 재료에서는 적은 자장으로도 큰 자화가 일어나 10^6 정도의 높은 상대 투자율을 가지며, 인가된 자기장의 세기에 의존한다. 강자성은 큐리온도 T_c라고 하는 임계온도 이하에서 발생한다. T_c 이상에서, 강자성은 상자성이 된다.

7.3.4 반강자성

망간(Mn), 크롬(Cr), MnO, NiO와 같은 물질에 자장이 가해지면, 주변 쌍극자들에 의해 형성되는 자기 모멘트는 각 쌍극자의 세기가 매우 큼에도 불구하고 서로 반대방향으로 정렬된다. 반강자성체는 작지만 양의 자화율을 갖는다. 이 물질은 강자성체와 달리 인가 자기장이 없으면 자화될 수 없다. 반강자성 물질에서 인접한 원자 간의 자기 모멘트는 서로 반대방향으로 정렬된다. 원자의 자기 모멘트가 반대방향으로 배열되는 것은 양자 역학적 교환력 때문이다. 그 결과 인가된 자기장이 없으면 순 자화도 없다. 반강자성은 니일(Néel) 온도(T_N)라고 하는 임계온도 이하에서 일어난다. T_N 이상에서, 반강자성 물질은 상자성이 된다.

7.3.5 페리자성

페라이트(Fe_3O_4)와 같은 페리자성 물질은, 큐리온도(T_c)인 임계온도 이하에서는 강자성체와 비슷한 자기적 성질을 나타낸다. T_c 이상에서는 상자성이 된다. 페리자성의 원인은 자기배열에 기초를 두고 있다. 세라믹 재료에서는 이온의 종류가 다르면, 그들이 갖는 자기 모멘트도 다르다. A와 B 이온으로 구성되어 있는 세라믹을 예로 들면, 자장이 가해질 때, A 이온의 쌍극자는 자장을 따라 정렬되고, B 이온의 쌍극자는 반대방향으로 정렬될 수 있다. 그러나 쌍극자의 세기가 서로 다르기 때문에 순 자화(net magnetism)를 얻게 된다. 반강자성과 다르게 반대방향의 자기 모멘트는 다른 크기를 갖기 때문에 상쇄되지 않는다. 따라서 인가된 자기장을 제거해도 자화는 남아있게 된다. 페리자성(ferrimagnetic) 재료는 일반적으로 비전도성이기 때문에 와전류 손실이 없으며, 고주파 전자소자에 널리 사용된다.

7.4 큐리온도

온도는 재료의 자기 특성에 영향을 미칠 수 있다. 고체의 온도를 올리면 원자의 열적 진동의 양이 증가되기 때문에 원자 자기 모멘트들은 자유롭게 회전할 수 있다. 따라서 온도가 증가함에 따라 활발해지는 원자들의 열적 움직임은, 정렬되어 있는 자기 모멘트들의 방향을 무질서화시키는 경향이 있다.

강자성체, 반강자성체, 페리 자성체에 있어서 원자의 열적 움직임은 이웃한 원자들의 쌍극자 모멘트들끼리 작용하는 결합력에 대해 반대되는 힘을 가하게 된다. 이러한 효과는 외부 자기장의 존재와 상관없이 쌍극자들의 정렬을 흐트러지게 하여, 결과적으로 강자성체와 페리 자성체에서 포화자화의 값을 감소시킨다.

그러므로 포화자화는 열진동이 최소가 되는 0K에서 최대값이 된다. 온도가 증가함에 따라, 포화자화는 점진적으로 감소하다 큐리온도(Curie temperature) T_c에서 급격하게 감소하며 0이 된다. [그림 7.4]에 철과 Fe_3O_4에 대한 자화-온도 변화를 나타내었다. T_c에서 상호 스핀 결합력들이 완전히 없어지며, T_c 이상에서 강자성체와 페리 자성체들은 상자성을 띠게 된다. 큐리온도는 재료에 따라 달라진다. [표 7.3]에 여러 가지 재료에 대한 큐리온도를 나타내었다.

또한 반강자성도 온도에 영향을 받으며, 니일온도(Néel temperature)에서 반강자성은 사라진다. 이 온도 이상에서 반강자성체는 상자성을 띠게 된다. [표 7.4]에 여러 가지 재료에 대한 니일온도를 나타내었다.

[표 7.3] 다양한 자성 재료의 큐리온도

재료	T_C
철	770℃
코발트	1131℃
니켈	358℃
가돌리늄	20℃

[표 7.4] 다양한 자성체의 니일온도

재료	T_N
디스프로슘	-93℃
테르븀	-43℃
크롬	35℃
망간	-173℃

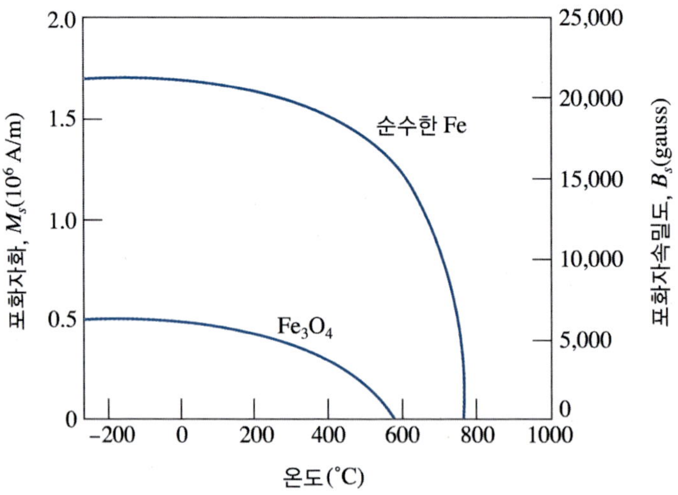

[그림 7.4] 온도의 함수로 나타낸 철과 Fe_3O_4의 포화자화의 도식도

7.5 자기이력곡선

7.5.1 자구(Magnetic domain)

강자성 재료나 페리자성 재료는 완전히 자화된 다수의 작은 영역인 자구로 나뉘어 있으며 각 자구 내의 모든 자기 모멘트는 같은 방향으로 배열되어 있다. 물질 전체가 자화되지 않았을 때, 이들 자구의 총 자화는 0이 된다. 자화벡터, 즉 전자기 모멘트의 합이 0이라는 것은 자성 산화물을 이해하는데 중요하다. [그림 7.5(a)]에서 2개의 반대방향 자구의 모멘트의 합은 0이다. 물질의 에너지는 [그림 7.5(b)]와 [그림 7.5(c)] 같이 자구가 점점 세분화될 때 낮아지며, 이들 두 경우에도 각각의 자화의 합은 0이다. 물질의 끝이 파이 형태인 자구(pie-shaped domain)를 닫힌 자구(closure domain)라고 하며, 고체 내에서 자속회로(magnetic flux path)를 완전하게 형성한다.

배위자장(ligand field)과 이방성이 존재할 경우, 자발자화(spon-taneous magnetization)는 낮은 에너지의 결정학적 방향을 택하게 되어, [그림 7.6]과 같이 자구와 자구 사이의 경계 영역에서 스핀 방향이 점차적으로 전환한다. 전이 영역의 두께, 즉 자벽(domain wall)은 인접한 스핀 사이의 각을 작게 하기 위해 두꺼워지려는 경향과 스핀이 특정의 결정학적 방향을 향하려고 하여 얇아지려는 경향이 있다. 이 2개의 상반된 경향은 서로 균형을 이루고 있다. 일반적

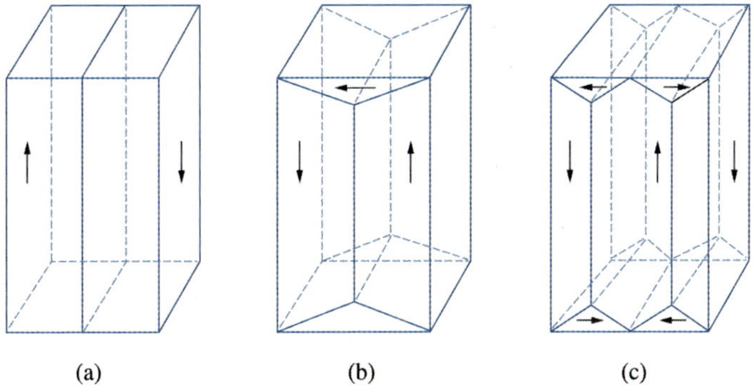

[그림 7.5] 순 자화가 0인 도메인 구조

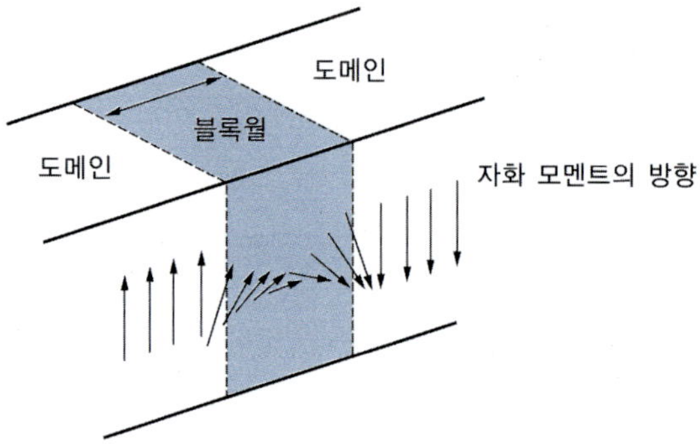

[그림 7.6] 도메인 사이의 근접한 원자의 자기 모멘트

으로 자구벽의 두께는 1000 Å 정도, 에너지는 2×10^{-8}cal/cm^2(~1erg/cm^2) 정도라고 알려져 있다.

유전체에서 분극이 발생하면 그 크기가 변화하는 것처럼, 자성 재료도 자화가 되면 크기가 변한다. 자화가 어떤 영역에서 포화상태(모든 스핀이 정렬된 상태)가 되었을 때의 길이 변화율(dl/l)을 자기변형(magnetostriction)이라고 한다.

7.5.2 자기이력(Hysteresis)

고체의 자화 상태는 자장의 세기와 방향의 함수이다. 다수의 작은 자구를 갖고 있으나 전체적으로 보아 자화가 없는 페리자성 재료를 생각해보면, 자장의 세기를 증가시켰을 때 자구에서 어떠한 변화가 일어나는지를 [그림 7.7]과 [그림 7.8]로부터 알 수 있다. 자장이 0에서 증가함에 따라 고체에서는 자벽의 가역적인 이동이 일어난다. 자장을 제거하면 자구의 경계는 원위치로 되돌아간다.

이력곡선의 처음 부분은 가역적인 자벽 이동에 의한 것으로, 이때의 기울기를 초기 투자율 μ_i라 한다. 자장의 세기를 더 증가시키면 비가역적인 자벽 이동이 일어나기 시작하며 먼저 유도자화(induced magnetization)가 자장의 세기보다 더 급속히 증가하여 곡선의 최대기울기, 즉 최대투자율 μ_{max}를 나타낸다. 최종적으로 자화곡선의 윗부분에서 모든 자벽 이동이 끝나고 자장을 더욱 증가시키면 자장의 방향으로 자구의 회전이 일어난다. 이 점에서 재료는 완전히 포화되며, 그 이

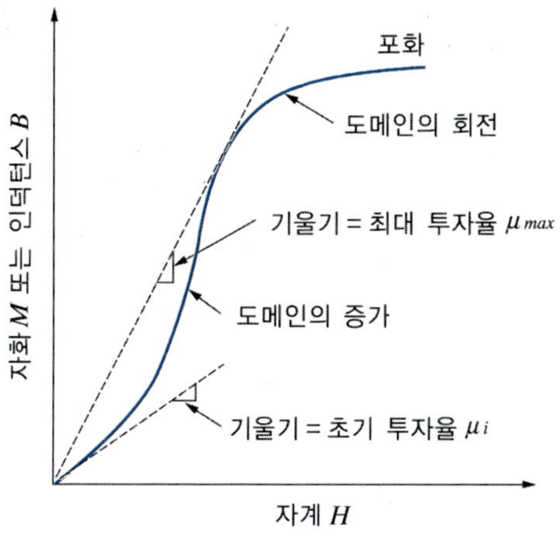

[그림 7.7] 자기 재료의 자기장에 따른 자화곡선

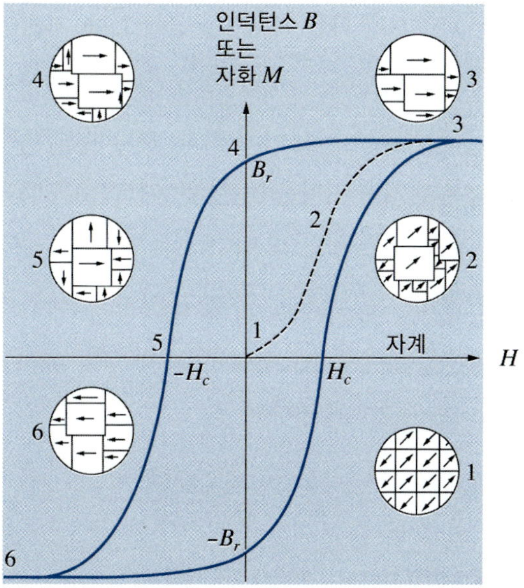

[그림 7.8] 자화에 미치는 자장의 영향(강자성 이력곡선)

상 자장을 증가시켜도 자화는 증가하지 않는다.

자장이 0으로 감소되어도 유도자화는 0이 되지 않으며, 자화를 시키는 동안 정렬된 다수의 자구 때문에 잔류자화(remanent magnetization) B_r이 발생한다. 자장의 방향을 바꾸면 유도자화는 감소하여 보자력(coercive force) H_c라

하는 자장의 세기에서 0이 된다. 반대방향으로 걸어준 자장의 세기를 더 증가시키면 반대방향으로 포화자화가 발생한다. 반대방향의 포화자속밀도 B_s와 잔류자속밀도 B_r의 크기는 1 상한에서의 값과 같다. 자기이력곡선의 면적은 자구 내부구조를 변화시키는데 필요한 에너지나 일을 나타내며, 에너지적(energy product) 또는 $B \cdot H$적($B \cdot H$ product)이라고 한다. $B \cdot H$적은 계의 에너지 손실을 나타내며 일반적으로 열과 같은 형태로 손실된다. 자화곡선을 따라 매초 다수 회전하는 용도에 사용되는 자성 재료에서는 자기이력손실(hysteresis loss)이 문제가 되며 연자성(soft magnetic) 재료, 즉 낮은 H_c을 가진 재료가 필요하게 된다.

자기이력곡선에 의한 에너지 손실과 더불어 재료 내에 유기된 맴돌이 전류(eddy current)에 의한 에너지 손실이 있다. 자속(magnetic flux)의 변화는 계 내에 ϕ^2/R과 비례하는 전력손실을 일으킨다. 여기서 ϕ는 부분적으로 유기된 전압(자속의 변화속도에 비례)이고, R은 물질의 저항이다. 따라서 응용 면으로 볼 때, 높은 전기 비저항을 갖는 자성 산화물은 맴돌이 전류손실이 적어 금속보다 좋은 장점을 갖는다. 영구자석으로는 높은 B_r을 갖는 경자성 재료가 이용된다. 영구자석은 높은 보자력을 갖고 있기 때문에 쉽게 탈자(demagnetization)되지 않는다. 에너지적은 영구 자성 재료의 성능을 나타내는 특성인데, $B \cdot H$적의 최대값으로 나타낸다.

7.6 연자성 재료와 경자성 재료

자성 재료는 크게 연자성 재료(soft magnetic material)와 경자성 재료(hard magnetic material)로 나눌 수 있다. 연자성 재료란 쉽게 자화되고 탈자화되는 재료를 말하며, 경자성 재료는 자화되기도 어렵고 한 번 자화되면 탈자화되기 어려운 재료를 말한다. 이전에는 연자성 재료와 경자성 재료를 물리적인 경도로 구분했으나, 재료의 경도는 그 자기적 성질에 있어서 아무런 의미가 없다는 사

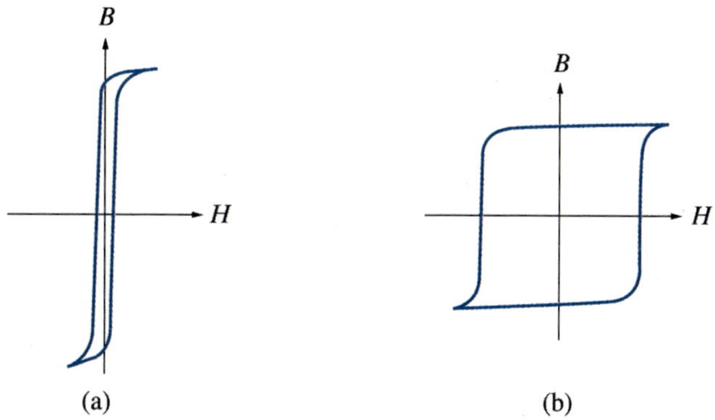

[그림 7.9] 자기이력곡선 : (a) 연자성 재료 (b) 경자성 재료

실이 밝혀지면서 보자력의 크기로 구분하고 있다. 연자성 재료는 변압기, 전동기 및 발전기의 철심 재료로 쓰이는 규소가 3~4% 첨가된 철합금과 같은 것인데, 자기이력곡선이 [그림 7.9(a)]처럼 낮은 보자력으로 인해 폭이 좁아 이력손실이 적다. 반면에 영구자석 재료로 사용되는 경자성 재료는 높은 보자력(H_c)을 가지고 있어서 [그림 7.9(b)]처럼 폭이 넓은 자기이력곡선을 나타낸다.

7.6.1 연자성 재료

(1) 연자성 재료의 특성

우수한 연자성 재료는 낮은 보자력과 큰 포화자화값, 높은 투자율 등을 가져야 하므로 자기이력곡선의 모양이 좁고 길다. 대표적인 연자성 재료들의 자기 특성들을 [표 7.5]에 나타내었다.

자화와 탈자가 반복적으로 나타나는 연자성 재료는 자기이력손실(hysteresis energy loss)과 와전류 손실(eddy-current energy loss)이 발생한다. 자기이력손실은 자화 및 탈자화 중 자기구역 경계이동에 소모되는 에너지를 말한다. 불순물, 결정결함 및 석출물 등이 모두 자기구역의 이동에 방해가 된다. 소성변형률, 즉 자성 재료의 전위밀도를 증가시킴에 따라 이력손실도 증가하는데, 보통 이력곡선의 내부 면적이 이력손실 측정의 척도가 된다. 교류 변압기의 철심 재

[표 7.5] 연자성 재료의 자기적 성질

재료 및 조성	B_s, T	H_c, A/cm	μ_i
Magnetic iron, 0.2cm sheet	2.15	0.88	250
M36 cold-rolled Si-Fe(random)	2.04	0.36	500
M6(110) [001], 3.2% Si-Fe(oriented)	2.03	0.06	1500
45 Ni-55 Fe(45 Permalloy)	1.6	0.024	2700
75 Ni-5 Cu-2 Cr-18 Fe(Mumetal)	0.8	0.012	30000
79 Ni-5 Mo-15 Fe-0.5 Mn(Supermalloy)	0.78	0.004	100000
48% MnO-Fe_2O_3, 52% ZnO-Fe_2O_3(soft ferrite)	0.36		1000
36% NiO-Fe_2O_3, 64% ZnO-Fe_2O_3(soft ferrite)	0.29		650

료에는 대개 60cycle/s의 교류가 흐르는데, 매회 자기구역의 이동에 의한 에너지 손실이 발생한다. 따라서 교류의 주파수를 높이면 이력손실도 그만큼 증가하게 된다.

전도성 자성체에 교류를 흘리면 불안정한 펄스형의 전압강하가 일어나며, 자계의 변동으로 와전류(eddy current)가 흐르게 된다. 이 전류에 의한 전기저항 가열이 에너지 손실의 원인이 되는데, 이를 와전류 손실이라고 한다. 변압기에서는 철심에 절연체 피복을 하거나 얇은 판을 여러 장 겹쳐 사용함으로써 손실을 줄인다. 각 층 사이의 절연층은 와전류가 층 사이를 흐르는 것을 막는다. 특히, 높은 주파수에서 와전류에 의한 에너지 손실을 막는 또 한 가지 방법은 절연체인 연자성 재료를 사용하는 것이다.

(2) 대표적인 연자성 재료

▪ 철-규소 합금

가장 널리 쓰이는 연자성 재료는 철에 규소를 3~4% 함유한 철-규소 합금이다. 1900년 이전에는 저탄소강, 중탄소강을 저주파(60cycle)용 철심으로 사용하였으나, 철심손실이 비교적 높은 편이었다. 규소를 약 3~4% 정도 첨가하면, 저탄소강의 전기 저항률을 증가시켜서 와전류 손실을 줄일 수 있고, 철의 전기이방성 에너지를 감소시켜 자기 투자율이 증가함으로써 자기이력손실을 줄일 수 있다. 또한 자기변형과 자기이력손실을 낮추어 변압기의 소음(위윙, hum)을 줄일 수 있다. 그러나 부작용이 우려되어 보통 4% 정도만 첨가한다. 규소를 첨가하면 철의 연성, 포화자화 및 큐리온도가 감소된다.

적층판(선반-판) 구조로 철심을 만들면, 와전류 손실을 크게 줄일 수 있다. 최근의 변압기 철심은 규소 합금강판을 0.025~0.035cm(0.010~0.0141in.) 두께로 만들어 절연층을 사이에 끼운 적층 형태로 사용한다. 절연 재료는 규소합금의 양면에 모두 피복되어 와전류가 박판에 수직인 방향으로 흐르는 것을 방지한다.

▪ 금속성 유리

금속성 유리(metallic glass)는 보통의 금속 합금이 결정구조를 갖는 것과 달리 비정질 구조의 특성을 갖는 새로운 종류의 금속형 재료들이다. 금속성 유리는 중요한 연자성 성질을 가지며, 강자성체 Fe, Co, Ni와 비금속(metalloid)의 B와 Si와의 다양한 조합으로 이루어져 있다. 이런 특별한 연자성 재료들은 저에너지 코어-전력손실 변압기(low-energy core-loss power transformers), 자기센서, 그리고 기록용 헤드 등에 응용되고 있다.

금속성 유리들은 용융 금속 유리가 매우 빨리 냉각되는(약 10^6℃/s) 급속응고 과정에 의해 약 0.001in(0.0025cm) 두께와 6in(15cm) 폭의 연속적인 금속성 유리리본으로 만들어진다. 금속성 유리들은 결정립계가 없고 장범위 결정이방성을 갖고 있지 않기 때문에 자기구역벽들이 아주 쉽게 움직일 수 있다. 또한 자기적으로 연자성이기 때문에 매우 좁은 자기이력곡선을 나타낸다. 따라서 매우 낮은 자기이력 에너지 손실을 갖는다. 이러한 성질을 이용하여, 상용되고 있는 Fe-Si 철심 재료를 다층 금속성 유리로 대체하려는 연구가 진행 중에 있다.

▪ 니켈-철 합금

순수한 철이나 규소강의 경우는 낮은 자계에서 낮은 투자율을 나타내기 때문에 높은 자계에서 사용하는 전력용 변압기에는 아무런 문제가 없다. 그러나 미소한

신호를 이용하는 통신기기에는 감도가 좋은 니켈-철 합금을 사용한다. 니켈-철 합금에는 크게 두 종류가 있는데, 하나는 50% Ni를, 또 하나는 79% Ni를 첨가한 합금이다. 50% Ni 합금은 투자율이 중간 정도이고(μ_i=2,500, μ_{max}=25,000), 포화유도가 16,000G(1.6T) 정도로 높다. 79% Ni 합금은 투자율이 높으나(μ_i=100,000, μ_{max}=1,000,000) 포화유도는 8000G(0.8T)로 반 정도에 불과하다. 음향기기나 측정기기에 쓰이는 변압기에 주로 니켈-철 합금이 사용된다.

니켈-철 합금은 자기이방성과 자기변형 에너지가 낮아서 높은 투자율을 나타낸다. 니켈-철 합금에서 최고 초기 투자율은 78.5% Ni-21.5% Fe의 조성에서 나타나지만, 600℃ 이하의 온도로 급랭시켜야 규칙 격자구조의 형성을 억제할 수 있다. Ni-Fe계에서 평형 규칙 격자구조는 면상에 니켈 원자가 있고 꼭지점에 철 원자가 있는 FCC 단위격자다. 78.5% Ni(나머지 Fe) 합금에 약 5% Mo을 첨가해도 규칙화 반응을 억제할 수 있다. 니켈을 56~58% 함유하고 있는 니켈-철 합금의 초기 투자율은 고온 어닐링 후, 자계 하에서 재차 어닐링하면 3~4배나 높은 투자율을 얻을 수 있다.

7.6.2 경자성 재료

(1) 경자성 재료의 특성

경자성 재료는 높은 보자력 H_c와 높은 잔류자기유도 B_r값을 갖는다. 따라서 자기이력곡선의 폭이 넓고 높이도 높다. 경자성 재료의 응용에 있어 가장 중요한 특성은 보자력과 최대 에너지적(maximum energy product)이다. 자기유도 B와 탈자화 자계 H의 곱의 최대값을 말하며 자기이력곡선으로부터 구할 수 있다. $(BH)_{max}$는 [그림 7.10]의 자기이력곡선의 두 번째 4분원 내에서 만들어질 수 있는 $B-H$ 직사각형 중 가장 큰 직사각형의 면적에 해당된다. BH에 대한 SI 단위는 kJ/m^{3}이며, cgs 단위로는 G · Oe를 사용한다. 에너지적의 값은 하나의 영구자석을 탈자화시키는데 요구되는 에너지를 의미한다. 즉, $(BH)_{max}$가 클수록 자기적 특성이 보다 경한 재료다.

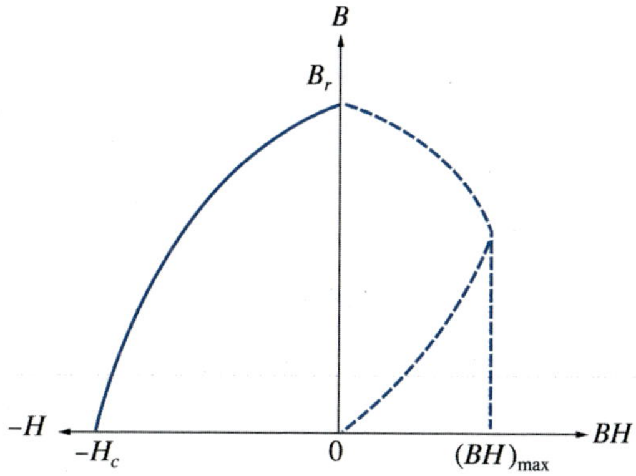

[그림 7.10] 경자성 재료의 에너지적(B 대 BH)

[표 7.6] 경자성 재료의 자기적 성질

재료 및 조성	B_r, T	H_c, kA/cm	(BH)max, kJ/m^3
Alnico 1, 12 Al, 21 Ni, 5 Co, 2 Cu, bal Fe	0.72	37	11.0
Alnico 5, 8 Al, 14 Ni, 25 Co, 3 Cu, bal Fe	1.28	51	44.0
Alnico 8, 7 Al, 15 Ni, 24 Co, 3 Cu, bal Fe	0.72	150	40.0
Rare-earth-Co, 35 Sm, 65 Co	0.90	675-1200	160
Rare-earth-Co, 25.5 Sm, 8 Cu, 15 Fe, 1.5 Zr, 50 Co	1.10	510-520	240
Fe-Cr-Co, 30 Cr, 10 Co, 1 Si, 59 Fe	1.17	46	34.0
Mo · Fe_2O_3(M = Ba, Sr)(hard ferrite)	0.38	235-240	28.0

[표 7.6]에 대표적인 경자성 재료들의 특성을 요약해 두었다.

(2) 대표적인 경자성 재료

▪ 알니코 합금

알니코(알루미늄, 니켈, 코발트) 합금(alnico alloys, Aluminium-Nickel-Cobalt)은 상업적으로 가장 중요한 경자성 재료 중의 하나다. 이들 합금은 최대 에너지적이 [$(BH)_{max}$ =40~70kJ/m^3(5~9MG · Oe)]으로 크고 높은 잔류자기유도

(B_r=0.7~1.35T)를 나타내며, 적절한 보자력[H_c=40~160kA/m(500~2010 Oe)]을 갖는다.

알니코 합금계는 Al, Ni과 Co, 약 3% Cu를 첨가한 합금이다. 미량의 Ti가 고보자력 합금을 위해 첨가되기도 한다. 알니코 합금은 고온에서 단상 BCC 구조를 갖는다. 그러나 800℃ 이하로 서냉시키면, 철과 코발트의 농도가 높은 2차 BCC 상이 석출된다. 이 2차 상들은 아주 작아서 각각의 석출입자가 하나의 도메인이 되고, 이들로부터 높은 잔류자화와 보자력이 얻어진다. 종종 이 합금들은 도메인들이 형성되면서, 일방향으로 정렬되도록 자장 중에서 냉각 및 상변태를 실시한다.

■ 희토류 금속

희토류 합금 자석은 다른 재료보다 월등한 자기적 특성을 가지고 있다. 이 희토류 천이원소의 자성은 철, 코발트 및 니켈에서의 3d 전자처럼 짝을 이루지 않은 4f 전자에 원인이 있는데, 크게 두 종류가 생산되고 있다. 하나는 $SmCo_5$의 단상조직이고, 또 하나는 $Sm(Co,Cu)_{7.5}$의 조성을 갖는 석출강화형 합금이다.

$SmCo_5$ 단상자석은 가장 널리 사용되는 것으로, 이 재료의 높은 보자력은 자기구역이 표면이나 결정립계에서 핵생성되거나 고정됨으로써 얻어진다. 이들 재료는 대개 미세한 입자(1~10μm)를 사용해 분말 야금법으로 만들어지는데, 분말을 자계 내에서 가압하여 소결시킨다. 이 재료의 최대 에너지적 $(BH)_{max}$ 값은 130~160kJ/m^3(16~20 MG · Oe) 정도로 매우 크다.

석출강화된 $Sm(Co,Cu)_{7.5}$ 합금은 $SmCo_5$에서 코발트의 일부가 구리로 치환된 구조로서, 400~500℃ 정도의 낮은 시효온도에서 약 10nm의 미세한 석출물이 생긴다. 이렇게 형성된 석출물은 $SmCo_5$ 구조와 정합을 이루며, 그 정합기구(coherency mechanism)는 주로 자기구역의 경계가 석출된 입자에 묶이는 것으로 알려져 있다. 이 재료는 입자들의 자기배열을 이용한 분말야금법으로 제조된다. 소량의 철과 지르코늄을 첨가하면 보다 높은 보자력을 갖게 되는데, $Sm(Co_{0.68}Cu_{0.10}Fe_{0.21}Zr_{0.01})_{7.4}$ 의 최대 에너지적 $(BH)_{max}$ 값은 240kJ/m^3(30MG · Oe),

잔류자기유도는 1.1T(11,000G)나 된다.

희토류 자석은 인체 내에 이식이 가능한 펌프나 밸브 등의 박형 전 동기 같은 의료용 기기에 사용되며, 직류 동기 전동기와 발전기도 희토류 자석을 사용해 작은 크기로 만들 수 있게 되었다.

■ 네오디뮴–철–붕소 자성합금

1984년 발견된 Nd-Fe-B 자성 재료는 최대 에너지적 $(BH)_{max}$ 값이 300kJ/m^3 (45MG · Oe) 정도로 매우 크다. 오늘날 이 재료는 분말야금법과 용융금속을 급랭응고하여 리본을 만드는 방법으로 생산되고 있다. Nd-Fe-B 영구자석에 대한 용도는, 특히 무게와 크기의 감소가 요구되는 자동차의 구동모터 같은 모든 형의 전기모터에 사용된다.

■ 철–크롬–코발트 자성합금

Fe-Cr-Co계 자석은 1971년에 개발되었는데, 금속학적 구조와 영구자석으로서의 성질은 알니코 합금과 유사하지만, Fe-Cr-Co계 합금은 실온에서 냉간성형이 가능하다. 이 합금의 전형적인 화학조성은 61% Fe-28% Cr-11% Co이며 자기적 성질은 Fe-Cr-Co계가 B_r=1.0~1.3T(10~13kG), H_c=150~600A/cm (190~753Oe) 및 $(BH)_{max}$=10~45kJ/m^3(1.3~1.5MG · Oe)이다.

Fe-Cr-Co 합금은 냉간연성이 좋아서 고속성형을 할 수 있기 때문에, 전화수화기의 영구자석에 사용된다.

7.7 페라이트

페라이트란 Fe_2O_3와 다른 산화물, 탄산염을 분말 형태로 섞어 고온에서 압축소결한 자성 세라믹 재료를 말한다. 자기적 특성에 따라 소프트 페라이트(soft ferrites)와 하드 페라이트(hard ferrites)로 구분된다.

7.7.1 소프트 페라이트

(1) 소프트 페라이트의 구조와 특성

대개의 입방체 소프트 페라이트는 MO · Fe_2O_3의 조성을 가지고 있는데 M은 Fe^{2+}, Mn^{2+}, Ni^{2+}, Zn^{2+} 등과 같은 2가 이온이다. 소프트 페라이트는 스피넬 구조를 갖는다. 이 구조에서 각 금속이온들은 쌍극자로 움직인다. 비록 각 이온 종류별로 서로 반대방향의 자기 모멘트를 갖고 있다 하더라도, 쌍극자들의 세기가 다르기 때문에 순 자화를 얻게 되며, 재료는 페리자성을 갖게 된다.

이 세라믹 자석들의 거동은 자철광(magnetite), Fe_3O_4 구조를 살펴봄으로써 이해할 수 있다. 자철광은 2개의 다른 철이온 Fe^{2+}와 Fe^{3+}를 가지고 있어서, 그 화학식을 $Fe^{2+}Fe^{3+}{}_2O_4{}^{2-}$로 다시 쓸 수 있다. 자철광 구조는 [그림 7.11]에 나타낸 것과 같이, 4개의 산소 이온이 하위격자의 FCC 자리에 있고, 6개의 산소 이온으로 둘러싸인 팔면체 자리는 하위격자의 각 모서리와 중심에 있다. 1개의 Fe^{2+} 이온과 1개의 Fe^{3+} 이온이 팔면체 자리를 차지한다. 사면체 자리는 하위격자에서 1/4, 1/4, 1/4과 같은 지수를 갖는다. 1개의 Fe^{3+} 이온이 사면체 자리 중의 하나를 차지한다.

Fe^{2+} 이온이 형성될 때, 2개의 4s 전자는 제거되지만, 3d 전자들은 모두 남는다. 철의 3d 준위에는 쌍을 이루지 못한 4개의 전자들이 있으므로, Fe^{2+} 쌍극자의 자기세기는 4Bohr 마그네톤이 된다. 그러나 Fe^{3+} 이온이 생길 때는 4s 전자

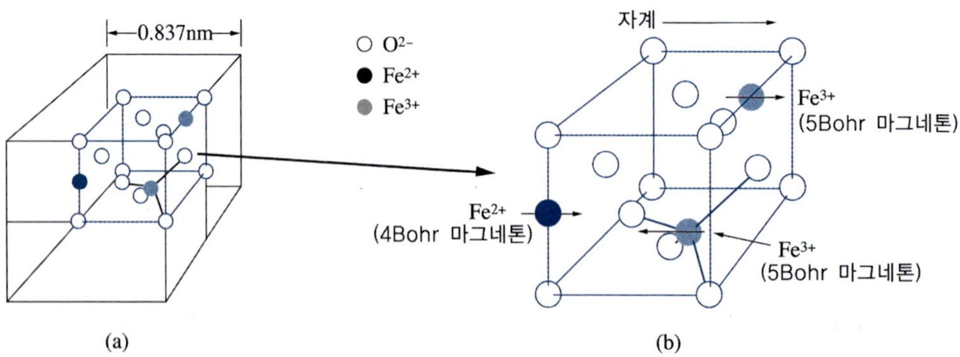

[그림 7.11] (a) 자철광, Fe_3O_4의 구조 (b) 자철광의 하위구조

[표 7.7] 스피넬 구조에서 이온들의 자기 모멘트

이온	Bohr Magnetons
Fe^{3+}	5
Mn^{2+}	5
Fe^{2+}	4
Co^{2+}	3
Ni^{2+}	2
Cu^{2+}	1
Zn^{2+}	0

들과 3d 전자 중 1개가 제거된다. 따라서 Fe^{3+} 이온은 3d 준위에 쌍을 이루지 못한 5개의 전자들을 갖게 되므로, 5Bohr 마그네톤의 자기세기를 갖는다. 자철광의 사면체 자리에 있는 이온들은 자기 모멘트가 인가된 자장과 반대방향이 되도록 정렬되지만, 팔면체 자리의 이온들은 자장과 같은 방향이 되도록 정렬된다. 따라서 사면체 자리의 Fe^{3+} 이온은 팔면체 자리의 Fe^{3+} 이온을 중화시킨다(Fe^{3+} 이온은 반강자성 거동을 나타낸다). 그러나 팔면체 자리의 Fe^{2+} 이온은 다른 이온의 간섭을 받지 않으므로, 자장을 강화시키게 된다. 자장이 반대로 가해지면, 자철광은 자기이력곡선을 나타낸다.

다른 이온이 역스피넬 구조의 Fe^{2+} 이온을 치환하면 자기특성이 변한다. [표 7.7]에 나타낸 바와 같이, 순수한 금속에서는 강자성을 갖지 않는 이온들도 스피넬 구조에서는 페리자성에 기여할 수 있다.

Fe^{2+} 이온이 망간(Mn), 아연(Zn), 니켈(Ni), 구리(Cu)의 다양한 혼합물에 의해 치환되면 전기용 연자석을 얻게 된다. 니켈과 망간 이온은 철(Fe) 이온 2개의 모멘트를 부분적으로 상쇄하는 자기 모멘트를 갖지만, 모멘트의 차에 의해 작은 이력곡선을 갖는 순수 페리자성을 얻는다.

(2) 소프트 페라이트의 응용

가장 중요한 용도는 저신호 기억소자, 음성 및 화상 기록용 헤드 등이다. 신호의 크기가 작은 경우, 소프트 페라이트 철심을 변압기에 사용할 수 있다. 소프트 페라이트를 대용량으로 사용하는 곳은 자기편향 장치, 변압기 및 TV 수상기의 접속코일이다.

망간-아연, 니켈-아연 스피넬 페라이트는 여러 종류의 자기테이프의 기록용 헤드 재료로 쓰인다. 자기 기록용 헤드는 다결정 니켈-아연 페라이트로 만드는데, 작동 주파수 범위가 100kHz~2.5GHz여서 금속 합금 재료로는 와전류 손실이 너무 크기 때문이다.

자기코어 기억소자는 컴퓨터에 사용되는 2진수 '0'과 '1'을 자화 방향으로 자석에 기억시켜 사용한다. 자기코어는 전력의 손실이 정보의 손실을 유발하지 않는 곳에 유용하다. 자기코어 기억소자는 내충격 저항이 필요한 군사용 기기에 사용되고 있다.

7.7.2 하드 페라이트

(1) 하드 페라이트의 구조와 특성

영구자석으로 사용되는 하드 페라이트는 일반식 $MO \cdot 6Fe_2O_3$와 육방정 결정 구조를 갖는다. 이 중에서 가장 중요한 것은 바륨 페라이트($BaO \cdot 6Fe_2O_3$)였으나, 최근에 자기적 성질이 우수한 스트론-페라이트($SrO \cdot 6Fe_2O_3$)로 어느 정도 대체되고 있다. 이 페라이트는 소프트 페라이트와 거의 비슷한 방법으로 생산된다. 보통 자계 내에서는 입자들이 쉽게 자화축 방향으로 배열되므로, 자계 속에서 습식가압소성을 이용하여 생산한다.

이런 육방정 페라이트는 가격이 싸고 밀도가 낮으며 보자력도 큰데, 이는 자기결정 이방성이 높기 때문이다. 이들 페라이트의 자화는 단일 자기구역의 이동으로 보기에는 결정립의 크기가 너무 크므로 자기구역 경계의 핵생성 이동으로 보는 것이 타당하다. 최대 에너지적 $(BH)_{max}$ 값은 14~28kJ/m^3 정도다.

(2) **하드 페라이트의 응용**

하드 페라이트는 발전기, 계전기, 전동기 등에 널리 쓰이고 있으며, 전자 부품으로는 스피커용 자석, 전화기 벨, 수화기에 쓰이고 냉장고 등에도 사용된다.

7.8 자기정보저장

7.8.1 자기 기록

자기 기록이란 아날로그 혹은 디지털 신호를 차후에 사용하거나 보관할 목적으로 자성매체에 저장하는 것이다. 자기 기록은 재료가 갖는 특수한 전자적 성질을 이용한다. 자기 기록은 자구라고 하는 재료내 작은 체적이 순 자발 자기 모멘트를 갖도록 많은 수의 전자가 한 방향으로 배열해서 발생하는 자화의 배향을 변화시켜 이루어진다. 자기 기록 기술은 저주파 아날로그 음성기록, 정보의 고속 디지털 기록, 영상 신호 기록 등 넓은 분야에 응용되고 있다. 오늘날 반영구적, 즉 비소멸성의 컴퓨터용 정보의 저장은 자기적 방법에 의해서만 이뤄지며, 기록매체의 주요 종류로는 자기 테이프, 플로피 디스크, 하드 디스크 및 광자기 디스크 등이 있다.

자기 기록에서의 자기물질은 두 가지로 분류된다. 정보를 읽고 쓰고 지우는데 사용되는 자기매체로 쓰이는 것과 다음 쓸 때까지 정보를 저장하는데 쓰이는 것이다. 오디오, 비디오 카세트와 플로피 디스크에서처럼 자기저장매체는 유연성을 갖기도 하며, 컴퓨터 하드 드라이브의 하드 디스크처럼 딱딱한 재질로 되어 있을 수도 있다. 비록, 표면적으로 다른 종류의 응용에 사용되는 자기 기록 방법이라도, 기본적인 이론은 매우 유사하다.

7.8.2 자기 기록 매체

(1) 자기 테이프

자기 테이프에 정보를 기록하는 방법은 플로피 디스크, 하드 디스크 및 자기 드럼의 자기 기록 원리와 동일하다. 강자성체 및 페리 자성체의 자화곡선에 나타나는 자기이력 현상 때문에 외부자계가 0일 때 최종 자화의 상태는 그 재료의 자기이력에 따라 달라진다. 잔류자화는 최종적으로 가해준 자계의 크기와 방향에 대한 일종의 기억으로 생각할 수 있다. 따라서 컴퓨터용 디지털 신호 혹은 음성 기록용 아날로그 신호는 자기 매체상의 자기적 흔적으로써 저장할 수 있다.

예를 들어 오디오 테이프의 자기 테이프 기록 과정을 알아보자. 테이프에 사용되는 재료의 자기적 성질을 이해하려면 우선 기록과 재생 방식에 대해 이해하고 있어야 한다. [그림 7.12(a)]는 테이프의 이동 체제를 나타낸 것이다. 릴 A에 감겨 있는 테이프는 드라이브 E에 의해 일정 속도로 움직인다. 드라이브는 회전

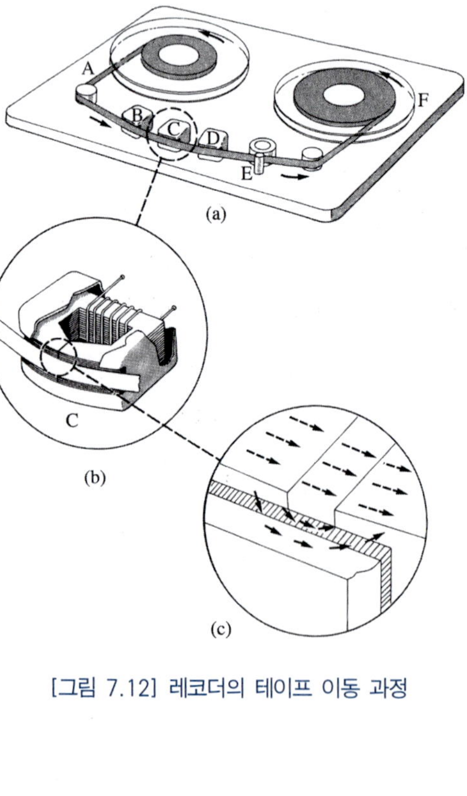

[그림 7.12] 레코더의 테이프 이동 과정

하는 캡스턴과 핀치 롤러로 이루어져 있다. A와 E 사이에서 테이프는 3개의 트랜스듀서(헤드) B, C, D와 접촉하도록 되어 있다. 3개의 헤드 중 B는 소거 헤드, C는 기록용 헤드로서 테이프의 길이 방향에 평행한 방향으로 코팅층을 자화시키는 역할을 한다. D는 플레이백(playback) 헤드로서 코팅층의 자화 정도를 감지하는 역할을 한다. [그림 7.12(b)]는 레코딩 헤드를 확대한 그림이다. 작은 틈을 갖는 전자석이며 갭 간격은 약 1μm로 코팅층 두께의 약 1/3이다. [그림 7.12(c)]는 헤드와 테이프가 근접한 갭 부근을 확대한 그림이다.

테이프는 단순 중합 저장 테이프로 얇게 코팅된 자기물질들로 덮여있다. [그림 7.13]에 나타낸 것과 같이, 매우 작은 간극(약 1μm)을 갖는 환상형 전자석으로 자계강도를 통해 변화하는 전류 $i(t)$에 변화를 주어 정보를 기록할 수 있다. 즉, 전류는 기록용 헤드의 코어에서 자계강도를 변화시키고, 따라서 간극과 주변의 자계를 변화시킨다. 정보의 저장은 일정한 속도로 헤드 아래를 지나는 오디오 테이프를 자화시키는 간극지역 주변의 주변(fringing) 자기장에 의해서 이루어진다. 이것은 전기적 신호가 테이프에 공간적인 자기적 패턴으로 저장됨을 의미한다. 기록 헤드의 주변 자기장은 움직임의 방향, 다르게 넣기, 테이프의 길이에 따라 테이프에서 자화를 변화시킨다.

오디오 테이프는 읽기 헤드 또는 작동 헤드라 불리는, 두 번째 헤드 밑에서 앞방향으로 움직이며, 테이프에서 자화된 공간적 진동을 전압 신호로 바꾸어서, 재생 장치에 맞게 조절하여 증폭한다. 읽기 과정은 Faraday의 유도법칙에 기초를

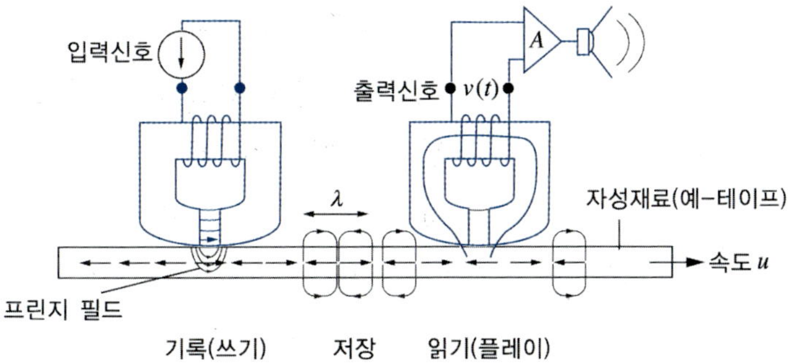

[그림 7.13] 자기 테이프를 이용한 자기 기록 원리

두고 있다. 테이프에서 자화된 지역이 재생 헤드 밑을 지나면서 자기장이 전체 코일 주변을 흐르며 코어 속으로 통과한다. 코어는 자기 투과성이 매우 높기 때문에, 자기장은 헤드의 코어를 통해 주변을 돌게 된다. 테이프가 재생 헤드를 지나 움직이면, 코일을 연결하는 자기장은 테이프를 지나는 다른 자화된 지역처럼 변한다. 코일을 연결하는 자속의 변화는 자계의 세기에 비례하는 전압을 만들며, 따라서 테이프의 공간 자기적 패턴(정보)은 테이프가 일정한 비율로 재생 헤드 밑으로 돌며 출력전압신호로 바뀌게 된다. 테이프에서의 이 공간적 자기 패턴은 전류신호에 비례하며, 반면에 재생 헤드에서의 출력신호는 전압을 여기시킨다.

(2) MRAM(Magnetic radom access memory)

일반적으로 정보를 저장하는 방식은 하드 디스크와 같이 주사방식에 의해 정보를 저장하는 방식(Scanning Technology)과 DRAM, 플래시 메모리와 같이 고체 메모리 기술을 이용하여 정보를 저장하는 방식(Solid State Technology)으로 나눌 수 있다. 하드 디스크와 같이 주사 방식에 의해 정보를 저장하는 방식은 가격이 싸고 저장용량이 큰 반면, 접근 속도가 느리고 모터에 의해 구동되기 때문에 전력소비도 큰 편이라 휴대용 전자기기에 사용하기에는 적합하지 않다. 반면, 플래시 메모리와 같이 고체 메모리 기술을 이용하여 정보를 저장하는 방식은 접근 속도가 빠르고 전력소비가 적은 장점이 있어 현재 휴대용 전자기기에 사용되고 있으나, 가격이 비싸고 저장용량이 작은 단점이 있다. 따라서 IMT-2000 등과 같은 고용량 데이터를 고속으로 처리하는 휴대용 정보기기의 출현에 대처하기 위해서는 주사방식의 매체와 같이 가격이 싸고, 고체 메모리 기술을 이용한 정보저장 소자와 같이 접근 속도가 빠르며, 전력소비가 적은 새로운 정보저장 소자가 요구된다. 현재 이러한 특성을 만족하는 차세대 정보저장 소자로는 자기 메모리(Magnetic RAM, MRAM)가 고려되고 있다. MRAM은 외부 자기장에 의해 재료의 전기저항이 변하는 MR(Magnetoresistance, 자기저항) 현상을 이용하여 자성박막에 정보를 읽고 쓰는 메모리 소자다. MRAM은 소자의 구조가 간단해 집적도를 향상시키기 용이하며, 접근 속도가 빠르고 비휘

[표 7.8] MRAM과 기존 메모리와의 비교

	MRAM	DRAM	Flash	SPAM
비휘발성	yes	no	yes	no
쓰기 시간	10~50ns	50ns	20000ns	10ns
읽기 시간	10~50ns	50ns	20~110ns	10ns
셀 크기(relative)	<1	1	0.8	4
다시 쓰기 회수	10^{15}	10^{15}	10^{5}	10^{15}
전력 소비	10~400mW	400mW	100mW	1100mW

발성이기 때문에 노트북 컴퓨터와 기타 전자기기에서 즉시 켜기(Instant On)가 가능할 것으로 예상된다. 또한 전력소비가 적어 휴대폰이나 PDA(Personal digital assistants) 등의 휴대용 전자기기의 배터리 전력소모를 크게 줄여줄 것으로 기대된다. [표 7.8]의 기존 메모리와의 성능 비교에서 알 수 있듯이, MRAM이 상용화되면 파급효과가 클 것이다.

이러한 MR 소자를 DRAM과 같이 전자적으로 동작하는 메모리에 응용하려는 것은 이전부터 꾸준히 시도되어 왔다. 1970년대 페라이트 코어 메모리로부터 시작해 1980년대 자기 이방성을 이용한 MR 소자(AMR : Anisotropic MR), 1990년대 중반 터널링 자기저항을 이용한 MR 소자(TMR : Tunneling MR)에 이르기까지 메모리 소자에 적용하기 위한 연구가 다양하게 이루어져 왔다.

MRAM은 이용하는 자기저항에 따라 거대자기저항(GMR) 메모리와 터널링 자기저항(TMR) 메모리로 나눌 수 있다. 이 소자들은 기존의 AMR에 비해 MR 비가 높아 고집적의 가능성이 대두되어 이에 대한 연구가 활발히 진행되고 있다. 거대자기저항을 이용한 자기 메모리의 경우 1Mbit 급까지 실용화된 상태다. 그러나 GMR 소자의 경우 셀들이 직렬로 연결되어 실제 얻을 수 있는 출력은 개개 소자의 출력에 비해 낮아 현재로선 고집적화에 약점을 가지고 있다. 반면, TMR 소자는 상온에서 MR 비가 크고(25% 이상, GMR 경우 약 8%), MR 비가 소자의 면적에 무관한데, 이러한 높은 자기저항값과 고집적도의 가능성, 작은 포화자계 및 CPP(current perpendicular to plane) 모드로 흐르는 전류

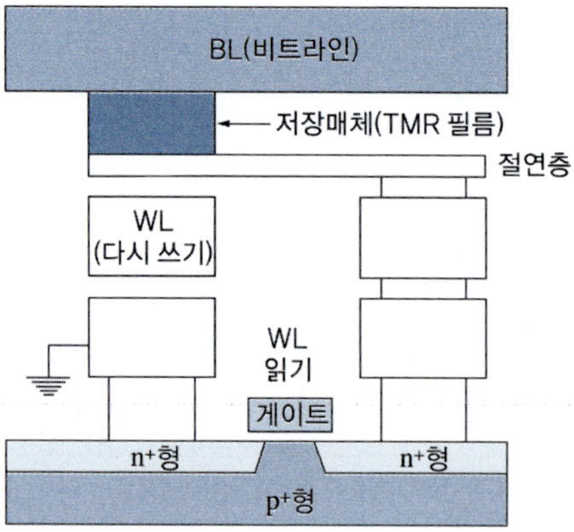

[그림 7.14] MRAM 단면도

특성 등으로 인해, 현재 연구동향 및 차세대 자기 메모리로는 TMR 소자를 이용한 MRAM이 관심을 모으고 있다.

비휘발성 메모리 기술 중의 하나인 MRAM 기술은 휴대용 기기와 같은 제품에서 핵심이 되는 기술로서 전기 임펄스를 통한 주기적인 리프레시를 필요로 하지 않는 반도체 설계 방식을 활용한다. [그림 7.14]에 나타낸 것과 같이, MRAM의 구조는 반도체 CMOS 부분(front end 공정)과 메모리 부분의 TMR 셀(back end 공정)이 결합되어 있는 형태가 주로 사용된다. MRAM은 자기화된 스위치의 교차검사세트(cross-checked set)에 위치하고 있는 자기극성을 통해 데이터를 저장한다. 자기 터널링 접합(magnetic tunneling junctions)은 2개의 자석과 1개의 외생적인 터널링 베리어로 구성된 얇은 층이다. TMR 셀 부분은 제2 금속층에 쓰기용 word line과 제3 금속층인 bit (또는 sense) line이 교차하고, 그 교차 지점에 TMR 소자의 한 단자가 연결되며 다른 단자는 MOS 트랜지스터와 연결된다. TMR 소자에 흐르는 전류는 소자 면에 수직한 방향으로 흐르게 되어 셀을 격리시키는 MOSFET을 통과하여 저항이 크면 "1", 저항이 작으면 "0"으로 셀의 상태를 읽게 된다. 쓰기는 bit line의 전류와 쓰기용 word line의 전류가 동시에 흘러 일정 크기 이상의 자기장이 유도되어야 한다. 이때, (+) bit line 전류에 의해 "0"(또는 low R)이, (-) bit line 전류에 의해 "1"(또는 high R)이 각각 기록된다. 어느 한 전류(자기장)에 의해서만은 기록되지 않는다. 이

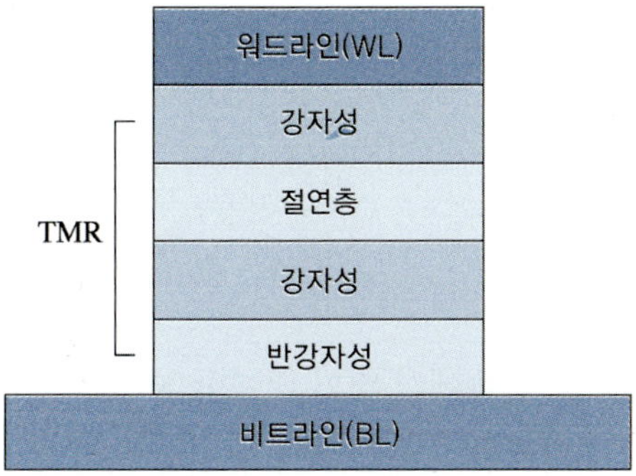

[그림 7.15] TMR 셀 단면

때 데이터들은 자장에 의해 기록되기 때문에 데이터를 저장하는 경우 외부 전원이 필요없다. 따라서 전등이나 전화에서처럼 컴퓨터에 인스턴트 On/Off 기능을 부여할 수 있다.

[그림 7.15]에 나타난 바와 같이, TMR 현상은 절연층으로 분리된 강자성 내의 이종 스핀의 상태밀도(density of state)가 서로 다르기 때문에 발생한다. 다시 말해 매우 얇은 절연층을 사이에 두고 두 강자성층이 존재할 경우, 두 강자성층의 자화 방향이 평행인지 반평행인지에 따라 터널링 확률이 달라져 저항이 달라지는 현상이다. 두 강자성 스핀 사이에 터널링 확률은 두 전극의 상대적 자화 방향에 의해 지배된다. 두 자성체의 자화 방향이 같으면 한 전극의 점유된 상태(state) 수와 다른 전극의 점유 가능한 상태(state) 수가 최대로 일치되어 터널링 전류가 최대가 되고, 자화 방향이 반대가 되면 터널링 전류는 최소가 된다. 외부자계에 따라 자성층 간의 스핀배열이 평형, 반평형 상태로 변화하고 터널링 저항(전압)이 작거나 커지는 현상이 발생한다. 이러한 원리를 이용하여 기존 DRAM의 캐패시터를 대체한 저장 셀(storage cell)로써의 역할이 가능하게 된다.

실제 MRAM의 동작 전압에서는 터널링 MR 비가 30% 이하로 감소한다. 또한 MRAM의 집적도를 높이기 위해 TMR 소자의 크기를 줄일 경우, 반자계의 영향으로 강자성층의 switching field가 증가하는 문제 등이 있다. 따라서 신뢰성 있는 자기 저항 메모리를 제작하려면 터널링 MR 비를 향상시키고, 자성층의 switching field를 줄이는 방안이 고려되어야 한다.

7.9 초전도체

7.9.1 초전도체의 특성

(1) 무저항성

대부분의 고순도 금속에서 전기 비저항은, 온도를 0K 근처로 낮춤에 따라 불순물의 산란과 격자결함 등에 의한 잔류저항에 의해 결정되는 일정한 값으로 포화된다. 그러나 몇 가지 재료들은 매우 낮은 온도에서 비저항이 거의 0인 값으로 급격히 감소되고 계속적인 냉각에도 더 이상 비저항값이 변하지 않는 특성을 나타낸다. 이러한 거동을 초전도성이라고 하며, 초전도성이 나타나기 시작하는 온도를 임계온도 T_c라고 한다. 초전도체와 일반 금속(비초전도체)에 대한 비저항-온도 특성을 [그림 7.16]에 나타내었다.

1911년에 카멜리 온네스(K. Onnes)가 수은이 4.2K 이하로 냉각될 때 저항이 완전히 사라지는 초전도 현상을 발견한 이후, 임계온도를 높이기 위한 연구가 꾸준히 진행되어 왔다. 1970년 초에 임계온도가 23K 인 Nb_3Ge 금속 화합물이 발견되었고, 1986년에 베드노즈(Bendorz)와 뮬러(Muller)가 세라믹 형태의 화합물 La-Ba-Cu-O를 발견하였는데, 이 물질의 임계온도는 35K였다. 1987년에 발견된 Y-Ba-Cu-O는 임계온도가 95K임이 밝혀졌으며, 1996년에는 130K 정도의 높은 임계온도를 갖는 Hg-Ba-Ca-Cu-O가 발견되었다. 지금도 세계 각지

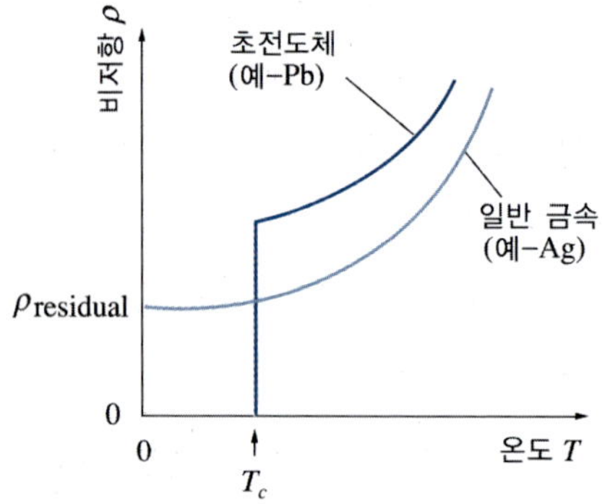

[그림 7.16] 초전도체와 일반 금속의 비저항-온도 특성

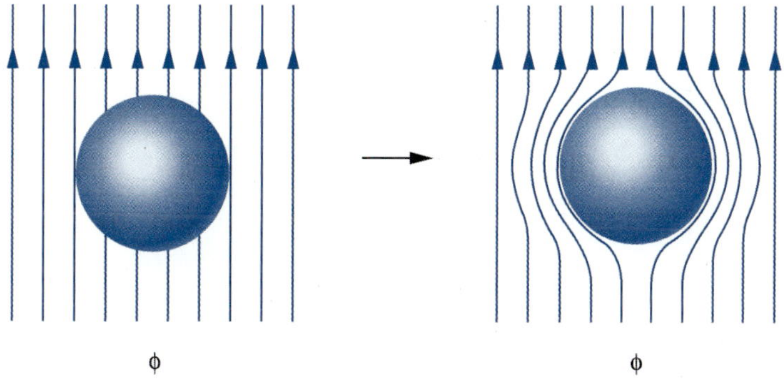

[그림 7.17] 초전도 상태로 전이되었을 때의 자속 배제 현상

에서 많은 과학자들이 전혀 다른 물질들을 이용해 임계온도가 높은 새로운 초전도체를 합성하려고 노력하고 있다.

(2) Meissner 효과

임계온도 이하에서 초전도체는, 모든 자기장이 사라지며 마치 반자성 물질처럼 동작하는데, 이를 마이스너 효과라고 한다. 이 효과를 [그림 7.17]에 나타내었다.

이 경우에 초전도성 전자들은 재료의 표면에 순환전류를 형성하게 되고, 이것은 외부자계와 반대로 작용해서 재료 내에서 자계를 0으로 완전히 상쇄시킨다. [그림 7.18]은 초전도체 표면 위의 자석이 공중 부양을 한 모습을 나타낸 것으로, 이는 마이스너 효과가 직접적으로 나타난 결과다. 이 효과는 자기부상열차

[그림 7.18] 액화질소(77K)에서 초전도체 위에 공중 부양한 자석의 사진

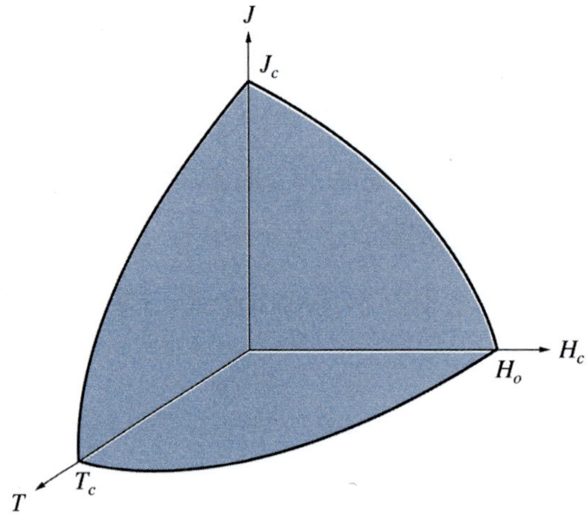

[그림 7.19] 온도, 자기장, 전류밀도의 세 가지 임계값의 영향을 나타내는 초전도 공간

에도 적용되는데, 자기장을 갖는 자석으로 선로를 만들고 밑에서 자기장을 걸어 주면, 초전도체로 만들어진 자기부상열차는 초전도체 내부의 자기장을 없애기 위해 반대방향으로 자기장이 걸려 서로 반발하는 힘이 발생한다. 따라서 자기부상열차는 선로와 일정 거리가 떨어지게 되어, 바퀴와 선로와의 마찰이 없어 고속 주행이 가능하게 된다.

(3) 임계점(Critical value)

초전도체는 임계온도, 임계전류밀도, 임계자기장의 세 가지 임계값을 갖는다. [그림 7.19]에 세 가지 임계값으로 구성된 공간을 나타내었다. 초전도체는 이 공간 내에 존재해야만 초전도성을 유지할 수 있다. 만약 이 세 가지 중 하나라도 범위를 넘어서면, 초전도체는 비초전도체로 상전이되어 초전도성을 상실한다.

7.9.2 초전도체의 유형

초전도체는 자계 하에서 초전도 상태로부터 정상상태로 전이되는 기구에 따라 제1형 초전도체와 제2형 초전도체로 구분된다.

[표 7.9] 제1형 초전도체의 예

	T_c(K)	B_c(T)
Sn	3.72	0.030
Hg	4.15	0.041
Ta	4.47	0.083
V	5.40	0.14
Pb	7.19	0.08
Nb	9.2	0.198

(1) 제1형 초전도체

제1형 초전도체는 단지 정상상태와 초전도 상태만을 나타낸다. 이들 두 상태 사이의 전이는 매우 급격하며, 어느 특정 임계자계강도 H_c에서 일어난다. [표 7.9]에 나타낸 것과 같이 대부분의 순금속은 제1형 초전도체에 속한다.

(2) 제2형 초전도체

제2형 초전도체는 혼합상태 혹은 소용돌이 상태로 알려져 있는 중간 상태를 나타내며, 이 중간상태는 두 임계자계 H_{c1}과 H_{c2} 사이에 존재한다. 여기서 자계 H_{c1}은 자속이 완전히 배제되는 상태(Meissner 상태)로부터 혼합상태로 전이하는 임계자계이며, H_{c2}는 혼합상태로부터 정상상태로 전이하는 임계자계이다.

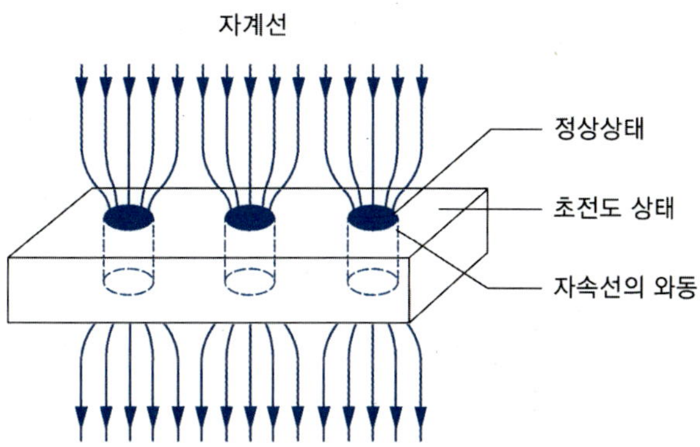

[그림 7.20] 혼합상태에 있는 초전도체 내부의 자속선

[표 7.10] 제2형 초전도체의 예

	T_c(K)	0K에서 B_{c2}(T)	0K에서 J_c(Acm^{-2})
Nb_3Sn	18.05	24.5	~10^7
Nb_3Ge	23.2	38	
$Ba_{2-x}Br_xCuO_4$	30~35	~150	
Y-Ba-Cu-O($YBa_2Cu_3O_7$)	93~95	~300	10^4~10^7
Bi-Sr-Ca-Cu-O($Bi_2Sr_2Ca_2Cu_3O_{10}$)	122	-	
Hg-Ba-Ca-Cu-O	130~135	-	

이러한 중간상태에서 재료는 초전도 기지 내에 정상상태의 부분이 벌집 모양으로 존재하는 구조를 하고 있다. Meissner 효과 때문에 초전도성 재료를 침투하지 못하는 자속선들은 정상상태의 재료 속으로 침투할 수 있다. 중간 혼합 상태에 있는 제2형 초전도체의 자속 소용돌이를 [그림 7.20]에 나타내었다. 관모양의 영역들은 자속양자가 정상상태에 있는 부분을 통해 표면에 수직한 방향으로 빠져나오는 곳이다. 그 외 영역은 초전도 상태의 부분이다.

[표 7.10]에 나타낸 대부분의 합금은 이러한 제2형의 초전도체이다. 제2형 초전도체가 유용한 것은 초전도성이 나타날 수 있는 자계강도의 범위가 넓은 데에 있다.

7.9.3 초전도체 응용

(1) SQUID(초전도 양자 간섭 장치)

SQUID는 가장 정밀한 자력계라고 할 수 있다. [그림 7.21]에 나타낸 것과 같이 구조는 초전도성을 가진 반지 모양의 끝에 약한 초전도성 결합을 가지고 있으며, 이 초전도성 반지에서 자력선속의 변화를 감지한다. 이 초전도성 반지에 흐르는 전류가 임계전류차를 넘으면 약한 초전도성 결합이 정상상태로 되는 것을 이용한다.

만약 초전도성 반지에 자기장이 없다면, 여기에 흐르는 전류는 0이다. 만약

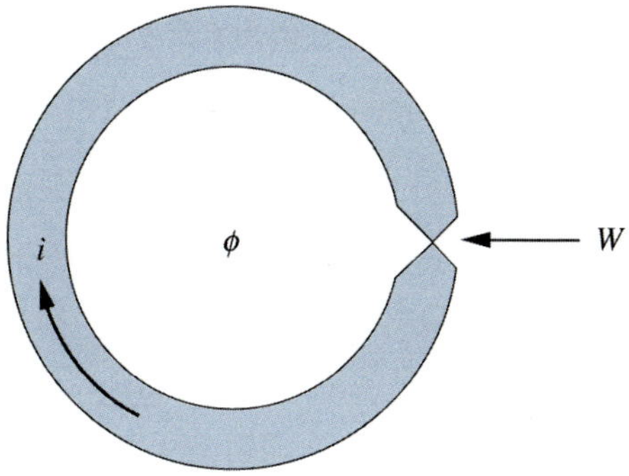

[그림 7.21] 초전도성 반지와 약한 초전도성 결합

외부 자기장이 걸리면 초전도성 반지에 전류가 유도되어 초전도성 반지의 자기 선속은 0이 된다. 외부의 자기선속이 증가하면 초전도성 반지에 흐르는 전류도 증가하고 임계전류 I_c에 이르게 된다. 이때 약한 초전도성 결합은 정상상태로 되고 1개의 선속 양자가 이 반지에 들어간다. 따라서 이 반지에 흐르는 전류는 I_c 보다 작게 되고, 이때 외부와 내부의 선속 차이는 1개의 선속 양자와 같게 된다. 외부의 선속을 계속 증가시키면 결과적으로 내부의 전류가 증가한다. 또한, 이때 초전도성 반지는 1개의 선속 양자가 증가할 때까지 초전도성을 유지한다. 그리고 약한 초전도성 결합은 다시 정상상태로 된다. 이때 1개의 선속 양자가 이 초전도성 반지에 들어가면서 초전도성 반지의 전류는 I_c보다 낮게 된다.

외부 선속의 변화는 약한 초전도성 결합이 보통으로 되는 횟수를 계산하면 되는데, 실제 SQUID는 교류작동방식을 이용한다. 즉, SQUID 고리가 rf 회로와 유도결합된 방식이다. 복잡한 회로를 이용하여 선속의 변화를 한 선속 양자의 분수적 변화(fractional change)도 감지할 수 있다. SQUID는 정밀한 전류 비교기와 함께 낮은 온도에서의 저항을 $1/10^9$까지 정교하게 측정할 수 있다. 낮은 임피던스 회로에서, 즉 열전대에서 아주 작은 전압 5×10^{-14}V까지도 측정할 수 있다.

[그림 7.22]는 전기회로를 이용하여 SQUID가 자속의 변화를 어떻게 측정하는지를 설명한다. 간섭계의 두 경로를 통해서 전류 I가 흐른다. 이 소자는 대칭

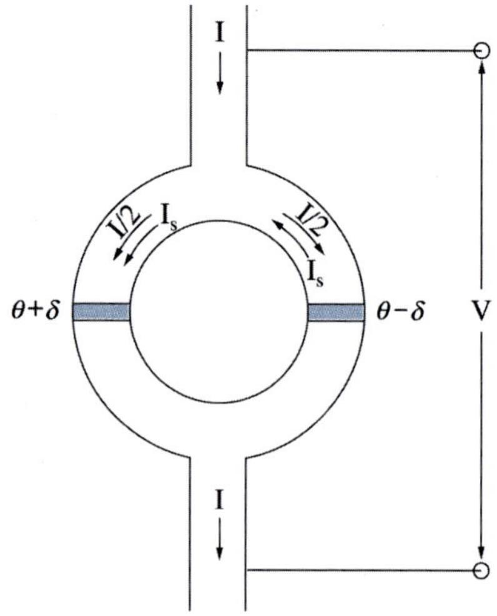

[그림 7.22] SQUID를 만들기 위한 두 조셉슨(Josephson) 접합의 연결을 보여주는 회로

이어서 $I/2$의 전류가 소자의 양쪽을 통해서 흐른다고 가정한다. $I < 2I_c$라고 가정하면 각각의 약한 결합의 양단에는 위상각이 존재한다. 이때 루프 속으로 자속 ϕ가 들어온다고 가정하자. 이것은 초전도 전류 I_s를 발생시키는데, 이 전류는 소자의 한쪽을 흐르는 전류에서는 추가로 더해지고, 다른 한쪽에 있는 전류에서는 차감된다. 두 약한 결합에서의 위상각은 $\theta+\delta$와 $\theta-\delta$가 되고, 다음 식을 만족한다.

$$\frac{1}{2}I + I_s = I_c \sin(\theta+\delta) \tag{11}$$

$$\frac{1}{2}I - I_s = I_c \sin(\theta-\delta) \tag{12}$$

두 전류 식을 더하면, 다음과 같은 식을 만들 수 있다.

$$I = I_c \sin(\theta+\delta) + I_c \sin(\theta-\delta) = 2I_c \sin\theta \cos\delta \tag{13}$$

두 약한 결합 양단의 총 위상 변화는 2δ가 되고, 이것은 $2\pi N - 2\pi\phi/\phi_0$와 같아야 한다. 따라서 위상각은 다음 식을 만족한다.

$$\delta = \pi N - \frac{\pi\phi}{\phi_0} \tag{14}$$

여기서 N은 정수다.

따라서 전류 식은 다음과 같이 표현할 수 있다.

$$I = 2I_c \cos(\pi N)\cos\left(\frac{\phi\pi}{\phi_0}\right)\sin\theta \tag{15}$$

이 식으로부터 자속이 증가함에 따라 전류는 자속에 대해 주기적으로 변화하고, 소자 양단에 발생하는 전압 V도 자속에 따라 주기적으로 변함을 알 수 있다.

(2) 조셉슨 접합논리소자

조셉슨 접합은 컴퓨터의 논리소자로 사용될 수 있다. [그림 7.23]에 나타낸 것과 같이, 가장 간단한 논리소자는 스위치다. 2개의 가느다란 띠 모양의 금속 초전도체가 얇은 절연체의 막을 사이에 두고 존재한다. [그림 7.24]의 회로를 보면, 터널 접합의 한쪽은 접지되어 있고 다른 쪽은 소스와 출력소자에 연결되어 있다. 또 다른 도체가 접합 위에 있고 또한 절연층으로 분리되어 있는데, 이 도체가

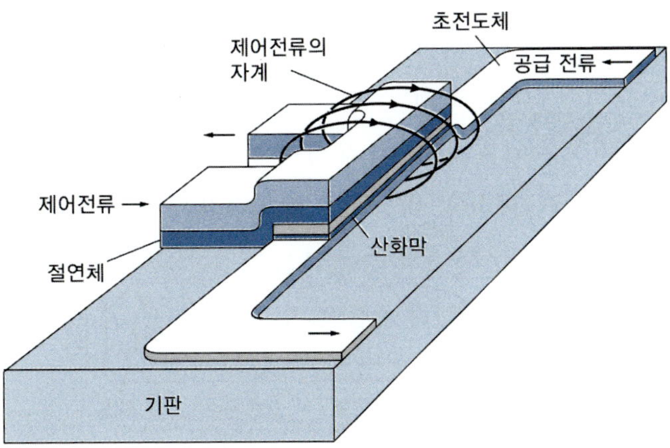

[그림 7.23] 조셉슨 접합 스위치

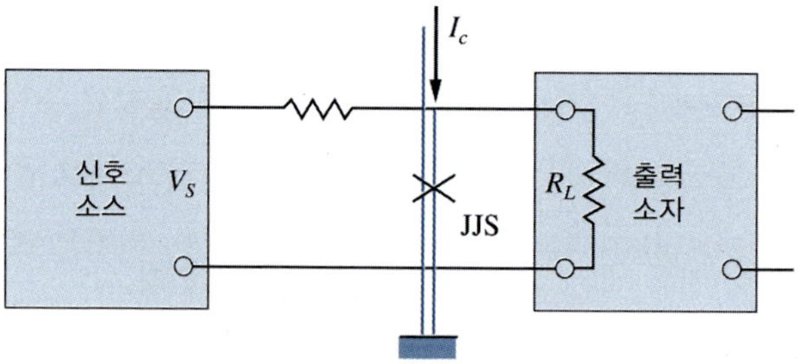

[그림 7.24] 조셉슨 접합 스위치를 장치한 회로

통제하는 전류를 운송한다. 만약 통제하는 전류가 0이면 소스의 전류는 임계전류보다 적다.

따라서 접합은 접지로 바로 연결시키는 역할을 하기 때문에 어떠한 소스 전류도 출력소자로 가지 못한다. 만약 통제하는 전류가 존재하면 이 전류는 자기장을 만들고, 이 자기장이 접합에 파고들어서 초전도성의 약한 결합을 정상상태로 만든다. 이때 이 접합의 저항은 수백 Ω 이 된다. 따라서 이 접합은 통제선에 전류가 있을 때 소스의 전류를 출력 소자로 연결한다.

다중접합소자는 OR 게이트나 AND 게이트에 사용할 수 있는데, 이 논리소자는 컴퓨터의 CPU나 수학적 함수 등에 사용할 수 있다. 컴퓨터의 CPU를 초전도체 소자로 사용하게 되면, 반도체의 스위치보다 10배 정도 빨리 동작하고 전력소모가 매우 적은 장점을 갖게 된다. 컴퓨터의 각 부분이 빨리 작동해야 하지만 각 부분 사이의 교신도 빠를수록 좋다. 현존하는 가장 빠른 컴퓨터도 신호가 1m 정도의 거리를 통과하는데 걸리는 시간은 5ns(10^{-9}s)이다. 그런데 이 시간을 1/10 정도 단축하는 데는 소자의 크기를 조절함으로써 되는 것이 아니다. 아주 빠른 트랜지스터는 많은 열을 방출하기 때문에 빠르게 이 열을 밖으로 방출하는 것이 불가능하다. 따라서 조셉슨 접합소자는 아주 작은 열을 방출하므로 이러한 응용에 적합하다고 할 수 있다.

연습문제

1. 실온에서 강자성을 띠는 원소는 무엇인가?

2. 자기유도 B와 자화 M을 정의하시오.

3. 자기유도 B와 H 사이의 관계를 설명하시오.

4. $B \approx \mu_o M$으로 표현하여도 무방한 이유를 설명하시오.

5. 투자율과 상대 투자율을 정의하시오.

6. 강자성을 정의하고, 철, 코발트 및 니켈이 강자성을 띠는 원인을 설명하시오.

7. 자기이력 B-H 루프를 강자성체의 경우에 대해서 그리고 포화자기유도 B, 잔류자기유도 B_r, 보자력 H_c를 표시하시오.

8. 연자성 재료와 경자성 재료를 정의하시오.

9. 자기이력손실이란 무엇이며, 여기에 영향을 주는 요인들은 무엇인지 설명하시오.

10. 강자성체와 페리 자성체 사이의 주요한 유사점과 차이점을 기술하시오.

11. 스피넬과 역스피넬 결정구조의 차이점을 설명하시오.

12. 초전도체 제1형과 2형의 차이점을 기술하시오.

13. Meissner 효과를 간략하게 기술하시오.

CHAPTER

8 광학적 특성

Material Science and Engineering

광학적 성질은 재료가 전자기 복사선, 특히 가시광선에 노출될 때 재료에 나타나는 반응을 의미한다. 다시 말해 재료가 광자(photon)라고 부르는 에너지 입자 혹은 에너지파의 형태로 나타나는 전자기 복사선과 반응하는 것과 밀접한 연관이 있다. 특히 매질에서 전자기(EM)파는 파장에 많은 영향을 받는다. 많은 유사한 형태의 전자기파는 다양한 파장 범위를 가지고 있어, 가시광선이 갖는 특성을 가질 수도 있고, 육안으로는 보이지 않을 수도 있다. 여러 가지 원인으로 특정 진동수와 파장, 에너지를 갖는 광자의 방출이 일어난다. 예를 들어 감마선은 원자에 있는 핵구조의 변화에 의해 발생하며, X-선, 자외선, 가시광선은 원자에 있는 전자구조의 변화에 의해 발생한다. 마이크로파와 전파는 원자나 결정격자의 진동에 의해 발생하는 저에너지, 장파장의 복사선이다. 우리는 빛을 가시 범위 내의 전자기 방사로 생각할 수 있는데, 보통 400에서 700nm 사이의 파장에 해당된다. 그러나 다양한 응용분야에서 빛은 다소 더 짧거나 더 긴 파장, 즉 자외선과 적외선을 가질 수 있는 전자기파로서 나타난다.

광자가 재료와 반응할 때는 흡수, 투과, 반사, 굴절, 전자의 움직임 등과 같은 다양한 광학적 효과가 발생한다. 이러한 현상을 조사하면 재료의 거동을 보다 잘 이해할 수 있을 뿐만 아니라, 레이더에 걸리지 않는 비행기, 의료 및 통신, 제조 등에 사용하는 레이저, 광섬유 소자, 발광다이오드, 태양전지, 결정구조의 해석을 위한 분석기기, 기타 여러 가지 중요한 소자의 제조에 이를 이용할 수 있다. 지금까지 우리는 기본적으로 전기소자에 집중해왔지만 반도체와 광자의 상호작용을 포함하는 아주 다양하고 유용한 소자들도 있다. 이들 소자는 광대역 통신과 광섬유를 통한 데이터 전송을 가능하게 할 수 있다.

이 장에서는 전자기 복사선의 성질, 재료와 전자기 복사선 사이에 일어날 수 있는 상호작용과 몇 가지 기본 원리 및 개념에 대해 다룰 것이다. 또한 재료의 흡수, 반사, 투과 및 굴절 등의 성질에 관련된 광학적 거동을 알아보고, 재료의 광학적 성질을 응용하는 발광 다이오드와 레이저 등과 같은 소자에 대해서도 살펴볼 것이다.

8.1 전자기 스펙트럼

고전적인 의미에 있어서, 전자기 복사선은 [그림 8.1]에 나타낸 것처럼 진행 방향에 대하여 수직하면서 전기장 성분과 자기장 성분이 서로 수직한 형태로 진행하는 파로 생각할 수 있다. 빛, 열(또는 복사 에너지), 전파, X-선들은 모두 전자기 복사파의 한 형태이다. 각 전자기파는 고유한 범위의 파장과 특징을 갖는다.

복사파의 전자기 스펙트럼(electromagnetic spectrum)은 γ-선으로부터 시작하여 넓은 범위에 걸친 파장을 가지고 있는데, 이는 10^{-12}m(10^{-3}nm) 정도의 파장을 가진 X-선, 자외선, 가시광선, 적외선 그리고 마지막으로 10^5m의 파장을 가진 전파에 걸쳐 이루어져 있다. 로그눈금으로 나타낸 스펙트럼을 [그림 8.2]에 나타내었다. 가시광선은 약 0.4μm(4×10^{-7}m)에서 0.7μm의 파장을 가진, 매우 좁은 범위의 스펙트럼 내에 있다. 우리는 눈에 들어오는 파장에 의해 색을 인식하게 된다. 예를 들어 약 0.4μm 길이의 파장을 가진 복사선은 보라색으로, 약 0.5μm와 0.65μm의 파장은 각각 녹색과 적색으로 인식된다. 흰색은 단순히 모든 색이 합쳐진 것이며, 가시 복사선은 눈이 느낄 수 있는 복사선으로 정의하고 있다.

모든 전자기 복사선은 진공 내에서 빛과 똑같은 3×10^8m/s(186,000mile/s)의 속도로 진행한다. 빛의 속도 c는 진공 중의 유전률 ε_0와 진공 중의 투자율 μ_0에 대하여 다음과 같은 관계를 갖는다.

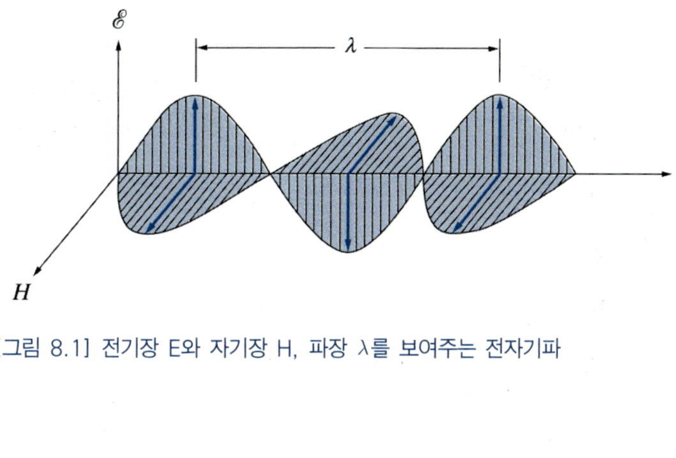

[그림 8.1] 전기장 E와 자기장 H, 파장 λ를 보여주는 전자기파

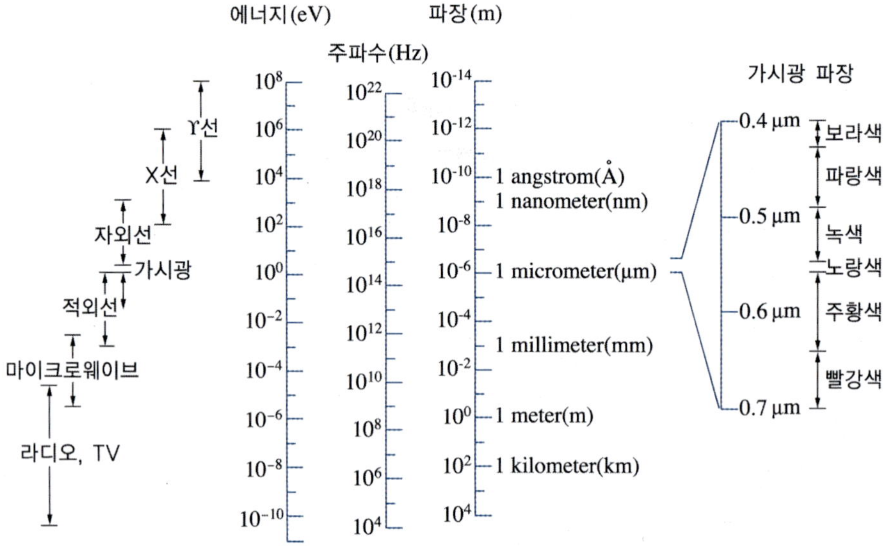

[그림 8.2] 가시광선의 색깔들에 대한 파장 범위를 포함한 전자기선의 스펙트럼

$$c = \frac{1}{\sqrt{\varepsilon_0 \mu_0}} \tag{1}$$

이것으로부터 빛의 속도 c는 전기적 상수 및 자기적 상수와 일정한 관계가 있음을 알 수 있다. 또한 전자기 복사선 주파수 ν와 파장 λ는 속도의 함수로서, 다음과 같은 관계를 갖는다.

$$c = \lambda\nu \tag{2}$$

주파수의 단위는 헤르츠(Hz)이고, 1Hz=1cycle/s이다.

전자기 복사선은, 복사선이 파동으로 구성되어 있다고 보기보다는 광자(photon)라고 하는 에너지의 묶음으로 보는 양자역학적인 관점에서 보는 것이 편리한 경우가 있다. 한 광자의 에너지 E는 양자화되어 있다고 하는데, 양자화되어 있다는 것은 각 에너지가 특정한 값을 가지고 있음을 의미한다. 각 에너지 E는 다음과 같이 양자화된 에너지를 가지고 있다.

$$E = h\nu = \frac{hc}{\lambda} \tag{3}$$

여기서 h는 6.63×10^{-34}J-s인 플랑크 상수다.

이 식에서 광자 에너지는 복사선 주파수에 비례하고, 파장의 길이에 반비례함을 알 수 있다. [그림 8.2]에 전자기 스펙트럼에 관한 광자 에너지 값도 나타나 있다. 복사선과 재료의 상호작용에 의해 일어나는 광학적 현상을 묘사할 때, 빛을 광자 관점에서 설명하는 것이 용이할 경우가 있고, 파동의 관점에서 설명하는 것이 용이할 경우도 있다. 따라서 복사선과 재료의 상호작용으로 일어나는 광학적 현상은 두 가지 접근방법이 모두 이용된다.

8.2 굴절

빛이 매질을 투과할 때, 일부 에너지를 잃어 속도가 저하되고 빛의 방향이 바뀌게 되는 현상이 발생하는데, 이를 굴절이라고 한다.

8.2.1 스넬(Snell)의 법칙

페르마(Fermat)의 원리에 따르면, 빛은 가장 적은 시간이 소요되는 경로를 따라 이동한다. 이것은 굴절에 대한 법칙을 유도하는데, 매우 중요한 역할을 한다. 서로 다른 두 매질의 경계 S-S에 대하여, 빛이 A로부터 B로 진행하는 것이 [그림 8.3]에 나타나 있다. 경계의 양쪽 면에서 굴절지수가 같다면 A에서 B 사이에 빛이 진행하는 경로는 직선이 될 것이다. 그러나 두 매질이 다른 굴절지수를 갖고 있다면, 경로는 직선이 될 수 없다. 이때 발생하는 것이 빛의 굴절이다.

경계면 양쪽에서 빛의 속도를 v_1과 v_2라고 할 때, $v = L/t$이므로 입사 점 A로부터 경계면까지의 경로와 경계면에서 점 B까지의 경로에 대한 시간 t에 대한 식은 다음과 같이 표현할 수 있다.

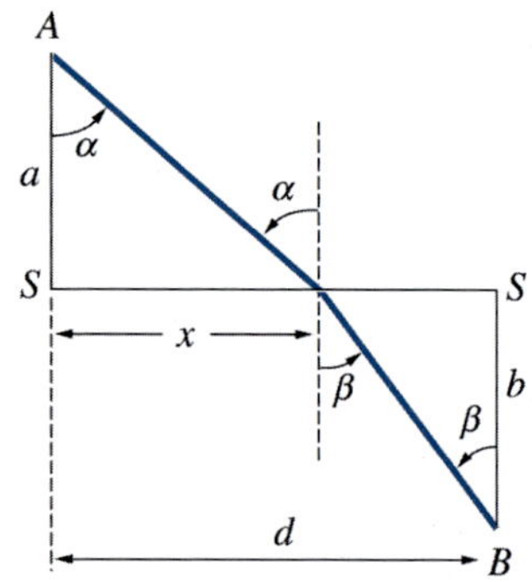

[그림 8.3] 굴절을 위한 페르마의 원리

$$t = \frac{\sqrt{a^2 + x^2}}{v_1} + \frac{\sqrt{b^2 + (d-x)^2}}{v_2} \tag{4}$$

x의 변화에 대해 t를 최소화하기 위해서는 dt/dx가 0이 되어야 한다.

$$\frac{dt}{dx} = \frac{x}{v_1\sqrt{a^2 + x^2}} - \frac{d-x}{v_2\sqrt{b^2 + (d-x)^2}} = 0 \tag{5}$$

[그림 8.3]을 참조해서 식 (5)를 삼각함수 형태로 변환하면 다음 식을 얻을 수 있다.

$$\frac{\sin\alpha}{v_1} - \frac{\sin\beta}{v_2} = 0 \tag{6}$$

두 매질에서 속도의 비율을 상대 굴절률(relative refractive index)이라고 하며, 다음 식과 같이 표현한다.

$$\frac{v_1}{v_2} = n_{21} \tag{7}$$

진공상태에서 빛의 속도에 대한 각 매질에서 빛의 진행속도를 절대 굴절률이

[표 8.1] 대표적인 물질들의 굴절률(Sodium D Light, 589nm)

물질	굴절률
진공	1.000000
공기	1.0003
물	1.333
색유리, C-1	1.5230
이황화 카본	1.63
과밀도 플린트, EDF-3	1.7200
메틸렌 요드	1.74
다이아몬드	2.42

라 하며, 다음과 같이 표현한다.

$$\frac{c}{v_1} = n_1, \ \frac{c}{v_2} = n_2 \tag{8}$$

식 (6)과 (8)을 연립하며 풀면, 아래와 같은 형태의 식으로 정리할 수 있다.

$$\frac{\sin\alpha}{\sin\beta} = \frac{n_2}{n_1} \tag{9}$$

식 (9)를 스넬(Snell)의 굴절법칙이라고 한다.

[표 8.1]에 대표적인 물질들의 굴절률을 나타내었다.

8.2.2 분산 관계

일반적으로 재료의 굴절률은 주파수 또는 파장에 의존한다. 이런 파장의 의존상태는 직접적으로 재료의 비유전률 ε_r에 대한 의존상태로부터 발생된다. [그림 8.4]는 전기장 E가 원자에 미치는 영향을 나타낸 것이다.

[그림 8.4(a)]에 나타낸 것처럼, 전기장이 없는 평형상태에서는 전자들의 원형궤적 질량 중심점 C는 양으로 대전된 점 O의 핵에 일치되므로 전기적 쌍극자

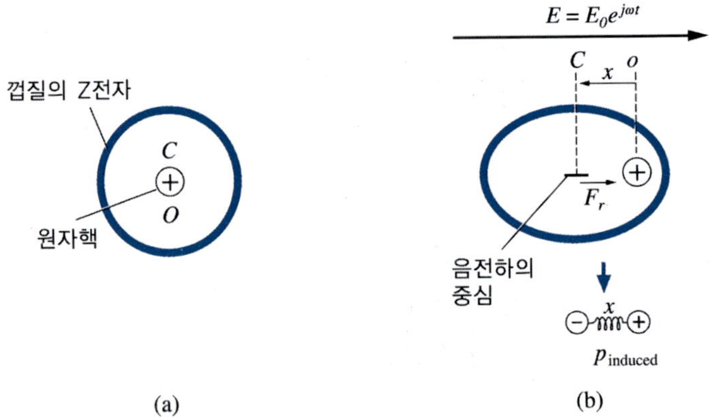

[그림 8.4] 원자의 전자분극

모멘트는 0이다. 원자는 핵 주위를 도는 전자의 수 Z를 가지고 있고, 모든 전자는 주어진 전자각 내에 있다고 가정한다. 그러나 전기장 E 내에서 전자는 장의 반대방향으로 움직이게 되고, 전자의 중심점 C는, [그림 8.4(b)]에 나타낸 것처럼, 원점으로부터 핵점 O까지의 거리 x만큼 이동하게 된다. 전자는 인가된 장에 의해 밀려나기 때문에 전자와 핵 사이의 쿨롱작용은 전자를 당기게 된다. 전기장 E에 의해 핵에서 전자를 떼어놓으려는 전자의 힘은 ZeE이다. 전자들과 핵 사이의 쿨롱인력인 복원력 F_r은 만약 x가 작다면 변위 x에 비례한다. 이는 $F_r = F_r(x)$는 x의 거듭제곱으로 확장될 수 있고, x가 작은 경우만 선형적이기 때문이다. 복원력 F_r은 분명히 C가 O$(x=0)$와 일치할 때 0이다. 여기서 복원력 $F_r = -\beta \mathrm{x}$로 표현할 수 있고, β 값은 상수이다. 음의 부호는 F_r이 항상 핵점 O를 향하는 것을 의미한다.

먼저 직류 전기장을 고려해보자. 평형상태에서, 음의 전자에 대한 순수한 힘(net force)은 0이거나, 주어진 x값에 대해 $ZeE = \beta \mathrm{x}$이다. 그러므로 유기된 전자 쌍극자 모멘트의 크기는 다음과 같이 표현할 수 있다.

$$p_{induced} = (Ze)x = \frac{Z^2 e^2}{\beta} E \tag{10}$$

예상한 대로, $p_{induced}$는 인가된 전계에 비례한다. 식 (10)에서 구한 전자 쌍극자 모멘트는 정상상태, 즉 전계가 직류장일 때만 유효하다. 원자를 분극시킨 전기장을 갑자기 제거했다고 가정하자. 그러면, 전자를 핵점 O를 향해 당기는 복원력 $-\beta x$가 존재하게 된다. 이 경우, 음의 전하 중심에 관한 식(힘=질량×가속도)은 다음과 같다.

$$-\beta x = Z\times m_e = \frac{d^2x}{dt^2} \qquad (11)$$

이 미분 방정식을 풀면, 어느 시간에서도 변위가 간단한 조화운동을 한다는 것을 알 수 있으며, 다음과 같이 표현할 수 있다.

$$x(t) = x_0 \cos(\omega_0 t) \qquad (12)$$

여기서 진동의 각주파수 ω_0는 다음과 같다.

$$\omega_0 = \left(\frac{\beta}{Z\times m_e}\right)^{1/2} \qquad (13)$$

본질적으로 ω_0는 핵에 관한 전자구름의 질량 중심 진동 주파수고, x_0는 전계가 제거되기 전의 변위다. 전계 제거 후에, 전자구름은 식 (13)에서 결정된 주파수 ω_0를 가지고 핵에 대한 간단한 조화운동을 하며, ω_0를 공진 주파수라고 한다. 물론 진동은 시간에 따라 차차 소멸된다. 왜냐하면 진동전자구름으로부터 필연적인 에너지 손실이 있기 때문이다. 진동하는 전자는 진동하는 전류와 같고, 전자기파의 방사에 의해 에너지가 손실된다. 모든 가속전자는 방사의 특징이 있다.

이제 [그림 8.4(b)]와 같이 원자를 통과하는 전자기파에 의해 야기되는 진동하는 전기장의 존재에 대해 고려해보자. 인가된 장은 $+x$, $-x$ 방향으로 조화진동을 하고, $E = E_0 exp(j\omega t)$로 나타난다. 이런 전기장은 전자를 핵에 대해 움직이게 하고 진동시킬 것이다. 다시, 복원력 F_r은 변위된 전자들을 핵 주위의 평형

상태에 있는 전자각으로 되돌린다. 간단하게 하기 위해 에너지 손실은 무시한다. 전기장 E에 의해 질량 Zm_e를 갖는 Ze 전자에 대한 Newton 제2법칙은 다음과 같다.

$$Zm_e = \frac{d^2x}{dt^2} = -ZeE_0\exp(j\omega t) - \beta x \tag{14}$$

이 식의 해를 이용하여, 핵으로부터 전자질량중심(O에서 C)의 순간적 변위 x(t)를 구할 수 있다.

$$x = x(t) = -\frac{eE_0\exp(j\omega t)}{m_e(\omega_0^2 - \omega^2)} \tag{15}$$

유기된 전자 쌍극자 모멘트는 간단히 $p_{induced} = -(Ze)x$로 주어진다. 일반적으로 x는 (-) 전하에서 (+) 전하까지의 거리로 측정된다. [그림 8.4(b)]에서는, 핵에서 x가 측정되었기 때문에 음의 부호가 필요하다. 전자 분극률 α_e는 단위 전기장당 유기되는 쌍극자 모멘트이므로 다음과 같이 표현할 수 있다.

$$\alpha_e = \frac{P_{induced}}{E} = \frac{Ze^2}{m_e(\omega_0^2 - \omega^2)} \tag{16}$$

따라서 변위 x와 이에 대한 전자 분극률 α_e는 ω가 증가함에 따라 커진다. 둘 다 ω가 주파수 ω_0에 근접할수록 더욱 증가한다. 전하 간의 거리 x와 이에 대한 분극률 α_e는 $\omega = \omega_0$에서 실제로 무한대가 되지 않는다. 이것은 첫째, 큰 x값에서 시스템은 더 이상 선형적이지 않고 분석 또한 정확하지 않으며 둘째, 항상 어느 정도의 에너지 손실이 존재한다는 두 가지 제한 요인 때문이다.

식 (16)처럼 분극률이 주파수에 의존적이라는 사실을 알게 되면, 굴절률 n에 대한 효과는 쉽게 예상할 수 있다. 비유전률 ε_r과 분극률 α_e의 관계는 다음과 같다.

$$\varepsilon_r = 1 + \frac{N}{\varepsilon_0}\alpha_e \tag{17}$$

여기서 N은 단위 체적당 원자수다.

$n^2 = \varepsilon_r$과 연관된 굴절률 n이 주어지면, 다음 식과 같이 n은 주파수에 의존적이다.

$$n^2 = 1 + \left(\frac{NZe^2}{\varepsilon_0 m_e}\right) = \frac{1}{\omega_0^2 - \omega^2} \tag{18}$$

또한 이 식은 파장 λ의 형태로 표현할 수 있다. $\lambda_0 = 2\pi c/\omega_0$가 공진 주파수라면 식 (18)은 다음과 같이 나타낼 수 있다.

$$n^2 = 1 + \left(\frac{NZe^2}{\varepsilon_0 m_e}\right)\left(\frac{\lambda_0}{2\pi c}\right)^2 = \frac{\lambda^2}{\lambda^2 - \lambda_0^2} \tag{19}$$

n과 주파수 ω 혹은 파장 λ의 관계를 분산관계라고 한다. 비록 아주 간단하게 유도했지만, n이 항상 파장에 의존적이고 주파수가 분극 메커니즘의 공진 주파수에 근접함에 따라 n값이 커진다는 것을 알 수 있다. 위의 예에서, 명확히 규정된 공진 주파수 ω_0를 가진 고립된 원자의 전자분극을 고려해보았다. 하지만 결정체에서 원자의 상호작용과 더불어 원자결합에서 전자의 균형도 고려되어야 한다. 종합적인 결론은 n이 주파수 혹은 파장의 복합적인 함수라는 것이다. 많은 응용분야에서, 실험식으로 분산관계를 나타내는 것은 매우 유용하다. 제한된 파장 범위에서 실험식은 비교적 간단히 표현할 수 있다. 예를 들어, GaAs의 경우 λ=0.89에서 4.1μm 범위의 분산 관계식은 다음과 같다.

$$n^2 = 7.10 + 3.78\frac{\lambda^2}{\lambda^2 - 0.2767} \tag{20}$$

8.3 반사와 투과

8.3.1 프레넬(Fresnel) 방정식

[그림 8.5]와 같이 어떤 계면에 빛을 입사시킬 때, 전기장 E는두 방향 중 한 방향으로 진동한다. 입사평면에 평행한 방향인 경우를 p 편광이라 하며, ||로 표시한다. 입사평면에 수직인 방향으로 진동하는 경우를 s 편광이라 하며, ⊥로 표시한다. 입사각은 α이며 굴절각은 β이다.

굴절률이 다른 두 매질에 빛이 입사할 때, 두 매질의 계면에서 입사파, 반사파, 투과파의 관계를 얻기 위해서는 광파에서 전기장을 고려하는 것이 필수적이다. 1과 2로 구분되는 두 매질의 계면에서 전기장들의 거동을 제어하는 두 가지 경계조건이 존재한다. [그림 8.6]의 계면을 가로지르는 폐경로를 이용해, 첫 번째 경계조건을 알아보자.

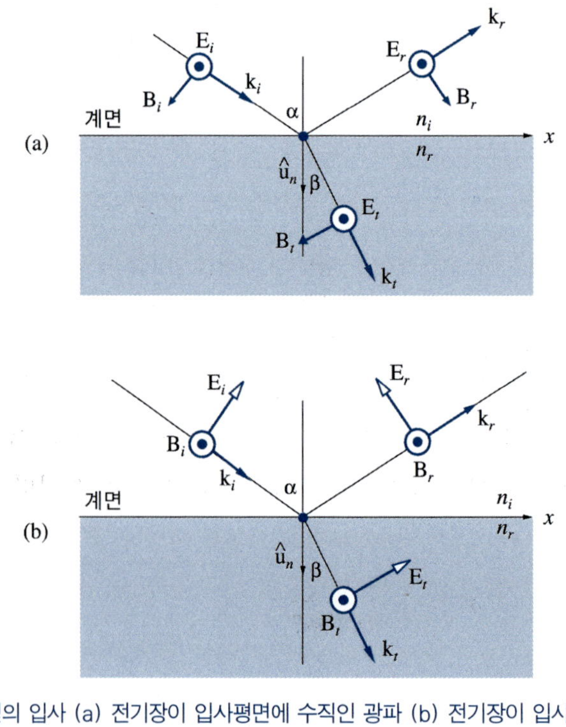

[그림 8.5] 빛의 입사 (a) 전기장이 입사평면에 수직인 광파 (b) 전기장이 입사평면에 수평인 광파

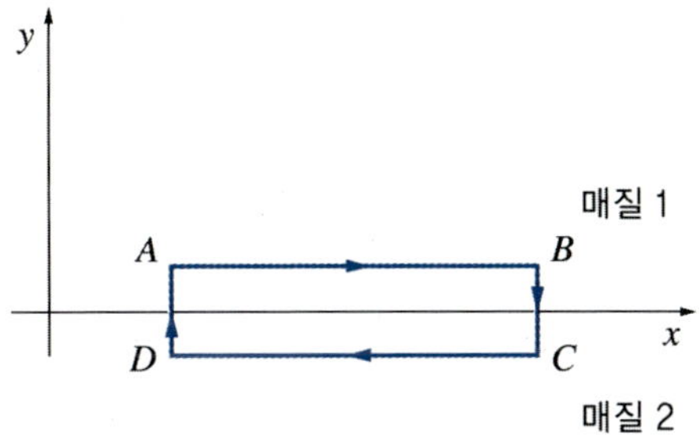

[그림 8.6] 계면을 가로지르는 폐경로(closed path)

[그림 8.6]에서 보듯이, 계면을 포함하는 직사각형의 경로는 A-B-C-D이며, 경로 AD와 BC는 무시할 수 있을 정도로 짧다. 여기서 직사각형의 경로에 대한 전기장의 선적분을 구하는데, 이때 계면에 평행한 전기장의 x 성분만을 고려한다.

$$\int_A^B E \cdot dL + \int_C^D E \cdot dL = \int_A^B E_{1x} \cdot dL - \int_C^D E_{2x} \cdot dL \tag{21}$$

자유전하(free charge)가 없기 때문에 식 (21)은 0이 된다.

$$(E_{1x} - E_{2x})L = 0 \text{ 또는 } E_{1x} = E_{2x} \tag{22}$$

즉, 첫 번째 경계조건은 전기장의 수평성분이 경계를 통과한 후에도 연속적이라는 것을 의미한다. 자기장의 수평성분도 연속적임을 동일한 과정을 통해 증명할 수 있다.

$$H_{1x} = H_{2x} \tag{23}$$

두 번째 경계조건은 맥스웰(Maxwell)의 첫 번째 방정식을 이용해서 구할 수 있다.

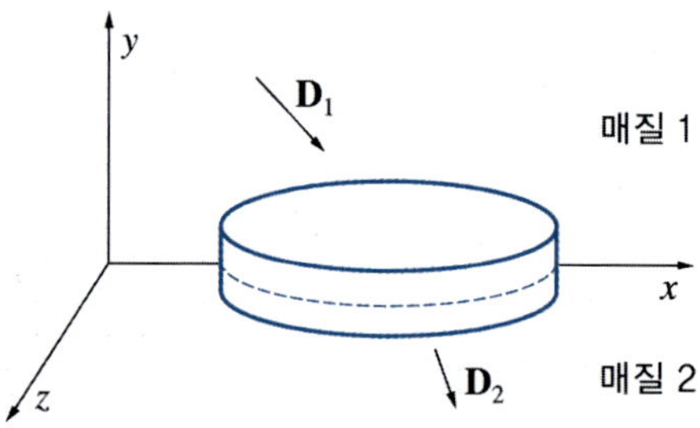

[그림 8.7] 경계에 놓인 원기둥

$$\oint_S D \cdot dS + \int_V \rho dV \tag{24}$$

[그림 8.7]의 경계에 놓인 원기둥에 맥스웰의 첫 번째 방정식을 적용하면, 다음 식을 유도할 수 있다.

$$\begin{aligned}\oint_S D \cdot dS &= \int_{S_1} D_1 \cdot dS + \int_{S_2} D_2 \cdot dS \\ &= -\int_{S_1} D_{1y} \cdot dS + \int_{S_2} D_{2y} \cdot dS\end{aligned} \tag{25}$$

전하가 없기 때문에 윗식은 아래와 같이 간략화된다.

$$(-D_{1y} + D_{2y})A = 0 \text{ 또는 } D_{1y} = D_{2y} \tag{26}$$

즉, 전속밀도의 수직성분은 경계를 가로질러서도 연속적이라는 것이 두 번째 경계조건이 의미다. 자기장의 수직성분에 대해서도 맥스웰의 두 번째 방정식을 이용해 동일하게 구할 수 있다.

$$\oint_S B \cdot dS = 0, \; B_{1y} = B_{2y} \tag{27}$$

매질 1에서 2로 진행되는 전자기파에 경계조건을 적용하면, 반사파와 투과파의 크기는 매질의 굴절률과 입사각, 굴절각의 형태로 얻게 된다. 이 관계식을 프레넬(Fresnel) 방정식이라고 한다. 프레넬 방정식을 유도하기 위해 포인팅 벡터(S)를 적용하면, 입사광선의 포인팅 벡터는 반사된 광선의 포인팅 벡터와 투과된 광선의 포인팅 벡터의 합과 같아야 한다.

$$S_i = S_r + S_i \tag{28}$$

여기서 포인팅 벡터는 다음과 같은 식으로 나타낼 수 있다.

$$S = v^2 \varepsilon_0 \varepsilon_r \, E \times B \tag{29}$$

즉, 포인팅 벡터는 전파 방향에 의해 결정되는 방향에서 단위 면적, 단위 시간당 에너지의 흐름을 나타낸다. 따라서 평균 방사도는 다음과 같이 나타낼 수 있다.

$$I = < S > = \frac{1}{2} v \varepsilon_0 \varepsilon_r \, E^2 \tag{30}$$

여기서 $v = c/n$이고 $\varepsilon_r = n^2$이므로, 식 (30)은 다음과 같이 나타낼 수 있다.

$$< S > = \frac{1}{2} c \varepsilon_0 n E^2 \tag{31}$$

따라서 식 (28)은 다음과 같이 바꾸어서 표현할 수 있다.

$$n_1 E_i^2 = n_1 E_r^2 + n_2 E_t^2 \text{ 또는 } n_1 (E_i^2 - E_r^2) = n_2 E_t^2 \tag{32}$$

[그림 8.8]은 경계면의 면적을 비추는 원형 광선을 나타낸 것이다. 이 경우 입사, 반사, 투과 광선의 단면적은 각각 다음과 같이 나타낼 수 있다.

$$C_i = A \cos\alpha, \; C_r = A \cos\alpha, \; C_t = A \cos\beta \tag{33}$$

입사광선에서 전달된 빛의 교차 부분의 비율은 다음 식과 같이 나타낼 수 있다.

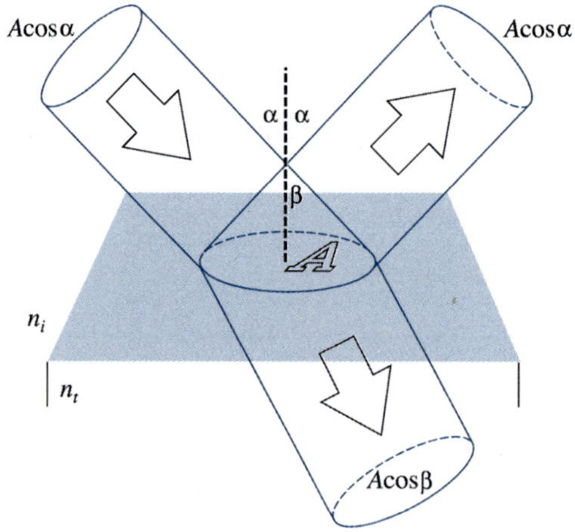

[그림 8.8] 원형입사광선의 반사 및 투과

$$\frac{C_t}{C_i} = \frac{\cos\beta}{\cos\alpha} \tag{34}$$

그러므로 식 (32)는 다음과 같이 표현할 수 있다.

$$n_1(E_i^2 - E_r^2)\cos\alpha = n_2 E_t^2 \cos\beta \tag{35}$$

전기장의 수평성분 | |과 수직성분 ⊥을 나누어서 고려하도록 한다. 먼저 전기장의 수평성분에 대한 방정식을 유도하면, 경계조건에 대한 식은 다음과 같다.

$$E_{\parallel i} + E_{\parallel r} = E_{\parallel t} \tag{36}$$

우선, 식 (32)의 왼쪽 항에서 괄호 안에 있는 식을 $(E_i + E_r)(E_i - E_r)$로 풀어 쓴 후, 식 (36)의 경계조건을 대입하면 다음 식을 얻을 수 있다.

$$n_1(E_{\parallel i} - E_{\parallel r})\cos\alpha = n_2 E_{\parallel t}\cos\beta \tag{37}$$

$E_{\parallel t}$를 소거하면, 다음에 나타낸 식과 같은 전기장의 수평성분에 대한 반사계수를 유도할 수 있다.

$$r_{\|} = \left(\frac{E_r}{E_i}\right)_{\|} = \frac{n_2 \cos \alpha - n_1 \cos \beta}{n_2 \cos \alpha + n_1 \cos \beta} \tag{38}$$

식 (37)에서 $E_{\|r}$을 소거하면, 다음과 같은 전기장의 수평성분에 대한 투과계수를 얻을 수 있다.

$$t_{\|} = \left(\frac{E_t}{E_i}\right)_{\|} = \frac{2n_1 \cos \alpha}{n_1 \cos \beta + n_2 \cos \alpha} \tag{39}$$

전기장의 수직성분에 대한 경계조건은 다음과 같이 나타낼 수 있다.

$$E_{\perp i} - E_{\perp r} = E_{\perp t} \tag{40}$$

식 (40)의 경계조건을 식 (32) 대입하면 다음 식을 얻을 수 있다.

$$n_1 (E_{\perp i} - E_{\perp r}) \cos \alpha = n_2 E_{\perp t} \cos \beta \tag{41}$$

식 (41)에서 $E_{\perp t}$를 소거하면, 다음 식과 같은 전기장의 수직성분에 대한 반사계수를 얻을 수 있다.

$$r_{\perp} = \left(\frac{E_r}{E_i}\right)_{\perp} = \frac{n_1 \cos \alpha - n_2 \cos \beta}{n_1 \cos \alpha + n_2 \cos \beta} \tag{42}$$

다음으로 식 (41)에서 $E_{\perp r}$을 소거하면, 전기장의 수직성분에 대한 투과계수를 유도할 수 있다.

$$t_{\perp} = \left(\frac{E_t}{E_i}\right)_{\perp} = \frac{2n_1 \cos \alpha}{n_1 \cos \alpha + n_2 \cos \beta} \tag{43}$$

8.3.2 반사도와 투과도

굴절률이 n_1 매질에서 굴절률이 n_2인 매질로 빛이 입사될 때, 투과도와 반사도를 계산하는 것이 필요할 경우가 있다. 반사도(R)는 다음 식에 나타낸 것과 같이 입사파에 대한 반사파의 강도비로 정의된다.

$$R_{\perp} = \frac{|E_{\perp r}|^2}{|E_{\perp i}|^2} = |r_{\perp}|^2 \tag{44}$$

$$R_{\parallel} = \frac{|E_{\parallel r}|^2}{|E_{\parallel i}|^2} = |r_{\parallel}|^2 \tag{45}$$

수직으로 입사될 경우의 반사도는 다음과 같이 간단하게 표현된다.

$$R = R_{\perp} = R_{\parallel} = \left(\frac{n_1 - n_2}{n_1 + n_2}\right)^2 \tag{46}$$

수직으로 입사될 때, 공기와 유리(n=1.5) 사이에 발생하는 반사도는 식 (46)에 의해 약 4%임을 알 수 있다.

반사도와 유사하게, 투과도(T)는 입사파에 대한 투과파의 강도비로 정의된다. 그러나 반사파와 달리, 투과파는 입사파와 다른 매질에 존재하고, 굴절 문제 때문에 반사도처럼 간단하게 표현되지 않는다. 빛이 수직으로 입사하는 경우, 투과도는 다음 식과 같이 나타낼 수 있다.

$$T_{\perp} = \frac{n_2 |E_{\perp t}|^2}{n_1 |E_{\perp i}|^2} = \left(\frac{n_2}{n_1}\right)|t_{\perp}|^2 \tag{47}$$

$$T_{\parallel} = \frac{n_2 |E_{\parallel t}|^2}{n_1 |E_{\parallel i}|^2} = \left(\frac{n_2}{n_1}\right)|t_{\parallel}|^2 \tag{48}$$

또는 다음 식과 같이 나타낼 수도 있다.

$$T = T_{\perp} = T_{\parallel} = \frac{4n_1 n_2}{(n_1 + n_2)^2} \tag{49}$$

반사도와 투과도의 관계는 다음 식과 같다.

$$R + T = 1 \tag{50}$$

8.4 흡수

8.4.1 복소 굴절률

일반적으로 빛이 재료를 통해 전파될 때, [그림 8.9]와 같이 전파의 방향으로 감쇠가 발생한다. 전파의 방향에서 빛의 강도 손실을 일으키는 주요 원인은 흡수이다. 흡수에서의 손실은 전자기파가 전파될 때, 빛 에너지가 다른 형태의 에너지로 전환되어 발생한다. 예를 들면, 매질내 분자의 분극화 동안의 격자진동(열), 불순물 이온들의 국부 진동, 가전자대에서 전도대로의 전자 여기 등이 있다. 흡수과정을 고려하기 위해, 식 (51)과 같은 단색 광파가 유전 매질로 전파되고 있는 경우를 살펴보자.

$$E = E_0 \exp j(\omega t - kz) \tag{51}$$

식 (51)에서 전기장 E는 z방향을 따라 전파하고 있기 때문에 x 또는 y방향

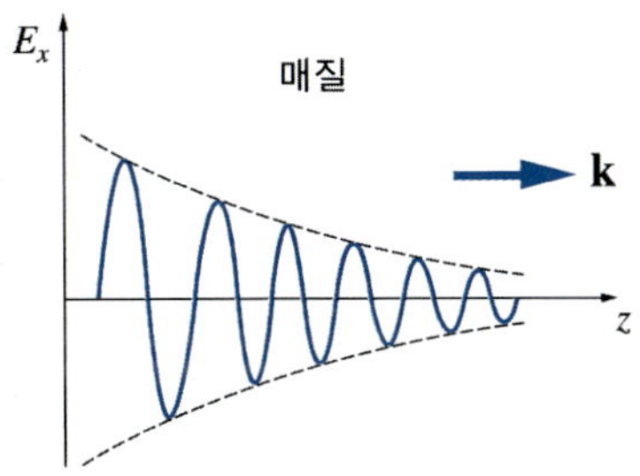

[그림 8.9] 전파 방향으로 빛의 감쇠

에 평행하다. 파가 매질을 통해 전파될 때, 분자들은 분극화된다. 이 분극 효과는 매질의 비유전률 ε_r에 의해 표현된다. 분극화 과정에서 손실이 전혀 없다면, 비유전률 ε_r은 실수가 된다. 그리고 대응하는 굴절률 $n = \sqrt{\varepsilon_r}$ 또한 실수가 된다. 하지만 우리는 모든 분극과정에서 항상 약간의 손실이 있다는 것을 알고 있다. 예를 들어, 이온결정의 극성은 전기장과 이들이 만드는 진동에 의해 평형 위치에서 벗어나게 된다. 그리고 전기장에서의 에너지 중 일부는 격자진동(소리와 열)으로 전환된다. 일반적으로, 이 손실들은 복소 비유전률 ε_r에 의해 설명된다.

$$\varepsilon_r = \varepsilon_r' - j\varepsilon_r'' \tag{52}$$

여기서 실수 부분 ε_r'은 손실이 없는 매질의 분극을 결정하고, 허수부 ε_r''은 매질에서의 손실을 의미한다. 무손실 매질의 경우, 명확히 $\varepsilon_r = \varepsilon_r'$이다. 손실 ε_r''은 파의 주파수에 의존하며, 대부분 어떤 공진 주파수에서 최고값을 나타낸다. 매질은 움직이는 파에서의 전기장 때문에 주울(Jule) 손실을 나타낸다. 이러한 형태의 빛 감쇠를 자유 캐리어 흡수라고 한다. 이 경우 ε_r''과 σ는 다음 식과 같은 관계가 있다.

$$\varepsilon_r'' = \frac{\sigma}{\varepsilon_0 \omega} \tag{53}$$

여기서 ε_0는 진공 중의 유전률이며, σ는 전자기파 주파수에서의 전도율이다.

ε_r이 복소수이기 때문에 복소 굴절률에 대해서도 생각할 수 있다. 매질 내로 전파되고 흡수 때문에 감쇠되는 전자기파는 일반적으로 복소 전파상수 k로 표현된다.

$$k = k' - jk'' \tag{54}$$

여기서 k'과 k''는 각각 실수부와 허수부를 나타낸다. 식 (54)를 식 (51)에 대입하면 다음 식을 얻을 수 있다.

$$E = E_0 \exp(-k''z)\exp j(\omega t - k'z) \tag{55}$$

파의 크기는 파가 z방향을 따라 전파하는 동안 지수 함수적으로 감소한다. 복소 전파상수의 실수부 k'은 전파 특성을 나타낸다. 예를 들어, 위상속도 $V=\omega/k'$, 허수부 k''은 z방향을 따라 감쇠하는 비율을 나타낸다. z축을 따르는 어느 점에서 강도 I는 다음 식과 같이 표현된다.

$$I \propto |E|^2 \propto \exp(-2k''z) \tag{56}$$

거리에 따른 강도의 변화율은 다음 식과 같다.

$$\frac{dI}{dz} = -2k''I \tag{57}$$

여기서 (-)는 감쇠를 나타낸다.

k_0는 진공에서 전파상수다. 이것은 자유공간에서 손실이 없는 평면파이며, 실수값을 갖는다. 실수부 n과 허수부 K를 갖는 복소 굴절률 N은 자유공간에서 전파상수에 대한 매질에서의 복소 전파상수의 비율로 정의된다.

$$N = n - jK = \frac{k}{k_0} = \frac{1}{k_0}(k' - jk'') \tag{58}$$

즉, 다음과 같다.

$$n = \frac{k'}{k_0} \text{ 그리고 } K = \frac{k''}{k_0} \tag{59}$$

일반적으로, 실수부 n은 굴절률이라 하고, K는 소광계수(extinction coefficient)라고 부른다. 감쇠가 없는 경우는 다음과 같이 표현할 수 있다.

$$k'' = 0 \;\; k = k' \text{ 그리고 } N = n = \frac{k}{k_0} = \frac{k'}{k_0} \tag{60}$$

손실이 없는 경우, 굴절률 n과 비유전률 ε_r의 관계는 $n = \sqrt{\varepsilon_r}$ 이다. 이 관계는 손실이 있을 경우에도 유효하다. 단, 복소 굴절률과 복소 비유전률을 사용할 경우에는 예외다.

$$N = n - jK = \sqrt{\varepsilon_r} = \sqrt{\varepsilon_r{'} - j\varepsilon_r{''}} \tag{61}$$

양변 모두를 제곱하면 n과 K는 각각 $\varepsilon_r{'}$과 $\varepsilon_r{''}$에 직접 연관된다. 최종적으로 다음 식을 얻을 수 있다.

$$n^2 - K^2 = \varepsilon_r{'} \text{ 그리고 } 2nK = \varepsilon_r{''} \tag{62}$$

재료의 광학적 성질은 n과 K 또는 $\varepsilon_r{'}$과 $\varepsilon_r{''}$의 주파수 의존성에 의해 설명이 가능하다. n과 K로부터 $\varepsilon_r{'}$과 $\varepsilon_r{''}$를 얻기 위해, 또는 그 반대로 $\varepsilon_r{'}$과 $\varepsilon_r{''}$에서 n과 K를 얻기 위해식 (62)를 사용할 수 있다. [그림 8.10]은 비정질 실리콘의 경우, 복소 굴절률의 실수부 n과 허수부 K를 광 에너지의 함수($\hbar\omega$)로 나타낸 것이다. 밴드 갭 에너지보다 작은 광 에너지에 대해 K는 무시할 만하고, n은 3.5에 가깝다. n과 K는 광 에너지가 증가함에 따라 크게 변한다.

재료의 비유전률에서 실수부 $\varepsilon_r{'}$의 주파수 의존성을 알고 있다면, 허수부 $\varepsilon_r{''}$의 주파수 의존성을 결정할 수 있고, 그 반대도 가능하다. 인가된 전기장에 독립적인

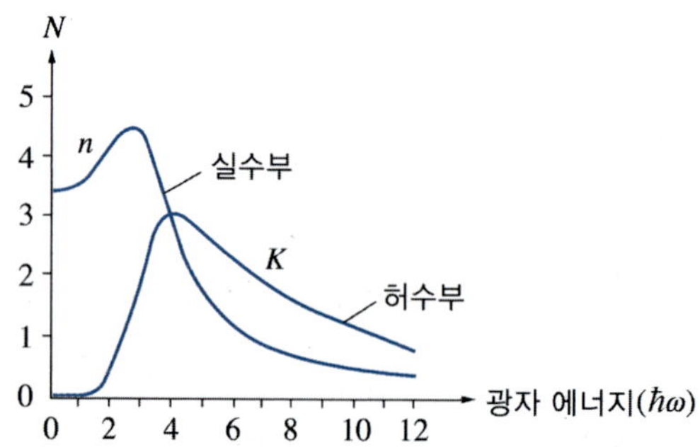

[그림 8.10] 복소 굴절률의 실수부 n과 허수부 K의 항으로 나타낸 비정질 실리콘 박막의 광학적 특성

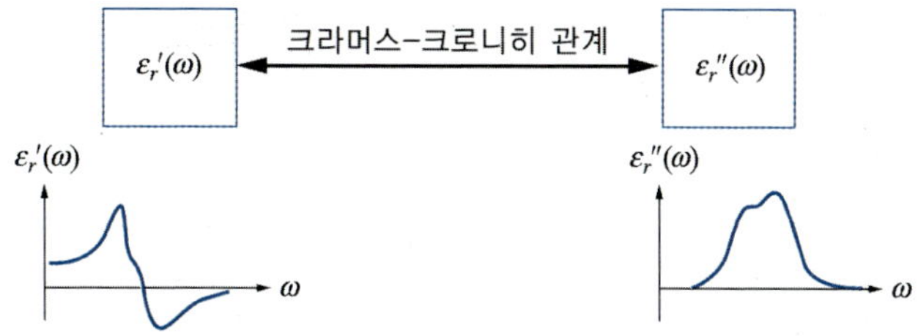

[그림 8.11] 비유전률의 실수부와 허수부의 주파수 의존성과 서로의 연관성을 나타낸 Kramers-Kronig 관계

비유전률을 갖는다는 것은 분극응답이 인가된 전기장에 선형적으로 비례한다는 것을 의미한다. 비유전률의 실수부와 허수부를 관련시키는 식을 크라머스-크로니히(Kramers-Kronig relations) 관계식이라고 부른다. $\varepsilon_r'(\omega)$과 $\varepsilon_r''(\omega)$이 각각 실수부와 허수부의 주파수 의존성을 표현한다면, [그림 8.11]에 나타낸 것처럼, $\varepsilon_r'(\omega)$로부터 $\varepsilon_r''(\omega)$를 결정할 수 있다.

광학적 성질 n과 K는 입사각과 분극함수로서 물질 표면에서의 반사도를 측정함으로써 결정될 수 있다. 반사계수와 투과계수가 손실을 무시한 실수의 굴절률 사용에 바탕을 두고 있음을 언급하는 것은 유익하다. 우리가 n 대신에 복소굴절률 N을 사용한다면, 여전히 반사계수와 투과계수를 사용할 수 있다. 예를 들어, 자유공간에서 재료를 수직입사(θ_i=0°)하는 빛을 고려해보자. 이때 반사계수는 다음 식과 같다.

$$r = -\frac{N-1}{N+1} = -\frac{n-jK-1}{n-jK+1} \tag{63}$$

반사도는 다음 식으로 표현할 수 있다.

$$R = \left|\frac{n-jK-1}{n-jK+1}\right|^2 = \frac{(n-1)^2+K^2}{(n+1)^2+K^2} \tag{64}$$

여기서 소광계수 K=0일 때, 보통 형태의 수식으로 간략화된다.

8.4.2 반도체에서의 흡수(밴드–밴드 흡수)

광자흡수 과정, 즉 전자–홀 쌍(EHPs)의 생성은 가전자대에서 전도대까지 전자를 여기시키기 위해 적어도 반도체 재료의 밴드 갭 에너지 E_g와 같게 되는 광 에너지를 요구한다. 그러므로 광자흡수를 위한 상한 차단파장(upper cut-off wavelength)은 반도체 밴드 갭 에너지 E_g에 의해 결정된다.

$$\lambda_g(\mu\mathrm{m}) = \frac{1.24}{E_g(eV)} \tag{65}$$

예를 들면, Si에 대해서 E_g= 1.12eV와 λ_g=1.11μm인 반면, Ge에 대해서는 E_g=0.66eV와 λ_g=1.87μm이다. [표 8.2]는 다양한 반도체 재료의 전형적인 밴드 갭 에너지와 차단파장을 나타낸 것이다.

λ_g보다 짧은 파장을 가진 입사광은 반도체에서 광자들이 전송되면서 흡수되고, 빛의 강도는 반도체 내의 거리에 따라 지수적으로 감소한다. 반도체 표면에서 x만큼 떨어진 거리에서의 빛의 강도 I는 다음과 같이 나타낼 수 있다.

$$I(\mathrm{x}) = I_0 \exp(-\alpha x) \tag{66}$$

[표 8.2] 다양한 반도체 재료의 밴드 갭 에너지 E_g와 차단파장(300K)

반도체	E_g(eV)	λ_g(μm)
InP	1.35	0.91
$GaAs_{0.88}Sb_{0.12}$	1.15	1.08
Si	1.12	1.11
$In_{0.7}Ga_{0.3}As_{0.64}P_{0.36}$	0.89	1.4
$In_{0.53}Ga_{0.47}As$	0.75	1.65
Ge	0.66	1.87
InAs	0.35	3.5
InSb	0.18	7

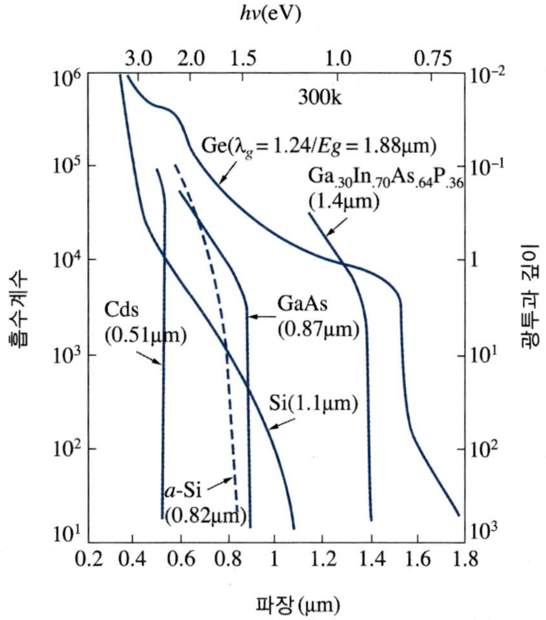

[그림 8.12] 다양한 반도체에 대한 흡수계수 α 대 파장 λ의 관계

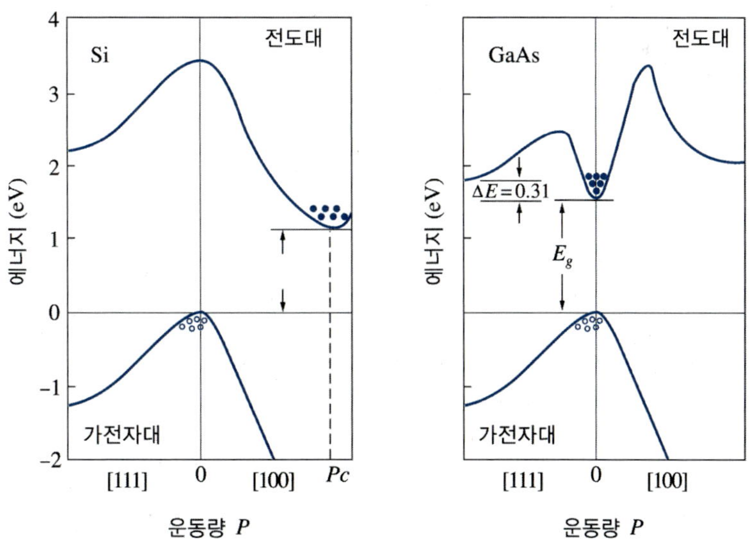

[그림 8.13] 직접형 밴드 갭과 간접형 밴드 갭 반도체의 에너지대 구조

여기서 I_0는 입사광의 강도이고 α는 광 에너지 또는 파장에 의존하는 흡수계수다.

흡수계수 α는 재료적인 특성이다. 대부분의 광자흡수(63%)는 거리 $1/\alpha$ 상에서 발생하며, $1/\alpha$을 침투깊이 δ라고 한다. [그림 8.12]는 광소자에 주로 사용되는 반도체의 α 대 λ 특성을 나타낸 것이다. [그림 8.12]에서 보듯이, 파장 λ에 따른 α의 거동은 반도체 재료에 의존하고 있는 것이 명백하다.

반도체에서 흡수는 결정 운동량(crystal momentum)과 전자 운동량(electron momentum)의 거동으로 이해될 수 있다. 만약 k가 결정에서 전자의 파동벡터라면, 그때 결정 내에서 전자의 운동량은 $\hbar k$이다. 직접형 밴드 갭과 간접형 밴드 갭 반도체의 전도대와 가전자대의 전자에 대한 E 대 $\hbar k$ 거동을 [그림 8.13]에 나타내었다.

III-V족 반도체와 같은 직접형 밴드 갭 반도체(GaAs, InAs, InP, GaP)와 그들의 다양한 화합물(InGaAs, GaAsSb 등)에서의 광자흡수 과정은 격자진동으로부터 도움이 요구되지 않는다. 광자가 흡수되면, 전자는 가전자대로부터 전도대까지 k-벡터 또는 결정 운동량 $\hbar k$의 변화없이 직접적으로 여기된다. 이때 광자 운동량은 매우 작다. 가전자대에서 전도대까지 전자 운동량의 변화는 다음과 같다.

$$\hbar k_{CB} - \hbar k_{VB} = \text{포논 운동량} \approx 0 \tag{67}$$

이 과정은 [그림 8.13(b)]에서 보듯이 전자 에너지(E) 대 전자 운동량($\hbar k$) 관계에서 수직 천이에 대응된다. 이러한 반도체들의 흡수계수는 [그림 8.12]에서 보았듯이, λ_g로부터 파장이 감소함에 따라 급격하게 증가한다.

Si와 Ge 같은 간접형 반도체에서, E_g 근처의 광자 에너지에 대한 광자흡수는 [그림 8.13(a)]에 나타낸 것처럼 흡수과정 동안 격자진동, 즉 포논(phonon)의 방출과 흡수를 요구한다. 만약 K가 격자파의 파동벡터라면, 그때의 $\hbar k$는 포논 운동량(phonon momentum)이다. 가전자대에서 전자가 전도대로 여기될 때, 결정에서 운동량의 변화가 있고 이 운동량의 변화는 입사광자의 운동량이 매우 작기 때문에 광자의 운동량에 의해 공급될 수 없다. 그러므로 운동량 차이는 다음 식과 같이 포논 운동량에 의해 평형이 맞춰져야 한다.

$$\hbar k_{CB} - \hbar k_{VB} = \text{포논 운동량} = \hbar K \tag{68}$$

간접형에서의 흡수과정은 격자진동에 의존하고, 이에 따라 온도에도 의존하게 된다. 가전자대의 전자와 광자의 상호작용에는 격자진동이 필요하기 때문에, 광자흡수의 확률은 직접형 천이(direct transition)만큼 높지 않다. 게다가, 차단파장(cut-off wavelength)은 직접형 밴드 갭 반도체와 같이 급격하지 않다. 흡수과정 동안, 포논은 흡수 또는 방사될 것이다. 만약 υ가 격자진동의 주파수라면, 그때 포논 에너지는 $h\nu$이다. ν는 광자의 주파수이다. 다음 식을 만족해야만 에너지 보존 법칙이 성립된다.

$$h\nu = E_g \pm h\upsilon \tag{69}$$

따라서 흡수는 에너지 밴드 갭 E_g와 정확히 일치하지 않는다. Si와 Ge에 대한 흡수계수는 [그림 8.12]에 나타낸 것처럼, λ_g에서 파장이 감소함에 따라 서서히 증가한다.

8.5 발광

직접형 밴드 갭 반도체는 에너지를 흡수하고 이어서 빛을 방출하는, 즉 발광(luminescence) 현상을 나타낼 수 있다. 방출되는 광자들은 고체 내에서 일어나는 전자천이에 의해 발생된다. 에너지를 흡수하여 전도대로 여기된 전자가 가전자대의 정공과 재결합하는 과정에서 광자가 방출된다. 발광과정에는 광자의 방출을 위해 전자의 초기 여기가 필요하다. 초기 여기에 필요한 에너지는 보통 흡수되는 에너지보다 높은 에너지를 가진 전자기 복사선, 이를테면 자외선 또는 높은 에너지의 전자들과 같은 다른 원천에 의해 공급되기도 하고, 열, 기계적 또는 화학적 에너지에 의해 공급되기도 한다. 발광은 흡수와 재방출 사이의 지체 시간에 의해 구분된다. 만약 재방출이 수 나노 초(~nsec) 범위 내에서 발생되면 그 현상을 형광(fluorescence)이라 하고, 보다 긴 시간에 걸쳐 일어나면 인광(phosphorescence)이라 한다.

8.5.1 발광과정

[그림 8.14]는 발광과정을 설명하기 위한 간단한 개략도이다. 이 그림에서 보듯이 초기에 입사광자가 가전자대 내의 전자를 전도대로 여기시킨다. 그 후, 전자는 격자진동과 충돌하면서 과잉 에너지를 잃고 E_c 근처로 떨어진다. 전자가 전도대 내를 선회하다가 트랩준위(E_t)에 포획된다. 포획된 전자는 일시적으로 움직이지 못한다. 시간이 지난 후에 강한 격자진동이 (열적 여기에 의해서) 전자를 전도대로 되돌려 보낸다. 트랩은 결정결함에 의해 발생할 수도 있고 주입된 불순물에 의해 발생할 수도 있다. 전자가 트랩되어 있는 시간은 트랩준위가 전도대에서 얼마나 떨어져 있는가를 나타내는 $E_c - E_t$에 의존한다. 전자가 전도대 내를 다시 돌아다니다가 결국 발광 중심, 즉 액티베이터(activator)에 포획된다. 대체로, 발광 중심은 의도적으로 주입된 불순물이거나 침입형, 공격자 점 같은 결정결함들이다. 그 후에 전자는 광자를 방출하면서 액티베이터의 기저상태

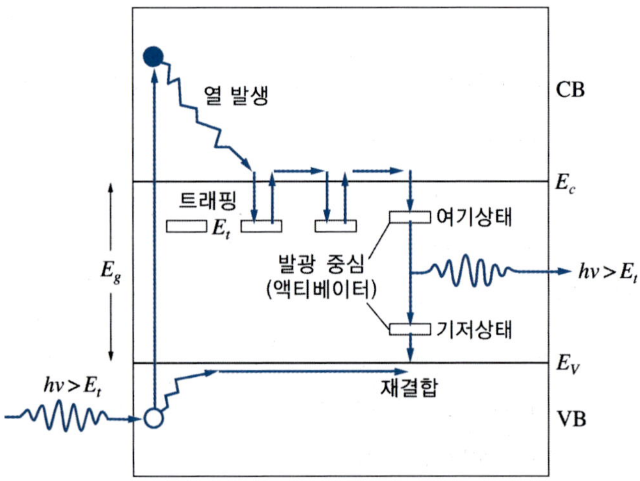

[그림 8.14] 발광과정을 이해하기 위한 개략도

에너지로 떨어진다. 기저상태의 전자는 나중에 가전자대 안을 돌아다니는 정공과 재결합한다. 그러므로 액티베이터는 방사 재결합 중심으로 작용한다. 만일 전자가 트랩준위에서 상당한 시간 동안 포획된 상태로 있다면, 광 생성과 재결합 사이의 시간 간격은 꽤 길 수도 있다. 실제로, 전자는 최종적으로 재결합하기 전에 여러 번 트랩 중심에 포획되고 빠져나오기를 반복할 수 있기 때문에 여기가 멈춘 후 빛의 방출이 비교적 오랜 시간 동안 유지될 수 있다.

8.5.2 발광의 분류

(1) 빛에 의한 발광

일반 형광등 램프에서 빛에 의한 발광(photoluminescence)은, 저압의 수은아크에서 나오는 자외선을 할로인(halophosphate phosphor)을 사용해 가시광선으로 바꿔준다. 약 20%의 불소이온(F^-)을 함유한 칼슘-할로인($Ca_{10}F_2P_6O_{24}$)이 염소이온(Cl^-)으로 대체되어 대부분의 램프에 사용된다. 안티몬 이온(Sb^{3+})은 청색을 띠고, 망간이온(Mn^{2+})은 주황색을 띤다. 망간이온을 변화시킴으로써, 청색, 주황색, 백색 등 여러 가지 색을 얻을 수 있다. [그림 8.15]에 나타낸 것과 같이 여기된 수은 원자에서의 고에너지 자외선은 인으로 도금된 형광램프를 통해 저에너지, 장파의 가시광선을 방출한다.

(2) 음극선 발광(cathodoluminescence)

높은 에너지를 갖는 전자빔을 시료에 충돌시켜 전자들을 전도대로 여기시킨 후,

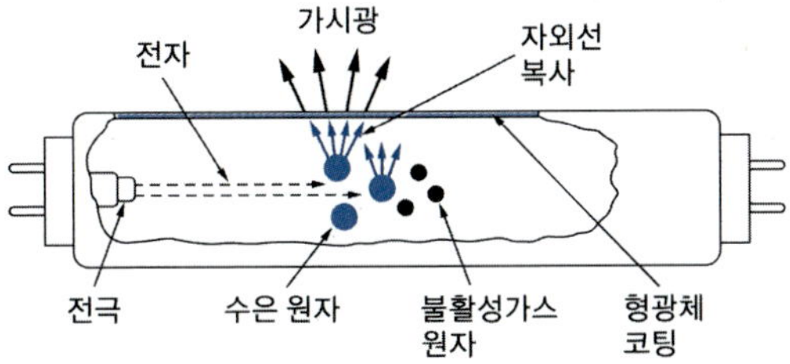

[그림 8.15] 전극에서의 전자 생성과 수은 원자의 여기를 나타내는 형광램프의 단면도

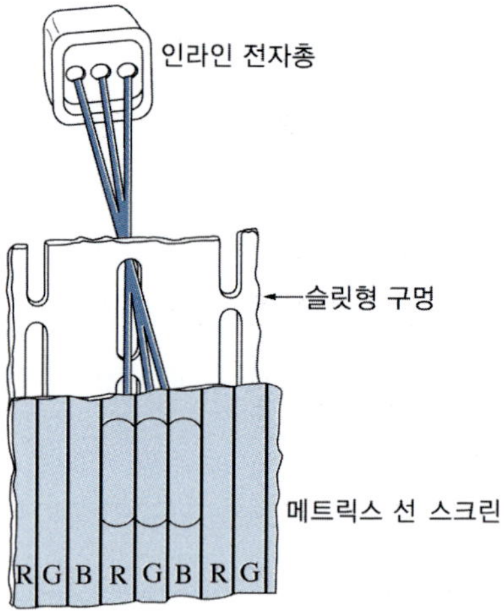

[그림 8.16] 컬러 TV 화면에서 적색(R), 녹색(G), 청색(B)의 인광체 수직막대의 배열

여기된 전자들이 정공과 재결합하여 빛을 방출하는 과정을 음극선 발광이라고 한다. 이것이 CRT(Cathode ray tube) 화면에서 전자빔이 주사되는 것을 볼 수 있게 하는 원리다. 이 전자빔은 CRT 화면에 입혀진 인광체 내의 전자-정공 쌍들을 여기시킨다. [그림 8.16]에서 보듯이, 컬러 CRT 화면은 적색, 청색, 녹색을 내는 약 0.25mm 폭의 인광체 수직 막대띠를 가지고 있다. 약 0.15mm 폭의 작은 구멍을 통해 TV의 입력신호가 전 화면을 초당 30회 정도 스캔한다. 인광체의 수직 막대띠는 연속적으로 초당 15,750개 수평선의 빠른 주사에 노출되어, 선명하게 볼 수 있게 화면을 구성해 준다.

(3) 전계발광(electroluminescence)

직류 또는 교류 전류가 전자를 전도대로 주입 혹은 여기시킨 후, 여기된 전자가 정공과 재결합하여 빛을 방출하는 것을 전계발광이라고 한다. 예를 들어, Mn이 도핑된 ZnS와 같은 반도체 인광체에 전류를 흘리면 전계발광에 의한 빛의 방출이 생긴다. 전압을 인가하여 p형 반도체와 n형 반도체 사이에 접합을 갖는 소자(다이오드) 내에 전하 운반자가 주입되고 재결합되는 주입형 전계발광의 대표적인 예가 발광 다이오드(Light-emitting diode, LED)다.

8.5.3 발광 다이오드(LED)

GaAs와 같은 직접형 밴드 갭 반도체로 제작된 pn접합에 전류를 인가하여 광자(photon)를 방출하게 할 수 있다. 반도체에서 직접적인 재결합 특성을 나타내는 물질에서는 상당한 빛이 순방향으로 바이어스된 접합으로부터 방출될 수 있다. 이 효과를 주입형 전자발광(injection electroluminescence)이라고 하며, 이를 이용한 소자를 발광 다이오드(Light-emitting diode, LED)라고 한다. 발광 다이오드는 열적 변환의 중간 단계를 거치지 않고 전기 에너지를 광 에너지로 직접 변환시켜 열이 발생하지 않는 장점이 있으며, 전형적인 발광 스펙트럼은 300~400nm다. 발광 다이오드는 이러한 가시광선과 적외선 대역의 광발광 특징 때문에 광 디스플레이 소자뿐만 아니라 광통신용 소자에도 응용될 수 있다.

(1) 가시광선 발광 다이오드(디스플레이용 발광 다이오드)

반도체에서 방출되는 광자가 가질 수 있는 최대 에너지는 에너지 밴드 갭에 의해 결정된다. 가시광 발광 다이오드의 경우, 방출되는 빛은 0.4~0.72μm의 파

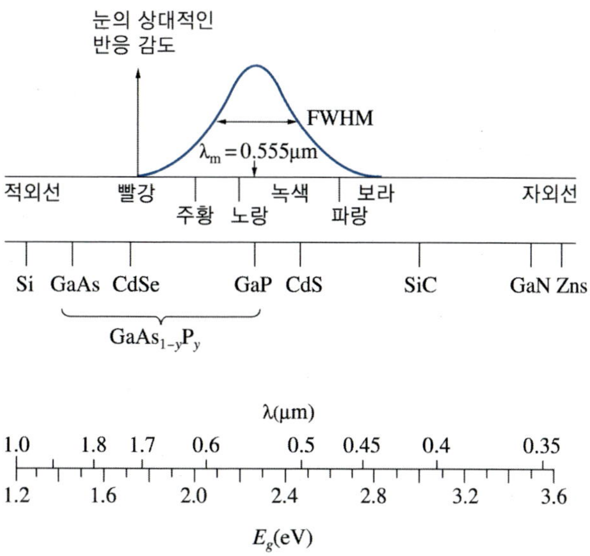

[그림 8.17] 가시광 발광 다이오드로서 관심을 끄는 반도체와 사람 눈의 상대적 반응 감도

장을 가져야 한다. 이 조건 때문에 발광 다이오드의 재료는 에너지 밴드 갭이 1.7~3.0eV의 값을 가져야 한다. [그림 8.17]은 상대적인 눈의 반응 감도를 파장과 광 에너지의 함수로 나타낸 것이다. 0.555μm에서 눈의 감도가 최대임을 알 수 있다. 눈의 응답은 가시광 영역의 양쪽 끝인 0.4와 0.7μm에서 거의 0으로 떨어진다. 눈은 광 에너지가 1.8eV($\lesssim$0.7μm)보다 크거나 같은 빛에 민감하기 때문에 이 한계값보다 더 큰 에너지 갭을 갖는 반도체가 관심의 대상이 되고 있다. [그림 8.17]에 여러 반도체의 에너지 밴드 갭도 나타나 있다.

■ 가시광선 발광 다이오드 재료

에너지 밴드 갭에 따라서 이용 가능한 광 에너지는 자외선에서 적외선에 이르는 광범위한 변화를 나타낸다. 화합물 반도체에서 얻을 수 있는 광 에너지 변화의 좋은 예는 III-V족 화합물 반도체 합금 GaAsP이다. [그림 8.18]에서 보듯이, 이 물질에서는 As의 몰분율이 감소되고 P의 몰분율이 증가함에 따라 에너지 밴드 갭은 직접 전이형인 GaAs의 1.424eV(적외선)로부터 간접 전이형인 GaP의

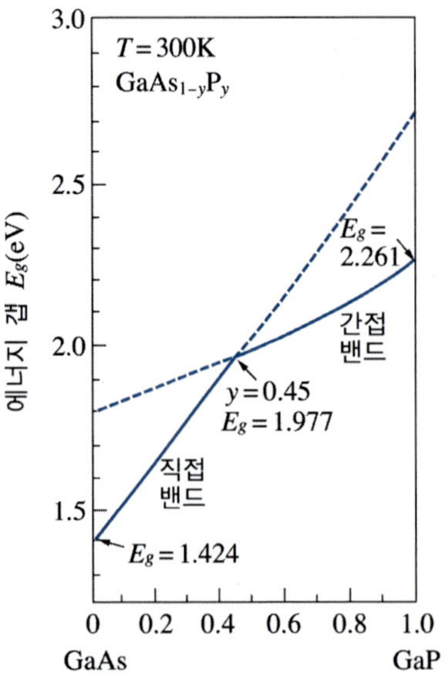

[그림 8.18] $GaAs_{1-y}P_y$에서 에너지 밴드 갭의 조성비 의존도

2.261eV까지 변화한다. 이 $GaAs_{1-y}P_y$의 에너지 밴드 갭은 0.45에 도달할 때까지 y와 함께 거의 선형적으로 변화하며 전자-정공 재결합은 이 범위에서 직접적이다.

[그림 8.19]은 선택된 몰분율 y에 대한 에너지-운동량의 관계를 나타낸다. 발광 다이오드 표시 소자에 쓰이는 가장 보편적인 합금의 조성은 $y \simeq 0.4$이다. y=0.45 이하에서는 Γ 최소점(k=0)이 전도대에서 가장 낮은 부분이기 때문에 에너지 밴드 갭은 직접 전이적이어서 효율적인 복사적 재결합이 이어질 수 있고, 방출된 광자는 스펙트럼의 적색 부분에 있게 된다. y=0.45 이상의 P 농도를 갖는 $GaAs_{1-y}P_y$는 그 에너지 밴드 갭이 간접적인 X 최소점 때문에 간접 전이형이 된다. 이와 같은 간접적인 물질에서의 복사성 재결합은 전도대의 전자가 가전 자대의 정공과 다른 운동량을 갖고 있기 때문에 발생될 가능성이 매우 희박하다. 그러나 질소를 도핑한 간접형의 $GaAs_{1-y}P_y$는 스펙트럼의 노란색에서 녹색에 이르는 광출력을 갖는 발광 다이오드에 사용할 수 있다. 이것은 질소 불순물이 전도대 바로 아래에 트랩준위를 형성시켜 복사전이 확률을 크게 증가시키기 때문에 가능하다.

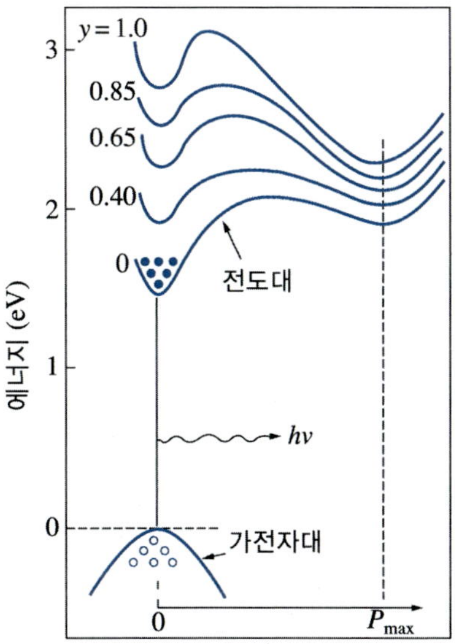

[그림 8.19] $GaAs_{1-y}P_y$에서 에너지-운동량의 조성비 의존도

■ 가시광선 발광 다이오드 구조

기본적인 발광 다이오드 구조는 [그림 8.20]에서 보는 바와 같이 평면 다이오드 형태다. 일반적으로 직접형 밴드 갭 발광 다이오드(적색 발광)는 [그림 8.20(a)]와 같이 GaAs 기판 위에 만들어지며, 간접형 밴드 갭 발광 다이오드(주황색, 노란색, 녹색 발광)는 [그림 8.20(b)]와 같이 GaP 기판 위에 만들어진다. 경사형 합금 $GaAs_{1-y}P_y$층은 격자상수의 부정합 때문에 일어나는 경계면에서의 비복사 중심을 최소화하기 위해 에피텍셜 성장법으로 만들어진다.

(2) 적외선 발광 다이오드(광통신용 발광 다이오드)

적외선 발광 다이오드에는 0.9μm의 빛을 방출하는 GaAs, 1.1~1.6μm의 빛을 방출하는 $Ga_xIn_{1-x}As_yP_{1-y}$와 같은 4원소 III-V족 화합물 반도체 등이 포함된다. 적외선 발광 다이오드의 중요한 응용 중 하나는 광통신에서 광섬유를 통한 광신호의 전달이다. 광섬유는 광주파수에서의 도파로다. 광섬유는 유리에서 약 100 μm의 지름을 갖는 파이버(fiber)로 뽑아낸 것이다. 이것은 가소성이고 수 km

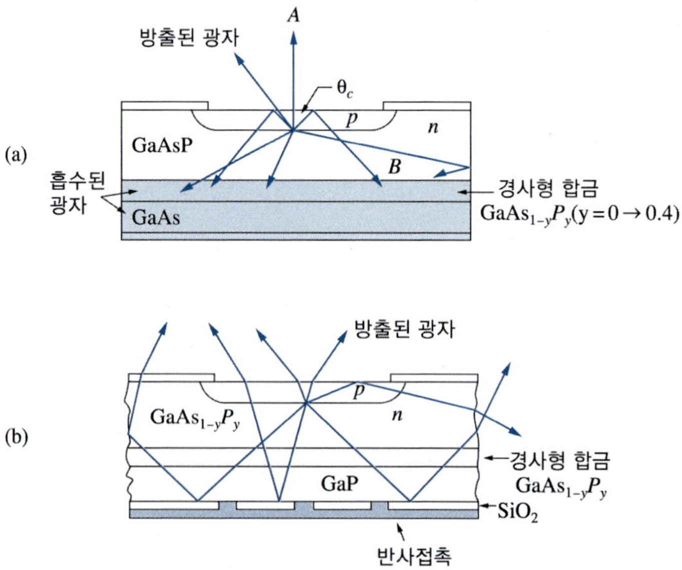

[그림 8.20] pn접합에서 방출된 광자의 효과 : (a) 불투명 기판의 경우 (b) 투명 기판의 경우

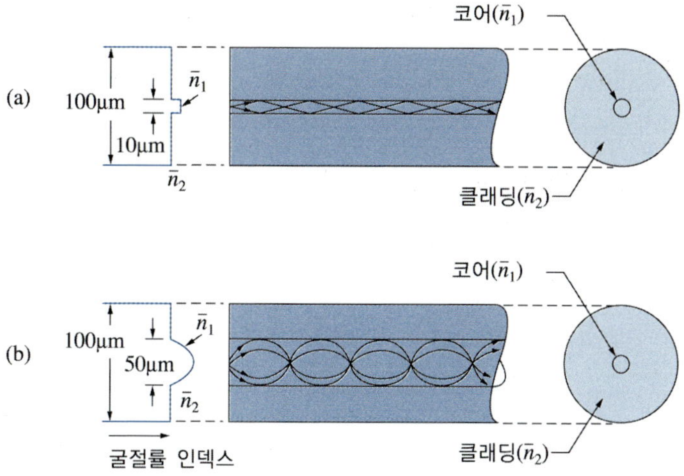

[그림 8.21] 광섬유 : (a) 스텝 인덱스 광섬유 (b) 그레이디드 인덱스 광섬유

떨어져 있는 수신기까지 광신호를 전달시키는 매체이며, 이는 동축 케이블이 전기신호를 전달하는 방법과 유사하다.

광섬유의 두 가지 형태가 [그림 8.21]에 나타나 있다. 첫 번째는 [그림 8.21(a)]에서 보듯이, 도핑된 유리로 되어 있는 코어를 비교적 순수한 용융석영(SiO_2)의 클래딩 층이 둘러싼 형태다. 도핑된 유리로 되어 있는 코어가 클래딩 층보다 더 큰 굴절률을 갖는다. 이와 같은 형태를 스텝 인덱스 파이버(step index fiber)

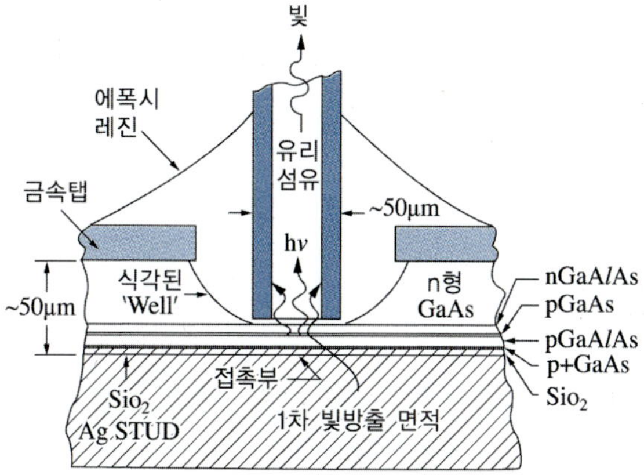

[그림 8.22] 광통신에서 사용되는 적외선 발광 다이오드의 기본구조

라 한다. 굴절률의 경계에서 내부 반사가 일어나 빛은 섬유의 길이 방향으로 전달된다. 이때 각 광선들은 다른 통로 길이로 전달되고, 스텝 인덱스 파이버의 끝에 도달하는 광펄스는 펄스를 퍼지게 한다. 두 번째는 [그림 8.21(b)]에 나타낸 것처럼 굴절률이 코어 중심으로부터 포물선 형태로 감소하는 그레이디드 인덱스 파이버(graded-index fiber) 형태다. 클래딩 층 쪽으로 전달되는 광선은 코어 중심을 따라 전달되는 광선보다 굴절률이 낮기 때문에 더 큰 속도를 가지며, 펄스의 퍼짐이 크게 감소된다.

광통신에 사용되는 적외선 발광 다이오드의 기본구조가 [그림 8.22]에 나타나 있다. 빛은 표면 중심에서 방출되어 광섬유로 결합된다. 방출된 빛이 모이는 반도체 기판은 흡수를 줄이고, 광섬유 끝을 방출 표면에 근접시키기 위해 10~15μm 정도로 얇게 만든다. 이종접합(GaAs-$Al_xGa_{1-x}As$)의 사용은 복사 재결합 영역(GaAs)을 둘러싼 높은 밴드 갭 반도체층($Al_xGa_{1-x}As$)에 의한 캐리어 제한으로 효율을 증가시킬 수 있다.

8.6 레이저

레이저(Laser)란 "Light amplification by stimulated emission of radiation"의 약어로, 빛의 유도방출을 이용하여 빛을 증폭시키는 장치를 의미한다. 초기에는 마이크로파 영역의 메이저를 레이저와 구별하여 사용하였으나, 현재는 마이크로파에서 X-선에 이르기까지 유도 방출의 증폭기를 모두 레이저라 부르고 있다.

8.6.1 유도방출

레이저에서 가장 중요한 과정 중 하나가 유도방출 과정이다. 이를 설명하기 위해 [그림 8.23]에 원자의 흡수, 자발방출, 유도방출 과정을 나타내었다.

[그림 8.23(a)]처럼 전자는 $h\nu = E_2 - E_1$의 에너지를 갖는 광자의 흡수에 의

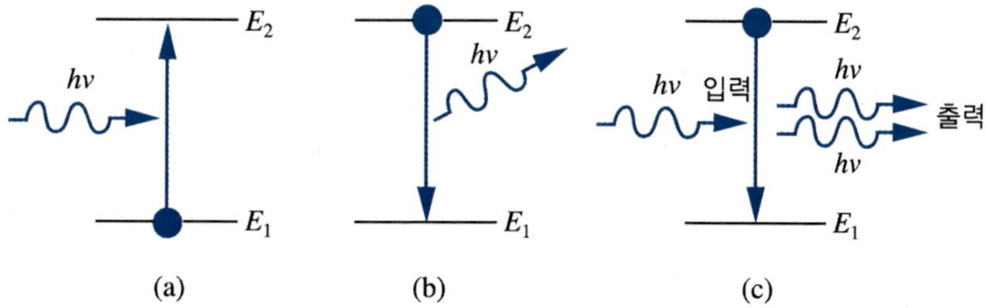

[그림 8.23] 원자의 흡수(a)와 자발방출(b) 및 유도방출(c) 과정

해 에너지 준위 E_1에서 E_2로 여기될 수 있다. 전자가 높은 에너지 준위에서 낮은 에너지 준위로 떨어지면 광자를 방출한다. 방출과정에는 기본적으로 두 가지 가능성이 있다. 전자가 자발적으로 낮은 준위로 떨어지거나 혹은 다른 광자의 흡수에 의해 낮은 준위로 떨어진다. [그림 8.23(b)]에 나타낸, 자발방출(spontaneous emission)에서는 전자가 에너지 준위 E_2에서 E_1으로 떨어지면서 $h\nu = E_2 - E_1$의 에너지를 갖는 광자를 방출한다. 이러한 전이는 에너지 준위 E_1이 다른 전자로 채워져 있지 않으면 자발적으로 발생한다. [그림 8.23(c)]에 나타낸, 유도방출(stimulated emission)에서는 $h\nu = E_2 - E_1$의 에너지를 갖고 입사된 광자가, E_2에 있는 전자를 E_1으로 전이되게 함으로써 방출과정을 유도한다. 방출되는 광자는 입사된 광자와 동상(in phase)이며 같은 방향을 향하고 같은 주파수를 갖는다. 이는 [그림 8.23(c)]에 나타낸 것처럼 동일한 에너지 $E_2 - E_1$을 갖기 때문이다. 입사되는 광자의 전계가 전자에도 걸려서 광자와 같은 주파수로 전자를 움직이게 한다고 가정해보자. 주파수 $\nu = (E_2 - E_1)/h$로 전자가 강제 진동하면 전자는 전자파를 방출하고, 이때의 전계는 유도되는 광자와 완전히 동상이 된다. 입사된 광자가 사라지면 전자는 에너지 $h\nu = E_2 - E_1$을 갖는 광자를 방출하고 에너지 준위 E_1으로 돌아온다. 유도방출은 하나의 입사광자가, 동상인 2개의 방출광자를 만들어내므로 광자 증폭의 기본이 된다. 이러한 현상을 이용하여 빛을 증폭하는 실제적인 소자를 구현할 수 있다. [그림 8.23(c)]에서 보듯이, 유도방출이 일어나기 위해서는 입사된 광자가 E_1에 존재하는 다른 전자에 의해 흡수되면 안 된다. 빛을 증폭하려면 원자를 모아야 하므

로, 대부분의 원자들이 에너지 준위 E_2에 존재해야 한다. 만일 그렇지 않다면 입사된 광자는 에너지 준위 E_1에 존재하는 원자에 의해 흡수되어 버릴 것이다. 에너지 준위 E_1보다 E_2에 더 많은 원자들이 있는 경우를 밀도반전(population inversion) 상태라고 한다.

[그림 8.24]는 레이저의 기본원리를 설명하는 개략도다. [그림 8.24]에서 보듯이, 3개의 에너지 준위를 고려하였다. 먼저 [그림 8.24(a)]처럼, 기저상태의 원자들이 $h\nu_{13} = E_3 - E_1$의 에너지를 갖는 입사광자들에 의해 에너지 준위 E_3로 펌핑되어 올라간다. 이때 에너지 준위 E_3를 펌프 에너지 준위(pump energy level)라고 한다. 그 다음 [그림 8.24(b)]에 나타내었듯이, 에너지 준위 E_3의 원자들이 광자방출이나 격자진동에 의해 에너지 준위 E_2로 급격히 떨어진다. [그림 8.24(c)]에서 보듯이, E_2 준위는 준안정 상태(metastable state)이므로, 원

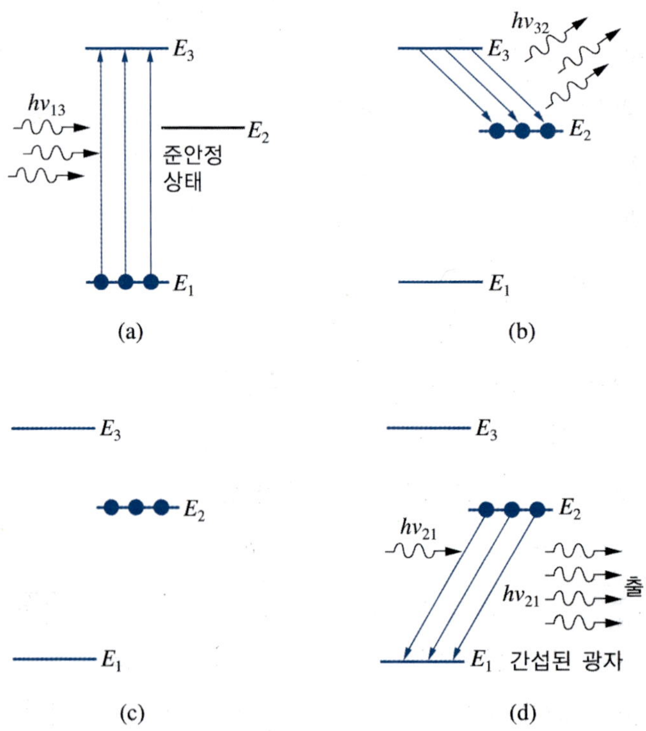

[그림 8.24] 레이저의 기본원리

자는 에너지 준위 E_2에서 E_1으로 급격히 옮겨갈 수 없기 때문에 E_2 준위에 쌓이게 된다. 펌핑 과정을 통해 에너지 준위 E_3의 전자가 점점 E_2 준위로 모여 에너지 준위 E_2와 E_1 사이에 밀도반전이 발생한다. 마지막으로 [그림 8.24(d)]처럼, $h\nu_{21} = E_2 - E_1$의 에너지를 갖는 임의의 광자에 의해 유도방출이 시작된다. 유도방출에 의해 생겨난 광자는 또 다른 유도방출을 일으켜 유도방출 사태를 발생시키고 간섭된 형태의 광자들이 방출된다. 이것이 레이저의 작동 원리이다.

8.6.2 레이저의 종류

(1) 루비 레이저

[그림 8.25]는 최초의 루비 레이저 장치이다. 최초로 동작한 레이저의 능동매질은 작은 원통형의 연분홍색을 띤 인조루비로서 0.05wt%의 Cr_2O_3를 가진 Al_2O_3였다. 루비막대의 단면은 광축에 평행하게 연마한 평면이다. 그 다음에 양면에 은을 입혀 공진기(resonant cavity)를 구성한다. 이것을 나선형 기체방전관으로 둘러싸고 넓은 밴드의 광펌핑(optical pumping)을 한다.

[그림 8.26(a)]에서 보듯이, 루비는 크롬 원자가 스펙트럼의 푸른빛과 초록빛 영역에 흡수대를 가지고 있기 때문에 붉은빛을 띤다. 플래시 램프를 켜면 강력한 빛이 수 ms 동안 계속된다. 이 에너지의 상당한 부분은 열로 손실되지만 많은 Cr^{3+} 이온들이 흡수대로 여기된다. [그림 8.26(b)]에 루비 레이저의 에너지 준위를 나타내었다. 여기된 이온들은 에너지를 결정격자에 주고 비복사 천이

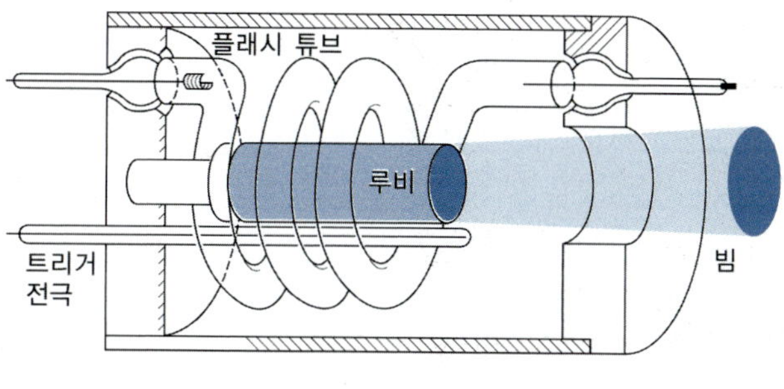

[그림 8.25] 최초의 루비 레이저 장치

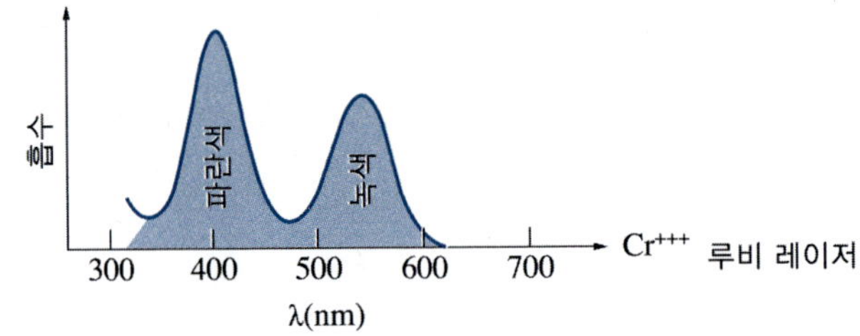

(a)

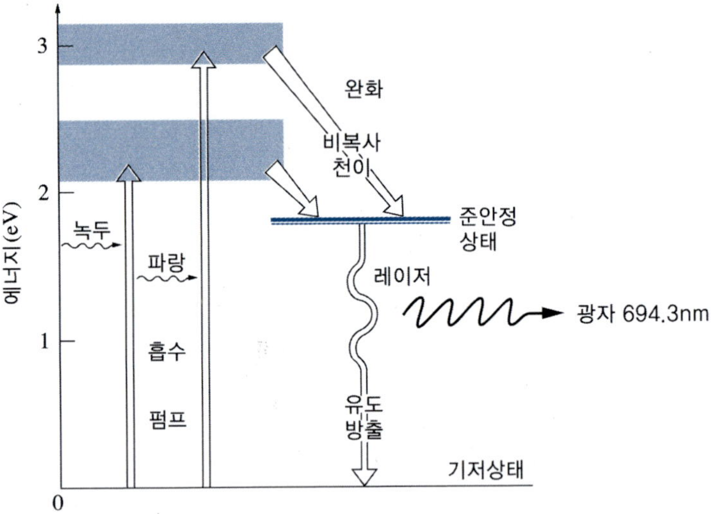

(b)

[그림 8.26] 루비 레이저의 에너지 준위

(nonradiative transition)를 통해 약 100ns 시간 동안 신속하게 이완되어 수명이 길고 간격이 좁은 중간상태로 떨어진다. 이온들은 자발적으로 바닥상태로 떨어지기 전, 준안정 상태(metastable states)라 불리는 이 상태에 수 ms 동안 머문다. 이때 루비의 붉은색 형광이 방출된다. 낮은 준위 천이는 694.3nm를 중심으로 비교적 넓은 스펙트럼 영역에서 일어나는데 모든 방향으로 비간섭적이다. 펌핑률이 어느 정도 증가하면 밀도반전이 일어나고 몇 개의 자발방출광자들은 연쇄반응을 유도한다. 1개의 양자는 빠르고 위상이 같은 다른 양자를 유도하여 준안정 상태에 있는 원자로부터 광파의 에너지를 증가시킨다. 광파는 능동매질을 왕복하면서 계속 강해진다. 거울에서의 손실을 능가하는 에너지가 공급되어

야 한다. 거울 중 하나가 부분 반사적이므로 부분 반사 거울 쪽으로 폭이 0.01nm 이고 지속시간은 0.5ms인 붉은 광선의 강력한 펄스가 나온다. 루비 레이저의 방출과정은 매우 간단하다. 처음에 준안정 상태에 머무는 시간이 길어서 밀도반전이 용이하고, 흡수 밴드가 넓어서 초기의 여기가 매우 용이하다. 원자계는 효과적으로 (1) 흡수대, (2) 준안정 상태, (3) 바닥상태로 구성된다. 따라서 이러한 레이저를 3-준위(three-level) 레이저라고 한다. 현재 루비 레이저는 일반적으로 간섭실험, 플라즈마 진단, 홀로그래피 등에 많이 사용되고 있다.

(2) 헬륨-네온 레이저

[그림 8.27]에 나타낸 헬륨-네온 레이저는 오늘날 가장 많이 사용되는 수 mW의 출력을 갖는 가시광선 연속발진 레이저다.

이것의 장점은 만들기가 쉽고, 값이 비교적 싸며, 확실한 동작을 한다는 것이다. 펌핑은 통상 전기방전을 이용한다. 전기장을 걸어주면, 자유전자와 이온들이 가속되어 충돌하므로 기체매질을 이온화시키고 들뜨게 한다. 많은 헬륨 원자들은 높은 준위에서 떨어진 후에, 수명이 긴 2^1S와 2^3S 상태에 모인다. 이 상태는 준안정 상태로서 [그림 8.28]에 나타낸 것처럼 허용된 복사천이가 없다. 들뜬 헬륨 원자들은 바닥상태에 있는 네온 원자들과 비탄성적으로 충돌하여 네온 원자들을 5s 상태와 4s 상태로 올려준다. 이들은 높은 준위들로서 낮은 4p 상태와 3p 상태에 대하여 밀도반전이 일어난다. 5s 상태와 4s 상태 사이의 천이는 금지되어 있다. 자발방출광자는 유도방출을 유발하여 연쇄반응을 일으킨다. 우세한

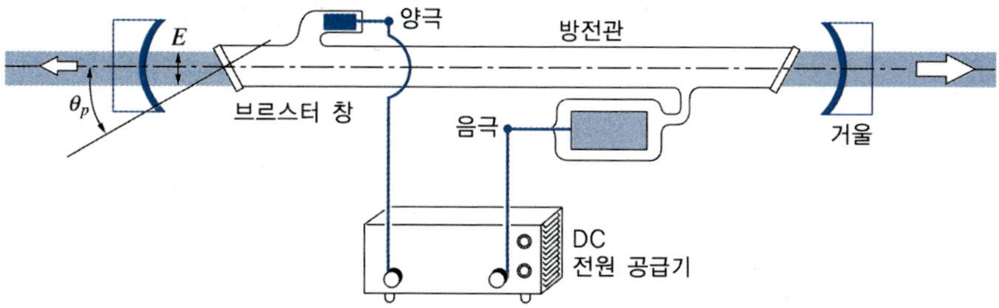

[그림 8.27] 초기의 간단한 헬륨-네온 레이저 장치

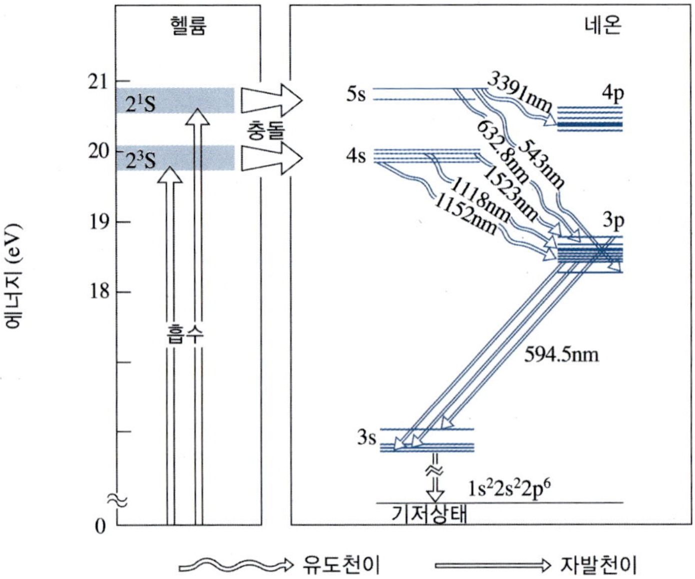

[그림 8.28] 헬륨-네온 레이저의 에너지 준위

레이저 천이는 적외선에 속하는 1152.3nm와 3391.2nm 그리고 가시광선인 632.8nm이다. p 상태는 3s 상태로 옮겨지므로 p 상태는 비게 되어서 밀도반전이 계속 유지된다. 3s 원자들은 준안정 상태이므로 3s 원자는 주변 원자에 에너지를 주고 바닥상태로 간다. 레이저 천이가 바닥상태로 내려가는 루비와는 반대로 헬륨-네온 레이저에서는 천이가 2개의 높은 준위 사이에서 일어난다.

(3) 반도체 레이저

접합 레이저 또는 다이오드 레이저라고도 불리는 반도체 레이저(semiconductor laser)는 발광 다이오드(LED) 개발 직후인 1962년에 발명되었다. 오늘날 반도체 레이저는 전기광학의 중심 역할을 하는데, 주된 이유는 스펙트럼의 순수성과 높은 효율(약 10%), 매우 빠른 변조율, 장시간의 수명, 머리핀 정도의 크기에서도 상당한 출력(약 200mW)을 내기 때문이다. 반도체 레이저는 광섬유 통신, 비디오 기록, 광 판독, 그리고 고속 레이저 프린팅 등에 수백만 개씩 사용된다. 최초의 반도체 레이저 물질은 GaAs에 적절한 도핑을 하여 p-n접합을 만든 것이었다.

■ 반도체 레이저 재료

레이저 특성을 갖는 모든 반도체는 직접전이 특성을 갖는다. 결정 운동량이 보존되기 때문에 직접형 밴드 갭 반도체에서 복사전이 확률이 훨씬 높다. 현재 레이저의 방출 파장은 0.3~30μm 범위 내에 있다. GaAs는 레이저 복사를 방출한 최초의 재료였으며, 이와 관련된 III-V족 화합물 합금도 광범위하게 연구되고 있다.

가장 중요한 III-V족 화합물 합금은 $Al_xGa_{1-x}As_ySb_{1-y}$와 $Ga_xIn_{1-x}As_yP_{1-y}$ 고용체다. [그림 8.29]는 III-V족 2원, 3원, 4원 화합물 반도체에 대한 격자상수와 밴드 갭과의 관계를 나타낸 것이다. 무시할 정도의 계면 트랩을 갖는 이종구조(heterostructure)를 얻기 위해서는 두 반도체 간의 격자가 밀접하게 정합되어야 한다. 기판이 GaAs(a=5.6533 Å)일때 3원 화합물 $Al_xGa_{1-x}As$는 0.1%보다 작은 격자 부정합을 갖게 할 수 있다. 마찬가지로 기판이 InP(a=5.8686 Å)인 경우, [그림 8.29]에서 중심 수직선으로 표시된 것처럼, 4원 화합물 $Ga_xIn_{1-x}As_yP_{1-y}$도

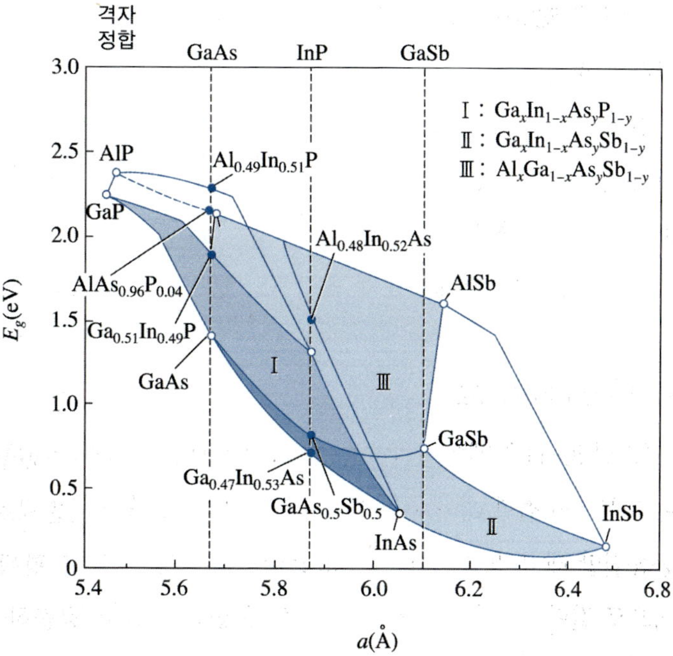

[그림 8.29] III-V족 화합물 합금 반도체에 대한 에너지 밴드 갭과 격자상수의 관계

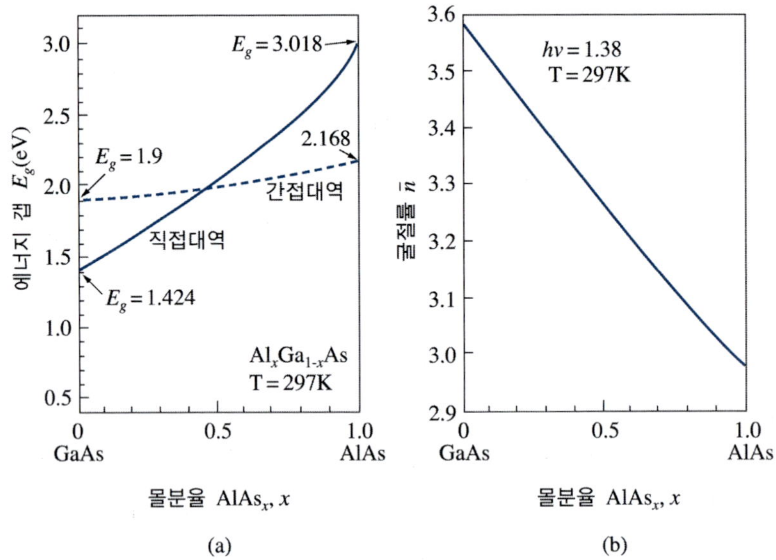

[그림 8.30] (a) $Al_xGa_{1-x}As$ 에너지 갭의 조성비 의존성 (b) $h\nu$=1.38eV에서 굴절률의 조성비 의존성

거의 완전한 격자정합을 이루게 할 수 있다.

[그림 8.30(a)]는 알루미늄 조성에 대한 3원 $Al_xGa_{1-x}As$ 화합물의 밴드 갭을 나타낸 것이다. x=0.45까지 합금은 직접형 밴드 갭을 나타내며, x=0.45부터 간접형 밴드 갭 반도체로 바뀐다. [그림 8.30(b)]는 굴절률의 조성비 의존성을 나타낸 것이다. 예를 들어, x=0.3에서 $Al_{0.3}Ga_{0.7}As$의 밴드 갭은 GaAs보다 0.365eV가 더 큰 1.789eV이며 굴절률은 GaAs보다 6% 작은 3.385이다. 이들 특성은 실온 이상에서 반도체 레이저의 연속동작에 중요하다.

■ 반도체 레이저 구조

[그림 8.31]은 레이저 구조의 세 가지 형태를 나타낸 것이다. [그림 8.31(a)]는 기본 p-n접합 레이저다. 이것은 양쪽 반도체가 같은 재료(예, GaAs)이므로 동종접합 레이저(homojunction laser)라 한다. 양쪽 평행면이 [110] 축에 수직으로 절단되거나 연마된다. 나머지 두 면은 빛을 방출하지 않도록 거칠게 가공한다. 이 구조를 파브리-페로 공동(Fabry-Perot cavity) 구조라고 하며 공

동 길이 L은 보통 300μm 정도다. 이 파브리-페로 공동 구조는 현재 반도체 레이저에서 광범위하게 사용되고 있다.

[그림 8.31(b)]는 얇은 반도체(예, GaAs)의 양쪽에 다른 반도체(예, $Al_xGa_{1-x}As$)가 접합된 2중 헤테로 구조(double-hetero structure : DH) 레이저다. 이 레이저는 에피텍셜 결정 성장기법으로 만들어진다. DH 레이저는 똑같은 크기의 동종접합 레이저보다 매우 작은 전류로 동작시킬 수 있는 장점이 있다.

[그림 8.51(a)]와 [그림 8.51(b)]에 나타낸 레이저 구조는 접합면을 따르는

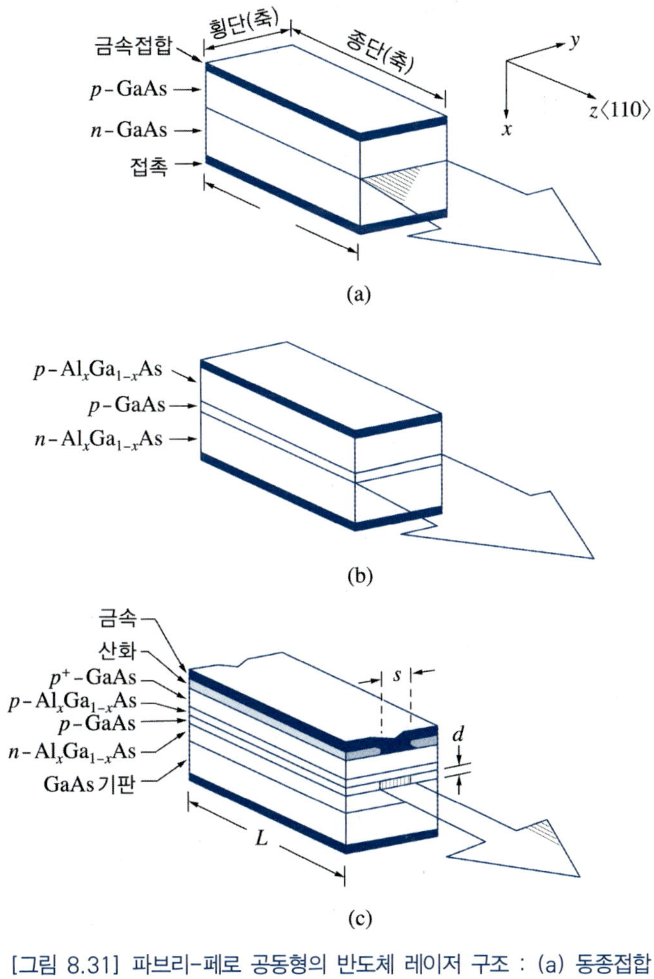

[그림 8.31] 파브리-페로 공동형의 반도체 레이저 구조 : (a) 동종접합 레이저 (b) DH 레이저 (c) 스트라이프 형태 DH 레이저

전체 면적에서 복사가 방출되기 때문에 광면적 레이저다. [그림 8.51(c)]는 스트라이프(stripe) 형태를 갖는 DH 레이저다. 산화층은 스트라이프 금속 접촉을 제외한 모든 영역을 고립시켜서 레이저 방출영역을 접촉 부위 아래의 좁은 영역으로 제한시킨다. 스트라이프 폭 S는 보통 5~30μm 정도다. 이 스트라이프 형태의 장점은 동작전류를 감소시키고 접합면을 따르는 다중 방출 면적과 접합 주변의 대부분을 제거함으로써 신뢰도를 향상시킬 수 있다는 것 등이다.

■ 레이저의 동작

레이저 동작에 대한 유도방출을 향상시키기 위해서는 반전분포가 필요하다. 반도체 레이저에서 반전분포를 얻기 위해 접합 양쪽의 도핑 레벨을 매우 높게 하여 p형에서는 Fermi 준위가 가전자대 아래에, n형에서는 전도대 위에 있도록 만들어준 축퇴 반도체 사이에 형성된 pn 접합이 필요하다. [그림 8.32(a)]는 열평형 상태에서 이와 같은 디바이스의 에너지 밴드 구조를 나타낸 것이다. [그림 8.32(b)]에 나타낸 것과 같이 다이오드에 순방향 전압을 인가할 때, 전자는 n형

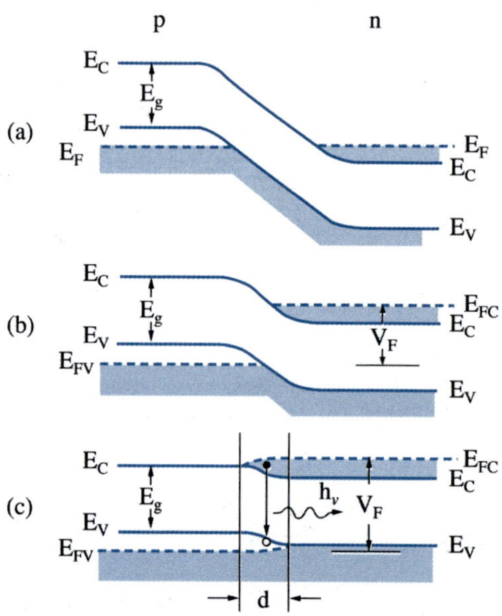

[그림 8.32] 축퇴 pn접합의 에너지 밴드 : (a) 열 평형일 때 (b) 순방향 바이어스 일 때 (c) 높은 주입 조건일 때

쪽에서 공핍층으로 주입되며 정공은 p형 쪽에서 주입된다. [그림 8.32(c)]에서 보듯이, 충분히 큰 전압이 인가될 때 높은 주입이 일어난다. 즉, 큰 농도의 전자와 정공이 공핍층으로 주입된다. 결과적으로 [그림 8.32(c)]에 나타낸, 영역 d는 전도대에 큰 농도의 전자와 가전자대에 큰 농도의 정공을 포함하게 되는데, 이것이 반전분포의 조건이다. 밴드 대 밴드 전이에 필요한 최소 에너지는 밴드 갭 에너지 E_g이다. 그러므로 [그림 8.32(c)]로부터 반전분포에 필요한 조건은 $(E_{FC} - E_{FV}) > E_g$이다.

8.7 전기광학효과

8.7.1 전기광학효과

전기광학효과는 외부 전계의 인가에 의해 유도된 재료의 굴절률 변화라고 할 수 있으며, 광학적 성질을 변화시킨다. 결정의 반대면에 전극을 입히고, 그 전극들을 통해 외부 전계를 인가시킬 수 있다. 전계의 인가는 물질의 결정구조를 변화시켜서, 물질의 광학적 특성에 영향을 미치게 한다. 예를 들어, 인가된 외부 전계는 GaAs와 같은 광학적으로 등방성인 결정이 복굴절을 일으키게 할 수 있다.

전기광학효과는 인가된 전계와 굴절률 변화량 사이의 관계에 따라 두 가지로 나눌 수 있다. 인가된 전계와 굴절률 변화량 사이의 관계가 선형적인 것을 1차 전기광학효과, 제곱의 관계가 있는 것을 2차 전기 광학효과라고 한다. 인가된 전계 E의 함수를 굴절률이라고 하면, 굴절률은 전계 E에 대하여 테일러 급수(Taylor series)로 확장될 수 있다. 새로운 굴절률 n'는 다음과 같이 나타낼 수 있다.

$$n' = n + a_1 E + a_2 E^2 + \cdots \tag{70}$$

여기서 a_1과 a_2를 각각 1차 전기광학효과 계수와 2차 전기광학효과 계수라고 한다.

[표 8.3] 다양한 물질에서의 포켈스 계수(r)

재료	결정	굴절률	포켈스 계수 $\times 10^{-12}$m/V	비고
$LiNbO_3$	단축	n_0=2.272 n_e=2.187	r_{13}=8.6; r_{33}=30.8 r_{22}=3.4; r_{51}=28	$\lambda \approx$ 500nm
KDP	단축	n_0=1.512 n_e=1.470	r_{41}=8.8; r_{63}=10.5	$\lambda \approx$ 546nm
GaAs	등방성	n_0=3.6	r_{41}=1.5	$\lambda \approx$ 546nm

식 (70)의 확장 식에서 훨씬 더 높은 차수의 항이 있더라도, 그것들은 일반적으로 매우 작으며 그 효과는 무시될 만하다. 첫 번째 E 항목에 기인한 n의 변화를 포켈스 효과(Pockels effect)라고 한다. 두 번째 E^2 항목에 기인한 n의 변화를 커어 효과(Kerr effect)라 하며, 계수 a_2는 일반적으로 λK로 표현된다.

$$\Delta n = a_1 E \tag{71}$$

$$\Delta n = a_2 E^2 = (\lambda K) E^2 \tag{72}$$

여기서 K를 커어 계수(Kerr coefficient)라고 한다.

[표 8.3]에 전기광학효과를 나타내는 여러 가지 물질들에 대한 포켈스 계수와 커어 계수를 나타내었다.

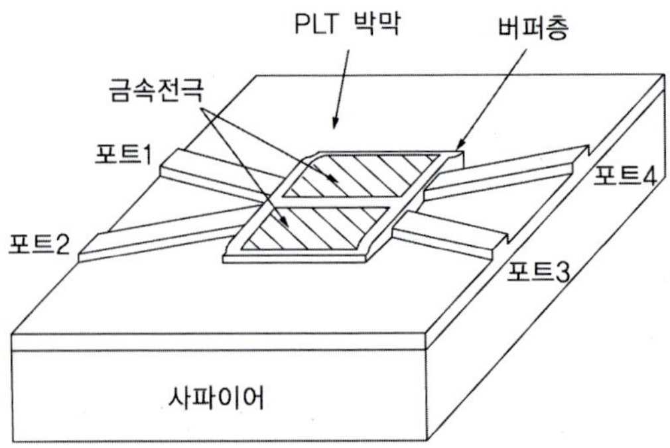

[그림 8.33] TIR 스위치의 개략도

8.7.2 전기광학효과의 응용

전기광학효과를 이용하는 광전자 소자 중, 가장 널리 알려진 것이 integrated opic total internal reflection(TIR) 스위치다. [그림 8.33]은 TIR 스위치의 개략도다. 이 TIR 스위치의 동작원리는 다음과 같다. [그림 8.33]에서 보듯이, 1번 포트에 레이저 빔(laser beam)이 입사될 때, 표면전극(surface metal electrode)에 전압이 인가되지 않으면 3번 포트로 빛이 진행된다. 그러나 표면전극에 전압이 인가되면, 강유전체 박막의 굴절률이 전기광학효과 때문에 변하여 레이저 빔이 4번 포트로 진행된다. 이 TIR 스위치는 빠른 속도를 가지고 있어 optical LAN system 등에 이용될 수 있다.

연습문제

1. 광자(photon)와 포논(phonon)의 차이점과 유사점을 간결하게 논의하시오.

2. 전자기 복사선은 고전적인 관점에서 또는 양자역학적인 관점에서 취급될 수 있다. 두 가지 견해를 간략하게 비교하시오.

3. 6×10^{-7}m의 파장을 가진 가시광선은 주황색(orange color)을 나타내고 있다. 이 가시광선 광자의 주파수와 에너지를 계산하시오.

4. GaAs에 대한 분산관계를 사용하여, 1300nm의 파장에서의 굴절률 n을 계산하시오.

5. 620nm에서의 Si에 대한 spectroscopic ellipsometer 측정은 복소 유전률의 실수부와 허수부가 각각 15.2254와 0.172임을 나타낸다. 이때 복소 굴절률을 구하시오.

6. 1.5eV의 광자 에너지에서 Ge에 대한 spectroscopic ellipsometer 측정은 복소 유전률의 실수부와 허수부가 각각 21.56과 2.772임을 나타낸다. 이때 복소 굴절률을 구하시오.

7. 진성 Ge은약 $2.1\,\Omega^{-1}\mathrm{m}^{-1}$의 전도도를 갖는다. 20$\mu$m의 파장에서의 비유전률의 허수부와 ε_r를 계산하시오. 지정된 파장에서의 Ge의 굴절률은 4이다.

8. 직접형 밴드 갭 반도체와 간접형 밴드 갭 반도체의 차이점에 대해 설명하시오.

9. 발광과정에 대해서 설명하시오.

10. 형광과 인광의 차이를 설명하시오.

11. 형광램프 내에서 작용하는 발광효과를 설명하시오.

12. 발광현상을 분류하고, 각각에 대해 간단히 설명하시오.

13. 가시광선 발광 다이오드와 적외선 발광 다이오드에 사용되는 재료들과 각각의 대표적인 응용 분야에 대해 설명하시오.

14. 유도방출에 대해서 간단히 설명하시오.

15. 루비 레이저의 작동 원리에 대하여 설명하시오.

16. 루비 레이저에 대하여 준안정 전자 준위와 기저 준위 사이의 에너지 차이를 계산하시오.

17. 헬륨-네온 레이저의 작동 원리를 간단히 설명하시오.

18. 반도체 레이저의 구조에 대해 간단히 설명하시오.

19. 반도체 레이저의 동작에서 반전분포를 이룰 수 있는 조건에 대해 설명하시오.

20. 포켈스 효과와 커어 효과에 대해서 설명하시오.

APPENDIX

A. 주요원소의 전자궤도 및 상수

B. 물리상수와 단위환산

A. 주요원소의 전자궤도 및 상수

ELEMENT	SYMBOL	ATOMIC NUMBER	ATOMIC MASS amu	ORBITALS				MELTING POINT ℃	DENSITY (SOLID) Mg/m^3 ($=g/cm^3$)	CRYSTAL STRUCTURE, 20℃	APPROX ATOMIC RADIUS nm	VALENCE (MOST COMMON)	APPROX IONIC RADIUS, nm
					1*s*								
Hydrogen	H	1	1.0078		1			-259.14	-	-	0.046	1+	very small
Helium	He	2	4.003		2			-272.2	-	-	0.176	inert	-
					2*s*	2*p*							
Lithium	Li	3	6.94	He+	1			180.7	0.534	bcc	0.1519	1+	0.068
Beryllium	Be	4	9.01	He+	2			1290	1.85	hcp	0.114	2+	0.035
Boron	B	5	10.81	He+	2	1		2300	2.3	-	0.046	3+	~0.025
Carbon	C	6	12.011	He+	2	2		>3500	2.25	hex	0.077	-	-
Nitrogen	N	7	14.007	He+	2	3		-210	-	-	0.071	3-	-
Oxygen	O	8	15.999	He+	2	4		-218.4	-	-	0.060	2-	0.140
Fluorion	F	9	19.00	He+	2	5		-220	-	-	0.06	1-	0.133
Neon	Ne	10	20.18	He+	2	6		-248.7	-	fcc	0.160	iner	-
					3*s*	3*p*							
Sodium	Na	11	22.99	Ne+	1			97.8	0.97	bcc	0.1857	1+	0.097
Magnesium	Mg	12	24.31	Ne+	2			649	1.74	hcp	0.161	2+	0.066
Aluminum	Al	13	26.98	Ne+	2	1		660.4	2.699	fcc	0.14315	3+	0.051
Silicon	Si	14	28.09	Ne+	2	2		1410	2.33	§	0.1176	4+	0.042
Phosphorus	P	15	30.97	Ne+	2	3		44	1.8	-	0.11	5+	~0.035
Sulfur	S	16	32.06	Ne+	2	4		112.8	2.07	-	0.106	2-	0.184
Chlorine	Cl	17	35.45	Ne+	2	5		-101	-	-	0.101	1-	0.181
Argon	Ar	18	39.95	Ne+	2	6		-189.2	-	fcc	0.192	inert	-
					3*d*	4*s*	4*p*						
Potassium	K	19	39.1	Ar+		1		63	0.86	bcc	0.231	1+	0.133
Calcium	Ca	20	40.08	Ar+		2		839	1.55	fcc	0.197	2+	0.099
Titanium	Ti	22	47.90	Ar+	2	2		1668	4.51	hcp	0.146	4+	0.068
Chromium	Cr	24	52.00	Ar+	5	1		1875	7.19	bcc	0.1249	3+	0.063
Manganese	Mn	25	54.94	Ar+	5	2		1244	7.47	-	0.112	2+	0.080
Iron	Fe	26	55.85	Ar+	6	2		1538	7.87	bcc	0.1241	2+	0.074
										fcc	0.1269	3+	0.064
Cobalt	Co	27	58.93	Ar+	7	2		1495	8.83	hcp	0.125	2+	0.072
Nickel	Ni	28	58.71	Ar+	8	2		1455	8.90	fcc	0.1246	2+	0.069
Copper	Cu	29	63.54	Ar+	10	1		1084	8.93	fcc	0.1278	1+	0.096
Zinc	Zn	30	65.38	Ar+	10	2		420	7.13	hcp	0.139	2+	0.074
Germanium	Ge	32	72.59	Ar+	10	2		937	5.32	§	0.1224	4+	-
Arsenic	As	33	74.92	Ar+	10	2		816	5.75	-	0.125	3+	-
Krypton	Kr	36	83.80	Ar+	10	2		-157	-	fcc	0.201	inert	-
					4*d*	5*s*	5*p*						
Silver	Ag	47	107.87	Kr+	10	1		961.9	10.5	fcc	0.1444	1+	0.126
Tin	Sn	50	118.69	Kr+	10	2	2	232	7.17	bct	0.1509	4+	0.071
Antimony	Sb	51	121.75	Kr+	10	2	3	630.7	6.7	-	0.1452	5+	-
Iodine	I	53	126.9	Kr+	10	2	5	114	4.93	ortho	0.135	1-	0.220
Xenon	Xe	54	131.3	Kr+	10	2	6	-112	2.7	fcc	0.221	inert	-
					4*f*	5*d*	6*s*						
Cesium	Cs	55	132.9	Xe+			1	28.6	1.9	bcc	0.265	1+	0.167
Tungsten	W	74	183.9	Xe+	14	4	2	3410	19.25	bcc	0.1367	4+	0.070
Gold	Au	79	197.0	Xe+	14	10	1	1064.4	19.3	fcc	0.1441	1+	0.137
Mercury	Hg	80	200.6	Xe+	14	10	2	-38.86	-	-	0.155	2+	0.110
Lead	Pb	82	207.2	Hg+	$6p^2$			327.4	11.38	fcc	0.1750	2+	0.120
Uranium	U	92	238.0	Rn+	$5f^3$	$7s^2$	$7s^2$	1133	19.05	-	0.138	4+	0.097

B. 물리상수와 단위환산

Constants	
Acceleration of gravit y, g	9.80 . . . m/s^2
Atomic mass unit amu	1.66 . . . $\times 10^{-24}$ g
Avogadro's number N	0.6022 . . . $\times 10^{24}$ mol^{-1}
Boltzmann's constant k	86.1 . . . $\times 10^{-6}$ eV/ K
	13.8 . . . $\times 10^{-24}$ J/K
Electron charge, q	0.1602 . . . $\times 10^{-18}$ C
Electron moment, β	9.27 . . . $\times 10^{-24}$A · m^2
Electron volt, eV	0.160 . . . $\times 10^{-18}$ J
Faraday, $\mathscr{F}$	96.5 . . . $\times 10^3$ C
Fe-Fe_3C eutectoid composition	0.77 w/o carbon
Fe-Fe_3C eutectoid temperature	727℃ (1340°F)
Gas constant, R	8.31 . . . J/mol · K
	1.987 . . . cal/mol · K
Gas volume (STP)	22.4 . . . $\times 10^{-3}$ m^3/mol
Permittivity (vacuum), ϵ	8.85 . . . $\times 10^{-12}$ C/V · m
Planck's constant, h	0.662 . . . $\times 10^{-33}$ J · S
Velocity of light, c	0.299 . . . $\times 10^9$ m/s
Conversions	
1 ampere	= 1 C/s
1 angstrom	= 10^{-10} m
	= 10^{-8} cm
	= 0.1 nm
	= 3.937 $\times 10^{-9}$ in.
1 amu	= 1.66 . . . $\times 10^{-24}$ g
1 Btu	= 1.055 . . . $\times 10^3$ J
1 Btu/°F	= 1.899 . . . $\times 10^3$ J/℃
1 [Btu/(ft^2 · s)]/[°F/in.]	= 0.519 . . . $\times 10^3$ [J/(m^2 · s)]/[℃/m]
	= 0.519 . . . $\times 10^3$ (W/m^2)/(℃/m)
1 Btu.ft^2	= 11.3 . . . $\times 10^3$ J/m^2
1 calorie	= 4.1 8 . . . J
1 centimeter	= 10^{-2} m
	= 0.3937 in.
1 coulomb	= 1 A · s
1 cubic centimeter	= 0.06 10 . . . in.3
1 cubic inch	= 16.3 . . . $\times 10^{-6}$ m^3
1℃ difference	= 1.8°F
1 elect ron volt	= 0.160 . . . $\times 10^{-18}$ J

1°F difference	= 0.555 . . . ℃
1 foot	= 0.3048 . . . m
1 foot · pound$_f$	= 1.355 . . . J
1 gallon(U.S. liq.)	= 3.78 . . . × 10^{-3} m^3
1 gram	= 0.602 . . . × 10^{24} amu
	= 2.20 . . . × 10^{-3} $1b_m$
1 gram/centimeter^3	= 62.4 . . . lb_m /ft^3
	= 1000 kg/m^3
	= 1 Mg/m^3
1 inch	= 0.0254 . . . m
1 joule	= 0.947 . . . × 10^{-3} Btu
	= 0.239 . . . cal
	= 6.24 . . . × 10^{18} eV
	= 0.737 . . . ft · lb^f
	= 1 watt · sec
1 joule/meter^2	= 8.80 . . . × 10^{-5} Btu/ft^2
1 [joule/(m^2 · s)]/[℃/m]	= 1.92 . . . × 10^{-3} [Btu/(ft^2 · s)]/[°F/in.]
1 kilogram	= 2.20 . . . lb_m
1 megagrarn/meter^3	= 1 g/cm^3
	= 10^6 g/m^3
	= 1000 kg/m^3
1 meter	= 10^{10} Å
	= 10^9 nm
	= 3.28 . . . ft
	= 39.37 in.
1 micrometer	= 10^{-6} m
1 nanometer	= 10^{-9} m
1 newton	= 0.224 . . . lb^f
1 ohm · inch	= 0.0254 . . . Ω · m
1 ohm · meter	= 39.37 Ω · in.
1 pascal	= 0.145 . . . × 10^{-3} Ib_f/in.^{2}
1 poise	= 0.1 Pa · s
1 pound (force)	= 4.44 . . . newtons
1 pound (mass)	= 0.453 . . . kg
1 pound /foot^3	= 16.0 . . . kg/m^3
1 pound/inch^2	= 6.89 . . . × 10^{-3} MPa
1 watt	= 1 J/s
1 (watt/m^2)/(℃/m)	= 1.92 . . . × 10^{-3} [Btu/(ft^2 · s))°F/in.]

SI prefxes

giga	G	10^9	kilo	k	10^3	micro	μ	10^{-6}
mega	M	10^6	milli	m	10^{-3}	nano	n	10^{-9}

참고문헌

CHAPTER 1

1. F.M Miller, "Chemistry: Structure and Dynamics", McGraw-Hill, 1884.
2. R.E Davis, and J.D. Gailey, and K.W. Whitten, "Principles of Chemistry", CBS College Publishing, 1984.
3. C.R. Barrett, W.D. Nix, and A.S. Tetelman, "The Principles of Engineering Materials", Prentice-Hall, 1973, p. 27.
4. L.H. Van Vlack, "Elements of Materials Science", 4th., Addison-Wesley, 1880.
5. D.A. McQuarrie, and P.A. Rock, "General Chemistry", 3th., W.H. Freeman & Co., New York, 1991.
6. D. W. Oxtoby, and N. H. Nachtrieb, "Principles of Mordern Chemistry", 2nd., Sanuders College Publishing, Philadelphia.
7. S.O. Kasap, "Principles of Electrical Engineering Materials and Devices", McGraw-Hill, 1997.
8. G.W. Moffatt, G.W. Pearsall, and J. Nachtrieb, "The Structure and Properties of Materials", vol 1: Structure John Wiley & Sons, Inc., New York, 1964.
9. J.C, Anderson, and K.D Leaver, "Materials Science", Van Nostrand Reinhold, New York, 1969.
10. F. Smith, William, "Principles of materials science and engineering", 3rd, McGraw-Hill, 1996.

CHAPTER 2

1. P.J. Collings, and M. Hird, "Introduction to Liquid Crystals: Chemistry and Physics", Taylor and Francis, 1997.
2. W. Cochran, "Dynamics of Atoms in Crystals", Crane & Russak, 1973.
3. H. D Megaw, "Crystal Structures: A Working Approach", W.B. Sanuders, Philadelphia, 1973.
4. B.D. Cullity, "Elements of X-Ray Diffraction", 2nd., Addison-Wesley, 1978.
5. F.M Miller, "Chemistry: Structure and Dynamics", McGraw-Hill, 1884.
6. G.W. Moffatt, G.W Pearsall, and J. Nachtrieb, "The Structure and Properties of Materials", vol 1: Structure John Wiley & Sons, Inc., New York, 1964.
7. S.O. Kasap, "Principles of Electrical Engineering Materials and Devices", McGraw-Hill, 1997.
8. L.H. Van Vlack, "Elements of Materials Science", 4th., Addison-Wesley, 1880.
9. A.G. Guy, and J.J. Hren, "Elements of Physical Metallurgy", 3rd., Addison-Wesley, 1874.
10. C.S. Batter, and T.B Massalski, "Structure of Metals" 3rd., Pergamon Press, New York, 1980.
11. W.D. Kingery, Bowen, H.K., and Uhlmann, "Introduction to Ceramics", 2nd., John Wiley & Sons, Inc., New York, 1976.
12. D.J. Williams, "Polymer Science and Engineering", Prentice Hall., Inc Englewood Cliffs, N.J., 1971.
13. R.W.G. Wyckoff, "Crystal Structures", 2nd., John Wiley & Sons, Inc., New York, 1963-1971.
14. L. Smart, and E. Moore, "Solid State Chemistry: An Introduction", Chapman and Hall, 1990.
15. F. Smith, William, "Principles of materials science and engineering", 3rd, McGraw-Hill, 1996.

CHAPTER 3

1. W. Rostoker and J. R. Dvorak, "Interpretation of Metallographic Structures", Academic, p. 7 (1965).
2. B. Chalmers, "Solidification of Metals", Wiley, 1964.
3. B. Chalmers, "Principles of Solidification", Wiley, 1964.
4. J. H. Brophy, R. M. Rose, and John Wulff, "The Structure and Properties of Materials", vol. 2 : Thermodynamics of Structure, Wiley, p. 105 (1964).
5. L. H Van Vlack, "Elements of Materials Science and Engineering", 4th ed., Addison-Wesley, p. 113 (1980).
6. John Wulff et al., "The Structure and Properties of Materials", vol. Ⅰ : Structure, Wiley, p. 78 (1964).
7. A. G. Guy, "Essentials of Materials Science" McGraw-Hill, p. 153 (1976).
8. M. Eisenstadt, "Introduction to Mechanical Properties of Materials", Macmillan, p. 117 (1971).
9. John Wulff et al., "The Structure and Properties of Materials", vol. Ⅲ: Mechanical Behavior, Wiley, p. 69 (1965).
10. W. T. Read, "Dislocations in Crystals", McGraw-Hill, 1953.
11. L. E. Murr, "Electron and Ion Microscopy and Microscopy and Microanalysis", Marcel Decker, p. 105 (1982).
12. P. Gumbsch, and H. Gao, "Dislocations Faster than the Speed of Sound", Science, 1999.
13. S. Mahajan, and K. S. Sree Harsha, "Principles of Growth and Processing of Semiconductors", McGraw-Hill, 1999.
14. J. Mannhart, and P. Chaudhari, "High-Tc Bicrystal Grain Boundaries", Physics Today, 2001.
15. R. E. Reed-Hill, and R. Abbaschian, "Physical Metallurgy Principles", 3rd Edition, PWS, 1991.

CHAPTER 4

1. M. F. Ashby and D. R. H. Jones, "Engineering Materials-An Introduction to Their Properties and Applications", Pergamon Press, Inc., Elmsford, N. Y. 1980.
2. H. E. Boyer and T. L. Gall, Eds., Metals Handbook, Desk Ed., "American Society for Metals Park", Ohio, 1985.
3. R. A., and P. K. Trojan, "Engineering Materials and Their Applications", 4th Ed., Houghton Mifflin Company, Boston, 1990.
4. G. Dieter, "Mechanical Metallurgy", 2nd ed., McGraw-Hill, 1976.
5. H. W. Hayden, W. G. Moffatt, and John Wulff, "The Structure and Properties of Materials", Wiley, 1965.
6. H. E. McGannon(ed.), "The Making, Shaping, and Treating of Steel", 9th ed., United States Steel, 1971.
7. G. Dieter, "Mechanical Metallurgy", 3rd ed., McGraw-Hill, 1986.
8. J. Marin, "Mechanical Behavior of Engineering Materials", Prentice-Hall, 1962.
9. A. G. Guy, "Essentials of Materials Science", McGraw-Hill, 1976.
10. P. R. Swann, in G. Thomas and J. Washburn(eds.), "Electron Microscopy and Strength of Crystals", Wiley, 1963.
11. A. H Cottrell, The Nature of Metals, "Materials", Scientific American, 1967.
12. J. E. Boyd in Metals Handbook, vol. viii : "Metallography, Structure, and Phase Diagrams", 8th ed., American Society for Metals, 1973.
13. Z. D. Jastrzebski, "The Nature and Properties of Engineering Materials", 2nd ed., Wiley, 1976.

CHAPTER 5

1. David Manners, "50 Not Out", Electronics Weekly, Dec. 17 (1997).
2. Gary Stix, "Toward Point One", Scientific American, February, p. 30 (1995).
3. S. M. Sze, "Physics of Semiconductor Devices", 2nd ed., John Wiley & Sons, New York, 1981.
4. R. A. Smith, "Semiconductor", 2nd ed., Cambridge University Press, London, 1979.
5. C. Kittle, "Introduction to Soild State Physics", Wiley, New York, 1976.
6. A. S. Grove, "Physics of Semiconductors Devices", 2nd ed., Wiley, New York, 1967.
7. D. A. Steidel, "Assembly Techniques and Packaging", in S. M. Sze, Ed., VLSI Technology, McGraw-Hill, New York, 1983.
8. I. Brodie and J. J. Muray, "The Physics of Microfabrication", Plenum, New York, 1982.
9. J. F. Gibbons and K, F. Lee, "One-Gate-Wide CMOS Inverter with Stacked Transistors", Solid State Electron., vol. 15, pp. 789 (1982).
10. J. J. Ebers, "Four-Terminal p-n-p-n Transistor", Proc. IEEE, vol. 40, pp. 1361 (1952).
11. W. W. G?rtner, "Transistors Principles, Design and Applications", Van Nostrand, Princeton, 1960.
12. R. L. Anderson, "Experiments on Ge-GaAs Heterojunction Transistors", Solid State Electron., vol. 5, pp. 341 (1962).
13. S. K. Ghandhi, "Semiconductor Power Devices", Wiley, New York, 1997.
14. T. Mimura, K. Joshin, S. Hiyamizu, K. Hikosala and M. Abe, "High Electron Mobility Transistor Logic", Jpn. J. Appl. Phys., vol. 20, pp. L598 (1981).
15. E. H. Nicollian and J. R. Brews, "MOS Physics and Technology", Wiley, New York, 1982.
16. L. C. Parrillo, "VLSI Process Integration", in S. M. Sze, Ed., VLSI Technology, McGraw-Hill, New York, 1983.

17. W. Shockley, "A Unipolar Field-Effect Transistor", Proc. IRE, vol. 40, pp. 1365 (1952).
18. J. L. Moll, "Physics of Semiconductors", McGraw-Hill, New York, 1964.
19. H. C. Casey and M. B. Panish, "Heterostructure Lasers", Academic, New York, 1978.
20. H. F. Wolf, "Semiconductors", Wiley, New York, 1971.

CHAPTER 6

1. A. R. von Hippel, "Dielectrics and Waves", John Wiley & Sons, Inc., New York, 1954.
2. A. R. von Hippel, Ed., "Dielectric Materials and Applications", Technology Press, Cambridge, Mass., and John Wiley & Sons, Inc., New York, 1954.
3. E. J. Murphy and S. O. Morgan, "The Dielectric Properties of Insulating Materials", Bell Sys. Tech. J., vol. 16, pp. 493 (1937); vol. 17, pp. 640 (1938).
4. "Progress in Dielectrics", Academic Press, Inc., New York, 1957-1967.
5. J. C. Burfoot, "Ferroelectrics: An Introduction to Physical Principles", D. Van Nostrand company, Inc., Princeton, N.J., 1967.
6. F Jona and G. Shirane, "Ferroelectric Crystals", MacMillan Company, New York, 1962.
7. W. G. Cady, "Piezoelectricity", vols. 1 and 2, Dover Publications, Inc., New York, 1964.
8. L. L. Hench and D. B. Dove, "Physics of Electronic Ceramics", Marcel Dekker, Inc., New York, 1971.
9. R. E. Hummel, "Electronic Properties of Materials", 2nd edition, Springr-Verlag New York, Inc., New York, 1994.
10. R. H. Bube, "Electrons in Solids", 3rd edition, Academic Press, San Diego, 1992.
11. D. H. Navon, "Semiconductor Microdevices and Materials", Oxford University,

Oxford, 1995.

12. L. A. A. "Warnes, Electronic Materials", Chapman and Hall, New York, 1990.
13. J. Livingston, "Electronic Properties", John Wiley & Sons, New York. 1999.
14. C. A. Wert, and R. M. Thomson, "Physics of Solids", 2nd edition. McGraw-Hill Book Company, New York, 1970. Chapters 9 and 11-19.
15. P. Chaudhari, "Electronic and Magnetic Materials", Scientific American, vol. 255, no. 4, pp. 136-144 (1986).
16. W. D. Kingery, H. K. Bowen, and D. R. Uhlmann, "Introduction to Ceramics", 2nd edition, John Wiley & Sons, New York, 1976. Chapters 17 and 18.
17. J. D. Meindl, "Microelectronic Circuit Elements", Scientific American, vol, 237, no. 3, pp. 70-81 (1977).
18. R. N. Noyce, "Microeletronics", Scientific American, vol. 237, no.3, pp. 62-69 (1977).
19. W. G. Oldham, "The Fabrication of Microelectronic Circuits", Scientific American, vol. 237, no.3, pp. 110-128 (1977).
20. W. Kanzig, "Ferroelectrics and Anti-ferroelectrics", Solid State Physics, F.Seitz and D. Turnbull, Eds., vol. 4, Academic Press, Inc., New York, 1957, pp. 5-199.
21. N. Setter, E. L. Colla, "Ferrolectric Ceramics", Birkh?user Verlag, Basel, 1993.
22. V. Samoilov and Y. S. Yoon, "Frequency Response of Multilayer Pyroelectric Sensors", IEEE Transcations on Ultrasonics, Ferroelectrics, and Frequency Control, vol. 45, no. 5, pp. 1246-1254 (1998).
23. Burfoot and Taylor, "Polar Dielectrics and Their Applications", Macmillian Press LTD, London, pp.34-53 (1979).

CHAPTER 7

1. F. J. Blatt, "Physics of Electronic Conduction in Solids", McGraw-Hill, New York, 1968.

2. J. M. Blatt, "Theory of Superconductivity", Academic Press, New York, 1964.
3. M. H. Bordsky, "Progress in Gallium Arsenide Semiconductors", Scientific American, February 1990, p. 68.
4. J. Christman, "Solid State Physics", Wiley, New York, 1986.
5. J. Clack, "SQUIDs, Brains and Gravity Waves", Physics Today, March 1986, p. 36.
6. D. Duret and P. Karp, "Instrumentation for Biomagnetism", Nuovo Cimento 2D, pp. 123 (1983).
7. T. H. Geballe and J. K. Hulm, "Superconductors in Electric Power Technology", Scientific American, November 1980, p. 138.
8. L. V. Azaroff, and J. J. Brophy, "Electronic Processes in Materials", McGraw-Hill, New York, 1963, Chapter 13.
9. F. G. Brockman, "Magnetic Ceramics-A Review and Status Report", American Ceramics Society Bulletin, vol. 47, no. 2, 1968, pp. 186-194.
10. B. D. Cullity, "Introduction to Magnetic Materials", Addison-Wesley, Reading, Ma, 1972.
11. F. Keffer, "The Magnetic Properties of Materials", Scientific American, vol. 217, no. 3, Septermber 1967, pp. 222-234.
12. R. M. Rose, L. A. Shepard and J. Wulff, "The Structure and Properties of Materials", vol. IV, Electronic Properties, John Wiley & Sons, New York, 1966, Chapter 9-11.
13. R. S. Teeble and D. J. Craik, "Magnetic Materials", Wiley-Interscience, New York, 1969, Reprinted by Books on Demand, Ann Arbor, ML.
14. C. A. Wert and R. M. Thomson, "Physics of Solids", 2nd edition, McGraw- Hill, New York, 1970, Chapter 20-22.
15. C. Kittel, "Introduction to Solid State Physcis", 6th ed, Wiley, New York, 1984.
16. D. N. Langenberg, D. J. Scalapino and B. N. Taylor, "The Josephson Effect", Scientific American, May 1966, p. 38.
17. J. Matisoo, "The Superconducting Computer", Scientific American, May 1980, p. 50.
18. D. G. McDonald, "Superconducting Electronics", Physics Today, February 1981,

p. 36.

19. S. J. Williamson and L. Kaufman, "Biomagnetism", J. Magn. & Magn Mater., vol. 22, p. 128 (1981).
20. A. M. WOlsky, R. F. Giese and E. J. Daniels, "The New Superconductors Prospects for Applications", Scientific American, February 1989, p. 60.

CHAPTER 8

1. L. V. Azaroff and J. J. Brophy, "Electronic Processes in Materials", McGraw-Hill Book Company, New York. 1963, ch. 14.
2. A. Javan,"The Optical Properties of Materials", Scientific American, vol. 217, no.3, pp. 238-248, 1967.
3. W. D. Kingery, H. K. Brown, and D. R. Uhlmann, "Introduction to Ceramins" 2nd ed., John Wiley & Sons, New York, 1976, Chapter 13.
4. R. Chang, "General Chemistry", 4th ed., McGraw-Hill, 1990.
5. R. McWeeny, "Coulson's Valence", 3rd ed., Oxford University Press, 1979.
6. B. D. Cullity, "Elements of X-Ray Diffraction", 2nd ed., Addison-Wesley, 1978.
7. M. Flemings, "Solidification Processing", McGraw-Hill, 1974.
8. I. Minkoff, "Solidification and Cast Structures", Wiley, 1986.
9. J. P. Hirth and J. Lothe, "Theory of Dislocations", 2nd ed., Wiley, 1982.
10. G. Krauss(ed.), "Carburizing, Processing and Performance", ASM International, 1989.
11. S. M. Sze (ed.), "VLSI Technology", 2nd ed., McGraw-Hill. 1982.
12. S. M. Sze, "Semiconductor Devices", Wiley, 1985.
13. H. C Casey, Jr. and M. B. Panish, "Heterostructure Lasers", Academic, New York, 1978.
14. M. G. Craford, "Recent Developments in LED Technology", IEEE Trans. Electron Devices. ED-24.

15. S. Nakamura and G. Fasol, "The Blue Lasers Diode", Wiley, New York, 1997.
16. A. A. Bergh and P. J. Dean, "Light Emitting Diodes", Clarendon, Oxford, 1976.
17. N. Bailey, "The Future of Organic Light-Emitting Diodes", Inf. Disp., vol. 16, pp. 12 (200).
18. T. E. Bell, "Single-Frequency Semiconductor Lasers", IEEE Spectrum, vol. 20, pp. 38 (1983).
19. S. M. Sze, "Physics of Semiconductor Devices", 2nd ed., Wiley, New York, 1981, ch. 12-14.
20. R. N. Bhargava, "Recent Advnaces in Visible LEDs", IEEE Trans. Electron Devices, ED-22:691 (1975).
21. H. C. Casey, Jr., and F. A. Trumbore, "Single Crystal Electroluminescent Materials", Mater, Sci. Eng., vol. 6, pp. 69 (1970).
22. P. Das, "Lasers and Optical Engineering", New York, Springer-Verlag, 1991.
23. J. Hecht, "Semiconductor Lasers Shine Out", Electronics and Wireless World 97 (April 1992), pp. 302-5.
24. R. E. Hummel, "Electronic Properties of Materials", 2nd ed., Berlin, Springer-Verlag, 1993.
25. Palais, J. C. "Fiber Optic Communication", 3rd ed., Englewood Cliffs, NJ: Prentice Gall, 1992.
26. Zory, P. S., Jr. "Quantum Well Lasers", Boston: Academic Press, 1993.

INDEX

D

E

S

T

U

V

ㅎ